Zu diesem Buch

Der Polen-Band erscheint in dieser Reihe als erste Arbeit über Gegenwartsgesellschaften und richtet sich vornehmlich an Soziologie-Studenten. Da Polen derzeit im Blickpunkt des allgemeinen Interesses steht, dürfte sich auch ein breiterer Leserkreis angesprochen fühlen.

Vor dem Hintergrund der historischen Entwicklung werden anhand statistischen Materials Bereiche der sozialen Makro- (Politik, Wirtschaft, Kultur, Schichtung) und Mikrostruktur betrachtet.

Es folgt ein Abriß der deutsch-polnischen Beziehungen und ein Überblick über die Demokratisierungsversuche 1980/81.

Studienskripten zur Soziologie

Herausgeber: Prof. Dr. Erwin K. Scheuch
Dr. Heinz Sahner

Teubner Studienskripten zur Soziologie sind als in sich abgeschlossene Bausteine für das Grund- und Hauptstudium konzipiert. Sie umfassen sowohl Bände zu den Methoden der empirischen Sozialforschung, Darstellungen der Grundlagen der Soziologie, als auch Arbeiten zu sogenannten Bindestrich-Soziologien, in denen verschiedene theoretische Ansätze, die Entwicklung eines Themas und wichtige empirische Studien und Ergebnisse dargestellt und diskutiert werden. Diese Studienskripten sind in erster Linie für Anfangssemester gedacht, sollen aber auch dem Examenskandidaten und dem Praktiker eine rasch zugängliche Informationsquelle sein.

Gegenwartsgesellschaften: Polen

Von Priv.-Doz. Dr. phil. Frank Golczewski
Wiss. Ass. an der
Universität Düsseldorf

und Dr. rer. pol. Willibald Reschka
Akad. Rat an der
Universität-Gesamthochschule-Siegen

B. G. Teubner Stuttgart 1982

Privatdozent Dr. phil. Frank Golczewski

1948 in Katowice geboren. 1969 bis 1973 Studium der Geschichte und der Slavischen Philologie an der Universität zu Köln. 1973 bis 1974 Mitarbeiter der Studienleitung des Ostkollegs der Bundeszentrale für politische Bildung. 1974 bis 1980 Wissenschaftlicher Assistent am Historischen Seminar der Pädagogischen Hochschule Rheinland, Neuss; seit 1980 Wissenschaftlicher Assistent am Historischen Seminar der Universität Düsseldorf. 1979 Privatdozent für Neuere Geschichte und Osteuropäische Geschichte an der Universität zu Köln.

Dr. rer. pol. Willibald Reschka

1937 in Zabrze (Hindenburg) geboren. 1953 bis 1957 Studium der Philosophie und der Theologie in Nysa (Neisse). 1961 bis 1965 Studium der Rechtswissenschaft und der Soziologie an der Universität Lódź. 1965 bis 1970 Studium der Volkswirtschaftslehre, der Soziologie und der Sozialpsychologie an der Universität zu Köln. 1971 bis 1974 Wissenschaftlicher Mitarbeiter im Rahmen eines Forschungsprojekts der Deutschen Forschungsgemeinschaft über 'Sprachbarrieren'. 1974 Promotion zum Dr. rer. pol. 1975 bis 1978 Wissenschaftlicher Assistent, seit 1978 Akademischer Rat im Fach Soziologie an der Universität-Gesamthochschule-Siegen.

CIP-Kurztitelaufnahme der Deutschen Bibliothek

Golczewski, Frank:
Gegenwartsgesellschaften: Polen / von
Frank Golczewski u. Willibald Reschka. -
Stuttgart : Teubner, 1982
(Teubner Studienskripten ; 40 : Studienskripten
zur Soziologie)
ISBN 3-519-00040-7
NE: Reschka, Willibald:; GT

Printed in Germany
Gesamtherstellung: Beltz Offsetdruck, Hemsbach/Bergstr.
Umschlaggestaltung: W. Koch, Sindelfingen

Vorwort

Angesichts der zunehmenden internationalen Verflechtungen ist die Beschäftigung mit anderen Gesellschaften zu einem immer wichtigeren Anliegen von Sozialwissenschaftlern geworden. Das vorliegende Skriptum stellt einen Versuch dar, die Struktur der modernen polnischen Gesellschaft zu analysieren und sie als Ergebnis eines historischen Prozesses abzubilden. Dabei wendet es sich in erster Linie an Soziologiestudenten, die sich im Rahmen ihres Studiums mit der Analyse von Gegenwartsgesellschaften befassen. Darüber hinaus dürfte diese Schrift als Einstieg auch anderen gesellschaftswissenschaftlich Interessierten (Historikern, Politologen, Wirtschaftswissenschaftlern usw.) von Nutzen sein. Wegen der Aktualität der Entwicklungen in Polen könnte das Buch auch im Rahmen der politischen Erwachsenenbildung einen breiteren Leserkreis ansprechen.

Wir haben uns bei unserem Vorhaben bemüht, die Genese der modernen polnischen Gesellschaft im Auge zu behalten, weil im Falle Polens die Frage der Kontinuität des Kultur-, Sozial- und Wirtschaftssystems von hoher Bedeutung für die Gegenwartssituation ist. Das hatte zwei Folgen: 1) die historische Entwicklung bis zum Ende des Ersten Weltkriegs als "geschichtlichen Hintergrund" dem Hauptteil voranzustellen, 2) bei der Analyse der polnischen Gesellschaft in den darauffolgenden Abschnitten einen längeren Zeitraum zu berücksichtigen.

Dem Abriß der geographischen, demographischen und historischen Rahmenbedingungen (Kap. 1 und 2) folgt eine Beschreibung der Makrostruktur. Dabei werden das politische (Kap. 3), wirtschaftliche (Kap. 4) und kulturelle System (Kap. 5) sowie die soziale Schichtung (Kap. 6) berücksichtigt. Sodann wird auf einige Aspekte der Mikrostruktur der polnischen Gesellschaft (Kap. 7) eingegangen. Abschließend wird die besondere Problematik der Beziehung zwischen Polen und Deutschen (Kap. 8) behandelt und in einem kurzen Überblick über die jüngsten polnischen Ereignisse (Kap. 9) berichtet. Die Zuständigkeit der Autoren ist aus dem Inhaltsverzeichnis zu ersehen.

Die Materialbeschaffung stieß häufig auf unvorhergesehene Schwierigkeiten. Zum einen sind empirische Daten aus Polen nicht leicht erhältlich, zum anderen erschwerte gerade der schnelle Wechsel der Lage in den letzten Jahren eine ausgewogene Analyse. Es versteht sich daher, daß bei Erscheinen einige der Daten bereits von den Ereignissen überholt sein können. Die Verfasser sind sich auch darüber im klaren, daß der Versuch einer Gesamtdarstellung stets unvollkommen bleiben wird; sie würden daher Anregungen und Ergänzungsvorschläge begrüßen, die bei einer eventuellen Überarbeitung des Textes berücksichtigt werden könnten.

Der Dank für die Niederschrift des Manuskriptes gebührt Frau Brigitte Roth, Köln.

Willibald Reschka Frank Golczewski

Köln/Siegen, im Januar 1982

Inhaltsverzeichnis

Abkürzungen

AK	Armia Krajowa (Heimatarmee)
AL	Armia Ludowa (Volksarmee)
BBWR	Bezpartyjny Blok Współpracy z Rządem (Nicht parteigebundener Block der Zusammenarbeit mit der Regierung)
Dz.U.PRL	Dziennik Urzędowy PRL (Gesetzblatt der Volksrepublik Polen)
Dz.U.RP	Dziennik Urzędowy Rzeczypospolitej Polski (Gesetzblatt der Republik Polen)
FJN	Front Jedności Narodu (Front der Nationalen Einheit)
FSZMP	Federacja Socjalistycznych Związków Młodzieży Polskiej (Föderation der Sozialistischen Jugendverbände Polens)
GL	Gwardia Ludowa (Volksgarde)
GUS	Główny Urząd Statystyczny (Zentralamt für Statistik)
KDP	Kronika-Dokumentacja Prasowa (Chronik-Pressedokumentation)
KOR	Komitet Obrony Robotników (Komitee zur Verteidigung von Arbeitern)
KPP	Komunistyczna Partia Polski (Kommunistische Partei Polens)
KRN	Krajowa Rada Narodowa (Nationaler Volksrat)
KSJP	Kleines Statistisches Jahrbuch Polens
KUL	Katolicki Uniwersytet Lubelski (Katholische Universität Lublin)
LPG	Landwirtschaftliche Produktionsgenossenschaft
MRS	Mały Rocznik Statystyczny (Kleines Statistisches Jahrbuch)
NIK	Najwyższa Izba Kontroli (Oberste Kontrollkammer)
OZN	Obóz Zjednoczenia Narodowego(Lager der Nationalen Einigung)
PAN	Polska Akademia Nauk (Polnische Akademie der Wissenschaften - PAdW)
PAU	Polska Akademia Umiejętności (Polnische Akademie der Wissenschaften)
PGR	Państwowe Gospodarstwo Rolne (Staatlicher Landwirtschaftsbetrieb)
PKWN	Polski Komitet Wyzwolenia Narodowego (Polnisches Komitee der Nationalen Befreiung)
PPR	Polska Partia Robotnicza (Polnische Arbeiterpartei)
PPS	Polska Partia Socjalistyczna (Polnische Sozialistische Partei)
PSL	Polskie Stronnictwo Ludowe (Polnische Bauernpartei)
PZPR	Polska Zjednoczona Partia Robotnicza(Polnische Vereinigte Arbeiterpartei - PVAP; Polish United Workers' Party - PUWP)
RFE	Radio Free Europe
RS	Rocznik Statystyczny (Statistisches Jahrbuch)
RSSZ	Rocznik Statystyczny Szkolnictwa (Statistisches Jahrbuch des Schulwesens)
RWPG	Rada Wzajemnej Pomocy Gospodarczej (Rat für Gegenseitige Wirtschaftshilfe
SD	Stronnictwo Demokratyczne (Demokratische Partei - DP)

SL	Stronnictwo Ludowe (Bauernpartei - BP)
SP	Stronnictwo Pracy (Partei der Arbeit)
UMCS	Uniwersytet im. Marii Curie-Skłodowskiej - Lublin
UNRRA	United Nations Refugees Relief Agency
ZBOWiD	Związek Bojowników o Wolność i Demokrację (Verband der Kämpfer für Freiheit und Demokratie)
ZSL	Zjednoczone Stronnictwo Ludowe (Vereinigte Bauernpartei - VBP)

1. Geographische und demographische Rahmenbedingungen

1.1. Zur Geographie Polens

Die heutigen Grenzen der Volksrepublik Polen umschließen eine Fläche von 312.683 km^2, auf der mehr als 35.000.000 Menschen leben; die mittlere Bevölkerungsdichte liegt bei 112 Einw./km^2.

Polens Grenzen sind zum größten Teil natürlich. Im Westen bilden die Lausitzer Neiße und der Unterlauf der Oder die Grenze mit der Deutschen Demokratischen Republik, bei Szczecin (Stettin) liegen auch Gebiete auf dem linken Oderufer sowie ein Teil der Insel Uznam (Usedom) mit Szczecins Vorhafen Świnoujście (Swinemünde) innerhalb der Grenze. Polens Nordgrenze bildet die Ostseeküste; von der Mitte der Mierzeja Wiślana (Frische Nehrung) geht die Grenze mit dem Kaliningrader (Königsberger) Gebiet der Russischen Sozialistischen Föderativen Sowjetrepublik quer durch das ehemalige deutsche Ostpreußen fast genau in östlicher Richtung ab. Bei Suwałki biegt sie nach Süden und erreicht, das polnische Podlasie von der Litauischen und der Weißrussischen Sozialistischen Sowjetrepublik trennend, unterhalb von Brest (Brześć, früher Brest-Litovsk) den Bug, dem sie flußaufwärts folgt. Dabei durchquert sie die Polesischen Sümpfe, kreuzt die Bruchstufe Roztocze, und steigt an Przemyśl vorbei zum Kamm der Bieszczady (Ostbeskiden) an. Zwischen Brest und den Beskiden liegt jenseits die Ukrainische Sozialistische Sowjetrepublik. Weiter folgt sie den Beskiden westwärts und erreicht nach einigen Abweichungen von der Kammlinie südlich des Oberschlesischen Industriereviers den Olza-Lauf. Von hier an folgt sie der ehemaligen (vor 1938) deutsch-tschechoslowakischen Grenze über die Sudety (Sudeten) bis zur Lausitzer Neiße. Zwischen den Bieszczady und der Neiße grenzt Polen an die Tschechoslowakei. Die Gesamtlänge der Grenzen beträgt 3.538 km. Polens höchste Erhebung ist der

Berg Rysy in der Hohen Tatra (2.499 m).

Polens Landschaften sind - vom äußersten Süden abgesehen - überwiegend flach: mehr als 91 o/o der Fläche liegen unterhalb von 300 m ü.M.

In einem Streifen säumen höhere Gebirge (Sudeten, Beskiden, Tatry) die Südgrenze, vor diesen Hoch- und Mittelgebirgen liegen langsam gen Norden abfallende Berglandstufen unterschiedlichen Alters, die von den Flußtälern (Odra (Oder), Wisła (Weichsel)) und den Góry Świętokrzyskie (Heilig-Kreuz-Berge, Polnisches Mittelgebirge) unterbrochen werden.

Während im Süden die Flüsse der Süd-Nord-Richtung folgen, treffen sie etwa in der Mitte des Landes auf das vom Pleistozän, den verschiedenen Eiszeiten, geformte Landschaftsbild. Das längere Stillstandsstadium der Vergletscherung hat typische geographische Formen entstehen lassen, die man als "glaziale Serie" zusammenfaßt.

Die Grundmoräne entsteht durch die schleifende Erosion an der Gletscherunterseite: in lehmiges Material sind hier Gesteinssplitter eingelagert. Dieser Geschiebelehm bildet heute wertvolle Böden. Vor dem Gletscher liegen die Endmoränen, also Erdreich, das vor der Gletscherstirn hergeschoben wurde und beim Verharren der Gletscherzunge als Moränenwall stehenblieb. Die aus der letzten Eiszeit stammenden Jungmoränen sind dabei noch verhältnismäßig gut erhalten. Sander sind Ablagerungen von Gletscherbächen im Vorfeld der Gletscher - die letzten erkennbaren Formationen sind die Urstromtäler, breite Talfurchen, die entstanden, wo Schmelzwässer auf langen Strecken parallel zum Eisrand fließen mußten, weil die Endmoränen und die Gletscher selber einen Abfluß aufgrund des Reliefgefälles verhinderten. Die glazialen Serien verlaufen in Polen parallel zur Ostseeküste.

Beim Auftreffen auf jüngere Eiszeitformationen passen sich die Flüsse den Urstromtälern an: in Nord-Zentralpolen verlaufen daher die meisten Flüsse in Ost-West-Richtung, bis sie einen geeigneten Abfluß in die Ostsee finden.

Der Norden Polens mit der Pommerschen und der Masurischen Seenplatte ist ebenfalls ein Ergebnis des Pleistozän: die Seen sind Ausprägungen des Inlandeises.

Polens Ostseeküste ist ausgeglichen und neigt zur Haffbildung. Die Küstenseen Pommerns sind bereits geschlossen, die Mierzeja Wiślana besitzt in ihrem sowjetischen Teil noch eine kleine Öffnung, die Halbinsel Hel (Hela) weist die gleiche geographische Genese in einem jüngeren Stadium auf.

Klimatisch liegt Polen auf der Grenze zwischen dem Meeres- und dem Kontinentalklima, wobei sich daneben die Nähe der Ostsee und die Höhe des Landes auf die Temperatur auswirken. Am wärmsten und am trockensten ist die geographische Mitte des Landes, sowohl nach Norden zum Meer als auch nach Süden zum Gebirge hin sinken die durchschnittlichen Temperaturen und nehmen die Niederschläge zu. Nach Südosten zu werden die Winter länger und strenger. [1)]

Obwohl Polen sehr wasserreich ist, sind die Gewässer nur wenig nutzbar; die Flüsse sind bis auf die Unterläufe von Odra und Wisła nicht ganzjährig schiffbar. Das geringe Gefälle in den Urstromtälern führt leicht zu einer Versumpfung. Aber in anderen Gebieten kann der schnelle Wasserabfluß auch wieder zum Problem werden, so daß die Wasserwirtschaft und die mit ihr zusammenhängenden Meliorationsanstrengungen einen großen Teil von Energien binden.

Zu mehr als 90 o/o besteht der Boden Polens aus Lockergestein; die landwirtschaftlichen Möglichkeiten werden dadurch gefördert. Die jüngeren Moränenböden im Norden sind fruchtbarer als die Altmoränenböden im Zentrum und im Süden; dort sind aber wiederum die klimatischen Bedingungen besser. Mehr als die Hälfte der landwirtschaftlichen Nutzfläche ist der Bodengüte nach mittelwertig oder geringwertig. Ein Abwägen zwischen den Variablen Klima, Boden und Düngung bestimmt daher jeweils den faktischen landwirtschaftlichen Nutzungsmodus.

Mit Stein- und Braunkohle, Kupfer, Zink, Blei, Schwefel, Salz und Baurohstoffen verfügt Polen über eine durchschnittliche Ausstattung mit Rohstoffen, die sich in der südlichen Landeshälfte konzentriert.

1.2. Verwaltungsgliederung

Die alten Wojewodschaftsgrenzen, die bis zur Verwaltungsreform vom 1.6.1975 bestanden, berücksichtigten noch zum Teil die historische Genese Nachkriegspolens. Nun ist dieses System durchbrochen worden: Polen besteht derzeit aus 49 Wojewodschaften [2] (davon 4 erweiterte Stadt-Wojewodschaften Warszawa (Warschau), Kraków (Krakau), Łódź (Lodz), Wrocław (Breslau)), die die 22 größeren Wojewodschaften ersetzt haben. Dafür ist bei der Reform die Zwischenstufe des Kreises (powiat) fortgefallen, auch wenn sie als Rayon (rejon) oder Bezirk (obwód) noch für interne Verwaltungsangelegenheiten gelegentlich verwendet wird. [3] Es war die Hauptabsicht der Reform, die Wojewodschaften zu verkleinern, um damit die Machtbasis der obersten Parteiführer und Beamten (Wojewoden) zu verkleinern. Unter der neuen Wojewodschaft (województwo) ist damit als zweite und letzte Stufe nur mehr die Stadt (miasto) und die Landgemeinde (gmina) vorhanden, die mehrere der früheren Dörfer zusammenfaßt. [4]

Nach den neuesten Zählungen leben von den 35 Millionen Einwohnern Polens 20 Millionen in Städten (RS,1979, S. 33). Die größten Städte sind: [5]

	Einwohnerzahl 1978
Warszawa (Warschau)	1.552.300
Łódź (Lodz)	825.200
Kraków (Krakau)	693.200
Wrocław (Breslau)	597.700
Poznań (Posen)	536.400
Gdańsk (Danzig)	441.600
Szczecin (Stettin)	384.900
Katowice (Kattowitz)	349.700
Bydgoszcz (Bromberg)	338.400
Lublin	290.900

(Quelle: RS, 1979, S. 30-32)

1.3. Bevölkerung

Die Verteilung der polnischen Bevölkerung ist deutlich von der bewegten Geschichte des Landes geprägt. Das heutige Polen verlor bedeutende Zentren seiner historischen Entwicklung an die Sowjetunion, darunter die Städte L'vov (Lemberg, Lwów) und Vilnius (Wilna, Wilno), aber auch den weitläufigen Grundbesitz des polnischen Adels östlich des Bug. Dafür wurde der polnische Staat aus dem Bestand des Deutschen Reiches mit dem größten Teil Schlesiens, einem Teil Brandenburgs, Pommern ohne Vorpommern, der sog. Grenzmark, der Südhälfte Ostpreußens und dem bis 1939 dem Völkerbund unterstellten Gebiet der Freien Stadt Danzig entschädigt. Mit 114.342 km² bilden die ehemals deutschen Gebiete 36,57 o/o des polnischen Staatsgebietes.

Die Bewohner des polnischen Staates sind nur im Osten und im Zentrum seit alters her ortsfest ansässig. In den ehemals deutschen Gebieten (außer Oberschlesien und dem Süden Ostpreußens, wo Aussieldungen nicht oder nur in geringem Umfang durchgeführt wurden) stammen sie entweder aus den übervölkerten Zentralprovinzen oder aus den an die Sowjetunion abgetretenen Ostgebieten, aus denen sie im Zuge eines "Repatriierungs"-Verfahrens 1945/46 meist breitenkreisparallel nach Westpolen umgesiedelt wurden. Damit ist die polnische Bevölkerung nunmehr "spiegelverkehrt" angesiedelt. Von der DDR-Grenze her kommend, durchreist man zunächst ein Gebiet, dessen Bewohner vor 1945 in Ostpolen gelebt haben und kommt erst im Landeszentrum zu dort bodenständigen Menschen.

Diese Herkunftsfragen spielen allerdings heute, fast 40 Jahre nach Kriegsende, keine große Rolle mehr. Die älteren haben in den neuen Wohngebieten eine zweite Heimat gefunden, die Jungen haben jede Berechtigung dazu, sich dort, wo sie geboren sind, zu Hause zu fühlen. Daneben ist die geographische Mobilität in Polen so groß, daß die Herkunftsunterschiede sich immer mehr verwischen (s. S. 25).

Die kriegsbedingte Umgestaltung der Landkarte und die Menschenverluste der deutschen Besetzungszeit (s. Kap. 8) haben auch andere Veränderungen verursacht, durch die sich Nachkriegspolen von dem Vorkriegsstaat deutlich unterscheidet.

Vor dem Zweiten Weltkrieg war Polen ein Vielvölkerstaat, der sich nur den Anschein eines Nationalstaats gab. Nach den amtlichen Nationalitätenstatistiken waren 1931 31,1 o/o der polnischen Staatsbürger nicht-polnischer Nationalität; interne Berechnungen der Piłsudski-Gruppe handelten sogar von mehr als 35 o/o (ROOS, 1961, S. 135). Die Ermittlungsverfahren der Nationalitätenquantitäten waren so umstritten, daß auch die heutige polnische Historiographie nicht bereit ist, sich hier weitergehend festzulegen (CHOJNOWSKI, 1979, S. 6, BARDACH, 1979, S. 475). [6] Die durchschnittlichen Werte zeigen jedoch den tiefgehenden Wandel an, den die ethnische Zusammensetzung der Bürger Polens durchgemacht hat.

Tab. 1 Nationalitäten in Polen (Schätzwerte) [7]

	1931	o/o der Gesamtbev.	1978	o/o der Gesamtbev.
Gesamtbevölkerung	32.100.000	100,0	35.100.000	100,0
Ukrainer	4.461.000	13,9	200.000	0,57
Weißrussen	995.000	3,1	160.000	0,46
Deutsche	738.000	2,3	(unbestimmt)	
Juden	2.760.000	8,6	5.000	0,014
Litauer	397.000	0,3	12.000	0,034
Andere	1.027.000	3,2	55.000	0,16

Die Zahl der Deutschen im heutigen Polen ist strittig (s. Kap. 8).

Ukrainer leben heute noch in den südostpolnischen Regionen, die meisten von ihnen wurden jedoch im Zuge der "Repatriierung" gegen die Polen "ausgetauscht", die östlich der heutigen Staatsgrenze lebten. Kleinere Gruppen leben in den ehemals deutschen Gebieten, wohin sie im Zuge der Kämpfe mit dem national-ukrainischen Untergrund nach 1945 aus Südostpolen deportiert wurden.

Die Weißrussen bewohnen den Grenzraum mit der Weißrussischen SSR, die Litauer den äußersten Nordosten Polens. Die jüdische Bevölkerung, die vor dem Zweiten Weltkrieg eine der größten jüdischen Gemeinschaften der Welt bildete, wurde durch die deutschen Nationalsozialisten fast vollständig ermordet. Nach dem Krieg kamen neben Überlebenden der Konzentrations- und Vernichtungslager diejenigen Juden nach Polen zurück, die vor den Deutschen in der UdSSR Zuflucht gesucht hatten. Ihre Lage war aber nur offiziell gut: die Rückkehrer mußten bald erfahren, daß der polnische Antisemitismus durch die NS-Herrschaft nicht völlig verschwunden war. Nach der Räumung der jüdischen Ghettos durch den Abtransport der Juden in die Vernichtungslager (1943) (in kleineren Orten, aus denen die Juden bereits 1940/41 ausgesiedelt wurden, schon früher) konnten Polen die früheren jüdischen Viertel in Besitz nehmen. Die Judenvernichtung hatte also eine ethnische Repolonisierung der Städte zur Folge, auf die viele Polen nicht mehr verzichten wollten. In Kielce kam es zu einem Pogrom, als jüdische Heimkehrer in ihre früheren Häuser und Wohnungen zurückkehren wollten, und auch sonst war das polnisch-jüdische Verhältnis nicht gut. So gestattete Polen in den späten 40er Jahren die Emigration nach Israel, auch später waren die Ausreisehindernisse für Juden oft geringer als für Angehörige anderer Volksgruppen.

Nach dem israelisch-arabischen "Sechs-Tage-Krieg" von 1967 setzte unter der Ägide des nationalkommunistischen früheren Partisanengenerals Mieczysław Moczar, den Gierek später entmachtete und der 1980 erneut Machtpositionen errang, bis der Außerordentliche Parteitag vom Juli 1981 erneut seine Stellung beschnitt, als Antizionismus getarnt eine antisemitische Kampagne ein, die die Mehrzahl der in Polen gebliebenen Juden in die Emigration trieb. Die heutigen jüdischen Gemeinden und (weltlichen) Clubs bilden - da sie völlig überaltert sind - nur mehr eine Erinnerung an das vormals blühende kulturelle Leben der Juden Polens.

Zu den "anderen" Nationalitäten zählen im heutigen Polen u.a. Slowaken (im Gebiet von Nowy Targ und in der Zips (Spiż)), Tschechen (um Cieszyn (Teschen, Těšín)) und Griechen, die aus dem kommunistischen Aufständischengebiet nach dem Sieg der westlichen Bürgerkriegspartei flohen und in mehreren Dörfern in Südostpolen und an der Neiße angesiedelt wurden. Daneben gibt es Zigeuner, Armenier, Karaimen, Tataren (bei Białystok) und Russen in zum Teil minimalen Gruppen.

Obgleich sie aus dem geographischen Rahmen dieses Buches herausfallen, müssen die Auslandspolen hier erwähnt werden, weil ihr Vorhandensein und ihre Aktivitäten auf die inländischen Verhältnisse zurückschlagen. Seit dem 19. Jahrhundert hatte die Emigration unterschiedliche Gründe. Politisch begründet waren die sich in Italien, Frankreich und der Schweiz sammelnden Gruppen nach dem Scheitern der verschiedenen Aufstände, aber auch die Deportationen nach Sibirien, wo die Reste dieser Gruppen noch heute statistisch erfaßbar sind. Lange Zeit bildete die Auswanderung in die Kolonistenländer (USA, Brasilien, Australien) oder die stärker industrialisierten Gebiete Europas (Ruhrgebiet, Belgien, Lothringen) eine der wenigen Möglichkeiten für die polnische Unterschicht, der völligen Verelendung zu entgehen [8] (s. auch Kap. 4.4). Zwischen 1870 und 1914 verließen 3.500.000, zwischen 1918 und 1938 noch einmal 1.200.000 Polen ihr Heimatland (Polska-Fakty, 1980, IX.-5.1.). Die Verschleppungen durch die Deutschen (Kriegsgefangene, Fremdarbeiter) oder der Kampf in den polnischen Exilarmeen führte zu einer neuen Streuung der Polen im Zweiten Weltkrieg. Nach 1945 zogen zahlreiche der 2.000.000 polnischen Displaced Persons das Verbleiben im Ausland der Rückkehr in das kommunistisch gewordene Vaterland vor. Seit dem Beginn der sechziger Jahre wurde die Reise- und Auswanderungspolitik der polnischen Behörden liberalisiert. Auf dem Wege der Familienzusammenführung, der Heirat, aber auch der illegalen Rückkehrverweigerung nach Besuchsaufenthalten ist die Zahl der Auslandspolen weiter angestiegen.

Bei den Auslandspolen sind neben den allfälligen Assimilationserscheinungen an die neuen Heimatländer zum Teil auch starke Bindungen an Polen zu beobachten, die es dem polnischen Staat angelegen sein lassen, über eine besondere, 1954 im Zuge der beginnenden Entstalinisierung entstandene Gesellschaft für die Verbindung mit dem ausländischen Polentum ("Polonia") die Kontakte zu pflegen. Man bemüht sich, polnische Folklore zu fördern (diesem Zweck dient ein regelmäßig in Rzeszów organisiertes Festival), aber auch politische Propaganda mit nationalistischem Unterton für die Volksrepublik Polen zu verbreiten.

Zentren der Auslandspolen (die man nicht etwa mit der ephemeren und vergreisten "Exilregierung" in London verwechseln darf) befinden sich in den USA, wo in Chicago und Cleveland noch geschlossene polnische Wohngebiete bestehen, in Curitíba in Brasilien, in den westeuropäischen Emigrationszentren (z.B. in Bochum) und in anderen Emigrationsländern.

Tab. 2 Auslandspolen 1980

USA	6.000.000
Brasilien	1.000.000
Frankreich	1.000.000
Canada	300.000
Bundesrepublik Deutschland	150.000
Australien	100.000

(Quelle: Polska-Fakty, 1980, IX.5-1)

Daneben bestehen anerkannte polnische Minderheiten in der Tschechoslowakei (im Gebiet von Ostrava (Mährisch-Ostrau) ist polnisch als regionale Minderheitensprache anerkannt) und in der UdSSR (insgesamt 1.167.500 (1970)), wo Reste des polnischen Bevölkerungsteiles vor allem in den ehemals polnischen Gebieten der Ukraine (295.100), Weißrußlands (382.600) und Litauens (240.200) leben (Itogi, 1973).

Neben der offiziellen Aktivität der "Polonia" ist die wirtschaftliche Unterstützung, die die Auslandspolen ihren in Polen verbliebenen Verwandten und Bekannten angedeihen lassen, eine kaum schätzbare, aber gewiß nicht unbedeutende Quelle für Devisen und Konsumgüter. Besondere Handelsunternehmen kanalisieren die Schenkungen, die besonders in Krisenzeiten zunehmen: in Deutschland ist dies die Firma ALIMEX in München, die mit der Außenhandelsbank Pekao zusammenarbeitet. Oftmals erfüllen sich auch Auslandspolen den romantischen Wunsch, ihren

Lebensabend in Polen zu verbringen, was mit einer in Devisen bezogenen Rente unter Ausnützung günstiger Wechselkurse gewiß attraktiv sein kann.

Die Verknüpfung der Auslandspolen mit der Heimat, aber auch der Polen untereinander verläuft zu einem großen Teil über die Religionszugehörigkeit. In der langen Teilungszeit hat sich die katholische Kirche von einer Konfession zu einer Agentur des polnischen Nationalgefühls entwickelt, als welche sie auch heute noch anzusprechen ist.

Die Identifizierung der Begriffe "Pole" und "Katholik" hat die Assimilation der nicht-katholischen Minderheiten erschwert (z.B. der Juden), zum anderen hat aber auch der ausgebildete Nationalkatholizismus dem nationalen Zusammenhalt der Polen unschätzbare Dienste geleistet. Wenn heute (in Ermangelung offizieller Statistiken) geschätzt wird, daß sich etwa 90 o/o der Polen zum Katholizismus bekennen (wobei allerdings die Zahl der regelmäßig praktizierenden Katholiken deutlich niedriger angesetzt werden muß), dann muß diese Erscheinung unter dem Aspekt der nationalen Geschichte verstanden werden. Die vorübergehend geförderte antikirchliche Propaganda hat sich als völlig erfolglos erwiesen, in der letzten Zeit läßt sich zunehmend ein modus vivendi zwischen der Kirche und der - wenn auch nur formal - atheistischen PVAP erkennen: Nicht allein mit den diversen katholisierenden Gruppen (PAX, Znak etc.), sondern auch mit dem Episkopat, der vom Prestige des polnischen Papstes profitiert, bahnt sich zunehmende Gesprächsbereitschaft an.

Neben der katholischen Kirche bestehen geringe Gruppen anderer christlicher Bekenntnisse. Einige von ihnen,
- die Evangelisch-Augsburgische Kirche (80.000 Mitgl.),
- die Evangelisch-Reformierte Kirche (5.000 Mitgl.),
- die Polnisch-Katholische Kirche (40.000 Mitgl.),

- die Polnische Autokephale Orthodoxe Kirche (400.000 Mitgl.),
- die Polnische Kirche der Christen (Baptisten) (2.500 Mitgl.),
- die Methodistische Kirche (5.000 Mitgl.),
- die Vereinigte Evangelische (Frei-)Kirche (8.500 Mitgl.)

und die Altkatholiken (24.000 Mitgl.) haben sich 1958 zum Polnischen Ökumenischen Rat zusammengeschlossen; andere christliche Gemeinschaften verblieben außerhalb desselben, so die Katholischen Mariawiten (4.000 Mitgl.), die Altgläubigen, die Adventisten (7.000 Mitgl.) und die Freien Bibelforscher (3.000 Mitgl.), um nur einige zu nennen.[9]

Neben den christlichen Gemeinschaften besteht eine jüdische Restgemeinde mit einigen 1.000 Mitgliedern, für die Tataren arbeitet eine Islamische Gemeinschaft von etwa 1.500 Anhängern. Die 250 Karaimen (Juden, die nur die Schriften des Pentateuch anerkennen) sind der Rest einer früher erheblich größeren Gemeinde.

Alle religiösen Bekenntnisse genießen nicht nur dem Gesetz nach eine weitgehende Freiheit. Die Theologische Akademie des Ökumenischen Rates, in der Orthodoxe, Protestantische und Altkatholische Geistliche ausgebildet werden, ist staatlich gefördert, die Katholische Kirche ist aufgrund der Gebefreudigkeit der Bevölkerung auf staatliche Förderung kaum angewiesen und sehr wohl in der Lage, die meisten ihrer Forderungen (wie etwa den Kirchenbau) durchzusetzen. Die Polnische Armee besitzt als einzige des Ostblocks eine katholische Militärgeistlichkeit. Allein dadurch bietet Polen schon in ideologischer Hinsicht kein so monolithisches Bild wie die anderen Staaten des sozialistischen Lagers.

Die Wanderung des polnischen Volkes erfolgte nicht allein in Ost-West-Richtung. Begleitet wurde sie von einer starken Landflucht, die erst die Industrialisierung ermöglichte. Wegen der Ausrottung der polnischen Intelligenz durch die Nationalsozialisten mußte der größte Teil des intellektuellen Bereichs durch einen Nachwuchs besetzt werden, der oft vom Lande kam.[10)]

Statistisch gesehen hatte 1974 jeder polnische Bürger seit 1945 seinen Wohnsitz dreimal gewechsel (BREYER, in: Polen, 1976, S. 52).[11)]

Tab. 3 Wandel in der Stadt-Land-Verteilung seit 1945

	o/o der Gesamtbevölkerung auf dem Land	in der Stadt	Gesamtbevölkerung
1945	68,2	31,8	23.800.000
1950	63,1	36,9	25.000.000
1960	51,7	48,3	29.700.000
1970	47,8	52,2	32.600.000
1975	44,3	55,7	34.184.000
1978	42,5	57,5	35.100.000

(Quelle: BREYER, in: Polen, 1976, S. 49; RS, 1979, S. 33)

Die städtische Bevölkerung ist nicht nur prozentual, sondern - angesichts der steigenden Gesamtbevölkerungszahl - vor allem absolut stark gewachsen.

Hier muß jedoch die historische Entwicklung beachtet werden: Was die Statistik nicht so deutlich herausarbeiten kann, wenn man nicht die Zahlen für einzelne Städte beobachtet, ist die Tatsache, daß die städtische Bevölkerung nicht kontinuierlich in ihre Aufgabe hineingewachsen ist, sondern eher von den Gegebenheiten hineingestoßen wurde. Sieht man von einzelnen Ausnahmen in größeren zentralpolnischen Städten ab (Kraków, Poznań), dann hat fast überall ein Bevölkerungsaustausch stattgefunden: Vor allem die kleineren Städte des östlichen Polen waren bis zum Zweiten Weltkrieg die Wohngebiete der polnischen Juden, die im ökonomischen Leben des Landes als Händler eine bedeutende Rolle spielten. [12] Die polnischen Juden wurden fast total von den deutschen Nationalsozialisten ausgerottet; im Westen wurde die deutsche städtische Bevölkerung ausgesiedelt oder floh. Damit mußte die bis dahin mit diesem Bereich nur unvollständig vertraute bäuerliche Bevölkerung die städtischen Funktionen (etwa diejenigen des Dienstleistungsgewerbes und des Marktes) übernehmen. Man darf nicht vergessen, daß der in eigener Regie veranstaltete Bauernmarkt (im Unterschied zum ländlichen Zentralrußland, wo es lange Zeit keine Juden gab) in Polen nur wenige Traditionen aufweist. Die periodischen Märkte waren zu einem bedeutenden Teil die Domäne der als Vermittler auftretenden Juden - und zwar sowohl was den Umsatz mit landwirtschaftlichen Produkten als auch was den Absatz von industriellen Erzeugnissen betraf. Ein bedeutender Teil der mangelhaften Versorgung der Nachkriegszeit ist vermutlich auf die Unerfahrenheit der in diese Positionen hineinströmenden Schichten zurückzuführen.

In den ersten Nachkriegsjahrzehnten boten viele der kleineren Städte einen traurigen Anblick. Vom Kriege baulich in Mitleidenschaft gezogen, ihrer Bevölkerung beraubt, konnten sie ihre Funktion als Bindeglied zwischen den Landgebieten und den großen Zentren nicht aufrechterhalten. [13] Der Zentralisierung des Handels in staatlicher Hand war dieser Vorgang nützlich, der Förderung des wirtschaftlichen Status natürlich nicht. Dieser Fragekomplex ist jedoch noch ungenügend erforscht - er rührt an Grenzen, die die polnische Wissenschaft bisher noch nicht verletzt hat. Aussagen hierzu müssen daher vorläufigen Charakter behalten.

In der Altersstruktur der Bevölkerung sind immer noch die Ergebnisse der beiden Weltkriege erkennbar:

Bild 1 Bevölkerung nach Geschlecht und Alter auf 1.000 Einw. - Stand am 31. XII.

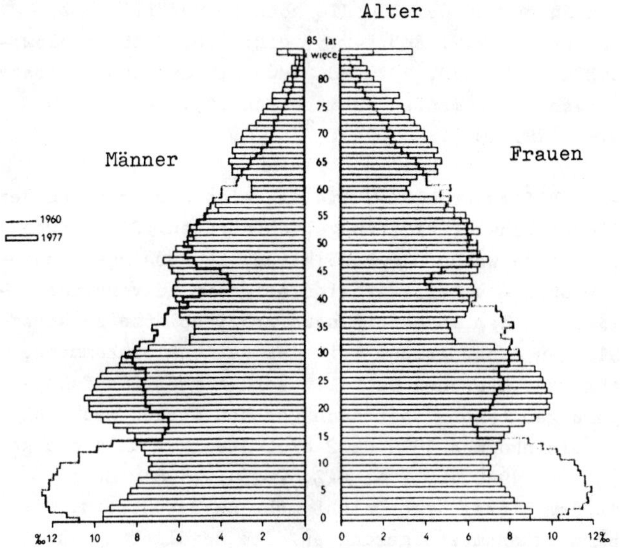

(Quelle: RS, 1979, S. 36 II.)

Gleichzeitig ist aber auch der Geburtenüberschuß deutlich, der vor allem in den 1950er Jahren mit ihrem Nachholbedarf gegenüber den Restriktionen der Kriegszeit klar erkennbar ist. Derzeit sind diese Jahrgänge im heiratsfähigen Alter, so daß sich in den letzten Jahren erneut ein Ansteigen der Geburtenrate erkennen läßt. Die Familiengründungen der Kinder der 1950er Jahre sind andererseits auch einer der Anlässe der zur Zeit nicht nachlassenden Wohnungsmisere. In dieser Hinsicht sind die Probleme Polens mit denen der Bundesrepublik Deutschland identisch.

Trotz einer verhältnismäßig hohen Säuglingssterbequote (24,5 : 1.000 Geburten, BRD: 15,5; DDR: 13,1) (RS, 1979, S. 480) hat Polen nach Rumänien und Spanien die höchste natürliche Zuwachsrate in Europa (9,7; BRD: -2,5; DDR: 0,0; Tschechoslowakei: 6,9; UdSSR: 8,5) (RS, 1979, S. 480); in der Geburtenrate wird es nur noch von Rumänien übertroffen (19,0 auf 1.000 Einw. in 1978) (RS, 1979, S. 479). [14)]

Diese Zahlen schaffen Probleme, die als eine der Ursachen der wirtschaftlichen Schwierigkeiten gelten dürften. Die Notwendigkeit, die rapide wachsende Bevölkerung zu versorgen, andererseits aber auch - um eine Arbeitslosigkeit zu verhindern - die Zwangslage, in der Industrie neue Arbeitsplätze zu schaffen, verschlingen einen großen Teil des Nationaleinkommens, das auf immer mehr Menschen verteilt werden muß. Die faktischen Steigerungen (wobei aber auch gesehen werden muß, daß Polens Nationaleinkommen 1979 um 2 o/o, 1980 gar um 4 o/o <u>gesunken</u> ist) (KDP, 1980, S. 246; FAZ, 26/31.1.1981, S. 3) [15)] kommen damit dem Einzelbürger nicht mehr zu Bewußtsein, die Umverteilung der Gesamtsteigerung auf die Bevölkerung führt für den einzelnen zu einer Situationsverschlechterung.

Geographisch ist also Polen durchschnittlich ausgestattet, die demographischen Bedingungen (Geburtenkontrolle ist nicht zuletzt wegen der Katholizität der Bevölkerung nicht leicht durchzusetzen), verknüpft mit historischen Belastungen und einer lange Zeit hindurch ineffizienten Wirtschaftstätigkeit schaffen Bedingungen, unter denen sich nur schwer positive Zukunftsaussichten annehmen lassen.

1) Durchschnittsdauer der Schneedecke im Jahr: Karpaten 100 Tage, Ostgrenze 80 Tage, untere Oder 50 Tage (E. BUCHHOFER, 1981, S. 49).

2) Der Begriff "Wojewodschaft" entstammt der mittelalterlichen Funktion des Wojewoden (Heerführers), die der jeweilige comes palatinus, der jeweils höchste Würdenträger bei Hofe, innehatte. Im Zuge des Reichszerfalls entstanden derlei Ämter an allen Höfen der Teilfürsten. Im Laufe des 13. Jahrhunderts wandelten sich diese Ämter von Hofämtern zu Territorialämtern; sie wurden also im Zuge der erneuten Konsolidierung Polens nicht aufgehoben, sondern zu Titeln und Funktionen der lokalen Feudalherren. Im Bestand des Staates blieben damit terrae erhalten, die keine selbständigen Fürstentümer waren, aber über getrennte Amtsorganisationen verfügten (BARDACH, 1979, S. 68-71). An diesen Zustand knüpft der neue Wojewodschaftsbegriff an, ohne jedoch die Lage und Struktur früherer Teilgebiete zu berücksichtigen.

3) Für Raumordnungsfragen wurden die zu kleinen Wojewodschaften erneut zu 8 "Makroregionen" zusammengefaßt (E. BUCHHOFER, 1981, S. 46, 163).

4) 1978 gab es in Polen 807 Städte und 2.070 Gemeinden; zunehmend werden kleinere Gemeinden und Städte gebietskörperschaftsmäßig vereinigt; 1978 besaßen 537 Einheiten keinen eigenen Volksrat (Polska-Fakty, 1980, II.3-1).

5) Zur sozialen Differenzierung der Bevölkerung und zur Raumplanung s. Kap. 6.

6) Die Volkszählung von 1921 ging vom Selbstverständnis der Befragten aus. 1931 waren Sprache und Bekenntnis das Differenzierungskriterium. Damit entschwindet die Vergleichbarkeit, assimilierte Juden und Deutsche werden kaum mehr erfaßbar.

7) Da Polen derzeit keine Nationalitätenstatistik veröffentlicht, ist man bei den Angaben für 1978 auf Schätzungen angewiesen.

8) Daneben gab es bis 1939 zahlreiche polnische Saisonarbeiter ("Sachsengänger"), die zu Erntearbeiten nach Deutschland gingen und nach der Arbeitsperiode nach Polen zurückkehrten.

9) Angaben nach Polska Fakty 1980 III.6 und B. STASIEWSKI, "Kirche und Religionsgemeinschaften". In: Polen. München/Wien 1976, S. 242-262. - Zur Stellung der Kirchen im politischen System vgl. auch Kap. 3.

10) Dies betraf vor allem die ehemals deutschen Gebiete, deren landwirtschaftliche Großbetriebe nur wenige Arbeitsplätze boten. Die Städte wurden zum großen Teil mit polnischen Bauern aufgesiedelt. 1947 stammten 40 o/o der Bewohner Breslaus vom Lande (E. BUCHHOFER, 1981, S. 36).

11) Es bildeten sich 5 städtische Agglomerationen heraus (Warszawa (Warschau), Oberschlesien, Kraków (Krakau), Łódź, Küste (Danzig/Zoppot/Gdingen)), die sich durch einen umfassenden Ausbau von Neubaugebieten auszeichnen, deren Qualität unter dem Druck des hier enormen Wohnraummangels leidet.

12) Die christlichen Bewohner ostpolnischer Kleinstädte waren zumeist Ackerbürger und lebten in den Außenbezirken mit aufgelockertem Hausbestand und Scheunenvierteln. Die kleineren Häuser im Zentrum, die sich um die Marktplätze gruppieren, waren zumeist von Juden bewohnt.

13) E. BUCHHOFER (1981, S. 76) bietet eindrucksvolle Beispiele für die Unterbesiedlung polnischer Kleinstädte nach dem Zweiten Weltkrieg.

14) Diese derzeitige Zuwachsrate ist schon eine starke Reduzierung gegenüber dem Zustand der 50er Jahre; 1956 betrug der natürliche Zuwachs 19 o/oo (J. FIERLA, 1975, S. 13).

15) Diese Zahlen entstammen den offiziellen Verlautbarungen des statistischen Hauptamtes. Für 1981 zeichnet sich ein deutlich weitergehender Rückgang ab.

2. Historischer Hintergrund

Polens Gegenwart, seine Gesellschaftsstruktur und seine Probleme sind ohne die Geschichte kaum zu erklären. Die Menschen dieses Landes, das immer wieder geteilt wurde und nahezu ohne Unterbrechung seit Jahrhunderten dem Einfluß und der Mitsprache seiner Nachbarn ausgesetzt ist, haben eine besondere Beziehung zur Historie, aus der sie immer wieder die Kraft schöpfen, Anstrengungen zur Erhaltung oder Wiedererlangung der Selbständigkeit zu unternehmen. Polens erster Literatur-Nobelpreisträger, Henryk Sienkiewicz, ist im eigenen Lande nicht durch sein im Ausland populäres "Quo vadis" berühmt geworden; seine in der Heimat beliebtesten Werke - Pflichtlektüre aller Schüler - sind die "Trilogie", in der Polens frühneuzeitliche Geschichte verherrlicht wird, und "Krzyżacy" (Kreuzritter), ein Roman, der die Auseinandersetzung mit dem Deutschen Orden beschreibt.

Dabei ist Polens Geschichte nicht lang. Erst im 10. Jahrhundert verlassen die heutigen Gebiete Polens die Prähistorie, für die Zeit davor sind authentische schriftliche Zeugnisse nicht überliefert. Man muß sich auf archäologische Funde stützen, die keine eindeutigen Aussagen über die ethnische Zugehörigkeit ihrer Schöpfer zulassen (vgl. HENSEL, 1971, S. 75). Daß immer wieder deutsche und polnische Historiker und Politiker aus diesen Funden widersprüchliche Ansprüche abzuleiten versuchten, verbessert ihre Qualität nicht.

2.1. Mittelalter

In der zweiten Hälfte des 10. Jahrhunderts konsolidieren sich unter dem Einfluß des missionierenden Christentums die Verhältnisse in Osteuropa dergestalt, daß wir von nun an eine einigermaßen deutliche Vorstellung über die Verhältnisse in diesem Gebiet haben.

Für Polen ist das einschneidende Ereignis dieses Jahrhunderts die Christianisierung. Der Polanen-Staat des Piastenherzogs Mieszko umfaßte das heutige Großpolen, Masowien und Kujawien, während die südlicheren Gebiete mit Böhmen politisch verbunden waren. Mieszkos Annahme des Christentums über Böhmen (verbunden mit der Heirat mit einer böhmischen Prinzessin) im Jahre 966 war ein Akt von politischer Bedeutung, trotzdem ist es wenig wahrscheinlich, daß Mieszko aus nationalen Gründen die böhmische Vermittlung wählte. Sicherlich wollte er den im Brandenburgischen vorwärtsdrängenden Deutschen keinen Vorwand liefern, die Verbreitung des Christentums mit dem Schwert auf seinem Territorium zu praktizieren, jedoch hinderten ihn "Blutsbande" nicht, zur gleichen Zeit wie die Deutschen (968) die westslavischen Wiltzen zu attackieren. [1] Die Orientierung an Rom und dessen lateinischem Ritus hatte weiterreichende Folgen: Der Unterschied zu Rußland, das sein Christentum über das griechische Byzanz annahm, ließ eine Gemeinschaft mit dem großen ostslavischen Nachbarn - insbesondere nach dem Schisma - nicht aufkeimen, Polen begriff sich hinfort als "antemurale christianitatis".

Die "Taufe Polens" [2] erschloß Polen einen Platz in der europäischen Staatenfamilie, die Unmittelbarkeit des ersten Missionsbistums Posen zu Rom sicherte den neuen christlichen Herrscher gegenüber dem Hegemonialstreben des ottonischen Reiches zumindest formal ab. Dennoch bezeichnete sich Mieszko zeitweise als Lehnsmann des Deutschen Kaisers, die Schwächung des Reiches und die relative Stärke Polens in jener Zeit verhinderten jedoch weitergehende Abhängigkeiten.

Mieszkos Sohn und Nachfolger, Bolesław Chrobry (der Tapfere), nutzte die historische Lage, um das Vatererbe in allen Himmelsrichtungen auszudehnen. Nach dem Tode des Wiślanenherrschers schloß er 999 das heutige Südpolen seinem Staat an, der damit die Karpaten erreichte. Gegen die baltischen Pruzzen im Norden wie gegen die westslavischen Wiltzen im Nordwesten rüstete er Missionszüge aus, die neben ihrer religiösen Zielsetzung auch die Ausdehnung seines Einflußbereiches zum Ziel hatten.

Der Zusammenhang zwischen religiöser und weltlicher Expansion wurde im sog. Akt von Gnesen deutlich. Im Jahre 1000 besuchte Kaiser Otto III., dessen Ziel ein christliches Weltreich war, dessen östliche Stütze das Polen der Piasten sein sollte, Bolesław in dessen Hauptstadt Gnesen. Bei dieser Gelegenheit entstand das erste polnische Erzbistum; wiederum war es nur von Rom abhängig und bestätigte damit die Selbständigkeit Polens. Mit den neuen Bistümern Krakau, Breslau und Kolberg, die Gnesen unterstanden, erkannte die Kirche die Eroberungen Bolesławs an. Bolesław wurde von einem tributarius zu einem dominus und wuchs rangmäßig, da er das Investiturrecht erhielt, über den Herzog von Böhmen hinaus. [3)]

Auch nach der Jahrtausendwende expandierte Polen unter Bolesław, zeitweise wurden Böhmen und die Slowakei besetzt, im Westen stießen polnische Truppen bis Meißen vor. Im Bautzener Frieden von 1018 verzichtete der deutsche Kaiser auf die Lausitz, im Osten wurden vorübergehend Teile Wolhyniens besetzt. 1025 ließ sich Bolesław in Gnesen zum König krönen.

Auch wenn in der folgenden Zeit der polnische Staat abwechselnd an Bedeutung verlor und zu neuem Glanz aufstieg, die Ereignisse des 10./11. Jahrhunderts hatten einen Staat geschaffen, der eine sehr große Lebensfähigkeit besitzen sollte.

Selbst als der Einheitsstaat 1138 auseinanderfiel und unter den Söhnen des Bolesław Krzywousty (Schiefmund) aufgeteilt wurden, behielt er seinen Zusammenhalt, indem ein Seniorat eingerichtet wurde: der jeweils älteste der regierenden Brüder erhielt den größten Teil des Landes und regierte von Krakau aus, das von da an bis zum 16. Jahrhundert Polens Hauptstadt war (J. NATANSON-LESKI, 1964, S. 41-43). [4] Erst im 14. Jahrhundert konnten Władysław Łokietek und Kazimierz III. Polen ohne Schlesien und Pommern, dafür im Osten erweitert, wiedervereinigen.

In gesellschaftlicher Hinsicht war die Ära der Zersplitterung für Polen von großer Bedeutung. Die zahlreichen Auseinandersetzungen förderten das Entstehen eines Ritterstandes, der, mit Landbesitz versehen, zum quantitativ bedeutendsten Bestandteil des polnischen Adels wurde - andererseits verhinderte die Kleinstaaterei die Ausbildung einer einheitlichen Lehnshierarchie (BARDACH, 1979, S. 38). [5] Somit dominierte im piastischen Gebiet Polens ein keineswegs wohlhabender Kleinadel ritterlicher Herkunft (WOJCIECHOWSKI, 1930). Der daneben bestehende ursprüngliche Geburtsadel hatte kaum Gelegenheit, formelle Unterabhängigkeiten zu begründen und unterschied sich mit der Zeit - sieht man von gesellschaftlichem Ansehen und der Größe des Besitzes ab - kaum mehr vom Ritteradel. Sowohl die Magnaten als auch der Kleinadel besaßen die Unmittelbarkeit zum Landesherrn. Vom 13. Jahrhundert an erwarben die Stände zusätzliche Rechte, die Landesherren mußten sich verpflichten, ihre Privilegien zu achten. Damit wurde in Polen der Adel - vor allem aber der sonst kaum irgendwo so mächtige Kleinadel - zu einer bedeutsamen Schicht (TYMIENIECKI, 1961, S. 103-119).

Aber nicht allein für den Adel war die Zeit der Teilstaaten von Bedeutung: Sowohl was die städtische als auch was die landwirtschaftliche Siedlung betrifft, kam es zu neuen Entwicklungen, die Polen bis heute prägen.

Bereits frühzeitig gab es in Polen stadtähnliche Siedlungen "podgrodzie" (suburbium), die mit den "grody" (Burgen) genannten Wehrsiedlungen der Herrscher verbunden waren. [6] Im Laufe des 13. Jahrhunderts gewannen immer mehr Städte ein größeres Maß an Selbstbestimmung, indem ihnen in Lokationsurkunden Stadtrechte verliehen wurden. Nicht allein die Landesherrschaft, auch bedeutendere Adelsfamilien und die Kirche veranlaßten zum Zwecke der Steigerung des Ertrages ihrer Besitzungen Stadtgründungen. Die Lokation oder "Neugründung" der Städte, deren Hauptziel die Erhöhung ihrer Funktionsfähigkeit war, orientierte sich am im Westen ausgebildeten Stadtwesen: die "modernen" Codices der deutschen Städte Lübeck und Magdeburg sowie ihre Abwandlungen wurden zu den Hauptvorbildern dieser "Neugründungen", die von da an auf "deutschem Recht" basierten. [7)]

Die neuen Städte waren oftmals räumlich von den alten Stadtsiedlungen geschieden (besonders deutlich wird diese Trennung noch heute im Stadtbild Posens). Lokatoren planten die neuen Ansiedlungen, der Aufbau war dadurch urbanistisch durchdacht; diese "Unternehmer" bemühten sich oft auch selber um städtische Siedler, deren erste Vögte sie wurden. Oft kamen diese Siedler aus Deutschland, wo die wirtschaftlichen Bedingungen im 13. Jahrhundert die Suche nach neuen Siedlungsmöglichkeiten förderten. Die so entstehenden Städte erhielten aufgrund des "ius theutonicum" und des großen Anteils deutscher Kaufleute und Handwerker ein deutsches Gepräge, das jedoch schon bald verloren ging, weil sich die städtischen Siedler innerhalb weniger Generationen sprachlich polonisierten und der Zufluß ländlicher polnischer Bewohner, die die "Stadtluft" wie in Deutschland frei machte, die ethnische Einwohnerstruktur veränderte. So blieben die Städte deutschem Stadtrecht unterstellt, besaßen ab der 2. Hälfte des 13. Jahrhunderts die weitgehende Selbstverwaltung, waren aber dem eigenen Selbstverständnis nach weitgehend polnisch. [8)]

Etwa gleichzeitig mit den christlichen Deutschen strömten auch die im Zuge der Kreuzzugspsychosen in Deutschland verfolgten Juden nach Polen. Auch sie blieben in neuen und alten Städten, wegen der unterschiedlichen Konfession vermischten sie sich jedoch nicht mit der einheimischen Bevölkerung. [9] Die ähnliche wirtschaftliche Aktivität, verstärkt durch die wachsende antijüdische Propaganda der noch jungen und um ihre Missionserfolge fürchtenden Kirche führte schon bald zu einer heftigen christlich-jüdischen Konkurrenz, wobei die jüdische Partei nach dem Wiedererstarken des polnischen Königtums durch Privilegien (im Sinne von Eigenrechten - es geht keineswegs um eine Vorzugsbehandlung) abgesichert wurde (vgl. WEINRYB, 1973, S.123-131). Während sich die christlichen Bürger eine weitergehende Selbständigkeit erkämpft hatten, basierte die Rechtssituation der Juden zumeist auf königlichen oder Adelsgarantien, wodurch ein Konflikt in dieses Feld übertragen wurde, der einen Großteil des mittelalterlichen und frühneuzeitlichen Lebens in Polen bestimmte. [10]

Parallel zur Lokation der Städte nach deutschem Recht erfolgte ein ähnlicher Prozeß auf dem Lande (TYC, 1924). Auch hier brachte die neue deutsche Rechtsnorm im Unterschied zur früheren gewohnheitsrechtlichen polnischen eine weitgehend verbindliche schriftliche Festlegung der Beziehungen zwischen Bauern und Grundherrn, wodurch Übergriffe ausgeschlossen werden sollten. Die Lokation lockte ausländische Siedler an, die primär bis dahin unbebautes Land bewirtschafteten und so die Einnahmen der Grundherren aufbessern sollten. Da neben der Neuanlage von Dörfern auch in alten polnischen Dörfern die Übertragung auf die neue Rechtsform stattfand, [11] ist es bei der dörflichen noch weniger als bei der städtischen Lokation möglich, aus der Rechtsform allein auf die ethnische Zugehörigkeit der Bauern zu schließen. Die neue Rechtsform, mit der auch modernere Wirtschaftsformen aus Westeuropa importiert wurden (Geldwirtschaft, Drei-Felder-Wirtschaft, Allmende) gewann die Bedeutung einer umfassenden Agrarreform, die den ökonomischen Status Polens anhob. [12]

Die umfassende Modernisierung hob die wiedervereinigte polnische Monarchie in den Rang der westeuropäischen Zentren der damaligen Welt. Kazimierz - den man den Großen nannte - versuchte in seinen "Statuten", die Basis einer allgemeinen Rechtsverbindlichkeit zu legen. 1364 wurde die Krakauer Universität gegründet, die allerdings erst im darauffolgenden Jahrhundert mit den übrigen Hochschulen West- und Mitteleuropas gleichzog.[13] Die Ostausdehnung, die Förderung der Bildung, die Prosperität und die weitreichenden Kontakte belegen die Bedeutung des Staates, die auch durch die Wirren nach Kazimierzs Tod - er hinterließ keinen Thronerben - nur unwesentlich geschmälert wurde.

Nach dem Tode des zwischenzeitlich regierenden Ludwig von Ungarn setzte der Adel 1384 durch, daß nicht dessen ältere Tochter Maria, sondern die jüngere Hedwig (Jadwiga) zur polnischen Königin erklärt wurde. Ihren Verlobten Wilhelm von Habsburg konnte man abfinden,und der Adel erreichte in Verhandlungen, daß der litauische Fürst Jagiełło Hedwig heiratete, mit seinem Volk zum Christentum übertrat (wobei er den Namen Władysław annahm) und so die Basis des polnisch-litauischen Großreiches legte (SAMSONOWICZ, 1971, S. 44-71; NATANSON-LESKI, 1964, S. 92-104). Auch wenn ursprünglich nur eine Personalunion vorlag, vereinigte sich recht bald auch der Adel der beiden Gebiete und obwohl beide Territorien zeitweise eigene Wege gingen, wurden doch bis zur Mitte des 16. Jahrhunderts die polnischen Organisationsformen auch im Großfürstentum Litauen, das große Gebiete des heutigen Weißrußland und der Ukraine umfaßte, heimisch. 1569 wurde in Lublin die Realunion verkündet (NATANSON-LESKI, 1964, S. 135-39).

Durch den Zusammenschluß mit Litauen veränderte sich die geographische und ethnische Gestalt Polens. In den weiten Ostmarken (kresy) herrschte eine dünne Adelsschicht über russische und ukrainische Bauern. Im Bauernaufstand von 1648 unter Bohdan Chmel'nyćkyj wurde der Konflikt deutlich. Auch in Polen selber gerieten die Bauern zunehmend in die Abhängigkeit. [14]

Dem Adel gelang es, von den jagiellonischen Herrschern immer weitergehende Rechte zu erwirken: Er erhielt die Zusicherung der Rechtssicherheit, sein Vermögen wurde ohne diesbezügliches Gerichtsurteil für unantastbar erklärt. Nur er durfte ab 1433 höhere Kirchenämter bekleiden, ab 1423 durfte er in die bäuerliche Selbstverwaltung eingreifen, wenn der Dorfschulze "unnütz und aufrührerisch" war. Gleichzeitig wurde im Statut von Warta die Gleichheit des gesamten Adels vor dem Gesetz festgeschrieben (BARDACH, 1979, S. 95).

Der Adel schuf sich eine eigene Ideologie in der Gestalt der sog. Sarmatentheorie. Er versuchte, sich - historisch falsch - von einem Stamm der Sarmaten herzuleiten und damit seine Höherwertigkeit gegenüber Bauern und Bürgern zu begründen. [15]

2.2. <u>Frühe Neuzeit</u>

Am Beginn der Neuzeit war der polnische Staat einer der größten Europas. Seine engen Kontakte mit Norditalien und Süddeutschland ließen ihn die neuen Strömungen des Humanismus und der Reformation begeistert aufnehmen. Polens geistige Oberschicht studierte in Italien und trug viel zum Kulturaustausch bei, Kopernikus war nur <u>ein</u> markanter Vertreter dieses Phänomens. [16]

Ebenso wie in Deutschland gewann die Reformation mit ihrem selbständigen Umgang mit religiösem Schrifttum, gefördert durch zahlreiche Mißgriffe der Kirche, in Polen viele Anhänger. Besonders im Norden Polens traten zahlreiche Magnatenfamilien zur neuen Konfession über. [17] Neben dem Luthertum gewann auch der Kalvinismus polnische Anhänger. Mit den Polnischen Brüdern (Arianern) bildete sich eine Spielart aus, die im Unterschied zu den Lutheranern bereit war, auch Nichtadligen gewisse Rechte zuzusprechen (SZCZUCKI, 1971). Dennoch blieb die Reformation zumeist auf den Adel beschränkt; trotz der 1573 erreichten Verkündung der pax inter dissidentes in religione, also der formellen Glaubensfreiheit, konnten die untereinander zerstrittenen Protestanten der aufwendig geführten Gegenreformation keinen geeinten Widerstand entgegensetzen.

In den Städten und bei den Bauern behielt die katholische Geistlichkeit ihren Einfluß - dies erleichterte es dem König, nach dem Tridentinum mit Hilfe der nach Polen gerufenen Jesuiten die Effekte der Reformation nahezu vollständig zu beseitigen.[18] Nachdem im 17. Jahrhundert die Schweden Polen überrannt hatten, war es ein Leichtes, die Protestanten der Zusammenarbeit mit dem lutherischen Feind zu bezichtigen und ihrer noch verbliebenen Rechte zu berauben (vgl. KNEIFEL, 1962, S. 54-64).

Unter dem Eindruck der schwedischen Invasion erfolgte ein wichtiger Schritt zur Konsolidierung der polnischen Nation. Die militärisch relativ bedeutungslose Aufgabe der Belagerung des Paulinerklosters Jasna Góra bei Częstochowa durch die Schweden (1655)[19] wurde der Wunderkraft der dort in einer Ikone verehrten Mutter Gottes zugeschrieben, die damit scheinbar einen Beleg für die Verbundenheit des Katholizismus mit Polen geliefert hatte. Daraufhin erhob König Jan Kazimierz in Lemberg Maria zur "Königin der Krone Polen"; dies und der Ruhm, den Jan III. Sobieski nach seinem Sieg über die Türken vor Wien (1683) als "Retter des christlichen Abendlandes" erwarb, verdeutlichen die immer stärker werdende Verbindung von Katholizismus und Polentum, die in der Zeit der Teilungen noch weiter gefestigt werden sollte.

Aber nicht allein die Schweden machten Polen zu schaffen. Im Inneren gewannen unterschiedliche Adelsinteressen immer größere Bedeutung: Nach dem Tode des letzten Jagiellonen-Königs Zygmunt August (1572) entwickelte sich das System der Königswahl durch den Adel. Von da an stellten Angehörige ungarischer, französischer, schwedischer und sächsischer Dynastien oder aber Polen, die als Kandidaten ausländischer Mächte auftraten (Michał Korybut Wiśniowiecki (Habsburg), Jan III. Sobieski (Frankreich), Stanisław August Poniatowski (Rußland)), die polnischen Könige. Durch die Korrumpierbarkeit des Adels bei den Königswahlen und den zahlreichen Reichstagen, bei denen theoretisch eine einzige Nein-Stimme die gefaßten Beschlüsse zunichte machen konnte (liberum veto), verlor Polen seine politische Bedeutung (KONOPCZYŃSKI, 1918; OLSZEWSKI, 1966).

Allerdings ist es eine Fehldeutung, Polen aufgrund dieser Regierung über Reichstage als "erste Demokratie" zu bezeichnen. Die Adligen allein waren es, die in dieser "Rzeczpospolita" (res publica) Stimmrecht hatten.

Die Wasa-Könige veranlaßten eine Verlegung der Hauptstadt: Sie waren an der Politik in Nordeuropa interessiert - also residierten sie in Warschau, wo auch die Königswahlen stattfanden. Nur mehr die Krönung selber fand traditionsgemäß im südlich gelegenen Krakau statt. Das Hofleben blühte trotz des Rückgangs der Bedeutung Polens auf - erste Manufakturbetriebe wiesen zur gleichen Zeit wie in Westeuropa auf den Anbruch der Moderne hin.

2.3. Die Zeit der Teilungen Polens

Allerdings sollte Polen den Beginn des bürgerlichen Zeitalters kaum mehr als Staat erleben. Wenngleich in der zweiten Hälfte des 18. Jahrhunderts zahlreiche Reformvorschläge ausgearbeitet wurden und Polen mit der "Nationalen Erziehungskommission" die "älteste Kultusbehörde Europas" besaß (ZERNACK, 1967, S. 389; vgl. auch HOENSCH, 1973), Polen am 3. Mai 1791 eine Verfassung erhielt, die das liberum veto durch das Mehrheitsprinzip ersetzte und sogar dem Bürgertum ein Mitspracherecht garantierte, konnten sich diese Neuerungen nicht mehr entfalten. In drei "Teilungen" (1772, 1793, 1795) wurde der Staat von seinen drei Nachbarn Rußland, Preußen und Österreich annektiert.

Die erste Teilung erfolgte unter dem Vorwand der allgemeinen Anarchie, die in Polen herrsche (in der Tat standen miteinander verfeindete Adelsparteien häufig im Streit), die zweite als Maßnahme gegen den sich in Polen angeblich ausbreitenden Jakobinismus. Da hierbei bereits die am dichtesten besiedelten Teile des Landes besetzt wurden, formierte sich unter dem im amerikanischen Unabhängigkeitskrieg ausgezeichneten Tadeusz Kościuszko eine mächtige Aufständischen-Bewegung. Zwar orientierte sie sich an französischen Vorbildern, bestand aber weiterhin auf gewissen Adelsvorrechten. Trotz vorübergehender Erfolge konnte sie sich nicht durchsetzen: Die Nachbarn zwangen den König zur Abdankung - Polen verschwand von der europäischen Landkarte (ROSTWOROWSKI, 1966).

Polens Untergang stand - ohne deren Übergriffe - im Zeichen der Ideen der französischen Revolution. Möglicherweise trugen dies und die heftigen Versuche der Polen, gegen die umliegenden absolutistischen Staaten seine Unabhängigkeit wiederzuerlangen, dazu bei, das ganze 19. Jahrhundert hindurch die "polnische Frage" zu einem besonderen Anliegen demokratischer, antirestaurativer Kreise zu machen (s. HALLGARTEN, 1928).

Die Niederlage des Kościuszko-Aufstands führte zur ersten großen Auswanderungswelle aus Polen. Frankreich, an das sich die polnischen Hoffnungen geknüpft hatten, organisierte in der von ihm abhängigen Lombardischen Republik polnische Legionen, die vorgeblich der Wiedereroberung Polens dienen sollten, aber vor allem in Italien selber, in Deutschland, Ägypten und auf Haiti kämpfen mußten. Obwohl sie von Frankreich verraten wurden und letztlich zur Befreiung ihrer Heimat nichts beitragen konnten, wurde ihr Lied "Noch ist Polen nicht verloren" zur späteren Nationalhymne.

Erst nach dem Frieden von Tilsit (1807) schloß Napoleon die Preußen und Rußland abgenommenen polnischen Gebiete zu einem scheinunabhängigen Staatswesen unter dem sächsischen König Friedrich August zusammen; diesem Großherzogtum Warschau wurden nach dem Frieden von Schönbrunn noch die 1809 im französisch-österreichischen Krieg eroberten Gebiete von Sandomierz und Lublin angegliedert.

Die kurze "napoleonische" Zeit brachte eine Förderung des Bürgertums und eine Reduzierung der kirchlichen Privilegien mit sich. Die zivile Standesregistrierung wurde eingeführt, ebenso die allgemeine Wehrpflicht. Nach Napoleons Niederlage in Rußland war die kurze Zeit der Unabhängigkeit vorbei: Auf dem Wiener Kongress 1815 wurde Polen erneut geteilt. [20)]

Daß die polnische Selbständigkeit - wie vage sie auch war - mit französischer Hilfe errungen worden war, führte zu einer Woge der Frankophilie, die bis heute unterschwellig anhält. Für Polen blieb Frankreich das Hauptziel der nationalbewußten Emigration, das Kulturleben orientierte sich an dem Land, das sich so sehr von den unmittelbaren Nachbarn Polens zu unterscheiden schien.

Das russische Teilungsgebiet in Polen erhielt 1815 eine Verfassung und eine beschränkte Selbstverwaltung. Es durfte jedoch keine eigene Außenpolitik betreiben, der russische Zar war in Personalunion König von Polen. Die formal liberale Verfassung wurde umgangen, ihre Garantien blieben unbeachtet. Während der russische Teil immer enger in das Zarenreich eingebunden wurde und auch in Preußen zunächst noch einige Sonderregelungen für die ehemals polnischen Gebiete bestanden, erhielt Galizien, der österreichische Teil Polens, zu dem ab 1846 auch die bis dahin noch selbständige kleine "Republik Krakau" gehörte, in der 2. Hälfte des 19. Jahrhunderts eine weitergehende Autonomie.

Die Polen wehrten sich gegen die Besetzung in zahlreichen Aufständen (1830/31; 1846; 1848). Nach dem Januar-Aufstand von 1863 wurden die verfassungsmäßigen Garantien für Russisch-Polen auch formell außer Kraft gesetzt und das Gebiet als "Weichselland" unmittelbar dem Imperium einverleibt. Die polnische Amtssprache verschwand ebenso wie das nationale Hochschulwesen, die Zensur feierte fröhliche Urständ. Auch in Preußisch-Polen war von den 1860er Jahren an die polnische Sprache zunehmendem Druck ausgesetzt, die Ansiedlungsaktion des Ostmarkenvereins versuchte in den letzten Jahrzehnten vor dem Ersten Weltkrieg durch die Förderung deutscher Siedlung in Posen und Westpreußen und die Behinderung der Polen, das Land zu germanisieren. [21)]

In Galizien dagegen wußten sich die österreichischen Politiker die Ambitionen der Polen zunutze zu machen. Sie förderten den polnischen Nationalgedanken, indem sie weitergehende geistige Freiheiten zugestanden und in Krakau und Lemberg polnische Universitäten zuließen. Galizien galt als "polnisches Piemonte". Hierher flohen die Unterdrückten aus anderen Teilungsbereichen und aus Rußland - Lenin lebte von 1912 bis 1914 in Krakau. Die polnischen Konservativen wirkten in der österreichischen Verwaltung und Regierung mit. Daß Österreich sich der Polen bediente, um die anderen Nationalitäten Galiziens - die Ruthenen (Ukrainer) und Juden - zahlreicher Rechte zu berauben, konnte nahezu verdrängt werden.

Das 19. Jahrhundert mit der Ausbildung des bürgerlichen Nationalismus ging auch an Polen nicht spurlos vorbei. Der polnische Nationalgedanke konnte trotz fehlender staatlicher Basis unter anderem wegen der konfessionellen Unterschiede - wie in Irland - blühen. Der Antagonismus zum Deutschland des "Kulturkampfes" und zum orthodox-slavophilen Zarenreich verhinderte eine Integration der Polen in diese Staaten. Polen wurde immer deutlicher auf das fortbestehende Symbol der Eigenständigkeit der polnischen Nation verwiesen: den katholischen Glauben, der sich als eine immer bedeutender werdende integrative Kraft erwies. Die Pfarrei als Instanz der Bewahrung nationalpolnischer Kultur sah sich in der Rolle der Verteidigerin des Polentums, welches nun immer eindeutiger mit dem Katholizismus identifiziert wurde (CIUPAK, 1973, S. 105-7). Gesellschaftsgeschichtlich wurde die Gestaltung des polnischen Nationalbewußtseins durch die sog. organische Arbeit gefördert, die als "realpolitische" Konsequenz des Mißerfolgs der Aufstände anzusprechen ist. Vertreter der Intelligenz, eines aufgeklärten Bürgertums, Schriftsteller und Maler propagierten angesichts der momentanen Unmöglichkeit, Polen gewaltsam seine Freiheit wiederzugeben, die These, nun Polens Wiedergeburt auf anderen Gebieten zu betreiben: durch die wirtschaftliche, soziale und kulturelle Hebung des Landes.

Das ökonomische Ziel der "organischen Arbeit" war neben der Modernisierung der Landwirtschaft und der Förderung der Industrialisierung die Aufhebung der alten Standesvorbehalte des Adels gegenüber bürgerlicher ökonomischer Tätigkeit. Man glaubte, Polen am meisten nützen zu können, wenn man sich in zurückhaltender Loyalität gegenüber den Teilungsmächten um die soziale Entwicklung bemühte. Die zunehmende Industrialisierung, eine Landfluchtbewegung, aber auch das durch die "organische Arbeit" bedingte Einströmen neuer Interessenten in die städtisch-bürgerlichen Bereiche, die bis dahin in hohem Maße von Juden und (im Posener Gebiet) Deutschen eingenommen wurden, verschärften eine Konkurrenzsituation, deren Fronten zunehmend mit den Grenzen der ethnischen Zugehörigkeit ihrer Vertreter identifiziert wurden. Die Rückbesinnung auf die "goldenen Zeiten" der polnischen Geschichte begünstigte einen militanten Nationalismus, der weite Teile vor allem der bürgerlichen Bevölkerung erfaßte. [22)]

In der entstehenden polnischen Parteienlandschaft spiegelt sich der neue Trend wider. Auf der Basis des wachsenden polnischen Kleinbürgertums entsteht die neue nationaldemokratische Partei, deren führende Gestalt Roman Dmowski ist. In seiner Ideologie wird die Integration der Begriffe "Pole" und "Katholik" festgeschrieben (MICEWSKI, 1971, S. 404). Die Partei ist pragmatisch, man ist bereit, vorübergehend mit Rußland zusammenzuarbeiten: Dmowski sieht in Deutschland, das er für "gefährlich effektiv" hält, die Hauptgefahr für Polen (FOUNTAIN, 1980, S. 161-2).

Auf der Linken stehen der Nationaldemokratie die polnischen Sozialisten gegenüber, die jedoch untereinander sehr zerstritten sind. Die "Sozialdemokratie des Königreichs Polen und Litauens", eine ihrer Hauptvertreterinnen ist Rosa Luksemburg, mündet im Kommunismus. Ihr steht im russischen Teil Polens die "Polnische Sozialistische Partei" (PPS) gegenüber, deren Anführer der spätere Staatschef Józef Piłsudski ist. In Galizien entsteht die sozialdemokratische Partei, die 1904 unter der Führung von Ignacy Daszyński ein "moralisches Bündnis" mit der PPS eingeht.

Eine Besonderheit der polnischen Parteienlandschaft sind die Bauernparteien, die dem erfolgreichen Versuch entspringen, die bäuerliche Bevölkerung politisch zu motivieren. Im Unterschied zu Rußland, wo die Agitation der bürgerlichen und sozialistischen Parteien unter den Bauern oftmals von einem zu hohen intellektuellen Niveau ausgeht und damit zumeist erfolglos bleibt, bedienen sich die polnischen Bauernpolitiker einer volksnahen Propaganda, die auch den bäuerlichen Antisemitismus nicht ausspart, und erringen damit eine breitere Unterstützung der Landbewohner. Diese Nähe zur Rechten verhindert später, obwohl es an Versuchen nicht fehlte, die energische Durchführung einer Bodenreform.

2.4. Polens "Auferstehung" (Zmartwychwstanie)

Der Erste Weltkrieg bot Polen seine große historische Chance. Während sich die Nationaldemokraten in Kongreß-Polen auf die russische Seite stellten (in Galizien verhielten sie sich meist abwartend), bildete Piłsudski im Rahmen des österreichischen Heeres "Polnische Legionen" (etwas später entstanden polnische Verbände auch auf der russischen Seite) und danach die geheime "Polnische Militärische Organisation". Die Geringschätzung der Okkupationstruppen der Mittelmächte gegenüber den polnischen nationalen Ambitionen und die starke ökonomische Ausbeutung polnischer Ressourcen zugunsten der Kriegswirtschaft (ROOS, 1961, S. 22-28) führten trotz halbherzigen Versuchen, Polen eine begrenzte Selbständigkeit zu verschaffen (Erklärung vom 5. November 1916) und demokratische Einrichtungen zu fördern (Stadtverwaltungen, Einsetzung eines Regentschaftsrats), zu wachsender Unzufriedenheit.

Die Mittelmächte versuchten - meist erfolglos - im besetzten Gebiet polnische Freiwillige auszuheben. Piłsudski erkannte immer deutlicher, daß es nicht um ein künftig selbständiges Polen, sondern um die expansiven Ziele der Mittelmächte in Ostmitteleuropa ging. Als er gegenüber von Beseler, dem deutschen General-Gouverneur von Warschau, die Absicht äußerte, die Eidesleistung auf die Kaiser zu verweigern (PAJEWSKI, 1980, S. 168), wurde er in Festungshaft genommen, was ihn nach 1918 von seiner ursprünglichen Kollaboration mit den Mittelmächten reinwusch.

Inzwischen hatte sich in Lausanne und später in Paris ein Polnisches Nationalkomitee konstituiert, dem vor allem Vertreter der Nationaldemokratie angehörten. Das Komitee stellte sich auf die Seite der Entente, erhielt die Befehlsgewalt über polnische Auslandstruppen und die faktische Anerkennung als polnische Exilvertretung. 1918 forderte US-Präsident Wilson in seinem vielbeachteten Friedensdokument ein unabhängiges Polen mit einem Zugang zum Meer.

Das Polen, das 1918 nach der Kriegsniederlage aller seiner Teilungsmächte entstehen konnte, benötigte nach dem Jahrhundert der Teilungen eine entsprechend lange Konsolidierungsphase. Unterschiedliche Gruppierungen aus drei Staaten mußten zu einheitlichen Parteien verschmolzen, ganz verschiedene Sozial- und Wirtschaftsstrukturen, die sich in den Volkswirtschaften Deutschlands, Österreichs und Rußlands ausgebildet hatten, auf einen gemeinsamen Nenner gebracht werden. Eine nationale Rückbesinnung war nur auf die archaischen Zustände der alten Adelsrepublik oder aber die in der Theorie steckengebliebenen Thesen der polnischen Aufständischen des 18. und 19. Jahrhunderts möglich; ein Regieren gegen die in der staatenlosen Zeit einflußreich gebliebene Kirche unmöglich. Momente demokratischen Bewußtseins kollidierten mit Statusängsten und Hegemonialallüren der der eigenen Nationalsymbolik gegenüber hypersensiblen politischen Führung.

Polens Grenzen waren ungewiß: die Nationaldemokraten befürworteten ein eher "piastisches", nach Westen gegen Deutschland gerichtetes Polen, die Gruppe um Piłsudski einen "jagiellonischen" Staatsaufbau, bestehend aus einer gegen Rußland gerichteten Föderation der Völker Ostmitteleuropas unter polnischer Vorherrschaft.[23)] Erst 1921 verfestigte sich in vielen Kriegen und Scharmützeln endgültig die polnische territoriale Form.[24)] Auf der innenpolitischen Seite kristallisierte sich ein präsidiales System heraus.

Das politische Chaos der ersten Nachkriegsjahre in Polen - das die äußere Bedrohung negativ ergänzte - war ein Erbe der langen Teilungszeit, aber auch der widersprüchlichen Strömungen der polnischen Geschichte insgesamt, in der einerseits frühzeitig demokratieähnliche Ansätze nachzuweisen sind, andererseits aber auch Institutionen wie etwa die katholische Kirche eine Machtfülle bewahren konnten, wie sie in anderen Staaten Europas unbekannt war. Daß sich das auf dieser Basis entwickelnde moderne Polen einen Teil dieser Widersprüche bewahrt hat, ist ein Beleg für die Relevanz historischer Entwicklungen für Gegenwartsgesellschaften.

1) P. JASIENICA (1966, S. 51) nennt Mieszkos Gründe so zahlreich, daß sich Historiker stetig über sie streiten könnten und das Thema niemals erschöpfen würden.

2) Dieser Begriff ist in der Historiographie Polens üblich; vgl. DOWIAT, 1969.

3) Vgl. H. LUDAT, "Piasten und Ottonen". In: L'Europe aux IXe-XIe siècles. Varsovie 1968, S. 321-359; D. CLAUDE, Geschichte des Erzbistums Magdeburg bis in das 12. Jahrhundert. Bd. 1, Köln/Wien 1972, S. 188-201.

4) Schon bald (1180) wurde das Seniorat faktisch aufgehoben, und aus Polen wurde eine Vielzahl kaum mehr zusammenhängender Einzelstaaten, von denen einige, etwa in Schlesien, nur von minimaler Größe waren.

5) Der Ritterstand (miles) setzte sich aus der ursprünglichen Gefolgschaft (drużyna) der einzelnen Kleinfürsten zusammen, die aber bald durch ausländische Personen ergänzt und damit vermehrt wurde, die vollständig polonisiert wurden.

6) Zur Entstehungsgeschichte der städtischen Siedlung in Polen vgl. u.a.: Les Origines des villes polonaises. Paris/Den Haag 1960; W. HENSEL, Anfänge der Stadt bei den Ost- und Westslaven. Bautzen 1967; W. KUHN, Die deutschrechtlichen Städte in Schlesien und Polen in der ersten Hälfte des 13. Jahrhunderts. Marburg 1968.

7) Vgl. u.a. H. THIEME, "Die Magdeburger und Kulmer Stadtrechte im deutschen Osten". In: Deutsche Ostsiedlung in Mittelalter und Neuzeit. Köln/Wien 1971, S. 144-159. - Die geringe Größe der jeweiligen Teilgebiete zwang die lokalen Herrscher, wenn sie ihre Einkünfte erhöhen wollten, die Funktionsfähigkeit ihrer Territorien zu verbessern. Die Stadtreform hängt damit unmittelbar mit der staatlichen Zersplitterung zusammen, die die Kleinfürsten zwang, um ihr Territorium "hausväterlich besorgt" (RHODE, 1980, S. 46) zu sein. - Neue Städte entstanden bis weit in die Neuzeit hinein, sei es als Gründungen des reichen Adels (Gründung von Zamość durch die Zamoyskis 1580) oder als Auffangort für vor deutschen Wirren geflohene Handwerker (Rawicz 1638). Viele "Privatstädte" fielen im 19. Jahrhundert auf den Rechtsstatus von Dörfern zurück.

8) Während extreme polnische Stellungnahmen aus der raschen Polonisierung auf ein Fehlen deutschen Zuzugs schließen (z.B. H. MÜNCH, 1946, S. 24), legt KUHN (Städte. S. 123-142) anhand von Namenslisten die oben geschilderten Verhältnisse offen. Daß die spätere Entwicklung oft zur Vertuschung der Lokation geführt hat, um die rechtliche Be-

deutung dieses Vorgangs zu mindern, belegt St. KURAŚ, 1971, S. 55-56.

9) Zur jüdischen Immigration vgl. B.D. WEINRYB, 1973, S. 22-32.

10) Ab dem 16. Jahrhundert konnten Städte königliche Privilegien "de non tolerandis iudaeis" erwirken (z.B. Warschau 1527), wodurch die Juden aus den meisten königlichen Städten vertrieben wurden. 1539 wurden sie aus der unmittelbaren Abhängigkeit vom König ausgeschlossen und der spezifischen Jurisdiktion ihrer neuen Herren (viele Juden zogen in die in jenen Jahren entstehenden Privatstädte) unterstellt. Damit verschlechterte sich ihre Situation, und das typische Bild jüdisch geprägter ostpolnischer Kleinstädte entstand.

11) Oft ohne Beteiligung deutscher Zuwanderer, wie es W. KUHN, (1955, S. 49) feststellt.

12) Die Frage, inwieweit allein an der Siedlungsform deutsche Beteiligung nachgewiesen werden kann, ist abschließend nicht zu klären, da die Anger- und Hufendörfer nur der neuen Rechtsform entsprachen, über die nationale Zugehörigkeit der Bewohner jedoch nichts aussagten.

13) Vgl. C. MORAWSKI, Histoire de l'Université de Cracovie. Bd. 1, Paris/Krakau 1900; P. W. KNOLL, "Casimir the Great and the University of Cracow". In: Jahrbücher für Geschichte Osteuropas N.F. 16 (1968), S. 232-249.

14) Wirtschaftlich entwickelte sich Polen auf der Basis der Grundbesitzerwirtschaft (mit einem folwark /vom dt. "Vorwerk"/, auf dem der "Pan" residierte und dazu gehörenden Bauerndörfern, die fest umrissene Leistungen zu erbringen hatten) zur "Kornkammer Europas" (BUCHHOFER, 1981, S. 19); dazu trugen die Transportmöglichkeiten über die Weichsel und ihre Nebenflüsse zum bedeutenden Handelshafen Danzig nicht unwesentlich bei.

15) Vgl. T. ULEWICZ, Sarmacja. Kraków 1950; A.F. GRABSKI, Myśl historyczna polskiego oświecenia. Warszawa 1976, S. 15-55.

16) Vgl. die kurze Übersicht O. HALECKI/S. KOMORNICKI, "The Cambridge History of Poland. Bd. 1, Cambridge 1950, S. 273-299.

17) Vgl. E. KNEIFEL, 1962; G. SCHRAMM, 1965. Nach L. KLEIN (1974, S. 10) tragen "die Nachwirkungen des Hussitismus, der wachsende Einfluß des Humanismus, die Ausstrahlungskraft des Protestantismus in Deutschland und der Schweiz

sowie der ... Schwund an fürstlicher Autorität" zur raschen Blüte der Reformation in Polen bei.

18) Zur Blüte des Schulwesens unter den 1564 nach Polen gerufenen Jesuiten vgl. B. WATOŃSKI, "Szkolnictwo jezuickie w Polsce w dobie kontrreformacji". In: Wiek XVII - Kontrreformacja - Barok. Wrocław, 1970, S. 309-337.

19) Der romantisierende Historiker O. HALECKI (1963, S. 131) vergleicht das Kloster mit einer "Arche Noah inmitten der Sintflut".

20) Die bedeutenden rechtlichen Errungenschaften der "napoleonischen" Zeit sind zusammengefaßt bei SOBOCIŃSKI, 1964.

21) Vgl. u.a. J. FELDMAN, Bismarck a Polska. Katowice 1938; R.W. TIMS, Germanizing Prussian Poland. New York 1966; M. PIRKO, Niemiecka polityka wywłaszczeniowa na ziemiach polskich w latach 1907/8. Warszawa 1963. W. JAKÓBCZYK, Pruska Komisja Osadnicza 1886-1919. Poznań 1976.

22) Andererseits setzte auch eine neue Welle ausländischer Investitionen ein, deren Vertreter jedoch in Galizien und Kongreß-Polen einer raschen Polonisierung unterworfen wurden. Vgl. R. KOŁODZIEJCZYK, 1979, S. 204-205.

23) Eine Einigung beider Richtungen ermöglichte 1919 (mit der Billigung aller Parteien außer denjenigen der extremen Linken) einen Krieg gegen die inzwischen sowjetisch gewordenen östlichen Nachbarn, wobei man sogar ein Bündnis mit den bürgerlichen Ukrainern schloß, gegen die man eben noch (1918) Krieg geführt hatte. Die Ostgrenze wurde im Frieden von Riga 1921 festgelegt.

24) Gegen alle seine Nachbarn ging Polen militärisch vor. Im preußischen Teil wurde ein Aufstand inszeniert, um durch faits accomplis einer Nicht-Erfüllung der polnischen Maximalforderungen durch die Siegermächte zuvorzukommen (VOGT, 1980, S. 75), Wilna (Mittellitauen) militärisch besetzt, die tschechoslowakische Armee in Scharmützel um kleinere Gebiete verwickelt.

3. Das politische System Polens und seine Entwicklung

Für das Verständnis der gegenwärtigen polnischen Gesellschaft ist das politische System aus zwei Gründen von zentraler Bedeutung.[1] Den ersten Grund bilden die historischen Erfahrungen der polnischen Nation, vor allem der Umstand, daß dieser Gesellschaft vom Zeitpunkt der Teilung Polens über einen Zeitraum von fast 150 Jahren ein unabhängiges politisches System versagt blieb. Im Zweiten Weltkrieg wurde schließlich nicht nur der 1918 neugegründete polnische Staat ausgelöscht, sondern es wurden darüber hinaus durch die nationalsozialistische Besatzungspolitik auch seine wirtschaftlichen, kulturellen und biologischen Grundlagen und damit die Existenz der Nation in Frage gestellt. Der zweite Grund ist die Tatsache, daß beim Aufbau einer sozialistischen Gesellschaft der Staat in einem solchen Ausmaß zum Instrument gesellschaftlicher Veränderungen bestimmt wurde, daß die gesamte Gesellschaft, insbesondere in den ersten Nachkriegsjahren, als eine primär politische Einheit in Erscheinung trat. Auf der Grundlage der marxistisch-leninistischen Ideologie wurden mit Hilfe des Staatsapparates Versuche unternommen, alle Bereiche der Gesellschaft zu durchdringen und entsprechend den zugrundegelegten Vorstellungen zu gestalten.

Die Beziehungen zwischen dem politischen System und anderen gesellschaftlichen Teilsystemen können generell gesehen eine recht unterschiedliche Ausformung erfahren. A. ETZIONI (1971, S. 170) unterscheidet in diesem Zusammenhang zwischen vier verschiedenen analytischen Möglichkeiten einer solchen Beziehungsstruktur. Die erste Möglichkeit deckt sich weitgehend mit der traditionellen Konzeption des liberalen Staates und ist in der Forderung des Laisser-faire-Prinzips verankert. Hier wird jede Einmischung des Staates sowohl in die Ausgestaltung von Beziehungen zwischen Organisationen als auch in die sozialen Organisationen selbst abgelehnt bzw. auf ein Minimum beschränkt.

Die zweite Möglichkeit besteht darin, daß der Staat eine große Zahl von Organisations-Interaktionen aktiv regelt, indem er gewisse Grenzen festlegt, um durch die Beschränkung des freien Kräftespiels das Eintreten unerwünschter sozialer Folgen zu verhindern. Dies entspricht weitgehend der Konzeption des neoliberalen Staates. Die dritte analytische Möglichkeit der staatlichen Regelung besteht nach A. ETZIONI darin, daß der Staat auf die Zielsetzung und Aufgabenstellung verschiedener organisatorischer Sektoren in Form einer globalen Steuerung (Planifikation) einwirkt, wobei der Staat in diesem Fall seine Ziele durch Anreize und Sanktionen durchzusetzen sucht, ohne die Teilsysteme direkt zu kontrollieren bzw. sie zu zwingen, seine Richtlinien zu befolgen. Viertens gibt es schließlich den Extremfall eines total geplanten Systems, in dem die sozialen Organisationen dem Staat direkt untergeordnet werden, spezifizierte Anweisungen von staatlichen Stellen erhalten und diese wiederum unter der Kontrolle einer anderen Organisation, einer politischen Partei, stehen. Der Austauschprozeß zwischen den einzelnen Organisationen ist jedoch in keiner Gesellschaft ausschließlich nach einem Prinzip geregelt, vielmehr sind je nach den konkreten gesellschaftlichen Bedürfnissen und je nach den Organisationsfaktoren verschiedene Mischtypen vorzufinden. Auch wenn im sozialistischen Gesellschaftstyp die Beziehung zwischen Staat und den anderen gesellschaftlichen Teilsystemen der vierten Variante von A. ETZIONI sehr nahe kommt, darf nicht übersehen werden, daß in diesen Gesellschaften auch in der stalinistischen Periode keine vollständige Übereinstimmung mit dieser Modellvorstellung vorlag. Dieser Umstand erklärt auch, warum in Analysen sozialistischer Gesellschaften innerhalb der Tradition der Totalitarismusforschung wesentliche Elemente und Erscheinungsformen dieser Gesellschaften keine Berücksichtigung finden konnten. [2)]

3.1. Die Entwicklung des politischen Systems

Das gegenwärtige politische System Polens ist im wesentlichen als Resultat des 2. Weltkriegs und der darauf folgenden Entwicklung in Osteuropa anzusehen. Insbesondere stellt dieses System keine kontinuierliche Weiterentwicklung des 1918 begründeten Staatswesens dar, sondern markiert einen Bruch im politischen Leben des Landes. Dennoch gibt die unmittelbare Vergangenheit den Hintergrund von Vorstellungen und Erfahrungen ab, der für das Verständnis der Gegenwart unumgänglich erscheint, zumal auf diese Vergangenheit auch heute immer wieder bei der Legitimation der bestehenden politischen Ordnung im Sinne einer Raison-d'état-Politik hingewiesen wird. Unter diesen Umständen erscheint es erforderlich, bei der folgenden geschichtlichen Behandlung des politischen Systems Polens auch auf die Zwischenkriegszeit näher einzugehen.

Die von A. ALMOND (1971, S. 216 ff.) angeführten Hauptaufgaben eines politischen Systems, die internationale Anpassung und die nationale Integration, sollten in der Zwischenkriegszeit gleichzeitig mit dem Ausbau der politischen Beteiligung und der Umverteilung gelöst werden. Dabei stellte sich bald heraus, daß das fundamentale Identitätsproblem der nationalen Einigung und die internationale Anpassung, die sich dem neugegründeten Staat nach 1918 als wichtigste Existenzfragen stellten, die volle Aufmerksamkeit seiner politischen Führung in Anspruch nehmen sollten.

Die starken Nachbarmächte Polens (Preußen, Österreich und Rußland), die ihre internationalen Positionen u.a. durch die Teilung Polens (1772, 1793, 1795, 1815) gefestigt hatten, räumten dem 1918 wiedergegründeten polnischen Staat bei der internationalen Anpassung nur eine geringe Handlungsfreiheit ein. Der Kompromiß zwischen zwei in der polnischen Außenpolitik rivalisierenden Konzeptionen, nämlich der eines polnischen Großstaates als Föderation mit Litauen und der einer Anlehnung Polens an die Siegermächte im Westen, führte im Ergebnis dazu, daß die "internationale Anpassung" des polnischen Staates mit den Schwächen beider Konzeptionen behaftet war, ohne die Vorteile auch nur einer von ihnen zu erreichen. Die Ausdehnung des Staatsgebietes nach Westen barg in sich den Konflikt mit Deutschland. Die Ausdehnung nach Osten und die damit verbundenen Kriege (1919-1920), die für eine Föderation einen zu kleinen Gebietszuwachs erbrachten, belasteten sowohl die außenpolitischen Beziehungen zur Sowjetunion und zu den kleineren Nachbarn (Tschechoslowakei und Litauen) als auch die nationale Integration durch das Vorhandensein beachtlicher nationaler Minderheiten. Die Allianz mit Frankreich und später England konnte unter diesen Umständen weder die Grundlagen für die Sicherheit des Landes bieten noch die Isolierung Polens verhindern. [3)]

Neben dem Problem der internationalen Anpassung stellte sich dem politischen System die Aufgabe der nationalen Einigung. Die partikularistischen Tendenzen, die durch die politische Zersplitterung einer fast 150 Jahre andauernden Teilung Polens petrifiziert wurden, mußten überwunden werden. Hierzu gehörte die regionale Integration der unterschiedlich entwickelten Teilungsgebiete, die im politischen, wirtschaftlichen und kulturellen Bereich nicht selten separatistische Tendenzen zutage brachten. [4)] Im weiteren gehörte hierzu die bereits erwähnte Integration nationaler Minderheiten, die nach der Volkszählung von 1931 fast ein Drittel der polnischen Gesamtbevölkerung ausmachten. Der Druck nationaler Kräfte auf die Polonisierung dieser Minderheiten und die sich daraus ergebenden Spannungen bildeten gleichzeitig eine starke Belastung für die internationale Anpassung. [5)] Die bei weitem schwierigste Aufgabe bestand jedoch in der Integration der divergierenden sozialen Kräfte, die sich aus der unausgewogenen und unterentwickelten Sozialstruktur Polens ergaben. Die eng mit diesem Komplex verbundene

Aufgabe der sozialen Umverteilung, so z.B. die Bodenreform, wurde zwar in den ersten Jahren der Republik in Angriff genommen, doch von der zahlenmäßig geringen, aber politisch mächtigen Oberschicht mit Erfolg blockiert. [6)]

Die Belastungen, die sich aus der unbefriedigend gelösten internationalen Anpassung sowie den Schwierigkeiten der nationalen Integration ergaben, zeigten bald, daß das angestrebte Modell der politischen Partizipation nach dem Muster westeuropäischer Demokratien, wie es die Staatsverfassung von 1921 vorsah, dem Lande keine politische Stabilität sichern konnte. Der geringe Konsensus sozialer Kräfte, die im Sejm von vier politischen Gruppierungen (Nationaldemokraten, Bauernparteien, Sozialdemokraten und den nationalen Minderheiten) repräsentiert wurden, führte in den Jahren 1918-1926 vierzehnmal zum Regierungswechsel, was die labile politische Lage deutlich kennzeichnet. [7)] Aus der kumulativen Belastung durch die ungelösten Probleme des politischen Systems resultierte eine strukturelle und kulturelle Zersplitterung, die mit dem Begriff der "immobilistischen Demokratie" (G. ALMOND) am treffendsten zu umschreiben ist.

Angesichts der ungelösten Probleme sowohl im Bereich der internationalen Anpassung als auch der Integration nationaler und sozialer Kräfte und der Spannungen, die im Zusammenhang mit den Umverteilungsaufgaben entstanden, wurde die "immobilistische Demokratie" im Jahre 1926 durch einen Militärputsch von J. PIŁSUDSKI beseitigt und durch ein "konservatives, autoritäres System" abgelöst. Das Versagen der parlamentarischen Demokratie auf der Grundlage der Verfassung von 1921 war nicht zuletzt auf die besonderen politischen Erfahrungen der polnischen Bevölkerung zurückzuführen, die ihre Fähigkeit, konstruktiv am politischen Geschehen teilzunehmen, in der Zeit der politischen Teilung Polens nicht entwickeln konnte. "After the nineteenth century school of 'political training' in disobedience and opposition, they were simply not prepared for parliamentary selfgovernment" (J. SZCZEPAŃSKI, 1970, S. 21). J. PIŁSUDSKI, der mit der vage formulierten Absicht, eine Genesung (sanacja) des politischen Lebens herbeizuführen, die Macht ergriffen hatte, konnte kein detailliertes, politisches Reformprogramm anbieten (s. LORD KENNET, 1951; T. REK, 1956). Wie die Unterdrükkung der politischen Beteiligung durch Verhaftung oppositioneller Gruppen und schließlich die Verfassungsänderung von 1934 deutlich machten, sollten die Kapazitäten der internationalen Anpassung sowie die innenpolitische Integration auf Kosten der politischen Beteiligung und der sozialen Umverteilung entwickelt werden, was unter anderem zur Folge hatte, daß die Forderung nach politischer Partizipation auf andere Institutionen, so z.B. auf die Hochschulen verlagert wurde.[8)]

Nach dem Tode des Marschalls (1935) kam es, mangels einer überzeugenden Führerpersönlichkeit, innerhalb des Regierungslagers zum Kampf um die Macht. Nach der Verdrängung der Sławek-Gruppe und der Auflösung des Regierungsblocks BBWR (Nicht parteigebundener Block der Zusammenarbeit mit der Regierung) bemühte sich das Duumvirat Mościcki und Rydz-Śmigły um den Aufbau eines neuen Regierungslagers (Lager der Nationalen Einheit-OZN), das jedoch nie die Bedeutung des BBWR erreichen sollte. Das neue Regierungslager, das sich hauptsächlich aus Offizieren, Beamten und Funktionären zusammensetzte, hatte kein ausgearbeitetes politisches Programm vorzuweisen. Es stand zwar der Ideologie der Nationaldemokratie nahe, konnte diese jedoch für eine politische Kooperation nicht gewinnen. Sowohl im Sejm als auch in der Bevölkerung verfügte das Regierungslager über keinerlei Unterstützung. Erst mit der Auflösung des Parlaments und den geschickt gelenkten Neuwahlen (1938) konnte das Regierungslager die Mehrheit der Senatoren und Sejm-Mandate erringen. Von der Gesellschaft nun völlig isoliert, sah sich die Regierung nur noch mit Hilfe repressiver Gesetze im Stande, der zunehmenden politischen Radikalisierung zu begegnen. Erst die außenpolitische Bedrohung führte im März 1939 zum "Einfrieren" der innenpolitischen Auseinandersetzungen und zu einer Beteiligung oppositioneller Kräfte am politischen Leben des Landes (vgl. E. WYNOT, 1974).

Die gewaltsame Auflösung des polnischen Staates durch den Einmarsch deutscher und sowjetischer Truppen (1939) und die darauf folgende Besatzungspolitik der nationalen Vernichtung, insbesondere im Hinblick auf die dabei zum Einsatz gebrachten Mittel, erlauben keinen Vergleich mit der Periode der zuvor behandelten Teilung Polens, obwohl dies häufig auch als die vierte Teilung Polens bezeichnet wird (s. M. BROSZAT, 1972, S. 253).

Nach der Invasion setzte unter dem Gesichtspunkt der nationalen Rassenideologie die Aufteilung der von deutschen Truppen besetzten Staatsgebiete ein. Ein Teil der Westgebiete wurde in die Gaue Oberschlesien und Ostpreußen, ein anderer als neugebildeter Reichsgau (Wartheland, Danzig-Westpreußen) direkt ins Reich eingegliedert und zum deutschen Siedlungsgebiet erklärt, ein großer Teil dieser Gebiete blieb jedoch zunächst jenseits einer sogenannten "Polizeigrenze". Die Restgebiete wurden als Generalgouvernement dem Reichsgouverneur Hans Frank unterstellt und bildeten eine Art "Kolonie" des Dritten Reichs (s. C. MADEJCZYK, 1967; G. EISENBLÄTTER, 1969; M. BROSZAT, 1961 und 1972, S. 272 ff). Im Reichsgau galt es nach der Fremdvolk-Doktrin, alle "völkisch wertvollen" Polen zwecks Eindeutschung herauszufinden, alle "völkisch minderwertigen" dagegen zu isolieren bzw. ins Generalgouvernement zu deportieren. Der für diese Politik maßgebend verantwortliche Reichskommissar für die Festigung deutschen Volkstums, Heinrich Himmler, schrieb diesbezüglich in seiner Denkschrift, die von Hitler als Richtlinie für die Polenpolitik gutgeheißen wurde:

"Spitzen in solchen Völkerschaften dürfen nur die Bürgermeister und die örtlichen Polizeibehörden sein... Eine Zusammenfassung nach oben darf es nicht geben, denn nur dadurch, daß wir diesen

ganzen Völkerbrei des Generalgouvernements von 15 Millionen der Ostprovinzen auflösen, wird es uns möglich sein, die rassische Siebung durchzuführen, die das Fundament in unseren Erwägungen sein muß, die rassisch Wertvollen aus diesem Brei herauszufischen, nach Deutschland zu tun, um sie dort zu assimilieren...
Für die nichtdeutsche Bevölkerung des Ostens darf es keine höhere Schule geben als die vierklassige Volksschule. Das Ziel dieser Volksschule hat lediglich zu sein: Einfaches Rechnen bis höchstens 500, Schreiben des Namens, eine Lehre, daß es ein göttliches Gebot ist, den Deutschen gehorsam zu sein und ehrlich, fleißig und brav zu sein. Lesen halte ich nicht für erforderlich." 9)

Die nationalsozialistische Polenpolitik, die das Ziel der nationalen Entwurzelung der polnischen Bevölkerung verfolgte, begann mit gezielten Maßnahmen gegen führende Mitglieder der nationalen Elite, insbesondere die Intelligenz. Mit dem gleichen Ziel wurden dann Deportationen und Entpolonisierungsmaßnahmen im großen Stil eingeleitet; schließlich richtete sich diese Politik auch gegen die wirtschaftlichen und kulturellen Einrichtungen des Landes. [10)]

Die Sowjetunion beschritt in den von ihr besetzten Gebieten durchaus ähnliche Wege. Über ein scheindemokratisches Wahlverfahren wurde eine "westweißrussische"und eine "westukrainische" Nationalversammlung gebildet, welche die Aufnahme dieser Gebiete in die entsprechenden Republiken der UdSSR beantragten. Der Oberste Sowjet entsprach am 1./2. November 1939 diesen Anträgen. Durch die Enteignung des Großgrundbesitzes und die Verstaatlichung der Industrie wurde die Anpassung an das sowjetische Wirtschafts- und Gesellschaftssystem vollzogen, gleichzeitig die Entmachtung der überwiegend polnischen Führungsschicht erreicht. Auch auf den sowjetischen Besatzungsgebieten richteten sich die Zwangsmaßnahmen vornehmlich gegen die Oberschicht und die Intelligenz, die nicht nur als Klassenfeinde galten, sondern darüber hinaus als hinderlich für eine Entpolonisierung der Gebiete angesehen wurden. In großangelegten Deportationen in das Innere der Sowjetunion, von denen seit dem Winter 1939 bis zum Juni 1941 insgesamt 1,2 bis 1,5 Millionen Polen betroffen waren, fanden ca. 760.000 Menschen den Tod. Die gezielten physischen Vernichtungsmaßnahmen galten dabei hauptsächlich Großgrundbesitzern und Offizieren. [11] Nach dem Zusammenbruch des polnischen Staates wurde in Paris gemeinsam mit den vier Oppositionsparteien eine neue Regierung unter W. Sikorski[12] gebildet. Aus geflüchteten Soldaten, Freiwilligen und direkt ausgehobenen polnischen Staatsbürgern wurde im Ausland eine Armee aufgestellt, die an der Seite der Westalliierten den Kampf gegen das nationalsozialistische Deutschland aufnahm und in zahlreichen Schlachten in Norwegen, Libyen, Italien und im Luftkampf über England große Verdienste erwarb (s. S. GAĆ und W. SZOTA, 1967). In den besetzten Gebieten formierte sich unterdessen eine militärische Widerstandsbewegung, deren Verbände, zunächst in enger Verbindung mit den politischen Parteien aufgebaut, sich im Jahre 1942 zum größten Teil zur Heimatarmee (Armia Krajowa) zusammenschlossen.

Der deutsche Angriff auf die Sowjetunion veränderte abrupt die politische Lage der Exilregierung und der von ihr geleiteten Untergrundbewegung. Nach der Niederlage Frankreichs in London beheimatet, begann sie unter britischem Druck Verhandlungen mit der Sowjetunion. Die strittige Frage der zukünftigen Zugehörigkeit ehemals polnischer Ostgebiete, auf die die Sowjetunion nicht bereit war zu verzichten, führte jedoch bald zum vollständigen Abbruch dieser Beziehungen. Wie die Konferenzen von Teheran (1943) und Jalta (1945) zeigen, stießen die sowjetischen Gebietsansprüche bei den Westmächten nur auf geringen Widerstand mit der Folge einer weiteren Isolierung der Exilregierung. In ihrer Konzeption der Westverschiebung Polens wurde die Sowjetunion nur von der kleinen prosowjetisch orientierten Polnischen Arbeiterpartei (PPR, gegründet 1942) und seitens des "Verbandes Polnischer Patrioten" unterstützt, der in der UdSSR im Jahre 1943 vorwiegend aus führenden Mitgliedern der 1938 von Stalin aufgelösten Kommunistischen Partei Polens (KPP) gebildet wurde. Der polnischen Exilregierung, ihrer Armee und der von ihr geleiteten Widerstandsbewegung standen damit der Verband Polnischer Patrioten und die in der Sowjetunion aufgestellten polnischen Streitkräfte gegenüber. In den deutschen Besatzungsgebieten wurde mit der Gründung der Volksgarde (Gwardia Ludowa), die später zur Volksarmee (Armia Ludowa) umgebildet wurde, ein entsprechendes Gegengewicht zur Heimatarmee geschaffen. Die sowjetischen Truppen und die an ihrer Seite kämpfende zweite Polnische Armee, die dem Lande die langersehnte Befreiung von der deutschen Besatzungsmacht brachten, entschieden letztlich auch die innenpolitische Auseinandersetzung. Unmittelbar nach der Einnahme der Stadt Chełm wurde am 21./22. Juli 1944 das "Polnische Komitee für Nationale Befreiung" (PKWN) eingesetzt, aus dem am 1.1.1945 die "Provisorische Regierung Polens" entstehen sollte. Der letzte Versuch der Exilregierung und der Heimatarmee, durch den Aufstand in Warschau die zukünftige Entwicklung Polens doch noch zu beeinflussen, schlug fehl. Ohne Unterstützung von außen wurde der Aufstand grausam niedergeschlagen, und etwa 166.000 Polen mußten dabei ihr Leben lassen. Anschließend wurde die polnische Hauptstadt von den deutschen Truppen einem Schutthaufen gleichgemacht. Die Sowjetunion war angesichts ihrer politischen Interessen nicht bereit, den Warschauer Aufstand militärisch zu unterstützen. Sie versuchte vielmehr, die Aktionen der Heimatarmee taktisch für ihr Konzept zu nutzen, um nach Einnahme der besetzten Gebiete durch Festnahmen, Deportationen und ähnliche Maßnahmen mit diesen Kräften abzurechnen.

Gemäß den Beschlüssen der Konferenz von Jalta wurde die Provisorische Regierung Polens unter Beteiligung von drei Exilpolitikern zum Kabinett der Nationalen Einheit umgebildet und am 5.7.1945 von den Westmächten anerkannt. Zum gleichen Zeitpunkt wurde der Exilregierung in London die Anerkennung entzogen.

Als Folge des Zweiten Weltkriegs hat sich die politische Situation Polens grundlegend geändert, sowohl bezüglich der gesamtgesellschaftlichen Rahmenbedingungen als auch, was die Struktur des politischen Systems anbelangt. [13] Mit dem Aufbau einer sozialistischen Gesellschaft wurde dem politischen System eine dominierende Rolle eingeräumt, die in dem totalen Machtanspruch der Arbeiterpartei als "Diktatur des Proletariats" begründet, zum Ansatzpunkt für eine revolutionäre Veränderung der gesamten Gesellschaft werden sollte. Die Zentralisierung der Macht bildete gleichzeitig die Voraussetzung für ein umfassendes Plansystem, mit dessen Hilfe die angestrebten Veränderungen, vor allem im wirtschaftlichen Bereich, vorgenommen wurden. Aus der Tatsache, daß die marxistische Ideologie zugleich die wichtigste Legitimationsgrundlage der neuen Führungselite bildete, ergab sich schließlich die Notwendigkeit, alle Institutionen der Gesellschaft als Sozialisationsinstanzen der neuen Wertvorstellungen zu nutzen. "Not all political systems - schreibt J.J. WIATR u.a. (1978, S. 71) - are based on clearly defined ideological principles, but socialist systems are, Marxism-Leninism, as the political ideology of the socialist systems performs important functions in so far as it: 1) provides the basis for the legitimization of the system; 2) defines its principal objectives; 3) serves as the frame of reference for political socialization, particularly on the leadership level and to some extent on the public level as well."

Die erste Periode der politischen Entwicklung (1946-1947) war durch den Kampf um die Macht im Lande gekennzeichnet. Zwar wurde der Polnischen Arbeiterpartei (PPR) die Hegemonie in der am 28.6.1945 gebildeten Regierung der Nationalen Einheit gesichert, aber im Untergrund waren noch militärische Gruppierungen aktiv und auf der politischen Bühne legale politische Parteien tätig. Der Gegner im Untergrund wurde mit Hilfe militärischer und polizeilicher Aktionen zerschlagen; die legalen politischen Parteien wurden dagegen durch Verwaltungsmaßnahmen und politische Kampfmittel, die zur Zeit der Wahl vom 19.1.1947 ihren Höhepunkt erreichten, zu einer einflußlosen Minderheit reduziert. Sowohl der Integrationsanspruch des politischen Systems als auch das Ziel eines beschleunigten Wirtschaftsaufbaues erforderten eine hohe Mobilisierungskapazität von Ressourcen, die über die Zentralisierung der wichtigsten Entscheidungsbefugnisse auf Regierungsebene erreicht werden sollte.

Die zweite politische Entwicklungsphase Polens (1948-1956), sollte die Grundlagen einer sozialistischen Gesellschaft legen. Mit dem Zusammenschluß der Polnischen Sozialistischen Partei (PPS) und der Polnischen Arbeiterpartei (PPR) im Jahre 1948 sowie der Vereinigung der Bauernparteien im folgenden Jahr wurde eine Struktur des politischen Systems gefunden, die bis heute unverändert geblieben ist (J. J. WIATR, 1970, S. 41). Parallel zu dieser Entwicklung vollzog sich innerhalb der Arbeiterpartei die Auseinandersetzung zwischen der national orientierten Fraktion um W. Gomułka und der "Moskauer Gruppe" um B. Bierut. Der Sieg der "Moskauer Gruppe" (September 1948) bedeutete zugleich den Mißerfolg eines "eigenen polnischen Weges" und führte zu einer Nachahmung sowjetischer Vorbilder in fast allen Bereichen des gesellschaftlichen Lebens. Nachdem die Verhältnisse an der Spitze der Machtstruktur stabilisiert und gefestigt waren, konnte eine Neuordnung des Verwaltungsapparates auf dem Lande (1949) durchgeführt und eine neue Verfassung (1952) verabschiedet werden, die nach sowjetischem Muster durch Zentralisierung (demokratischer Zentralismus) und Abschaffung der Gewaltenteilung gekennzeichnet war. In allen Bereichen der Wirtschaft und Kultur erfolgte nun der Ausbau des neuen sozialistischen Gesellschaftssystems. Es entstand ein umfassendes Netzwerk von Institutionen und Organisationen, eine "Superorganisation", die, vom politischen System geleitet, alle Lebensbereiche durchdringen sollte, mit dem Ziel, die anvisierte Neuordnung der Gesellschaft zu unterstützen. "Auf diese Weise", schreibt M. HIRSZOWICZ (1973, S. 71) "entstand aus einer <u>organisierten Gesellschaft</u> eine <u>Superorganisation</u>, in welcher die einzelnen Institutionen Organe eines gigantischen und zentralisierten Systems sind, welches die gesamte Gesellschaft umfaßt, alle Lebensbereiche durchdringt und alle Gemeinschaftsformen des sozialen Handelns kontrolliert."

Im wirtschaftlichen Bereich war diese Entwicklungsperiode der Gesellschaft durch die Zielsetzung des Sechsjahresplanes (1950-1955) gekennzeichnet, der nach dem Wiederaufbau des Landes die Grundlagen für einen modernen Industriestaat legen sollte. Durch eine extensive Beschäftigungspolitik und große Investitionsanstrengungen sollte ein wirtschaftliches "take off" (W. W. ROSTOW, 1967, S. 54 ff.) eingeleitet werden. Im kulturellen Bereich wurde in den Institutionen der Bildung und Ausbildung die gesellschaftliche Integration über eine ideologische Einheit von Wissenschaft, Lehre und Erziehung angestrebt (s. A. RAPACKI, 1954, S. 22, E. KRASSOWSKA, 1950 a und b). Obwohl der Marxismus in Polen eine längere Tradition aufzuweisen hatte, bildete diese für den orthodoxen Marxismus-Leninismus keine brauchbare Ausgangsbasis (s. A. SCHAFF, 1949). Die angestrebte ideologische Einheit konnte unter diesen Umständen nur mit Hilfe administrativer Maßnahmen erzwungen werden. "Jede freie Diskussion", schreibt A. Z. JORDAN (1968, S. 95) in diesem Zusammenhang "hörte auf, alle Opponenten wurden zum Schweigen gebracht, und der Marxismus-Leninismus herrschte hoheitlich, indem er jenseits jeder Infragestellung und jedes menschlichen Zweifels gestellt wurde. Die Herrschaft des Marxismus-Leninismus dauerte über 6 Jahre und brach sofort zusammen, als er nicht länger durch die repressive Gewalt eines totalitären Staates gestützt wurde."

Mit Recht wird von A. Z. JORDAN (1968, S. 95) darauf hingewiesen, daß Orthodoxie als eine soziologische Kategorie jenseits von Organisation und Machtelite unvorstellbar ist. Neben ihrer ideologischen Funktion erfüllt sie nämlich seiner Meinung nach für die Machtelite eine besonders wichtige Funktion der Gruppenintegration. Von ausschlaggebender Bedeutung für den Totalitätsanspruch des Marxismus-Leninismus dürfte jedoch die Tatsache sein, daß diese Ideologie für die neue Führungselite die wichtigste, wenn nicht die einzige Legitimationsgrundlage ihrer Macht darstellt, wie das explizit im Prinzip der "Diktatur des Proletariats" zum Ausdruck gebracht wird. Diese bürokratischen Methoden der Wissenschafts- und Kulturpolitik führten zu einem passiven Widerstand der meisten Wissenschaftler und einem Verfall insbesondere in den Geisteswissenschaften (s. J. CHAŁASIŃSKI, 1957, K. HARTMANN, 1962, S. 67 ff.). Aus den Reihen orthodoxer Marxisten wurde bereits 1954 ein Versuch unternommen, aus der selbstgewählten Isolierung auszubrechen, um im Sinne einer Anpassung an die veränderten Umstände eine Revision der orthodoxen Lehrsätze vorzunehmen (s. A. Z. JORDAN, 1968, S. 108 - 117). Die Abkehr vom Dogmatismus, die sich in der Sowjetunion und anderen sozialistischen Ländern abzuzeichnen begann und eine lebhafte Diskussion über die Grundlagen der Sozialwissenschaften zur Folge hatte, nahm vor allem in Polen eine radikale Form an (s. R. AHLBERG, 1968, S. 191 ff.; G. KISS, S. 113 ff). Aber erst die politischen Veränderungen, die auf dem XX. Parteitag der KPdSU mit den Maßnahmen der "Entstalinisierung" eingeleitet wurden, bildeten die Voraussetzungen für eine kritische Auseinandersetzung mit den bürokratischen Methoden der Wissenschafts- und Kulturpolitik. Die Führungskrise in der polnischen Arbeiterpartei nach dem Tod von B. Bierut, die Unzufriedenheit der Bevölkerung mit den autoritären Regierungsmethoden, die im Aufstand von Posen (Juni 1956) ihren Höhepunkt fanden, sowie die wirtschaftlichen Schwierigkeiten im Lande leiteten in Polen einen Desintegrationsprozeß des totalitären Systems ein. Unter diesen Umständen wurde auf dem VII. und VIII. Plenum des ZK der PVAP ein neues politisches Programm verabschiedet, das vor allem den Ausbau der Beteiligungskapazitäten vorsah. Von der Bevölkerung als Garant der politischen Veränderung angesehen, konnte der aus der Haft entlassene W. Gomułka die Führung der Partei übernehmen.

Der Beginn der dritten Phase der politischen Entwicklung (1956-

1970) stand im Zeichen einer lebhaften Auseinandersetzung um einen "Polnischen Weg" zum Sozialismus, der von innerparteilichen Auseinandersetzungen begleitet wurde. Die polnische Intelligenz unterstützte die neue politische Führung in der Hoffnung auf einen menschlichen und demokratischen Sozialismus. Doch dauerte diese Allianz zwischen Intelligenz und politischer Führung nur eine kurze Zeit. Nachdem mit den Wahlen vom 20.01.1957 die Konsolidierung der politischen Macht in den Händen der neuen Führungselite abgeschlossen war, legte diese keinen Wert mehr auf eine Unterstützung seitens der kritischen Intelligenz. Die Einheit der ideologischen Front war zum wichtigsten Anliegen des neuen Regimes und der Revisionismus zur Hauptgefahr erklärt worden (s. A. Z. JORDAN, 1968 und A. COSER, 1970, S. 197 - 205). Die ersten Anzeichen einer Offensive gegen den Revisionismus sind in der Gründung einer neuen Zeitschrift (Polityka), der Verschärfung der Zensur und dem Verbot der profilierten linksradikalen Studentenzeitschrift "Po prostu" zu sehen. "The time for a critical evolution of Marxist ideology and Communist practice was gone. Gomulka's Poland was still much freer than Stalinist Poland, but Gomulka himself, once his regime had been consolidated and legitimated, turned against the intellectuals with the full force of his power. The free play of ideas that these men demanded would have undermined Gomulka's pragmatic course of accommodation to the powerful eastern neighbor, which seemed to him the only possible one" (C. A. COSER, 1970, S. 202).

Bereits von Anfang an war den polnischen "Revisionisten" klar, daß sie sich nur im Rahmen moralischer Forderungen bewegen und keine organisierte politische Kraft anstreben durften, wenn sie nicht, wie es der Aufstand in Ungarn gezeigt hatte, das Eingreifen der Sowjetunion heraufbeschwören wollten. Mit der Entfernung von J. Hochfeld von der Leitung des Instituts für internationale Angelegenheiten, von W. Bieńkowski aus dem Amt des Erziehungsministers und von J. Chałasiński und S. Ossowski aus der PAN wurde den progressiven Kräften jedoch auch weitgehend der Einfluß auf das Denken der Machtelite genommen (s. A. COSER, 1970, S. 202 ff.). Im selben Jahr wurde auf dem III. Parteitag der PVAP die führende Rolle des Staates in der Wissenschafts- und Hochschulpolitik betont und vor dem Auftreten "bürgerlicher" Ideologien gewarnt. Der politische Druck auf die Hochschulen und Wissenschaftler nahm in den folgenden Jahren zu (1962, XI. Plenum des ZK der PVAP; 1963, XIII. Plenum des ZK der PVAP) und erreichte auf dem IV. Parteitag der PVAP (Juni 1964) den Höhepunkt antiintellektueller Demonstrationen. Angesichts dieser Situation und dem Ausbleiben der auf dem VII. und VIII. Plenum des ZK der PVAP von 1956 angekündigten innenpolitischen Demokratisierung spitzte sich die Auseinandersetzung zwischen der polnischen Intelligenz und der Parteiführung in den folgenden Jahren (1964, 1966) zu (s. P. RAINA, 1968; J. KUROŃ und K. MODZELEWSKI, 1969). Ein krisenhaftes Ausmaß nahmen diese Gegensätze in den Tagen der Studentenunruhen (März 1968) an, die ihren Anlaß in der Absetzung des Dramas "Dziady" (Totenfeier) von A. Mickiewicz fanden und durch das brutale Durchgreifen der Sicherheitskräfte sowie der Relegierung von Studenten verschärft wurden (s. Wydarzenia marcowe,1968, H. LAEUEN, 1969). Von der Parteiführung wurden für diese Ereignisse "Revisionisten", darunter namhafte Wissenschaftler der Warschauer Universität, die anschließend ihrer Ämter enthoben wurden, sowie "Zionisten" verantwortlich gemacht. [14] Die Kampagne gegen die "Zionisten" ist zugleich im Lichte der Desintegrationsprozesse innerhalb der Partei zu sehen. Die Partei war, zunehmend in Fraktionskämpfe verstrickt, durch einen Autoritätsverlust der Parteizentrale gegenüber lokalen Parteiorganisationen und eine Eskalation des Polizeisystems gekennzeichnet (W. BIENKOWSKI, 1971, S. 52 ff). Die Kampagne diente vor allem der um Innenminister Moczar gesammelten Gruppe der "Partisanen", die auf einen nationalistischen und restriktiven Kurs in der Innenpolitik drängten und so auf eine Kompromittierung der Gruppe um W. Gomułka hinarbeiteten (s. P. RAINA, 1970; W. ERWIN, 1970; J. NOWAK, 1965; H. J. STEHLE, 1968, S. 83 ff).

Die Desintegrationsprozesse innerhalb des politischen Systems führten zu immer drastischeren Methoden der Machtausübung und einem zunehmenden Einsatz administrativer Integrationsmaßnahmen. Bereits am 15.10.1968 wurde auf einer Zusammenkunft mit Wissenschaftlern von W. Gomułka auf die unzureichende ideologische und politische Bewußtseinsbildung in den Hochschulen hingewiesen. Auf dem darauffolgenden V. Parteitag der PVAP (Nov. 1968) wurde schließlich die Notwendigkeit der verstärkten erzieherischen Arbeit der Hochschule betont, eine engere Einbindung der Lehre und Forschung in die wirtschaftliche und kulturelle Entwicklung des Landes gefordert sowie eine Novellierung des Hochschulgesetzes angekündigt. [15] Das neue Hochschulgesetz vom 20.12.1968 (Dz. U. PRL, 1968, Nr. 46, Pos. 334) leitete gemäß den Beschlüssen des Parteitages eine radikale Änderung der Hochschulverfassung ein (s. W. RESCHKA, 1974, S. 40 ff).

Die vierte Periode der politischen Entwicklung in Polen ist mit der Demonstrationswelle von Arbeitern im Dezember 1970 anzusetzen, die durch die Ankündigung drastischer Preiserhöhungen und weitreichender Wirtschaftsreformen zu Lasten der arbeitenden Bevölkerung ausgelöst wurde. Das rücksichtslose und brutale Eingreifen von Sicherheitskräften und Armee hatte zur Folge, daß diese Demonstrationen in blutige Unruhen vor allem in den Küstenstädten ausarteten (s. G. K. STROBEL, 1971 und H. LAEUEN, 1971). Unter dem Druck der Arbeiteraufstände wurden in der Partei- und Regierungsspitze weitgehende Umbesetzungen vorgenommen und durch einen "Dialog" von Partei und Werktätigen ein neuer Stil der Machtausübung eingeleitet. Die erzwungene Rücknahme von Preiserhöhungen und die Zusage einer beschleunigten Erhöhung des Lebensstandards zwangen die politische Führung zu einer pragmatischen, von Technokraten mitbestimmten Wirtschaftspolitik. Die Mobilisierung und Aktivierung vorhandener Kapazitäten wurde in dieser Situation zum Gebot der Stunde. Bildung, wissenschaftliche Forschung aber auch die Intensivierung der sozialistischen Erziehung wurden als wichtige Bestandteile im Prozeß der von der "technischen Revolution" bestimmten wirtschaftlichen Entwicklung angesehen.[16)]

Die Bedeutung, die nun dem Bildungssektor zuerkannt wird, zeigt die Berufung einer Expertenkommission zur Beurteilung der Bildung in der Volksrepublik Polen, die unter der Leitung von Prof. J. Szczepański auf Initiative des Politbüros der PVAP 1971 eingesetzt wurde und 1973 ihren Bericht vorlegte. Der Bericht zeichnet sich durch eine ungewöhnlich kritische Analyse der derzeitigen Lage im Bildungssektor aus und legt ein umfassendes Modell für das Bildungssystem der Zukunft vor, das den neuen Anforderungen der wirtschaftlichen und sozialen Entwicklungen Rechnung trägt (s. J. SZCZEPAŃSKI, 1972).

In der Literatur besteht keine Übereinstimmung bezüglich der Periodisierung der politischen Entwicklung Polens, insbesondere was die zuletzt genannte Entwicklungsphase angeht (vgl. z.B. J. SZCZEPAŃSKI, 1970, J. J. WIATR u.a., 1978). Eine Vielzahl von einschneidenden Veränderungen in zentralen Bereichen des politischen Systems legt jedoch die Hervorhebung dieser Entwicklungsphase, die mit dem Jahre 1970 als Zäsur anzusetzen wäre, nahe. Im Bereich der außenpolitischen Anpassung ist in diesem Zusammenhang vor allem der Warschauer Vertrag aber auch die Diskussion bezüglich einer Verfassungsänderung aus dem Jahre 1976 zu nennen, in der u.a. die Besonderheit der Beziehung zur Sowjetunion problematisiert wurde. Im Bereich der Systemintegration ist auf die personelle Veränderung innerhalb der Parteiführung, die regionale Verwaltungsreform, neue Stilformen in der innerparteilichen Auseinandersetzung sowie das verstärkte Bemühen im Hinblick auf eine ideologisch-politische Sozialisation der jungen Generation hinzuweisen. Was schließlich die Partizipation der Bevölkerung und die Probleme der sozialen Umverteilung betrifft, so zeichnen sich in den Auseinandersetzungen mit den einseitig dekretierten Preiserhöhungen (1970, 1975, 1980), der Gründung von Bürgerinitiativen (Komitee zur Verteidigung von

Arbeitern", - KOR - "Bewegung zur Verteidigung von Menschenrechten"), den offenen Briefen der Intelligenzvertreter (1975, 1976, 1977), sowie der Reaktivierung erprobter Formen sozialer Opposition ("fliegende Universität") eine neue Qualität von Problemlösungsstrategien im politischen Bereich ab. Der zwei Wochen lang andauernde Streik in den Betrieben der polnischen Küstenstädte im August 1980, der durch zahlreiche Solidaritätsstreiks im ganzen Lande begleitet wurde, scheint den Höhepunkt dieser Entwicklung zu bilden. [17] (S. hierzu auch Kap. 9)

Für die Weiterentwicklung des politischen Systems dürften die Ereignisse von 1980 einen entscheidenden Wendepunkt bedeuten. Sie machten der Führungselite nicht nur in Polen deutlich, daß die notwendige Mobilisierung von Ressourcen nicht mehr ohne eine stärkere Beteiligung breiter Bevölkerungsschichten an den Erfolgen des wirtschaftlichen Wachstums zu realisieren ist. Andererseits wurde durch diese Ereignisse klar, daß die Zentralisierung der politischen Macht bei gleichzeitiger Unterdrückung der politischen Partizipationsansprüche der Bevölkerung nur dann sicherzustellen ist, wenn neben den administrativen Maßnahmen der Gewaltandrohung (coercive power), Mechanismen der wirtschaftlichen Entlohnung (utilitarian power) und der ideologischen Beeinflussung (persuasive power) in weit stärkerem Maße als zuvor zum Einsatz gebracht werden. Der Einbau dieser Mechanismen sowohl im Wirtschafts- als auch im Schulsystem gehört unter dem angeführten Gesichtspunkt zu der dringlichen Aufgabe einer wirksamen politischen Kontrolle. "The Party leadership faces a dilemma" - schreibt hierzu D. C. PIRAGES (1972, S. 209). - "It needs certain of the young technocrats to keep the economy functioning but does not want to give up any measure of decision control. Political tension management becomes identified with politics in this situation as the leaders attempt to strike a delicate balance between the exigencies of production, requiring some broadening of the scope of decisionmaking and the realities of the political struggle. The use of economic incentives, the mass media, and political socialization as tension management devices are only temporary solutions as conservative stabilization is increasingly linked with high citizen discontent."

3.2. Die Struktur des politischen Systems

Grundlagen für das politische System Polens bilden die Grundthesen der Marxistisch-Leninistischen Staatsideologie, die zum großen Teil in der Verfassung von 1952, insbesondere in den ersten beiden Kapiteln zur politischen, gesellschaftlichen und wirtschaftlichen Verfassung, ihren Niederschlag gefunden haben. Nach J. J. WIATR u.a. (1978, 71 f.) können diese Thesen bezüglich ihrer, für das sozialistische System ausschlaggebenden Funktionsrelevanz in den folgenden vier Punkten kurz zusammengefaßt werden.

1) Der Übergang vom Kapitalismus zum Sozialismus erfordert eine Übergangsperiode, in der der Staatsapparat im Sinne einer "Diktatur des Proletariats" funktioniert, d.h. langfristige Interessen der Arbeiterklasse verfolgt und insbesondere die Aufhebung der sozialen Klassen und der Ausbeutung anstrebt. Eng verwandt mit dem Begriff der "Diktatur des Proletariats" ist der Begriff der "Volksdemokratie", der in der Verfassung (Art. 12) folgenderweise umschrieben wird: "Die Macht in der Volksrepublik Polen gehört dem arbeitenden Volke in Stadt und Land".

2) Um diese Aufgabe wahrnehmen zu können, benötigt jedoch die Arbeiterklasse eine entsprechende Organisation, eine revolutionäre Partei, die damit zur zentralen Institution des politischen Systems erhoben wird. Dieser Führungsanspruch richtet sich nicht nur gegen die verschiedenen staatlichen Einrichtungen, sondern als Hegemonieanspruch auch gegen die bestehenden politischen Parteien und andere im politischen Raum agierenden Gruppen (Art. 3). Die Partei stellt einerseits den entscheidenden Einfluß der Arbeiterklasse auf politische Entscheidungen sicher, ist andererseits aber auch der motivierende Faktor der werktätigen Bevölkerung.

3) Die von der Arbeiterpartei angestrebte gesellschaftliche Ver-

änderung besteht vorrangig in einem forcierten wirtschaftlichen Wachstum und einer allgemeinen gesellschaftlichen und individuellen Entwicklung (Art. 4). Diese Zielvorstellung ergibt sich aus dem grundsätzlichen Widerspruch zwischen der geringen wirtschaftlichen und gesellschaftlichen Entwicklung des Landes und den Erfordernissen eines sozialistischen Systems. Dieser Widerspruch kann theoretisch gesehen entweder durch die Abschaffung der "sozialistischen Superstruktur" oder aber durch ein schnelles wirtschaftliches Wachstum und entsprechende gesellschaftliche Veränderungen aufgehoben werden.

4) Entsprechend der Marxistisch-Leninistischen Staatsideologie hat der Konflikt zwischen Kapitalismus und Sozialismus einen grundsätzlichen und globalen Charakter, woraus das Postulat der Solidarität der Arbeiterklasse über die nationalen Grenzen hinweg (Proletarische Internationalität) abgeleitet wird. Die Konzeption eines "sozialistischen Commonwealth" unter sowjetischer Führung und die These von der "begrenzten Souveränität sozialistischer Staaten" stellt eine unmittelbare Anwendung dieser Vorstellung auf die zwischenstaatlichen Beziehungen im sozialistischen Lager dar. Juristisch wird dieser Grundsatz in den Freundschaftsverträgen, den militärischen Beistandsabkommen, zum Teil aber auch in der Verfassung einzelner sozialistischer Staaten fixiert. Dank der Opposition der polnischen Intelligenz, vor allem aber durch die dezidierte Stellungnahme der katholischen Kirche wurde 1976 verhindert, daß dieser Hegemonieanspruch der UdSSR in der Verfassung Polens direkt verankert wurde.

3.2.1. Politische Parteien und Gruppierungen

Die Ausbildung des gegenwärtigen Parteiensystems vollzog sich wie bereits erwähnt während der ersten Periode (1944-1949) im Zuge der Auseinandersetzung mit den legalen und illegalen oppositionellen Kräften um die politische Macht. Nach den Wahlen zum verfassunggebenden Sejm kristallisierte sich schließlich in den Jahren 1948/49 eine Struktur des Parteisystems heraus, die im wesentlichen bis heute bestehen blieb. Entsprechend dem Prinzip der Diktatur des Proletariats erfolgte eine Entmachtung aller oppositioneller Parteien und eine Unterordnung anderer politischer Gruppierungen unter die Führung der Arbeiterpartei. Nach vorherigen Austritten und Säuberungsaktionen innerhalb der Polnischen Sozialistischen Partei (PPS), die ihre Mitgliederzahl von 800.000 (1946) auf 450.000 (1948) zusammenschmelzen ließ, wurde zunächst im Dezember 1948 die Vereinigung der PPS mit der Polnischen Arbeiterpartei (PPR) zur Polnische Vereinigten Arbeiterpartei (PZPR) vollzogen und damit die politische "Einheit der Arbeiterklasse" hergestellt (s. H. ROOS, 1961, S. 231 f.).

Im Dezember des darauffolgenden Jahres wurden die beiden Bauernparteien SL und PSL zur "Vereinigten Bauernpartei" (ZSL) verschmolzen. "Die Vereinigung der Bauernparteien - schreibt in diesem Zusammenhang J. J. WIATR, (1970, S. 41) - und die darauffolgende Auflösung der Arbeitspartei (SP) haben eine Situation beendet, in der neben politischen Parteien, die den Aufbau eines sozialistischen Polens anstrebten, legale Oppositionsparteien bestanden. Es war zugleich der Sieg des neuen Parteiensystems, das auf einer dauerhaften Zusammenarbeit aller politischen Parteien unter der führenden Rolle der Partei der Arbeiterklasse angelegt war." Den politischen Ausdruck dieser dauerhaften Zusammenarbeit bildeten nacheinander der "Block Demokratischer Parteien" (im Herbst 1946 von der PPR, PPS, SL und SD gegründet), die "Nationale Front" und gegenwärtig die "Front der Nationalen Einheit". In den Jahren 1949-1956 wurden die Aufgaben der beiden Gefolgschaftsparteien (ZSL und SD) weitgehend eingeschränkt und lediglich als "Transmissionsagenturen" zwischen der PVAP und ganz bestimmten gesellschaftlichen Segmenten - den Bauern, der Intelligenz und den Handwerkern - angesehen. Ihre Tätigkeitsfelder sowie Publikationsorgane wurden Restriktionen unterworfen und ihre Mitgliederzahl schrumpfte bzw. stagnierte. Erst nach 1956 wurden die Aktivitäten dieser Parteien gestärkt und ihr politisches Mitwirken im Lande unterstrichen. Die

Zusammenarbeit der nichtkommunistischen Parteien mit der Arbeiterpartei beruht nach A. ŁOPATKA (1963, S. 173 f.) im wesentlichen auf folgenden Prinzipien: 1) der Anerkennung eines gemeinsamen Aufbauprogrammes, nämlich der Verwirklichung einer sozialistischen Gesellschaft und 2) der führenden Rolle der Arbeiterklasse und ihrer Partei in diesem Prozeß, 3) bei gleichzeitiger Zusicherung der Selbständigkeit der verbündeten Parteien seitens der Arbeiterpartei sowie schließlich 4) der Anerkennung der kommunistischen Partei als der ausschließlichen Repräsentanz der Arbeiterklasse, die allerdings auch andere soziale Klassen und Schichten des werktätigen Volkes vertritt und zusammen mit anderen Parteien die sozialen Klassen repräsentiert, die im Bündnis mit der Arbeiterklasse stehen. Demnach hat die PVAP einen "gesamtgesellschaftlichen" Charakter im Gegensatz zu den anderen Parteien, deren Einflußnahme auf die einzelnen sozialen Schichten beschränkt bleibt, und das lediglich in dem Umfang, in dem diese von der marxistischen Ideologie nicht zu motivieren und aktivieren sind. Ein Beleg für diesen Charakter bildet u.a. die Zusammensetzung der Mitglieder der PVAP bezüglich ihrer Zugehörigkeit zu den einzelnen Berufsgruppen.

Tab. 4

Mitglieder der Polnischen Vereinigten Arbeiterpartei nach ihrer Berufszugehörigkeit.

	1960 o/o	1970 o/o	1978 o/o
Arbeiter	40,3	40,3	45,7
Bauern	11,8	11,5	9,4
techn.-wiss. u. kult. Intelligenz	17,9	24,4	20,8
Rentner	-	4,4	7,1
Restkategorie	30,0	19,4	17,0
Insgesamt	100,0 (1.154.672)	100,0 (2.319.963)	100,0 (2.930.448)

Quelle: zusammengestellt aus RS 1977, 21 Tab. 6 (37) und RS 1979, 24 Tab. 6 (43). Die verbleibende Restgruppe, die in der Quelle nur indirekt ausgewiesen ist, setzt sich laut Angaben von J. J. WIATR u.a. (1978, S. 77) aus Angestellten, Militärangehörigen, u.ä. Personen zusammen.

Wie aus Tabelle 4 zu ersehen ist, haben die Arbeiter den höchsten Anteil unter den Mitgliedern der PVAP aufzuweisen. Wenn jedoch berücksichtigt wird, daß in den Jahren von 1960 bis 1970 der Anteil der Arbeiter an der Gesamtbevölkerung von 33,8 o/o auf 41,2 o/o gestiegen ist (s. W. WESOŁOWSKI und K. W. SŁOMCZYŃSKI 1977, 54), so muß wenigstens für diesen Zeitraum von einer relativen Verringerung der Beteiligung dieser sozialen Schicht in der PVAP gesprochen werden. Andererseits ist der Anteil der Intelligenz im weiten Sinne einer "werktätigen Intelligenz" erheblich höher als in Tabelle 4 ausgewiesen. Er müßte darüber hinaus einen Großteil der Restgruppe ausmachen und insgesamt, im Vergleich zum Anteil der Arbeiter gesehen, wenn nicht höher, so doch in etwa gleich groß sein. Für den gesamtgesellschaftlichen Charakter der Arbeiterpartei sprechen im weiteren Untersuchungsergebnisse aus ländlichen Gebieten, die eine gewisse Komplementarität von PVAP und der Vereinigten Bauernpartei (ZSL) belegen. Im Zuge der Industrialisierung und Modernisierung dieser Gebiete konnte nämlich eine politische Aktivierung der Bevölkerung festgestellt werden, die sowohl der einen als auch der anderen Partei zugute kam (s. K. OSTROWSKI und A. PRZEWORSKI, 1967, S. 102 f.). Die PVAP erfaßte 1975 etwa 13 o/o aller Arbeiter, 4 o/o aller Bauern und 35 o/o aller Berufstätigen mit Hochschulabschluß. Sie ist vor allem attraktiv für Personen mit guter Ausbildung und hoher Mobilität, die der mittleren Altersgruppe angehören (s. J. J. WIATR u.a., 1978, 77).[18]

Anders als in pluralistischen Gesellschaftssystemen westlicher Prägung liegt die Hauptaufgabe der Partei im sozialistischen

System Polens nicht im Kampf um die Macht, sondern in anderen Bereichen des politischen Lebens. Die Partei hat eine 1) ideologische Funktion insoweit, als sie auf der Grundlage der sozialistischen Ideologie die zentralen Werte politischer und gesellschaftlicher Institutionen bestimmt. 2) Sie übt über ihre Mitglieder Kontrollfunktionen in den verschiedenen Organen des Staates und der Gesellschaft aus, indem sie die Übereinstimmung der Institutionsziele mit den Parteizielen sicherstellt. Die Partei hat im weiteren 3) eine allgemeine politische Funktion insoweit, als sie die Richtlinien staatlicher Organe bestimmt, und 4) motivierende Aufgaben wahrnimmt, indem sie die Teilnahme an politischen Entscheidungen großer Bevölkerungsteile sicherstellt. 5) Schließlich übernimmt die Partei Rekrutierungsaufgaben der politischen und gesellschaftlichen Führungskader sowohl für die Partei als auch für die Staatsorgane (s. W. WESOŁOWSKI und J. J. WIATR, 1965, 185 f.).

Nach dem im Jahre 1948 verabschiedeten und auf dem VII. Kongreß vom 8.12. 1975 ergänzten Statut ist der Kongreß das oberste Parteiorgan, das ein aus 115 Mitgliedern bestehendes Zentralkommitee wählt, das zwischen den Kongressen die Parteiarbeit leitet. Das Zentralkomitee wählt aus der Reihe seiner Mitglieder ein 11-köpfiges Politbüro, an dessen Spitze der erste Parteisekretär steht. "Die faktische Bedeutung der Parteiorgane ist jedoch genau umgekehrt, als sie das Statut festlegt. Das Politbüro ist das wichtigste aller Organe. Hier werden alle grundlegenden Entscheidungen getroffen. Das Sekretariat ist mit seinen weitgehend dem Regierungsapparat entsprechenden Abteilungen das eigentliche Vollzugsorgan, das den nachgeordneten Parteiapparat und alle staatlichen Herrschaftsinstitutionen lenkt und koordiniert. Faktisch besitzt das Zentralkommitee vor allem Beratungs- und Koordinierungsfunktionen, kaum jedoch Entscheidungsfunktionen, obwohl theoretisch eine umgekehrte Rangfolge statuiert wird" (s. G. STROBEL, in: Polen, 1976, S. 74).

Neben den Parteien existieren in Polen drei politische Gruppierungen, die von der Glaubensvorstellung der katholischen Kirche geprägt, zwar die Marxistisch-Leninistische Ideologie ablehnen, das wirtschaftlich-politische Programm der PVAP jedoch weitgehend unterstützen. Zu ihnen gehört die bereits 1945 von Bolesław Piasecki gegründete PAX-Gruppe, die vor allem bis 1953 für eine Loslösung vom Vatikan und Nationalisierung der polnischen Kirche die volle Unterstützung der Regierung hatte und bis heute umfangreiche wirtschaftliche Privilegien genießt. In ihren Bemühungen, die ideologischen Fronten zwischen Marxisten und Katholiken zu überbrücken, stand sie in Glaubensfragen loyal zur Kirche, in der politischen Auseinandersetzung zwischen Staat und Kirche jedoch meistens auf der Seite der Regierung. Ohne Unterstützung seitens der kirchlichen Hierarchie konnte sie allerdings unter der Bevölkerung keinen nennenswerten Einfluß gewinnen. Aus ihren Reihen entstand 1956 die "Christlich-Soziale Gesellschaft", die für eine stärkere Liberalisierung und die Wahrung persönlicher Freiheiten eintrat. Von den erwähnten politischen Gruppierungen wurde nur die ZNAK-Gruppe vom polnischen Episkopat unterstützt. Obwohl gleich den anderen Gruppierungen die ZNAK-Gruppe das wirtschafts-politische Programm der PVAP aus realpolitischen Erwägungen weitgehend mitträgt, stand sie anders als diese in einer klaren ideologischen Opposition zum Marxismus-Leninismus, ohne den Versuch zu unternehmen, die bestehenden ideologischen Widersprüche zu überspielen. In der andauernden Legislaturperiode (1976 - 80) haben die drei Gruppierungen im polnischen Sejm zusammen 12 von 460 Abgeordnetenmandaten.[19] "Together with the independent deputies - schreibt hierzu J. SZCZEPAŃSKI (1970, 56) - they form a nucleus of opposition. On commissions they often have influence on the implementation and articulation of passed bills. Their very existence gives the Polish political order a special character nonexistent in other socialist countries."

Neben den Parteien und politischen Gruppierungen, die mit dem

Staatsapparat unmittelbar verbunden primäre politische Ziele verfolgen, sind in diesem Zusammenhang darüber hinaus Organisationen zu erwähnen, die indirekt politischen Einfluß ausüben. Zu ihnen gehören Organisationen, die einen sozialen, bzw. berufsbezogenen Charakter aufweisen (z.B. Gewerkschaften und Berufsverbände) sowie Organisationen, die oft als "ideologisch-erzieherische Verbände" bezeichnet werden (Jugendorganisationen, Frauen-Bund u.ä.).

Tab. 5

Mitgliederzahl einiger Organisationen und Verbände in Tausend

	1960	1970	1978
Gewerkschaften	6.122,8	10.101,7	13.392,5
Soz. Jugendbund Polens	976,1	2.361,1	2.452,5
Verband Poln. Stud.	83,8	225,0	239,8
ZHP	728,6	2.078,6	3.305,9
Frauen-Bund	1.898,1	384,0	494,5
Verband der Kämpfer für Freiheit und Demokratie (ZBOWID)	159,4	329,5	636,7

Quelle: RS 1977, 20, Tab. 5 (36) und RS 1979, 22, Tab. 4 (41).

Die Traditionen der polnischen Gewerkschaften reichen auf den Teilungsgebieten unter preußischer und österreichischer Herrschaft bis in die 80er Jahre des 19. Jahrhunderts zurück. Nach dem Erlangen der politischen Unabhängigkeit entwickelte sich aus dieser Tradition heraus eine Vielzahl von Gewerkschaftsverbänden, die insgesamt 20 o/o der Arbeiter und 10 o/o der Staatsbediensteten erfaßten, ohne jedoch eine einheitliche politische oder auch nur organisatorische Struktur auszubilden (s. W. RATYŃSKI, 1976 und A. DOBIESZEWSKI, Hrsg., 1977, S. 534 ff.). Ähnlich wie in anderen Lebensbereichen wurde auch in diesem Bereich auf dem ersten Gewerkschaftskongreß 1945 eine Vereinigung der Gewerkschaftsbewegung herbeigeführt. Hand in Hand mit der organisatorischen Veränderung ging ein schneller Anstieg der Mitglieder. Zählte die Gewerkschaft im Dezember 1945 1 Million Mitglieder, so waren es 1948 bereits 3,5 Millionen, d.h. 87 o/o aller unselbständig Berufstätigen. Im Jahre 1975 erfaßten die Gewerkschaften über 96 o/o der Beschäftigten im vergesellschafteten Wirtschaftssektor (s. DOBIESZEWSKI, Hrsg., 1977, S. 535 f.)

"In der Entwicklung ihrer Tätigkeit unter der Leitung der Marxistisch-Leninistischen Partei - schreibt P. WÓJCIK (1977, 524) - erfüllen die Gewerkschaften Aufgaben, die der Staat nicht übernehmen kann, die jedoch im Interesse der Gesellschaft realisiert werden müssen. Die Besonderheit ihrer Tätigkeit liegt darin, daß sie mit ihren Aktivitäten jene Bereiche des gesellschaftlichen Lebens erfassen, in denen staatliche Maßnahmen nicht zielgerecht wären, da sie negative soziale Konsequenzen haben oder aber wegen der diesen Maßnahmen innewohnenden Möglichkeit der Gewaltanwendung keine Zustimmung finden würden." In diesem Zusammenhang unterscheidet der Verfasser drei Funktionen, die von den Gewerkschaften in einem sozialistischen System erfüllt werden. Sie haben 1) die Interessen der Werktätigen zu vertreten und zu schützen, 2) eine Erziehung der Werktätigen im sozialistischen Sinne zu betreiben und 3) die Betriebsbelegschaften mittels geeigneter Organisationsmaßnahmen zur Steigerung der Produktion über erhöhte Arbeitsproduktivität zu motivieren und zu mobilisieren. Wie die Arbeiterunruhen von 1970, 1976 und 1980 deutlich gemacht haben, wurden damit die Gewerkschaften bei weitem überfordert. Sie waren demzufolge kaum in der Lage, die Interessen der Werktätigen zu artikulieren, geschweige diese auch wirksam zu vertreten. In den Analysen und kritischen Anmerkungen zu den Ereignissen des Jahres 1970 wurde zwar auf diesen Sachverhalt des öfteren hingewiesen, wie jedoch die Unruhen von 1976 und 1980 belegen, konnten die eingeleiteten Reformen in dieser Hinsicht keine wesentliche Veränderung erreichen.[20] Der Streik von 1980 belegt eindeutig, daß die programmatische Zielsetzung ein "ausgewogenes Verhältnis zwischen den Aufgaben eines Engagements der Belegschaft für die Realisierung der Produktionsziele einerseits und die Sorge um die existentiellen und sozialen Belange der Werktätigen andererseits" (s. E. GIEREK, 1971, S. 60) zu erreichen, keine adäquate Lösung dieses grundlegenden gesellschaftlichen Widerspruches war. Es ist allerdings abzuwarten, inwieweit das in diesem "illegalen" Streik durchgesetzte Postulat freier Gewerkschaften sowie das Streikrecht unter den gegebenen gesellschaftlichen Umständen in die Tat umgesetzt werden kann und welche Konsequenzen dies ggf. für die Entwicklung des gesamten politischen Systems haben würde (vgl. Kap. 9).

Nach dem Zerfall der kommunistischen Polnischen Jugendorganisation (Związek Młodzieży Polskiej) im Zuge des politischen Tauwetters von 1956 und ihrer formellen Auflösung im Jahre 1957 entstanden zwei neue Jugendverbände: im Jahre 1956 der "Verband der Landjugend" (Związek Młodzieży Wiejskiej) und ein Jahr danach der Verband der Sozialistischen Jugend (Związek Młodzieży Socjalistycznej), die ideologische und politische Ziele verfolgten. Sie unterschieden sich lediglich darin, daß sie den jeweiligen Interessen der Stadt- bzw. der Landjugend mehr Aufmerksamkeit widmeten. Nach 1970 begann auch innerhalb der Jugendorganisationen eine ideologische Offensive, die bereits darin sichtbar wurde, daß zum erstenmal in der Geschichte der Partei eine Sitzung des Zentralkomitees der PVAP den Fragen der Jugend gewidmet und die ideologische Mobilisierung der Jugend zum zentralen Problem erhoben wurde (s. VII. Plenum des ZK der PVAP vom 27. - 28. November 1972, Grundlegende Dokumente und Materialien, Warszawa 1973).

Zwei Probleme, die auch in den Programmthesen dieses Plenums direkt angesprochen wurden, dürften für die ideologische Offensive von entscheidender Bedeutung sein. Erstens das innenpolitische Problem der wirtschaftlichen Entwicklung, das sich der Partei nach dem Aufstand der Arbeiterschaft 1970 stellte und nach einer Erhöhung des Lebensstandards und der damit verbundenen Notwendigkeit einer Produktivitätssteigerung verlangte, was wiederum ein stärkeres Engagement des einzelnen voraussetzte. Zweitens die politische Entwicklung der internationalen Beziehungen, die mit den Worten von der friedlichen Koexistenz eine Eröffnung der Ost-West-Kontakte mit sich brachte, aber auch zugleich eine Gefahr für die Stabilität des Systems bedeutete, wenn nicht eine genügende ideologische Festigung der Gesellschaft, vor allem der Jugend, gegenüber den "feindlichen und fremden Einflüssen" der westlichen Welt erreicht werden würde.

Nach dem VII. Plenum des ZK der PVAP wurden innerhalb der Jugendorganisationen einschneidende Organisationsmaßnahmen durchgeführt. Der Verband der polnischen Studenten (Związek Studentów Polskich) und der Verband Polnischer Pfadfinder (Związek Harcerstwa Polskiego) nahmen durch die Veränderung ihrer Statuten von der bislang gepflegten ideologischen Abstinenz Abschied und erklärten sich zu ideologisch-politischen Organisationen. Ähnlich wie andere Jugendorganisationen unterstrichen sie diesen Charakter ihrer Organisationen, indem sie eine zusätzliche Bezeichnung "sozialistisch" in ihren Namen einfügten. Am 11.4.1973 wurden schließlich alle Jugendorganisationen zu einer Föderation Sozialistischer Jugendverbände Polens (Federacja Socjalistycznych Związków Młodzieży Polski)zusammengefaßt und unter die politisch-ideologische Leitung der PVAP gestellt. Die Föderation setzte sich zum Hauptziel die Integration der Jugendverbände im Bereich der sozialistischen Erziehung sowie die Vorbereitung und Organisation ihrer aktiven Teilnahme am Aufbauprozeß eines sozialistischen Polen . Am 28. - 29.4.1976 folgte der Zusammenschluß von Jugendorganisationen zum Verband der Sozialistischen Jugend Polens (Związek Socjalistycznej Młodzieży Polskiej). Einen Tag darauf wurde von E. Gierek der Kongreß der polnischen Jugend eröffnet, an dem neben dem neugegründeten Einheitsverband auch der Studenten- und Pfadfinder-Verband teilnahm. "Die Bedeutung des Kongresses der Polnischen Jugend aus dem Jahre 1976 - schreibt in diesem Zusammenhang P.WÓJCIK (1977, S. 561)-ist vergleichbar mit dem historischen Kongreß der Einheit Polnischer Jugend von 1948. Im Verlauf dieser 28 Jahre hat die Jugendbewegung gewichtige und markante Erfolge erreicht und das sowohl bezüglich der Teilnahme an der sozialistischen Umgestaltung des Landes als auch an der Ausbildung eines sozialistischen Bewußtseins der Jugend". [21)]

Neben diesen allgemeinen Aufgaben im Bereich der ideologisch-politischen Erziehung haben die Jugendorganisationen eine besondere Bedeutung im Prozeß der Rekrutierung der politischen Elite. Die verschiedenen Positionen innerhalb von Jugendorganisationen funktionieren zugleich als Aufstiegskanal einer politischen Laufbahn, über die viele Funktionäre in den Parteiapparat gelangen, um dort schließlich führende Positionen einzunehmen (s. J. SZCZEPAŃSKI, 1970, S. 617).

Von den Organisationen der Erwachsenen ist hier vor allem der Frauenbund (Liga Kobiet) zu erwähnen, der die Interessen der berufstätigen Frau auch in ihren familiären Rollen vertritt und in diesem Bereich vergleichbare Funktionen einer "Pressure group" auszuüben vermag. Eine eminent politische Rolle spielt dagegen der Veteranenverband ZBOWID (Verband der Kämpfer für Freiheit und Demokratie). Neben der Interessenvertretung bezüglich der Versorgung von Kriegsveteranen und ihren Familien sucht er nämlich die Tradition der revolutionären Bewegung fortzuführen und kann sich diesbezüglich nicht selten auf emotionale Stimmungen der Bevölkerung stützen.

"All the above organizations are under the political leadership of the PUWP. They can in some cases, however, obtain a large degree of independence when dealing with their own specific problems and, as pressure groups based on public opinion and popular support, may greatly influence the implementation of party policies. It is only by taking into account their role in the interplay of political forces that some processes and developments can be fully understood. These organizations enable not only transmissions from the party to the masses but also transmission of pressures from below " (J. SZCZEPAŃSKI, 1970, S. 62).

Abschließend muß in diesem Zusammenhang wenigstens kurz auf eine Anzahl nicht organisierter politischer Kräfte näher eingegangen werden. Ohne den Status formaler Organisationen bzw. formalisierter politischer Zielsetzungen beeinflussen sie die Politik der Partei in ihrer Entscheidungsbildung, vor allem aber in der praktischen Durchsetzung getroffener Maßnahmen. Die Bedeutung dieser Kräfte, die im alltäglichen politischen Leben kaum sichtbar in Erscheinung treten, wird erst in Zeiten abrupter politischer Veränderung deutlich. Mit der Partei stimmen sie in bezug auf die Lösungen von Hauptproblemen des politischen Lebens (Industrialisierung, Schulsystem, u.ä.) weitgehend überein, unterscheiden sich allerdings nicht unerheblich in ihren Postulaten zur wirtschaftlichen und politischen Partizipation sowie den Wegen zur Realisierung einvernehmlicher Ziele. Den Wandel im Verhältnis der Partei zu diesen informellen politischen Kräften während der letzten Jahre umschreibt plastisch eine Redewendung, die eine Abwandlung von Matthäus 12,30 darstellt. Galt in den früheren Zeiten die Parole "Wer nicht mit uns ist,ist gegen uns", so heißt es nun: "Wer nicht gegen uns ist, ist mit uns", womit die Bestrebung zur Einbeziehung andersdenkender, insbesondere gläubiger Mitbürger deutlich unterstrichen wird.

Unter den im politischen Raum nicht organisierten Kräften ist an erster Stelle die Katholische Kirche anzuführen, auf die noch in anderem Zusammenhang näher eingegangen werden soll. Bereits 966 wurde Polen durch die Annahme des Christentums in den Einflußbereich der westlichen Kultur einbezogen. Im Kampf gegen feindlich gesinnte Nachbarstaaten, die auch als Repräsentanten anderer Religionsgemeinschaften galten (Protestanten, Orthodoxe),wurde die Verbindung zwischen der Katholischen Kirche und der Nation verstärkt und in der seit 1572 bestehenden Würde des Primas der Katholischen Kirche Polens als Interrex sichtbar zum Ausdruck gebracht. Durch das Erziehungssystem, das im 18. und 19. Jahrhundert fest in den Händen von Jesuiten und Piaristen lag, konnte der Einfluß der Katholischen Kirche gefestigt und das geistige Leben des Landes von den Strömungen der Aufklärung abgeschirmt werden. In der Zeit der politischen Teilung Polens bildete schließlich die Kirche die wichtigste Klammer zwischen den einzelnen Teilungsgebieten und repräsentierte dadurch die Nation als eine durch kulturelle Werte begründete und von politischen Konstellationen unabhängige Einheit. [22)]

Nach dem Erlangen der politischen Unabhängigkeit im Zuge des Ersten Weltkrieges wurde am 10.2.1925 zwischen dem Vatikan und der Republik Polen ein Konkordat geschlossen, in dem wesentliche Rechte der Kirche vor allem im Erziehungsbereich festgeschrieben wurden. [23)] Die Katholische Kirche Polens bestand aus 5 Erzbistümern mit fünfzehn Diözesen zuzüglich einer griechisch-katholischen und einer armenisch-katholischen; die Zahl der Bischöfe stieg von 23 auf 51 an (s. F. MANTHEY, 1965, S. 259 f.). Im Jahre 1931 betrug der Anteil der Katholiken an der Gesamtbevölkerung etwa 75,2 o/o (davon 64,8 o/o des lateinischen und 10,4 o/o des griechisch-katholischen Ritus), der Anteil der Orthodoxen 11,8 o/o, der Protestantenanteil 2,6 o/o und der Anteil der Juden 9,8 o/o (s. Concise Statistical Year-Book of Poland 1937, S. 23). Diese Situation hat sich nach dem Kriege wesentlich geändert. "Die Katholiken machen rd. 90 o/o der Gesamtbevölkerung aus, während sich 2,6 o/o zu religiösen Minderheiten bekennen, die sich in 29 nichtkatholische Kirchen und religiöse Vereinigungen gliedern. Zehn sind vom Staat durch Gesetze, drei auf dem Verwaltungswege, zwölf aufgrund des Vereinsrechtes anerkannt. Die rechtliche Stellung von vier Bekenntnisverbänden ist nicht geregelt" (B. STASIEWSKI, in: Polen, 1976, S. 241, s. auch J. GRUDZIEŃ, 1968, vgl. hierzu auch Kap.1).

Tab. 6 Gemeinden, Kirchen und Priester der Römisch-Katholischen Kirche in Polen

	1965	1970	1978
Gemeinden	6.327	6.376	6.881
Kirchen und Kapellen	13.263	13.392	14.492
Priester	17.333	18.151	19.863
davon Ordenspriester	4.492	4.626	4.448

(Quelle: RS, 1977, S. 23, Tab. 10 (41) und 1972, S. 66, Tab. 15 (34) und RS, 1979, S. 26, Tab. 10 (47)).

Zwar hatte die Katholische Kirche in der Nachkriegszeit viele ihrer Privilegien und Einflußmöglichkeiten aufgeben müssen, wie jedoch die in Tabelle 6 angeführten Zahlen belegen, konnte sie sich auch unter den recht ungünstigen Umständen erfolgreich behaupten. Nachdem in den 50er Jahren die Versuche der Partei fehlschlugen, den Einfluß der Katholischen Kirche mit Hilfe politischer und administrativer Maßnahmen zu brechen bzw. ihre Einheit aufzuspalten, vollzog sich nach 1956 im Verhältnis zwischen Staat und Kirche ein wesentlicher Wandel. [24)] Die Kirche wird derzeit nicht mehr als antikommunistisches Bollwerk des Kapitalismus und als Bedrohung des sozialistischen Staates angesehen. Auf der Grundlage nationaler Interessen, in denen eine weitgehende Übereinstimmung vorlag (Westgebiete, wirtschaftliche Entwicklung usw.), konnte unbeschadet der von Zeit zu Zeit auftretenden heftigen politischen Auseinandersetzungen eine Vertrauensbasis für ein gemeinsames Handeln aufgebaut werden. [25] Nach der Ratifizierung des Warschauer Vertragswerkes zwischen der Bundesrepublik Deutschland und der Volksrepublik Polen wurde das unermüdliche Drängen der polnischen Bischöfe mit Erfolg gekrönt. Am 28. Juni 1972 hat der Hl. Stuhl eine Neureglung der Diözesangrenzen im Oder-Neiße-Gebiet vorgenommen und die nach dem Zweiten Weltkrieg faktisch eingerichteten selbständigen Jurisdiktionsbezirke bestätigt (vgl. B. STASIEWSKI in: Polen, 1976, S. 245ff.). Obwohl seitens der Kirche in den verschiedenen Bereichen ihrer Aktivität (Kirchenbau, Schulen, Massenmedien usw.) die bestehenden Bedingungen beklagt werden, ist die generelle Einschätzung ihrer Lage, wie dies z.B. aus dem Kommuniqué der polnischen Jesuiten vom 27.1.1972 hervorgeht, eher positiv. [26] Die Wahl des Erzbischofs von Krakau Kardinal Karol Wojtyla zum Papst Johannes Paul II.(1978) sowie sein Polenbesuch im Jahre 1979 hatten sicherlich nicht nur das Prestige der polnischen Kirche im Ausland gehoben, sondern werden sicherlich auch für ihre innenpolitische Position von nicht unerheblicher Bedeutung sein (vgl. hierzu auch Kap.1).

Die entscheidende Frage für die Beurteilung der kommenden Entwicklung in den Beziehungen zwischen Staat und Kirche besteht allerdings, wie J. SZCZEPAŃSKI mit Recht hervorhebt, darin, ob und inwieweit die Marxistisch-Leninistische Ideologie auch in der Zukunft als wesentlicher Bestandteil eines sozialistischen Staates angesehen wird. "The Roman Catholic Church and faith will have political significance as long as Communists regard ideology as the essential basis of a socialist order. From this point of view, the socialist society must be a society of people professing only one ideology. But this attitude is fading. The new communist generation is more economically minded and does not see ideological uniformity as a nesessary basis of socialist order. And this, ipso facto, obviates the political importance of religious faith" (J. SZCZEPAŃSKI, 1970, S. 66).

Zu den nicht organisierten Kräften des politischen Lebens, auf die an dieser Stelle nicht näher eingegangen werden kann, gehören schließlich auch Interessengruppen unterschiedlicher Art, die politische Entscheidungen mitbeeinflussen. Zu ihnen zählt eine Vielzahl von Berufsverbänden, wie z.B. die der Intellektuellen (Schriftsteller-Journalisten-Künstler-Verband), die sich in verschiedener Form politischer Einflußnahme für persönliche Freiheiten, insbesondere Meinungsfreiheit, und die materiellen Belange ihrer Mitglieder einsetzen. Auf die besondere Bedeutung der polnischen Intelligenz in Vergangenheit und Gegenwart wird an anderer Stelle noch ausführlicher einzugehen sein. Vergleichbare politische Kräfte stellen Gruppierungen innerhalb von staatlichen Bürokratien, der technischen Intelligenz, Manager sozialistischer Unternehmungen sowie private Kleinunternehmer und Bauern dar, die ihre beruflichen und sozialen Interessen angemessen berücksichtigt und angestammte Privilegien gefestigt sehen möchten.

In diesem Zusammenhang muß wenigstens kurz auch auf die Rolle der Massenmedien hingewiesen werden. Radio, Fernsehen und Presse befinden sich in der Hand des Staates. Allerdings haben sich die Formen der staatlichen Kontrolle und Zensurausübung im Vergleich zu der stalinistischen Periode dezentralisiert und gelockert. Dank der steigenden Möglichkeiten mit dem westlichen Ausland über Radio, Presse und persönliche Beziehungen in Kontakt zu kommen, ist darüber hinaus für eine wachsende Gruppe der Bevölkerung eine von diesen Medien unabhängige Meinungsbildung möglich geworden (vgl. hierzu insbesondere Kap.5).

Abschließend muß im Rahmen dieser Ausführungen auf die politische Rolle der Emigranten und ihrer Organisationen verwiesen werden. [27] Nachdem in den Jahren des "kalten Krieges" alle Versuche, die politische Situation im Lande zu verändern, mißlungen waren, ist ihr Einfluß nunmehr vor allem indirekter Natur. In Anbetracht einer großen Anzahl persönlicher Bindungen und Beziehungen zum Heimatland sowie die Möglichkeit, das Bild von Polen im Ausland entscheidend mitprägen zu können, bleiben die polnischen Emigranten auch im politischen Kalkül der Partei nicht unberücksichtigt. Das Gefühl der Zugehörigkeit zu einer Nation, das Bestreben, auch im Ausland an den überlieferten Kulturwerten festzuhalten und die verwandtschaftlichen Bande im Lande zu pflegen sowie der Stolz auf die eigene Geschichte und die daraus resultierende Solidaritätsverpflichtung, dem Land beizustehen, bringen es mit sich, daß die polnische Emigration im Ausland gewisse Ähnlichkeiten mit der "jüdischen Diaspora" aufzuweisen hat, ohne jedoch ihre Geschlossenheit in organisatorischer und kultureller Hinsicht zu erreichen (s. J. SZCZEPAŃSKI, 1970, S. 68f., vgl. hierzu auch Kap.1).

3.2.2. Die formale Struktur des politischen Systems

Die Staatsorgane sowie die Regierungsverwaltung stellen die formale Struktur des politischen Systems auf der zentralen Ebene dar, in dessen Rahmen die zuvor diskutierten gesellschaftlichen Kräfte des Landes ihre Interessen und Ziele zu realisieren haben. Insgesamt gesehen besteht diese Struktur aus folgenden Institutionen:

(1) dem Parlament (Sejm), das aus einer Kammer besteht und 460 Abgeordnete umfaßt, die für vier Jahre in direkter, allgemeiner und gleicher Wahl ermittelt werden.

(2) dem Staatsrat, dessen 17 Mitglieder vom Sejm gewählt werden.

(3) dem Ministerrat, der vom Sejm auf Vorschlag (des Präses) eingesetzt wird und ihm verantwortlich ist.

(4) auf der regionalen und lokalen Ebene des politischen Systems aus den direkt gewählten Volksräten sowie ihren Präsidien einerseits und den durch Ernennung besetzten Verwaltungsämtern andererseits.

Bild 2 Formale Struktur von Partei, Regierung und Verwaltung auf zentraler, regionaler und lokaler Ebene

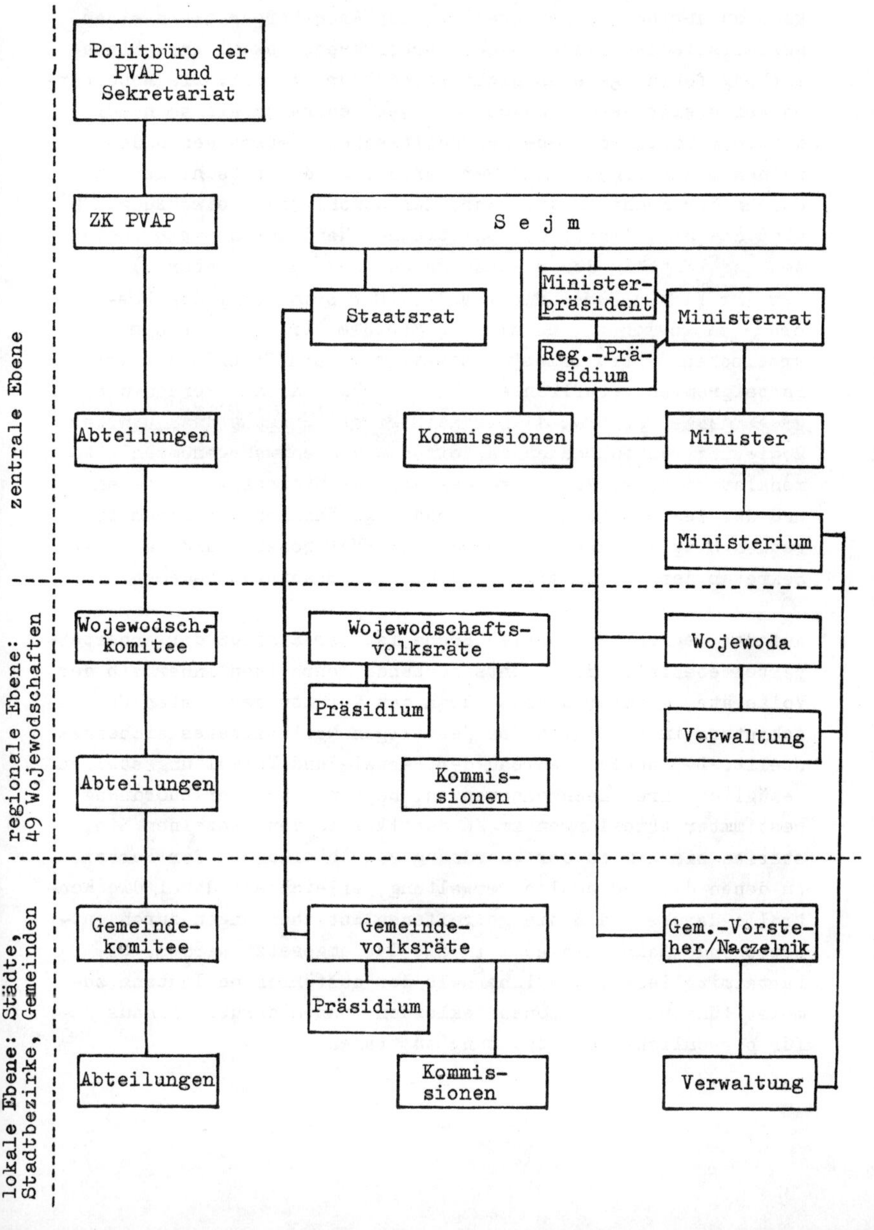

Die Betrachtung der Struktur des politischen Systems Polens kann an der besonderen Stellung der Arbeiterpartei in einem sozialistischen System nicht vorbeigehen, obwohl ihre Einbeziehung formal gesehen nicht gerechtfertigt ist. Die Arbeiterpartei stellt jedoch sowohl auf der zentralen als auch auf der territorialen Ebene des politischen Systems neben den einzelnen Staatsorganen und der Verwaltung den entscheidenden Strang der Machtstruktur dar, der sowohl die Zielsetzung als auch die Richtlinien des politischen Handelns anderer Instanzen bestimmt. In den Staatsorganen (Sejm und Staatsrat) ist ihr Einfluß über die absolute Mehrheit von PVAP-Abgeordneten gesichert, da diese gemäß dem "Prinzip des demokratischen Zentralismus" den Weisungen und Beschlüssen von Parteigremien verpflichtet sind. Darüber hinaus werden die wichtigsten Positionen innerhalb dieser Staatsorgane und der Regierung von führenden Parteifunktionären wahrgenommen ("Nomenklatura"), so z.B. wird das Amt des Ministerpräsidenten und das des Staatsratsvorsitzenden gewöhnlich von einem führenden Mitglied des Politbüros der PVAP besetzt und der erste Sekretär der Partei mit einem Sitz im Staatsrat bedacht.

Auf der regionalen/lokalen Ebene ist der Einfluß der Arbeiterpartei ebenfalls durch entsprechende Mehrheiten innerhalb der Volksräte, darüber hinaus durch den Vorsitz des ersten Parteisekretärs im Präsidium des jeweiligen Nationalrates sichergestellt. Der analoge Aufbau der Partei- und Verwaltungsstellen bezüglich ihrer Sachkompetenzen, begonnen bei der Zuordnung bestimmter Abteilungen im ZK der PVAP zu den einzelnen Ministerien bis hin zu der Zuordnung von Abteilungen der Partei zu denen der regionalen Verwaltung, erleichtert dabei die Kontrolle darüber, daß die getroffenen Entscheidungen durch entsprechende Maßnahmen auch in die Tat umgesetzt werden. Die Parteimitglieder, die innerhalb der ausführenden Instanz zumeist führende Positionen bekleiden, haben darüber hinaus dafür persönliche Verantwortung zu tragen.

Tab. 7 Die Tätigkeit des Nationalen Volksrates (Krajowa Rada Narodowa) und des Sejm

Legislaturperioden	verabschiedete Gesetze	bestätigte Dekrete	Sitzungsperioden	Sitzungstage
1944-46 Nationaler Volksrat	44	378	27	27
1947-52 Verfassungsgebender Sejm	394	349	108	108
1952-56 1. Legislaturperiode	42	161	39	39
1957-61 2. Legislaturperiode	174	13	59	71
1961-65 3. Legislaturperiode	93	1	32	54
1965-69 4. Legislaturperiode	60	1	23	40
1969-71 5. Legislaturperiode	36	-	18	22
1971-76 6. Legislaturperiode	103	11	32	33
1976-79 7. Legislaturperiode[x)]	36	3	23	24

[x)] bis zum 31.5.

(Quellen: RS, 1977, Tab. 2 (33), S. 18 und RS, 1979, Tab. 2 (39), S. 20)

Die Wahlen zum höchsten Staatsorgan, dem Sejm, sowie zu den einzelnen Volksräten erfolgt über allgemeine, gleiche, direkte und geheime Wahlen auf der Grundlage einer Kandidatenliste der Nationalen Einheitsfront (FJN), in der die zugelassenen Parteien zusammengefaßt sind. Die Liste ist nach einem bestimmten Parteienproporz zusammengestellt und die Anzahl der in ihr angeführten Kandidaten übersteigt geringfügig die Anzahl der zur Verfügung stehenden Mandate. Der im Jahre 1976 gewählte Sejm setzt sich entsprechend aus 261 Mitgliedern der PVAP, 113 Mitgliedern der Vereinigten Bauernpartei (ZSL), 37 Mitgliedern der Demokratischen Partei (SD) und 49 parteilosen Abgeordneten zusammen. [28] In den Volksräten war die Mandatsverteilung zum gleichen Zeitpunkt nach der Parteizugehörigkeit der Volksräte wie folgt: PVAP 45,7 o/o, VBP 19,0 o/o, DP 3,1 o/o sowie 32,0 o/o parteilose Mandatsträger. Im Vergleich zum Sejm zeichnet sich die Zusammensetzung der Volksräte vor allem durch einen relativ hohen Anteil parteiloser Mitglieder aus. Sowohl die Sejmabgeordneten als auch die Volksräte üben in überwiegender Mehrheit während ihrer Amtszeit ihren Beruf weiter aktiv aus und werden von ihren Betrieben bzw. Dienststellen für die jeweils anberaumten Plenar- und Kommissionssitzungen freigestellt. Zu den wichtigsten Arbeitseinrichtungen des Sejms und der Volksräte gehören die verschiedenen Kommissionen. Besondere Bedeutung haben dabei die 22 ständigen Sejmkommissionen, die bezüglich ihrer Sachbereiche mit den Ressortbereichen der Ministerien übereinstimmen. Ihre Tätigkeit besteht im wesentlichen darin, neue Gesetzesvorlagen zu erarbeiten und dem Sejm bei der parlamentarischen Kontrolle der Regierungsverwaltung behilflich zu sein. Die Hauptaufgaben des Parlaments liegen in seiner Legislativ- und Kontrollfunktion, die zwischen den Sitzungsperioden vom Staatsrat wahrgenommen wird. Die in dieser Zeit vom Staatsrat erlassenen Dekrete haben zwar Gesetzeskraft, müssen allerdings nachträglich dem Sejm vorgelegt und von ihm gebilligt werden. Wie aus Tabelle 7 zu ersehen ist, war die Bedeutung des Parlaments in den ersten Nachkriegsjahren sowohl hinsichtlich seiner gesetzesgebenden Funktion als auch gemessen an der Anzahl und der Dauer von Plenarsitzungen relativ gering. Erst mit dem Beginn des "polnischen Frühlings" wurde die Tätigkeit des Parlaments wesentlich gestärkt. Eine analoge Aktivierung der parlamentarischen Arbeit nach 1971 deutet auf eine charakteristische Machtverschiebung in Zeiten politischer Krisen hin.

Der Staatsrat setzt sich aus dem Vorsitzenden, der in der Regel ein namhaftes Mitglied des Politbüros der PVAP ist, vier Stellvertretern, einem Sekretär und 11 Mitgliedern zusammen, die aus den Reihen der Abgeordneten vom Sejm gewählt werden. Bezüglich ihrer Parteizugehörigkeit spiegeln die Mitglieder des Staatsrates im wesentlichen den Parteienproporz des Sejms wider. In der 7. Legislaturperiode gehören 9 Mitglieder des Staatsrates der PVAP, 4 der VBP, 2 der DP an, und 2 Mitglieder sind parteilos und stammen aus den christlichen Gruppierungen ZNAK und PAX. Neben den wichtigen Befugnissen im Bereich der Gesetzesgebung sowie der Kontrolle gegenüber der Regierung zwischen den Plenarsitzungen des Sejm , die in Verbindung mit seiner Aufgabe der Einberufung von Plenarsitzungen zu sehen sind, nimmt der Staatsrat hauptsächlich die Funktion des Staatsoberhauptes wahr, mit der traditionell eine Anzahl von Aufgaben verbunden sind (z.B. Ernennung von Professoren, Richtern, Generälen, Verleihung von Auszeichnungen, das Gnadenrecht usw.).

Der Ministerrat stellt als oberstes Organ der Staatsverwaltung die Regierung Volkspolens dar. Er setzt sich aus dem Ministerpräsidenten und seinen 8 Stellvertretern, dem Präses der Obersten Kontrollkammer (Najwyższa Izba Kontroli) und 28 Fachministern zusammen (Art. 39,1). Die Mehrzahl von ihnen (derzeit 32) sind Mitglieder der PVAP, 3 weitere gehören der Vereinigten Bauernpartei und einer von ihnen der Demokratischen Partei an (s. J.J. WIATR u.a., 1978, S. 81). Der Sejm ernennt den Ministerpräsidenten und auf seinen Vorschlag die anderen Mitglieder des Ministerrates. Das vom Ministerpräsidenten bei der Ernennung der Regierung vorgelegte Regierungsprogramm ist vom Sejm zu billigen. Laut Art. 41 der Verfassung hat der Ministerrat im wesentlichen drei Aufgaben zu erfüllen: Die Tätigkeit der obersten Verwaltungsorgane zu koordinieren, die Zusammenarbeit mit dem Parlament, insbesondere hinsichtlich von Gesetzesinitiativen und Berichterstattung zu pflegen sowie die in der Verfassung und den Gesetzen beschlossenen Aufgaben durchzuführen. Die Leitung und die Koordinierung der Regierungsarbeit obliegt dem Ministerpräsidenten, dem die acht Stellvertreter zur Seite stehen. Gemeinsam mit ihm bilden sie das Regierungspräsidium (Art. 39,2). Sowohl das Amt des Ministerpräsidenten als auch die Institution des Regierungspräsidiums wurden durch die Verfassungsnovelle vom 10.2.1976 gestärkt und mit neuen Kompetenzen ausgestattet. Diese Veränderungen spiegeln die allgemeine und auch in anderen Bereichen sich abzeichnende Tendenz wider, die Regierungs- und Verwaltungsarbeit durch den Ausbau monokratischer Führungsformen und die Betonung der persönlichen Verantwortung zu straffen. [29)]

Für die Bewältigung von Koordinationsaufgaben der Regierungsarbeit hat die Planungskommission beim Ministerrat eine besondere Bedeutung, die u.a. darin zum Ausdruck kommt, daß ihr Präses zugleich auch einer der acht Stellvertreter des Ministerpräsidenten ist. Unter den obersten Organen nimmt die Oberste Kontrollkammer (NIK) eine besondere Stellung ein. Im Jahre 1957 eingerichtet, wurde sie im Zuge der politischen Erneuerung nach 1963 dem Sejm als Instrument der parlamentarischen Kontrolle der Regierung zur Seite gestellt. Die Verfassungsänderung von 1976 hat diese Sonderstellung der Obersten Kontrollkammer allerdings nicht unwesentlich geschmälert, indem sie den Präses der Kammer als Mitglied des Ministerrates dem Ministerpräsidenten unterstellt und damit dieses Organ, analog zu den Verhältnissen in den Jahren 1952 - 1957, zum Instrument interner Regierungskontrolle herabgestuft hat. [30] Die verbleibenden Mitglieder des Ministerrates stellen die Fachminister, die die einzelnen Bereiche der Staatsverwaltung leiten. Neben solchen Ministerien wie dem Innenministerium, dem Justizministerium, dem Ministerium der Nationalen Verteidigung und dem für Auswärtige Angelegenheiten, die die traditionellen Funktionen des Staates wahrnehmen, gibt es in Polen, ähnlich wie in anderen sozialistischen Staaten, eine Anzahl von Ministerien, die vorwiegend wirtschaftliche bzw. kulturelle und soziale Aufgabenbereiche wahrnehmen. Neben den obersten Verwaltungsbehörden bestehen noch Zentralämter (z.B. Hauptamt für die Kontrolle von Presse, Publikationen und Ausführungen, Hauptzollamt, Staatliche Preiskommission), deren Leiter dem Ministerpräsidenten oder anderen Mitgliedern des Ministerrates unterstellt sind und nicht dem Ministerrat angehören.

In den Jahren 1972 - 1975 erfolgt in Polen eine grundlegende Gebiets- und Verwaltungsreform auf regionaler und lokaler Ebene. [31] Anstelle der bislang bestehenden 22 großen Wojewodschaften (darunter 5 Großstädte) wurden 49 (darunter 3 Großstädte) kleinere Wojewodschaften gebildet, womit die regionalen Gebietseinheiten flexibler, zugleich aber auch hinsichtlich ihrer wirtschaftlichen und politischen Einflußmöglichkeiten nicht unwesentlich geschwächt wurden. Im Zuge der Gebietsreform wurden im weiteren die Kreise (powiat) und die ihnen untergeordneten Dorfgemeinden (gromady) aufgelöst und durch Landgemeinden (gmina), in denen mehrere Dörfer zusammengefaßt sind, bzw. gleichgestellte Städte und Stadtteile ersetzt. Parallel zu der Gebietsreform wurden die Verwaltungen der jeweiligen Gebietseinheiten aus dem Weisungsbereich der Präsidien der jeweiligen Volksräte herausgenommen und den neugeschaffenen Ämtern der Wojewoden (wojewoda) und dem Stadtpräsidenten sowie dem Kreis-, Stadt-, Stadtbezirk- und Gemeindevorsteher (naczelnik) unterstellt. Diese Einpersonenämter werden von den unmittelbar darüberstehenden Verwaltungsstellen berufen und in der Amtsausübung überwacht.

Die Nationalräte auf den einzelnen Ebenen der territorialen Verwaltung mit ihren Präsidien sind demgegenüber Vertretungsorgane, denen der erste Sekretär der entsprechenden Organisationseinheit der PVAP vorsteht. Sie sind sowohl Instanzen unmittelbarer Kontrolle als auch Institutionen der Selbstverwaltung der Bevölkerung auf regionaler und lokaler Ebene. "Die Neuordnung der territorialen Staatsverwaltung ist auch insofern von großer Tragweite - schreibt in diesem Zusammenhang G. STROBEL - als sie das bislang formal vorgesehene Prinzip der doppelten Unterstellung weitgehend beseitigte. War danach das Nationalpräsidium einerseits dem entsprechenden Vertretungsorgan (horizontal) und andererseits dem nächsthöheren Nationalratspräsidium (bzw. dem Ministerrat) unterstellt, so besteht jetzt grundsätzlich (mit einigen im Gesetz genannten Ausnahmen) nur eine Unterordnung der territorialen Organe der Staatsverwaltung unter die jeweiligen Organe der höheren Stufe, also in vertikaler Richtung. Dadurch fand der faktisch auch bisher bestehende Vorrang des zentralistischen Elements in der Anleitung der territorialen Verwaltung eine formalrechtliche Bestätigung" (s. Polen, 1976, S. 83).

1) Unter dem Begriff des politischen Systems soll im folgenden ganz allgemein ein auf Machterwerb, Machtgebrauch und Legitimation der Macht spezialisiertes Handlungssystem verstanden werden, das auf die Verwirklichung von Zielen Einzelner und / oder einer besonderen Gesamtheit ausgerichtet und mit einem bestimmten Grad an Autonomie und Eigenkomplexität ausgestattet ist (vgl. T. PARSONS, 1972, S. 26 f. und N. LUHMANN, 1970, S. 154-177).

2) Vgl. hierzu die kritische Auseinandersetzung mit dieser theoretischen Position z.B. bei D. BELL, 1959; CH.P. LUDZ, 1969 und W. SCHLANGEN, 1972.

3) Zur Entwicklung der polnischen Außenpolitik und zur Festlegung der polnischen Grenzen vgl. H. ROOS, 1959; DERS., 1961;

K. DZIEWANOWSKI, 1950; R. DĘBICKI, 1962.

4) Die kulturelle Zersplitterung als Folge der politischen Teilung Polens wird z. B. am Schulsystem deutlich. Im früheren russischen Gebiet bestand keine, in den deutschen Gebieten eine 8jährige und in dem österreichischen eine 6jährige Schulpflicht. Die Unterrichtssprache war im russischen und deutschen Gebiet entsprechend russisch und deutsch, nur im österreichischen Teilungsgebiet wurde der Unterricht in polnischer Sprache erteilt (vgl. W. OZGA, 1960, S. 78; Ł. KURDYBACH, 1968; V. HAMMETTER, 1966).

5) Außenpolitisch waren die Verhältnisse zwischen dem Staat und den nationalen Minderheiten durch den Minderheitenschutzvertrag vom 28. Juni 1919 und durch andere bilaterale Verträge abgesichert und in den Art. 109 und 110 der Verfassung von 1921 verankert. Diese Lösung ging von der Vorstellung eines national-polnischen Einheitsstaates aus, garantierte jedoch den nationalen Minderheiten einen gewissen Rechtsschutz ihres Volkstums (Kulturautonomie). Nach dem Sieg der nationalen Kräfte (1923) begann die Zeit einer eindeutigen Polonisierung (Bodenreform, Siedlungs-, Schul- und Kirchenpolitik). Auch nach dem Militärputsch von J. Piłsudski hat sich diese Politik gegenüber den Minderheiten nicht geändert. Den Höhepunkt bildete die brutale "Pazifizierung" z.Z. der Nationalitätenkrise im Jahre 1930.

6) Bereits am 10. Juli 1919 befaßte sich der Sejm in einer Erklärung mit der Bodenreform. Das erste Gesetz zur Bodenreform vom 15. Juli 1920 wurde nach der Verabschiedung der Verfassung von 1921 als verfassungswidrig erklärt. Das zweite Bodenreformgesetz vom 28.12.1925, das durch die Koalition zwischen der gemäßigten Bauernpartei und den Nationaldemokraten ermöglicht wurde, war in seinem Inhalt zu wenig radikal, sowohl hinsichtlich des Umfanges des aufzuteilenden Landes als auch bezüglich der jährlich zu verteilenden Quoten. Der Grundsatz der freiwilligen Aufteilung bei hohen Marktpreisen hatte einen Preisauftrieb zur Folge, der wiederum zu einer außerordentlich hohen Verschuldung landwirtschaftlicher Betriebe führte und in der Weltwirtschaftskrise einen Zusammenbruch der polnischen Landwirtschaft nach sich zog (vgl. S. MIESZCZANKOWSKI, 1960).

7) Vgl. hierzu J.H. PERRSON, 1951; H. ROOS, 1959 und 1961; W.J. ROSE, 1947. In den Jahren 1918-1939 wechselten insgesamt 27 Kabinette, was eine durchschnittliche Regierungsdauer von etwa 9 Monaten bedeutet. Die längste Periode davon dauerte 3 Jahre und 4 1/2 Monate, die kürzeste 5 Tage (s. J.J. WIATR, 1976, S. 8 f.).

8) Ungeachtet der Tatsache, daß J. Piłsudski mit Hilfe der linken Kräfte an die Macht gekommen war, stützte er sich zunehmend auf konservativ politische Kräfte, insbesondere auf den

Landadel der Ostgebiete. Als politisches Instrument gegen die konsolidierten Kräfte auf der linken und rechten Seite wurde von W. Sławek im Auftrag von Piłsudski ein Regierungsblock gebildet, der sich aus Mitgliedern verschiedener Parteien zusammensetzte. Das Regierungslager strebte eine Verfassungsänderung im autoritären Sinne an und nahm schon wegen seiner konservativen Zusammensetzung von jeglichen sozialen Reformen Abstand. Die Wahlen vom März 1927 brachten dem Regierungslager zwar mit 122 Mandaten die relative, aber nicht die für eine Verfassungsänderung notwendige absolute Mehrheit. Dieses Ergebnis hatte zur Folge, daß zwischen J. Piłsudski und dem Sejm ein heftiger Kampf ausgetragen wurde, dessen Höhepunkt die Verhaftung einer Reihe bedeutender Oppositionsführer (1930) bildete. Unter diesen Umständen wurde der Sejm schließlich aufgelöst. Erst die darauffolgenden Wahlen brachten dem Regierungsblock die benötigte Mehrheit für eine neue Verfassung (1934), die sich durch die Ausdehnung der Exekutivmacht des Präsidenten, die Hervorhebung des Senats und des Oberbefehlshabers auszeichnete und deutlich an zeitgenössische, autoritäre Vorbilder anlehnte (vgl. L. KENNET, 1951, H. STANIENDA, 1935, A. BURDA, 1962, S. 74 ff.).

9) Siehe: "Denkschrift Himmlers über die Behandlung der Fremdvölkischen im Osten". In: Vierteljahrshefte für Zeitgeschichte, 1957, Heft 2, S. 197 ff.).

10) Polen hatte dementsprechend nach dem Zweiten Weltkrieg sehr hohe Verluste zu beklagen. Mit 220 Toten pro 1.000 Einwohnern stand Polen im Vergleich mit anderen Ländern - so z.B. Jugoslavien (108), UdSSR (40), Frankreich (15) und Großbritannien (8) - an der Spitze (s. J. SZAFRAŃSKI, 1960, S. 47); besonders hoch waren sie unter der Intelligenz. Ihr Bestand reduzierte sich bei den Hochschulprofessoren und Lektoren um 28,5 o/o, bei den Lehrern höherer Schulen um 13,1 o/o, bei Ärzten um 38,7 o/o und bei Rechtsanwälten um 56,9 o/o (s. A. SZYMANOWICZ, 1960, S. 93). Da keine offiziellen Untersuchungen des polnischen Statistischen Hauptamtes vorliegen, gehen die Schätzungen der Kriegsverluste auch in Polen mit Angaben zwischen 4 und 6 Millionen weit auseinander (vgl. hierzu R. BREYER, in: Polen, 1976, S. 42 ff.). Polen hatte auch erhebliche materielle Verluste zu verzeichnen. Etwa 40 o/o des Volksvermögens wurden vernichtet (s. A. ŚWIĘCKI, 1969, S. 28).

11) Vgl. hierzu insbesondere H. ROOS, 1959, S. 167-193. Im Mai 1940 wurden 4.504 polnische Offiziere in Katyń bei Smolensk durch Genickschuß ermordet. Dieser Massenmord, von den Westmächten vor der Weltöffentlichkeit z.T. durch Geheimhaltung gedeckt, bildete für die UdSSR den unmittelbaren Anlaß, die Beziehung zur polnischen Exilregierung, die hartnäckig auf Aufklärung drängte, abzubrechen. Vgl. hier-

zu auch J. MACKIEWICZ, Katyn - ungesühnte Verbrechen. Zürich 1949; G. HERLING-GRUDZINSKI, Welt ohne Erbarmen. Köln 1953; J. CZAPSKI, Unmenschliche Erde. Köln 1967; L. BETHELL,"Die große Lüge, Katyn: Schweigen als Pflicht. Wie die britische Regierung ein Verbrechen vertuschen half". In:"Die Zeit" v. 2. Juni 1972, Nr. 22, S. 50; L. FITZGIBBON, Katyn. London 1971. Die Deutschen werteten den Mord von Katyń propagandistisch aus, was die UdSSR bis heute veranlaßt, ihn als ein nationalsozialistisches Lügenmärchen rundweg abzustreiten. Dennoch spielt das Katyń-Motiv bis heute in der Gestaltung des polnischen Rußlandbildes eine große Rolle.

12) Vgl. hierzu insbesondere H. ROOS, 1959 u. 1961 sowie G. RHODE, 1959, in: W. MARKERT, Hrsg., S. 194-220.

13) Als Folge des Zweiten Weltkrieges ergaben sich wichtige Veränderungen in den gesamtgesellschaftlichen Rahmenbedingungen. Besonders hervorzuheben sind in diesem Zusammenhang: 1. die Verschiebung des polnischen Staatsgebietes um etwa 250 km nach Westen, was im Vergleich zum Staatsgebiet aus der Vorkriegszeit einen Verlust von rd. 180.000 qkm im Osten und einen Gewinn von rd. 103.000 qkm im Westen bedeutet. 2. die durch die Territorialverschiebung und die Kriegsereignisse bedingte Bevölkerungsverschiebung, die Tausende von Menschen in eine neue Umgebung verpflanzte und dazu führte, daß Polen ein Nationalstaat mit einer nur geringen (1,2 o/o) nationalen Minderheit wurde sowie ein hohes Maß an konfessioneller Homogenität (90 o/o der Bevölkerung sind römisch-katholisch) gewann. 3. die internationale Anpassung des politischen Systems wurde durch den Ausgang des Zweiten Weltkriegs eindeutig festgelegt. Sowohl die territoriale Verschiebung nach Westen und die Errichtung eines sozialistischen Gesellschaftssystems als auch die folgende Konfrontation der Blöcke ließen im Interesse der territorialen und nationalen Integrität nur eine Anlehnung an den Nachbarn im Osten zu (vgl. J. SZCZEPAŃSKI, 1970, S. 34 ff.; Polen, 1976, S. 25 f. u. 42 ff.).

14) In diesem Zusammenhang wurden am 25.3.1968 Prof. B. Baczko, Prof. L. Kołakowski, Prof. St. Morawski, Doz. Z. Baumann, Doz. M. Hirszowicz und Prof. B. Brus ihrer Ämter an der Universität Warschau enthoben (s. Przegląd Socjologiczny, Chronik, Bd. 22/2, 1968, S. 264 f.). Zur Rolle des Antisemitismus im politischen Leben Polens vgl. C. STOPNICKA-HELLER, 1969; P. LENDVAI, 1972 .

15) Vgl. hierzu W. GOMUŁKA, 1968; A. WERBLAN, 1968 a und b; H. JABŁOŃSKI, 1968; V. ZJAZD PZPR, 1968.

16) Vgl. hierzu vor allem die Dokumente des VI. Parteitages der PVAP, 1972, und die Dokumente des VII. Plenums des ZK der PVAP vom 27.-28. November sowie den darauffolgenden

Sejmbeschluß vom 12.4.1973 über die Aufgaben des Volkes und Staates bei der Erziehung der Jugend und ihren Anteil beim Aufbau des sozialistischen Polen (Monitor Polski, 1973, Nr. 18, Pos. 110).

17) Unter Bezugnahme auf die These der Resolution der Polnischen Gesellschaft für Politikwissenschaften vom 20. November 1980, daß strukturelle Fehler des politischen Systems der Volksrepublik Polen zur gegenwärtigen gefährlichen Krise geführt haben, zählt S. WIATR (1981, S. 37 ff.) einige davon auf, die seiner Meinung nach für diese Entwicklung verantwortlich zu machen sind. Die institutionellen und funktionalen Deformationen des politischen Systems werden vor allem mit dem Wandel der PVAP in Verbindung gebracht, der insbesondere darin zum Ausdruck kommt, daß sich die Partei vorwiegend mit der Problematik der praktischen Machtausübung und der Verwaltung, weniger mit Fragen der gesellschaftlichen Interessen und allgemein politischen Entwicklungsprozessen befaßt. Die Verlagerung der Parteiaktivität, die in den siebziger Jahren verstärkt zu beobachten war, hat nicht nur die Beziehung zwischen Parteiapparat und Parteibasis geschwächt, sondern darüber hinaus zu einer Verdoppelung der Verwaltungsstruktur geführt und die Zentraltendenzen des Systems verstärkt sowie die ohnehin verkümmerten Ansätze einer institutionellen Artikulationsmöglichkeit von gesellschaftlichen Interessen erstickt. Die besonders schlechte wirtschaftliche Lage Polens sowie die Erfahrungen aus den vorangegangenen Krisen haben bewirkt, daß die neue Krise sowohl in ihrer Tiefe als auch in der spezifischen Qualität gänzlich neue Elemente aufweist, die zugleich auch neuartige Chancen gesellschaftlicher Veränderungen bedeuten könnten. Vgl. hierzu auch den Aufsatz von T. SZAFER, "Die Dekade Gierek". In: Osteuropa, Jg. 31, 4, 1981, S. 277-296; CH. ROYEN, "Polen zwischen Beharrung und Erneuerung". In: Aus Politik und Zeitgeschichte, B 31/1981 , S. 2-27.

18) Im Jahre 1978 sah die Verteilung der Mitglieder der PVAP in den einzelnen Altersgruppen anteilmäßig wie folgt aus: 18-24 Jahre 7,8 o/o, 25-29 Jahre 15,7 o/o, 30-39 Jahre 27,6 o/o, 40-49 Jahre 25,5 o/o, 50-59 Jahre 15,9 o/o, über 60 Jahre 7,5 o/o. Von 1960 bis 1978 stieg der Anteil der Parteimitglieder mit Hochschulausbildung von 6,6 auf 15,4 o/o, mit höherer Schulbildung von 29,8 auf 33,5 o/o und mit Grundschulbildung von 37,5 auf 47,2 o/o. Gleichzeitig sank der Anteil von Mitgliedern mit nicht abgeschlossener Grundschulbildung von 26,1 auf 3,9 o/o (s. RS, 1977, S. 21, Tab. 6 (37); RS, 1979, S. 24, Tab. 6 (43).

19) Im einzelnen waren die Sejmmandate auf die drei Gruppierungen wie folgt verteilt: PAX-Gruppe-5, Christlich-Soziale Gesellschaft - 2 und ZNAK-Gruppe - 5 Mandate (s. F. SIEMIEŃSKI, in: A. DOBIESZEWSKI, Hrsg., 1978, S. 416).

20) Beispielsweise äußerte sich der Vorsitzende des Zentralrates der Gewerkschaft auf dem VIII.Plenum des ZK der PVAP: "Um ihre Aufgaben gut erfüllen zu können, möchte ich sagen, müssen die Gewerkschaften fest auf der Grundlage der Interessenvertretung sowie der Verteidigung von Rechten der Berufstätigen stehen. Es ist oft vorgekommen, daß jene, die sich für irgendwelche soziale Probleme eingesetzt haben, als Demagogen bezeichnet wurden " (W. KRUCZEK, VIII. Plenum KC PZPR, 6 - 7 luty 1971. Nowe Drogi, 1971, numer specjalny, S. 130; vgl. hierzu auch Kap. 9).

21) In seinem programmatischen Referat hat der Vorsitzende der Föderation (FSZMP) dieser Organisation folgende Zielsetzung aufgezeigt. 1) Teilnahme an der Gestaltung eines sozialistischen Lebensstils, 2) die Ausbildung eines sozialistischen Bewußtseins, 3) die Entwicklung von Arbeitswettbewerben, 4) die aktive Teilnahme am Kulturleben sowie 5) die Festigung einer einheitlichen Erziehungsfront der verschiedenen (daran) beteiligten Institutionen (s. Z. KUROWSKI, 1976).

22) Hierzu gehört insbesondere der Kampf der Katholischen Kirche für den Religionsunterricht in polnischer Sprache und für die organisatorische Selbständigkeit der polnischen Kirche in den Teilungsgebieten unter russischer und preußischer Herrschaft (s. J. UMIŃSKI, Bd. II, 1960, S. 463 ff.; F. MANTHEY, 1965, S. 196 ff.). Die Verfassung von 1921 stellte in Art. 114 fest, daß das römisch-katholische Bekenntnis "als die Religion der überwiegenden Mehrheit des Volkes" im Staat "die Hauptstellung unter den gleichberechtigten Bekenntnissen" einnehme und daß die römisch-katholische Kirche sich "nach eigenen Gesetzen" regiere (s. B. STASIEWSKI, 1959, S. 103).

23) Religionsunterricht wurde zum Pflichtfach in Schulen erhoben. Im Hochschulbereich bestanden theologische Fakultäten an den Universitäten Warschau, Krakau, Lemberg und Wilna. Im Jahre 1918 wurde aus der Kaiserlich-Russischen Theologischen Akademie in St. Petersberg die Katholische Universität in Lublin gegründet, die, bereits 1920 von Rom erigiert, 1937 staatliche Hochschulrechte erhalten hat (s. K. HARTMANN, 1962, S. 4; W. RESCHKA, 1974, S. 56 f.). Am 12. September 1945 kündigte die Regierung der Nationalen Einheit das Konkordat von 1925 auf.

24) In dieser Zeit wurde eine Anzahl von Priestern und Bischöfen, darunter auch der Primas der Katholischen Kirche, Kardinal Stefan Wyszyński, verhaftet. Im Jahre 1956 wurden sie wieder auf freien Fuß gesetzt (vgl. hierzu: Polen, 1976, S. 242 ff.).

25) Die größte politische Auseinandersetzung der letzten Jahre fand zum Millennium der Christianisierung Polens 1966 statt.

Sowohl die Kirche als auch die Partei versuchten für ihre Ziele die Massen der Bevölkerung zu mobilisieren, was nicht selten zu fanatischen Auseinandersetzungen führte (vgl. H.J. STEHLE, 1968, S. 90 ff.; B. STASIEWSKI,"Die Jahrtausendfeier Polens in kirchengeschichtlicher Sicht." In: Jahrbücher für Geschichte Osteuropas, NF, 1960, S. 313-329).

26) Die Mitteilung vom 27.1.1972, die vom Pressebüro in Rom unter dem Titel "Jesuits in Communist Poland Cautiously optimistic" herausgegeben wurde, schließt mit der Feststellung:"There ist cautious optimism among Jesuits in Poland that this positive evolution will continue to include the Church so that it can exercise its mission with maximum liberty."

27) Die Anzahl polnischer Emigranten ist nur schwierig zu schätzen, sie wird mit 9,8 Mill. angegeben (s. Mały Rocznik Statystyczny, 1967, S. 25; Polen, 1976, S. 55 f.). Den Hauptanteil stellen polnische Emigranten in den USA (6,5 Mill.) und der UdSSR (1,2 Mill.) dar.

28) Die Zahl der Frauen im Sejm hat sich in den einzelnen Legislaturperioden nur geringfügig geändert. In der ersten Legislaturperiode waren im Sejm 74 Abgeordnete Frauen, in der zweiten 19, in der dritten 60, in der vierten 57, in der fünften 62, in der sechsten 73 und in der siebten 95. Demgegenüber zeigt die Zusammensetzung der Abgeordneten nach ihrer Ausbildung eine starke Veränderung auf. Die Anzahl der Abgeordneten mit Hochschulabschluß stieg z.B. von 136 in der ersten Legislaturperiode auf 252 in der siebten Legislaturperiode und erreichte somit einen Anteil von 54,8 o/o aller Abgeordneten (s. A. DOBIESZEWSKI, Hrsg., 1978, S. 409).

29) Das Amt des Ministerpräsidenten wird in Art. 40 der Verfassung wie folgt umschrieben:"40,1 Der Ministerpräsident leitet die Arbeiten des Ministerrates und des Präsidiums der Regierung. 40,2 Der Ministerpräsident erläßt aufgrund von Gesetzen und mit dem Ziel ihrer Durchführung Rechtsverordnungen."

30) Vgl. A. BADURA, 1962, S. 197 ff.

31) Diese Verwaltungsreform wurde bereits vom VI. Plenum des ZK der PVAP am 27. September 1972 beschlossen. In den darauffolgenden Jahren wurde sie in drei Etappen verwirklicht. Die erste Etappe wurde mit dem Gesetz vom 29. November 1972 über die Errichtung von Landgemeinden und die Änderung des Gesetzes über die Volksräte (Dz. U. PRL Nr. 49/1972), die zweite Etappe mit dem Gesetz vom 9.12.1973 über die Neuorganisation der Volksräte (Dz. U. PRL Nr. 47/1973) und die letzte Etappe mit dem Gesetz vom 28.5.1975 über die zweistufige Verwaltungsgliederung und die Änderung des Gesetzes über die Volksräte (Dz. U. PRL Nr. 16 und 17/1975) eingeleitet (vgl. hierzu: Polen, 1976, S. 23 f.; A. DOBIESZEWSKI, Hrsg., 1977, S. 474 ff.; S. LAMMICH, 1975, S. 222 ff.).

4. Die wirtschaftliche Situation Polens

Ein Vergleich der Volkswirtschaften Vor- und Nachkriegspolens ist sehr schwierig. Der nach 1945 entstandene Staat hatte einen großen Teil seines Territoriums an die Sowjetunion verloren, er war dafür aus dem Nachlaß des Deutschen Reiches entschädigt worden. Dies machte etwa 1/3 seiner neuen Fläche aus. Geographisch ging daher Polen von völlig neuen Gegebenheiten aus, die im wirtschaftlichen Bereich im Verlust des großflächigen ostpolnischen Agrargebiets und im Zugewinn der stärker industriell nutzbaren ostdeutschen Gebiete bestanden. Man muß diese Voraussetzung beachten, obwohl die deutschen Ostgebiete (von Oberschlesien und dem Waldenburger Gebiet abgesehen) im Verhältnis zum übrigen Reich industriell unterentwickelt waren.

4.1. Die Wirtschaftslage Polens in der Zwischenkriegszeit

Polen vor und nach dem Krieg sind zwei objektiv verschiedene Größen. Dem häufigen Ansatz eines direkten Vergleichs muß um so mehr widersprochen werden, als er praktisch politisch auswertbar ist: die Industrialisierung, die auch so in Nachkriegspolen respektabel ist, wird überhöht dargestellt, wodurch die Erfolge des kommunistischen Nachkriegsregimes betont werden sollen. Vergleichen kann man aber natürlich das subjektive Bewußtsein, das sich vor und nach dem Zweiten Weltkrieg mit dem Namen Polen verband; dabei muß jedoch stets beachtet werden, daß die Werte nur scheinbar auf der gleichen Basis gründen.

Das Polen der Zwischenkriegszeit war mit einer Vielzahl von Problemen belastet, die seine wirtschaftliche Entwicklung hemmten. Zum einen waren die Ansätze einer Industrialisierung in einer Zeit erfolgt, in der die polnischen Gebiete drei verschiedenen Staaten und damit auch drei verschiedenen Volkswirtschaften angehört hatten. Die neuen Grenzen von 1919/1920 schnitten diese jungen Entwicklungszonen von ihren Rohstofflieferanten bzw. Absatzmärkten ab. Dies wird im sog. deutsch-polnischen Zollkrieg deutlich, aber auch in der Tatsache, daß zwischen den Textilindustriegebieten von Łódź und Białystok und dem ursprünglichen "Mutterland" Rußland Kriegszustand und später eine Wirtschaftskontakte nicht begünstigende Spannung herrschte.

Die ersten Jahre des neu entstandenen Staates (1918-1924) standen unter dem Zeichen einer Inflation, deren Ursachen in den Folgen des Ersten Weltkriegs, den neuen Kriegen, der Unsicherheit in bezug auf die Wirtschaftsaktivitäten - um nur einige zu nennen - zu suchen sind. [1)]

Die Währungsreform vom 14. April 1924 konnte die Lage kaum bessern. Zwar waren die Prognosen zunächst nicht ungünstig, aber die erwarteten US-Kredite blieben hinter den Erwartungen zurück (23,5 Millionen statt 50 Millionen $) und der Handelskrieg mit Deutschland begünstigte eine Abwertung des Złoty. Die kaum erholte Wirtschaft wurde von der Weltwirtschaftskrise voll getroffen, wobei der Staat nunmehr, nach den Mißerfolgen der 20er Jahre, zu einer deflationären Politik Zuflucht nahm, die zwar den Währungswert erhielt, aber eine Krisenbewältigung unmöglich machte. Der auch vorher schon in Polen ökonomisch schwächliche Mittelstand konnte aufgrund seiner Kapitalarmut der Misere nicht entgegenwirken, die immer massiveren staatskapitalistischen Eingriffe hingegen waren kaum geeignet, in den äußerlich abgesicherten Betrieben eine produktive Arbeitsweise zu fördern. [2)]

Wegen der allgemeinen Beruhigung der europäischen Wirtschaftslage konnten die letzten Jahre der Republik nicht zuletzt infolge vermehrter Rüstungsanstrengungen einen gewissen Boom vorspiegeln, aber die Zeit war insgesamt zu kurz, um sich auf die

Lebenshaltung auswirken zu können: der Krieg erstickte die Keime einer ökonomischen Gesundung.

Die Krisen der Zwischenkriegszeit hatten weitgehend verhindert, daß die industriellen Kapazitäten, die von den Teilungsmächten übernommen wurden, modernisiert werden konnten; von einigen Prestigeobjekten abgesehen (wie etwa dem politisch bedingten, aber ökonomisch nicht eben erforderlichen Hafen von Gdynia /Gdingen/), tätigte man wenig sinnvolle Investitionen. [3)]

Der landwirtschaftliche Bereich wurde geradezu verelendet: Was noch am Beginn der 20er Jahre nach einer weitgreifenden Bodenreform aussah, entpuppte sich spätestens nach der Koalition der Bauernpartei "Piast" mit den Nationaldemokraten (Pakt von Lanckorona, 1923) und deutlicher noch in der späteren Entmachtung der bäuerlichen Vertretungen durch die Piłsudski-Gruppe als ein Scheinmanöver. Bis 1938 wurde gerade ein Fünftel der landwirtschaftlichen Nutzfläche des Großgrundbesitzes aufgeteilt, - das Hauptproblem, die minimale Größe der Betriebe und das Fehlen landwirtschaftlicher Investitionsmittel, wurde von den halbherzigen Maßnahmen kaum berührt. Im Gegenteil, der Anteil der Zwergbetriebe an der Nutzfläche nahm bis 1938, dem letzten statistisch erfaßten Jahr, ständig zu. [4)] Unter dem Eindruck der allgemeinen Hoffnungslosigkeit nahm die Radikalisierung der Bauern zu, so daß der soziale Friede in den 1930er Jahren dauernd in Gefahr war.

Für die Zeit vor 1939 ist Polen als ein unterentwickeltes Land anzusprechen, in dem eine ungeordnete Teilindustrialisierung bei noch deutlich feudal geprägten Landverhältnissen nur mit Hilfe staatlicher Eingriffe oft zu Lasten einer ungenügend ausgestatteten Mittelschicht erfolgen konnte. Der Krieg ließ die polnische Wirtschaft, soweit sie nicht nach der Beschlagnahme durch die Deutschen unter deren Verwaltung weiterarbeitete, nahezu gänzlich ersterben, das Jahr 1945 brachte einen neuen Anfang, der eine Orientierung an der mißlichen Vergangenheit weitgehend überflüssig machte.

Die politischen Kriegsfolgen bestimmten weitgehend die Ökonomie Nachriegspolens. Mit der Einbindung in den osteuropäischen Block der sich am sowjetischen Modell orientierenden Staaten wurde das privatwirtschaftliche Leben zunehmend durch eine zunächst sehr straffe und erst ab 1956 etwas gelockerte Planwirtschaft ersetzt. Die Erschließung neuer Rohstoffe in Kernpolen und den West- und Nordgebieten ermöglichte mit einem Ausbau der Industriezentren den Wandel von einem agrarisch zu einem industriell orientierten Land, der in den Grenzen von 1939 schwieriger gewesen wäre.

Der Erfolg der Industrialisierung ist quantitativ beeindrukkend, aber auch die Ursache von Problemen. Polen hat den 10. Platz der Weltrangliste der Industrienationen erreicht, aber die starke Betonung des industriellen Aufbaus - in den 70er Jahren war die durchschnittliche jährliche Zuwachsrate der industriellen Produktion in Polen etwa doppelt so groß wie im Weltdurchschnitt [5] - führte auch zu einer Unterentwicklung anderer Wirtschaftsbereiche (vor allem der Landwirtschaft), zu einer mangelhaften Versorgung mit Konsumgütern, zu Fehlinvestitionen und zu einem hohen Anteil von Reinvestitionen von Gewinnen, die der Verteilung entzogen wurden. [6] Die Industrialisierung ist damit die Wurzel sowohl der Erfolge als auch der Probleme Nachkriegspolens.

4.2. Wirtschaftspolitik nach 1945

In den meisten Bereichen ist Polens Wirtschaft eine Planwirtschaft mit allen Vor- und Nachteilen dieser Wirtschaftsordnung. Bis in die Mitte der fünfziger Jahre hinein war die Wirtschaftspolitik in Polen mit derjenigen der übrigen osteuropäischen Staaten des sowjetischen Blocks nahezu identisch.

Neben dem Verstaatlichungserbe der Zwischenkriegszeit hatte die antipolnische Politik der Deutschen in Verbindung mit den Effekten der Flucht und Vertreibung der Bewohner der ehemaligen deutschen Ostgebiete die Vergesellschaftung des industriellen Wirtschaftssektors im Unterschied zu anderen Ländern erheblich erleichtert. Sowohl im ehemaligen General-Gouvernement als auch in den unmittelbar dem Reich angeschlossenen Gebieten waren die polnischen Großbetriebe in deutsche Verwaltung gekommen, sie konnten ohne Rücksicht auf die früheren Besitzer von den staatlichen Verwaltungen Polens übernommen werden. Angesichts der Abwesenheit der Vorbesitzer waren auch in den "Oder-Neiße-Gebieten" (so werden allgemein die ehemals deutschen Ostgebiete aus Gründen der Vereinfachung genannt) keine Widerstände gegen die Vergesellschaftung zu befürchten. Entschädigen mußte man nur die Enteignung des Kapitals der westlichen Alliierten in Polen, das Investitionen aus der Zeit vor 1939 entstammte. Ende 1947 wurden entsprechende Abkommen mit Großbritannien und Frankreich geschlossen.

Bereits vom April 1945 an wurden erste Vierteljahrespläne für einzelne dem Staat bereits unterstehende Wirtschaftszweige erstellt. Der private Sektor wurde nicht in die Planziffern einbezogen. Nachdem im September 1945 ein Zentrales Planungsamt eingerichtet worden war, wurde nach einigen Querelen im Juli 1947 der erste "Dreijahresplan für den wirtschaftlichen Aufbau" für die Jahre 1947 - 1949 vom Sejm beschlossen (Dz.U. Rz.P. 53/1947, Pos. 285). Er hatte damit - wie die folgenden Pläne - Gesetzeskraft; Verstöße kamen Rechtsvergehen gleich.

Hauptziel war angesichts der weitgehenden Kriegszerstörungen die Wiederherstellung der Vorkriegsproduktion. Daneben hatte sich Polen die Aufgabe gestellt, die "Oder-Neiße-Gebiete" mit dem kernpolnischen Gebiet wirtschaftlich zu verschmelzen. Aus dem Ausland strömten neben den "Displaced Persons" Remigranten ins Land, denen Arbeit und Versorgungsmöglichkeiten erschlossen werden mußten. Parallel zur Vertreibung der restlichen Deutschen erfolgte eine Westwanderung der Polen aus den an die UdSSR abgetretenen Territorien - auch diese Menschen mußten angesiedelt und integriert werden.

Der erste Plan war sehr ambitiös angelegt: er sah einen hohen Anteil von Investitionsgütern an der Produktion vor und erwartete dennoch für 1949 die Autarkie im Versorgungsbereich, wobei nur noch für Milch und Fette geringe Einfuhrquoten bewilligt werden sollten. Er ging jedoch auch von einem erheblichen Maß an Auslandshilfe aus; nach den ersten UNRRA-Jahren schien man mit entsprechenden Subventionen und Krediten rechnen zu können. Die Marshall-Plan-Vergünstigungen mußte Polen jedoch - wie alle anderen Ostblockländer - ablehnen. Der Kalte Krieg stoppte die Subventionen. Die Sowjetunion hingegen war nicht in der Lage, irgendwelche Hilfen zu leisten; sie war selber damit beschäftigt, ihre Kriegs- und Fehlinvestitionsschäden zu reparieren. So konnten die Planziele nur auf dem Papier erreicht werden; in Wirklichkeit verschlechterte sich die Wirtschaftslage.

Weder die Landwirtschaft noch das Handwerk waren bisher in staatliche Obhut genommen worden. Die eingeleitete Bodenreform brachte im Osten und Süden nur geringe Veränderungen, da dort ein zu parzellierender Großgrundbesitz nicht unbeschränkt zur Verfügung stand: die Riesengüter waren zum größten Teil an die UdSSR gefallen. In den "Oder-Neiße-Gebieten" wurden Staatsgüter errichtet, die den alten Großgrundbesitz ersetzten, daneben entstanden aus den früheren Höfen Neusiedlerstellen für Umsiedler aus Ostpolen und den überbevölkerten zentralpolnischen Regionen. Von den 9.800.000 ha umverteilten oder enteigneten Landes lagen 6.000.000 ha in den ehemaligen deutschen Ostgebieten, die 1/3 des Staatsgebietes umfaßten (KARGER, 1960, S. 220).

In den neuen Gebieten war jedoch zunächst die Investitionsbereitschaft nicht groß; schließlich waren die Territorien Polen noch nicht endgültig zugesprochen worden, und man mußte in den ersten Jahren mit einer eventuellen Rückgabe rechnen. Der Ertrag war entsprechend gering, klimatisch ungünstige Perioden verschlimmerten die Situation noch. Auf dem Handwerkssektor wurde die Bildung von Genossenschaften gefördert, die staatlichen Betrieben immer mehr zu ähneln begannen; daneben blieb jedoch ein bedeutender privater Sektor bestehen.

Bereits im ersten Jahr des neuen Planes begann der "Kampf um den Handel". Er bedeutete eine Ausschaltung der privaten Initiative aus dem Vermittlungsbereich und ihren Ersatz durch eine schwerfällig operierende und an Festpreisen orientierte Staatsorganisation. Da der Geldumlauf inflationär aufgebläht wurde [7], enthielten die Bauern den staatlichen Aufkäufern ihre Produkte vor, es entwickelte sich ein blühender Schwarzmarkt. Die kommunistische Polnische Vereinigte Arbeiterpartei versuchte, diese Mißerfolge als Folgen von spekulativen Geschäften zu sehen und die Reste des privaten Handels mit diesem Argument zu bekämpfen; die Sozialisten, die im Zuge der Schaffung der Einheitspartei entmachtet worden waren, hatten richtiger den inflationären Geldumlauf und die falsche Festsetzung von Absatzpreisen für die Misere verantwortlich gemacht. Für die Produzenten bestand kein Anreiz, Naturalien gegen wertloses Papiergeld abzugeben.

Das Planungsamt wurde reorganisiert, und ab 1948 wurde der Einfluß der Sowjetunion immer deutlicher (Wirtschaftsvertrag). Die UdSSR forderte eine engere Anpassung der polnischen Volkswirtschaft an das sowjetische Modell, die Kommunisten setzten dieses Postulat in eine deutlichere Förderung der Schwerindustrie um. [8]

Ebenfalls im Zuge dieser Politik wurde ab Mitte 1948 die Kollektivierung der Landwirtschaft forciert. Durch sie sollte die in den Städten empfundene versorgungsmäßige Bevorrechtung der Landbevölkerung beseitigt werden. Indem er dem Einzelbauern die Verfügungsgewalt über seine Ackerfrüchte und die Viehwirtschaft entzog, meinte sich der staatliche Handel einen besseren Zugriff auf die landwirtschaftlichen Erträge zu sichern. Da jedoch nunmehr die Erträge selber zurückgingen und das Schieberwesen blühte, änderte sich an der Versorgungslage letztlich nur wenig.

Nach dem Zusammenschluß der Kommunisten und der Sozialisten wurde das Zentrale Industrie- und Handelsministerium aufgelöst. Eine Staatliche Kommission für Wirtschaftsplanung wurde einer Vielzahl von kleinen Ministerien für die einzelnen Wirtschaftszweige vorgeordnet, trotz der offensichtlichen Mißerfolge der bisherigen Wirtschaftspolitik wurde die zentrale Planwirtschaft weiter vorangetrieben. Es gab 5 o/o zugegebener Arbeitsloser, wozu der große Bereich verdeckter Arbeitslosigkeit, vor allem auf dem Lande, hinzukam.

Am 30. Oktober 1950 wurde eine Währungsreform durchgeführt, die die monetäre Unordnung der ersten Nachkriegsjahre beseitigen sollte. Preise und Arbeitslöhne in der staatlichen Wirtschaft wurden im Verhältnis 100 : 3 neu berechnet. Bargeld tauschte man jedoch nur im Verhältnis 100 : 1 um. Die Kaufkraftabschöpfung wurde in den darauffolgenden Jahren durch zahlreiche "freiwillige" Spenden für die verschiedenen Aufbaufonds weitergeführt. Diese "Spenden" und Pflichtanleihen waren daneben ein Instrument des Kampfes mit der Privatwirtschaft: ihr wurden Auflagen gemacht, die ein legales Fortbestehen unrentabel machten. Trotzdem wuchs das Geldvolumen an, ohne auf die Erhöhung der Produktion Rücksicht zu nehmen. Das Ziel dieser Politik war eine Anhebung der staatlichen Akkumulation von Investitionskapital und eine Einschränkung des Konsums. [9)]

Diese Ziele mußten vorrangig angestrebt werden, weil der Sechs-Jahres-Plan (1950 - 1955) - am sowjetischen Modell orientiert - eine deutliche Überbetonung der Schwerindustrie vorsah und für den Konsumsektor nur geringe Kapazitäten freiließ. Trotzdem war die Realisierung der Aufgaben nur mäßig erfolgreich: Das Hauptmanko war der starre Planungsapparat, der die realen Bedingungen nur ungenügend berücksichtigte und sehr mangelhafte Qualitätskontrollen vorsah. [10] Die Abwanderung aus den Landgebieten nahm zu, wo die Kollektivierungsanstrengungen das Leben erschwerten. Die in die Städte strömenden Landbewohner waren nur ungenügend qualifiziert, aber da das Aufbauziel quantitativ beschrieben war, mag dies zunächst nicht so ins Gewicht gefallen sein. Diese Tatsache begann erst an Bedeutung zu gewinnen, als die Inbetriebnahme der Industrieobjekte und der Wohnungsbauten stattfinden sollte und die Erträge etc. den Planerwartungen nicht entsprachen. Immer stärker machte sich die Isolierung von technischen Innovationen bemerkbar. Erst nach dem Tode Stalins, als man langsam die Mängel des simplifizierenden Plansystems einzusehen begann, versuchte man, die gröbsten Fehler zu korrigieren.

Das Bewirtschaftungssystem und die allgemeine Unterversorgung führte in den fünfziger Jahren trotz der Reallohnabschöpfungen zu einem immer stärker wachsenden Kaufkraftüberhang, der nicht absetzbar war und jeglichen materiellen Anreiz der Arbeit vernichtete. Da die Privatinitiative, die früher einen Teil der Mängel auszugleichen geholfen hatte, immer heftiger bekämpft wurde, sank der Lebensstandard deutlich und führte zu einer zunehmenden Unruhe in der Bevölkerung.

Die Unruhe wurde durch einen weiteren Faktor des Sechs-Jahres-Plans verstärkt. Die Industrialisierung geschah mit der "Hilfe" der sowjetischen Industrie, die die polnischen Projekte zum Teil durch die Lieferung der kompletten Anlagen (Nowa

Huta, Żerań) ermöglichte, gleichzeitig aber damit - ähnlich wie es die Ansätze des amerikanischen Marshall-Plans vorsahen - einen Absatzmarkt für die sowjetischen Investitionsgüter schuf. Während mit der Schwerindustrie konsumirrelevante Anlagen ins Land kamen, mußte Polen diese Güter, die von geringfügigen, jedoch propagandistisch herausgestrichenen Objekten abgesehen, keineswegs Geschenke waren, mit Waren aus dem Sektor der auch in Polen defizitären Wirtschaftsbereiche bezahlen. In dieser Zeit bestanden etwa 50 o/o des polnischen Exports aus oberschlesischer Kohle und Lebensmitteln, die aufgrund dessen im Lande selber knapp wurden.

In der Landwirtschaft sollte ebenfalls staatlicherseits Kapital akkumuliert werden. Der Wirtschaftsideologe Minc propagierte das sowjetische Kollektivierungsmodell: Die Bauern sollten sich zunächst freiwillig und später - als dies nicht erfolgte - unter immer stärkerem Druck zu Landwirtschaftlichen Produktionsgenossenschaften zusammenschließen, die sich kaum mehr von staatseigenen Betrieben unterschieden und den staatlichen Produktions- und Ablieferungsanweisungen unterworfen waren. Die zwangsweise Niedrighaltung der Lebensmittelpreise lief auf eine Ausplünderung der Landwirtschaft hinaus. Da der Hauptanreiz der Kollektivierung, die Versorung mit Maschinen und Düngemitteln, von der ineffizienten Industrie nicht erfüllt werden konnte, schwand die Attraktivität der LPG dahin: die Arbeitsmoral sank und die landwirtschaftlichen Erträge verschlechterten sich, was wiederum in den Städten fühlbar wurde. Da der Kampf gegen bessergestellte Bauern nach dem Vorbild der sowjetischen "Vertreibung der Kulaken" aufgenommen wurde, sank auch der noch verbliebene privatwirtschaftliche Ertrag.

Das VIII. Plenum der PVAP im Oktober 1956 beendete die zwangsweise Kollektivierung und setzte einen Teil der Marktmechanismen in den landwirtschaftlichen Bereichen wieder in Kraft. Die

Tab. 8 Landwirtschaftliche Produktionsgenossenschaften in Polen

	Absolute Zahl	Anteil an der landw. Nutzfläche in o/o	Anteil an Investitions-anstrengungen in Milliarden	Anteil an Produktions-erträgen Złoty von 1956
1950	2.199	0,8	2,1	
1953	7.772	6,7	2,6	
1955	9.750	9,2	4,2	8,0
Sept.1956	10.610			
1957	1.752	1,17	3,6	1,2

(Quelle: JEZIERSKI/PETZ, 1980, S. 203, 208, 210;
ECKART, 1979, S. 3)

Folge war eine Massenauflösung der LPG, erhalten blieben allein die LPG der landärmsten Bauern, die von der Reprivatisierung nichts zu erhoffen hatten. Die staatlichen Investitionsanstrengungen kamen nun einer kleineren Zahl von Kollektiven zugute und ermöglichten ihnen ein besseres Wirtschaften (Private wurden weiterhin kaum gefördert), sie konnten ihren prozentuellen Anteil an der Gesamtproduktion ihrem Nutzflächenanteil anpassen.

Die Reprivatisierung war in Polen sehr weitgehend, trotzdem ist sie bis zum Zugeständnis der Regierung vom Februar 1981, daß die private Landwirtschaft ein anerkannter und garantierter Bestandteil der Landwirtschaft sei, ideologisch nicht abgesichert gewesen. Mit verschiedenen Anreizen versuchte man nach 1956, freiwillig auf dem "polnischen Weg" zu einer weitgehend vergesellschafteten Landwirtschaft zu gelangen.

Die Folgen der Entstalinisierung wurden auch im industriellen Sektor spürbar. Die vollständige Planungszentralisierung wurde aufgehoben.[11] Die dem Ministerrat unterstellte Planung sollte nun auf der Basis von Daten operieren, die nicht mehr politisch begründet, sondern von den einzelnen Betrieben unter

Mitwirkung von Betriebsräten erstellt worden waren. Der neue Fünf-Jahres-Plan (1956 - 1960) sollte die Überbetonung der Schwerindustrie beseitigen und den Konsumbedürfnissen der Bevölkerung stärker Rechnung tragen. Zur Verhinderung weiterer Unruhen war die UdSSR (wie auch 1981 wieder) bereit, Polens Wirtschaft gewisse Erleichterungen zuzugestehen.

Die Hoffnungen des Jahres 1956 erfüllten sich nicht vollständig. Die wirtschaftlichen Maßnahmen in den 60er Jahren schwankten ständig zwischen den Reformvorschlägen, die die Produktivität erhöhen und die Leistungsfähigkeit der Wirtschaft verbessern sollten, und den Bestrebungen, diese Reformen an das ideologisch festgeschriebene, unbewegliche Wirtschaftssystem anzupassen, hin und her. [12] Die Inkompetenz der Funktionäre der mittleren Ebene und das Desinteresse der Belegschaften an einer Erhöhung der Produktionsnormen verhinderte eine deutliche Erhöhung der Produktivität. Die mit großen Hoffnungen gestarteten Versuche, auf betrieblicher Basis eine Räte-Mitbestimmung der Arbeiter einzuführen, verliefen schon 1958 im Sande. Die von Oskar Lange 1938 entwickelten Modelle einer sozialistischen Wirtschaft, deren wesentliche Merkmale Dezentralisierung und Demokratisierung waren, konnten sich nicht gegen das Beharrungsvermögen des Apparats durchsetzen (GREVEMEYER-KORB, 1978).

Der staatliche Einfluß auf das Preissystem bereitete den Weg für die große Krise von 1970. Die Preise für die meisten Waren des täglichen Gebrauchs wurden weitgehend subventioniert - zwischen 1959 und 1970 stieg der Einzelhandelspreisindex nur um insgesamt 12 o/o, dagegen der Geldumlauf um das 2 1/2-fache, ohne daß die Warenproduktion dem entsprochen hätte: der Wert der verkauften Waren erreichte nach den Einzelhandelspreisen gerechnet zwischen 1961 und 1970 nur einen Zuwachs um 81 o/o (WISZNIEWSKI, 1978, S. 114). Hierbei waren Artikel des gehobenen Bedarfs (Kühlschränke, Staubsauger, Waschmaschinen etc.), die überteuert verkauft wurden, eher erhältlich als Dauerbedarfsartikel wie Schuhe und Kleidung, so daß das Manko für die unteren Einkommensschichten noch weitaus spürbarer war (WISZNIEWSKI, 1978, S. 112-3). Der wachsende Geldumlauf war nur in geringem Maße auf Gehaltssteigerungen zurückzuführen, die Löhne stiegen in der angegebenen Zeit um 24 o/o (JEZIERSKI/PETZ, 1980, S. 331).[13] Die Ursache für die Geldumlaufaufblähung war vielmehr die wachsende Zahl der Beschäftigten. Deren Menge wiederum erklärte sich einerseits aus dem Eindringen der geburtenstarken Nachkriegsjahrgänge in das Berufsleben (BRUS, 1978, S. 13), andererseits mit der Politik, die Arbeitslosigkeit durch die Schaffung unproduktiver Arbeitsplätze zu verdecken:[14] Den hier empfangenen Löhnen standen auf der Warenseite keine konsumierbaren Werte gegenüber.

Wegen der staatlichen Preiskontrolle konnte sich die Inflation nicht in der Preisgestaltung darstellen, sie zeigte sich dagegen in der Abwesenheit eines Warenangebots, so daß den Konsumenten ein Kaufkraftüberhang verblieb. Entsprechend stiegen die Spareinlagen zwischen 1959 und 1970 von 11 auf etwa 100 Milliarden Złoty (JEZIERSKI/PETZ, 1980, S. 328). Es stieg jedoch nicht die den einzelnen Haushalten zur Verfügung stehende Menge Geldes in gleichem Umfang (die Zahl der eine Konsumpartizipation anstrebenden Haushalte stieg), dadurch wurde vor allem in den einkommensschwächeren Schichten der Lebenstandard deutlich gesenkt.[15]

1970 wollte die Staatsführung die Preise für die hoch subventionierten Artikel deutlich anheben; an der ökonomischen Situation hätte sich nur wenig verändert, denn die Inflation und die durch sie bedingte Lebensstandardsenkung wären nur offener ausgedrückt worden: Der Indikator hätte sich von den Spareinlagen auf die Preise verlagert. Dieser Verteuerungsschritt hatte jedoch symbolische Bedeutung, und er verdeutlichte der polnischen Bevölkerung das Versagen der Wirtschaftspolitik, das bisher verdeckt gewesen sein mag. [16] Die blutig niedergeschlagene Revolte und der Austausch der Regierungsmannschaft fanden also nicht zur gleichen Zeit wie die Politik statt, die kritisiert wurde, sondern nachdem Gomułkas Verschleierungspolitik durch ein transparenteres System sichtbar werden sollte. [17]

Die neue politische Führung unter dem aus dem Dąbrowa-Revier stammenden Wirtschaftsfachmann Edward Gierek wollte den Forderungen der Bevölkerung dergestalt Rechnung tragen, daß sie - ohne das Wirtschaftswachstum zu verlangsamen - den Konsumenten eine Anhebung des individuellen Lebensstandards bot. [18] Zum Zeichen dieser Bestrebungen wurden Zuwachsraten bei der Kfz-Produktion, bei der Freistellung von Devisen für Auslandsreisen etc. eingeplant, gleichzeitig begann aber auch eine großangelegte Kreditaufnahme, die die Abhängigkeit von der zu geringen Inlands-Kapitalakkumulation mildern sollte. [19] Die Kredite sollten aus der durch sie ermöglichten Produktion zurückgezahlt werden. Die hochgesteckten und bei einer konstanten Wirtschaftsentwicklung auch erfolgversprechenden Planungen scheiterten nicht zuletzt an den Folgen der Krise, die aus den sich verteuernden Energiekosten resultierte. [20]

1972 konnte Polens Wirtschaft einen Exportgewinn verbuchen, bis 1973 lagen die Ergebnisse über den Planerwartungen. [21] Daraufhin wurden die Ziele erweitert und das Tempo der Investitionstätigkeit beschleunigt. Mißernten in der Mitte des Jahrzehnts und die steigende Bedeutung der die Weltwirtschaft beeinträchtigenden ungünstigen Faktoren führten zu einer Verknappung der Konsumgüter, da die Investitionsziele weiterhin ungebremst angesteuert wurden. [22] Die Versuche, die subventionellen Verschleierungen der Krise durch ein Abwälzen auf die Preise kenntlich zu machen, führten zu den Unruhen von 1975/76. Um dem wachsenden Mittelbedarf gerecht zu werden (auch die das Erdöl liefernde Sowjetunion paßt - wenngleich mit mehrjähriger Verspätung - ihre Preise dem Weltmarkt an), wollte man den Export in die kapitalistischen Staaten vergrößern - dies wiederum konnte, da dort allein die agrarischen und Rohstoff-Produkte Polens gefragt waren, nur zu Lasten des Binnenmarktes dieser Waren gehen. 23)

Die städtische Bevölkerung wuchs weiter, während die ländliche abnahm. Immer mehr Städter mußten vom Land versorgt werden. Die neuerliche Krise gegen Ende der siebziger Jahre ist zum großen Teil auf eine Fortschreibung der Verluste der Zeit nach 1973 und die Versuche, sie zu beheben, zurückzuführen.24) Die Kreditaufnahme stieg stetig weiter, aber die Investitionen der siebziger Jahre warfen nur geringe Erträge ab: die Schuldendienste beseitigten einen Großteil der durch die Kreditaufnahme erreichten Entlastung der Binnenwirtschaft wieder. Da die Preise für Polens Rohstoff-Exportprodukte (Kupfer) sanken, bemühte sich Polen um neue Exportmöglichkeiten, war jedoch wegen der Mißernten auch gleichzeitig gezwungen, agrarische Produkte in größerem Umfang einzuführen. So gelangte die Wirtschaft in einen Zustand, aus dem mit dem normalen Instrumentarium kein Ausweg mehr möglich scheint. Die Mindererträge des Jahres 1980, die auf eine allgemeine Unruhe unter der Arbeiterschaft, einen schlechten Sommer und einen hohen Anteil unproduktiver Arbeitszeit zurückzuführen sind, mußten die Situation weiter verschlimmern. Derzeit sind noch keine Mechanismen erkennbar, die die ökonomische Struktur leistungsfähiger machen könnten; die finanziellen Hilfen (Umschuldung, Zahlungsaufschub) beheben die Grundübel der ökonomischen Lage nicht.25)

4.3. Industrie

Angesichts der Funktion des Finanzwesens als Instrument staatlicher Politik 26) und der fühlbaren, jedoch durch Subventionen verdeckten Inflation ist ein Wirtschaftsvergleich in Geldwerten für Polen wenig aussagefähig, auch wenn er meist Erfolge aufscheinen läßt und daher in amtlichen polnischen Statistiken bevorzugt wird.

Die unterschiedliche politische Steuerung [27)] der industriellen Produktion wird dagegen in prozentuellen Anteilen eher deutlich, wobei natürlich zu berücksichtigen ist, daß bereits eine Stagnation des Prozentwertes - angesichts des Ausbaus der industriellen Produktion - eine Steigerung bedeutet.

Tab. 9 Industriezweige nach ihrem prozentuellen Anteil am Wert der Gesamtproduktion (Zahlen für 1978: am Wert der vergesellschafteten Produktion)

	1950	1960	1970	1975	1978	1950-1978
Kohleindustrie	13,5	7,3	5,1	3,8	3,6	- 9,9
Metallurgie	11,1	11,5	10,6	10,1	9,8	- 1,3
Elektro- und Maschinenind.	8,0	16,5	26,0	30,8	33,7	+25,7
Chem. Industrie	4,7	5,6	8,8	9,7	9,4	+ 4,7
Baumaterialind.	2,6	3,7	3,4	3,1	2,7	+ 0,1
Bekleidungsind.	2,9	3,1	3,5	3,6	3,4	+ 0,5
Konsumindustrie	32,7	26,5	17,7	16,0	15,4	-17,3

(Quelle: LIJEWSKI, 1978, S. 28; RS, 1979, S. 134)

In Festpreisen stieg zwischen 1960 und 1978 die Gesamtproduktion Polens um das 4,488fache (RS, 1979, S. 133).

Schon diese kleine Datenauswahl zeigt die Richtung der polnischen Industrieproduktion an: Es sinkt der Anteil "alter", z. T. von den Deutschen übernommener Industrien, wohingegen die ertragreichen und für die Modernisierung wichtigen Zweige der Elektro- und Maschinenbauindustrie deutlich gefördert werden. Auf eben diesen Gebieten hat jedoch Polen - obwohl es im Inland mit beachtlichen Leistungen aufwarten kann - angesichts der Konkurrenz der westlichen und der japanischen Industrie geringe Exportchancen. Der sinkende Anteil der Konsumindustrie verdeutlicht die immer noch geringe Beachtung, die die Bedürfnisse der Bevölkerung bei der Umgestaltung der polnischen Wirtschaft erfahren.

So stehen die objektiven Leistungen in keinem Verhältnis zu deren Fühlbarkeit im Lande selber: die Diskrepanz zwischen den Erfolgsmeldungen der Führung und den Erfahrungen, die die Konsumenten bei ihrem Versuch der täglichen Bedarfsdeckung machen, stehen in krassem Widerspruch zueinander und verringern die Glaubwürdigkeit der offiziellen Verlautbarungen.

4.3.1. Geographische Verteilung der Industrie

Im Polen der Vorkriegszeit war die Disproportionalität des industriellen Aufbaus sehr deutlich. Neben den weitläufigen rein agrarischen Gebieten gab es geographisch bedingte Industriezentren (Ostoberschlesien /Dąbrowa mit seiner Kohle, Galizien mit Salz- und Erdölvorkommen) und einige wenige Industriebezirke, wo planmäßig Industrie angesiedelt worden war: dazu gehörten die Textilzentren um Bielsko-Biała (Bielitz-Biala) im ehemals österreichischen und Łódź im ehemals russischen Teilungsgebiet.[28)]

Die Prestigeobjekte des ersten Nachkriegsjahrzehnts hatten nur eine begrenzte Bedeutung: Als sichtbarstes Relikt dieser Zeit gilt die Nowa Huta (Neue Hütte) bei Kraków (Krakau), die zwar unbestreitbar die Region dieser Stadt zu industrialisieren geholfen hat, jedoch mit sehr großen Standortproblemen belastet war und ist. Positiv ist aus diesem Zeitabschnitt die Entwicklung der polnischen Werftindustrie zu vermerken, die erst nach dem Erwerb der langen Ostseeküste entstehen konnte. Sie wurde zur Keimzelle eines industriellen Aufbaus im Norden Polens, ihre Arbeiter zu den Vorreitern der Reformbewegung.

Weitere Industriezentren entstanden mit der deutlicheren Entwicklung der Maschinenbauindustrie und der chemischen Industrie in den sechziger Jahren. Das vorhandene kleine Revier "Altpolen" um Kielce und Radom wurde ausgebaut, der Petrochemische Komplex in Płock und das Kupferbergbaugebiet um Lubin in Niederschlesien entstanden. Wrocław (Breslau) entwickelte sich zu einem Zentrum der Baumaterial- und Leichtindustrie; in der Gegend von Lublin wird - wenngleich zunächst noch mit geringem Erfolg - versucht, ein neues Kohlegebiet zu erschließen.

Trotzdem bleiben weite Teile Polens weiterhin von industriellem Aufbau unberührt. In den Statistiken erscheinen die Holz- und Papierindustrie als industrielle Leistungen, sie sind jedoch eher der Landwirtschaft zuzuordnen und sagen über Umstrukturierungen wenig aus. Weiterhin besteht ein deutliches Gefälle zwischen industrialisierten und nicht industrialisierten Regionen, welches verhindert, daß die statistischen Durchschnittsangaben für das ganze Land für die einzelnen Gebiete von großer Aussagekraft sind. In den 1950er Jahren wurde ohne Rücksicht auf die Rohstofflage und infrastrukturelle Probleme eine möglichst breite Streuung industrieller Anlagen befürwortet. 1975 erkannte eine polnische Industriegeographie nur mehr für die Konsumgüter-, die Holz- und die Papierindustrie die Notwendigkeit einer breiten Streuung an (FIERLA, 1975, S. 50); die gleichmäßige Streuung von Standorten wird zunehmend vom Prinzip der rationalen Lokalisierung ersetzt, bei der die maximale Effektivität einer Investition das Hauptkriterium ist (WINIARSKI, 1980, S. 1294).[29]

4.3.2. Schwerindustrie

Durch den Besitz des Oberschlesischen Industriereviers verfügt Polen über bedeutende Kohlevorkommen. Zusammen mit den Braunkohlegebieten in Niederschlesien kann so die Elektrizitätsversorgung in hohem Maße auf Kohlebasis erfolgen, wodurch sich ein Teil der Kosten teurerer Energiequellen (Erdöl, Atomkraft) einsparen läßt.

Tab. 10 Werte zur Kohleindustrie

	Produktion in Tonnen	Tonnen pro Arbeitstag	Verbrauch in der Elektrizitätswirtschaft (Tonnen)	Export (Tonnen)
		STEINKOHLE		
1960	104.438.000	2,076		17.497.000
1970	140.101.000	3,065	45.562.000	28.816.000
1975	171.625.000	3,799	66.131.000	38.479.000
1978	192.622.000	4,116	83.376.000	40.099.000
1981 (erwartet)	163.000.000			
		BRAUNKOHLE		
1960	9.327.000	17,5		5.455.000
1970	32.766.000	21,7	27.457.000	3.972.000
1975	39.865.000	30,8	35.652.000	3.442.000
1978	41.005.000	33,2	36.957.000	3.332.000

(Quelle: RS, 1979, S. 176, 184; Trybuna Ludu 3.1.1981; Min.Pr. Jaruzelski im Sejm am 23.9.1981)

Dabei ist der Kohleabbau in Oberschlesien verhältnismäßig einfach; die Flöze liegen in einer Tiefe von etwa 500 m, im Ruhrgebiet sind sie im Schnitt 700 m tief. Allerdings werden auch hier nunmehr tiefere Vorkommen erschlossen, 1980 stieß das Bergwerk "Halemba-Głęboka" in Ruda erstmals in eine Tiefe von mehr als 1.000 m vor (KDP, 1980, S. 653). Polen liegt beim Kohleexport an zweiter Stelle hinter den USA, die Steigerung der Produktion wird richtig einschätzbar, wenn man bedenkt, daß in der BRD die Steinkohleförderung von 143.000.000 Tonnen (1960) auf 83.900.000 Tonnen (1978) gesunken ist.

Neben Oberschlesien ist Wałbrzych (Waldenburg) eines der alten Zentren der Kohleförderung. Das neue Lubliner Revier ist erheblich schwieriger erschließbar. Das Hauptziel ist dort nicht die Kohlegewinnung an sich: Oberschlesien ist als Revier weiter ausbaubar. Man möchte jedoch eine noch weitergehende Industriekonzentration in Südpolen vermeiden und dafür lieber das unterentwickelte Grenzgebiet zur UdSSR industrialisieren. Vorerst kann über den Erfolg noch wenig gesagt werden. Die Aussichten sind nach der Verteuerung der übrigen Energiequellen nunmehr jedoch besser als noch vor wenigen Jahren.

Von anderen Rohstoffen sind Schwefel, Kupfer und Zink zu nennen, die exportiert werden. Erdgasvorkommen decken etwa 3/4 des Bedarfs. Für die Schwerindustrie fehlen jedoch größere Erzvorkommen.

Die Eisen- und Stahlindustrie ist daher vom Import des Eisenerzes abhängig, das vor allem aus der UdSSR und (gegen Devisen) aus Schweden eingeführt werden muß. Im Zusammenhang mit der Industrialisierung ist der Bedarf an metallurgischen Produkten in Polen stark angestiegen. Die Produktionsmengen reichten daher auch kaum jemals aus, um die Nachfrage zu befriedigen. Seit 1971 entsteht in der Nähe des Oberschlesischen Industriegebiets die Hütte "Katowice", die über Schienenstränge mit dem Eisenlieferanten UdSSR verbunden ist. Ursprünglich sollte diese Hütte die wenig rentablen Kleinhütten inmitten der oberschlesischen Städte ersetzen - die Martinöfen ersetzte man durch wirtschaftlicher arbeitende Converter. Die alten Hütten bildeten und bilden wegen ihres Standorts eine starke Umweltbelastung: Sie stammen aus den Zeiten der frühen Industrialisierung. Die im Stadtzentrum von Chorzów (Königshütte) liegende "Kościuszko-Hütte" macht mit ihren Immissionen Chorzów zum am stärksten umweltbelasteten Ort Polens. Mit einer Schließung dieser Hütten ist nun allerdings kaum mehr zu rechnen. 1978 haben die Industrialisierung und der Export den Bedarf auf etwa 2 o/o über die Produktionswerte steigen lassen. Wie sich die Situation nach dem Abbruch der Gierekschen Investitionspolitik entwickeln wird, bleibt abzuwarten.

Mit dem Anwachsen der polnischen Kupfererzförderung in Niederschlesien, wo 1957 bei Lubin und Głogów (Glogau) neue Vorkommen erschlossen wurden, wuchs auch Polens Anteil an der Buntmetallverhüttung. Die Hütte in Legnica (Liegnitz) wurde ausgebaut, und mit einem beträchtlichen Aufwand entstanden neue Anlagen in der Nähe von Głogów. 1978 erreichte Polen mit 332.000 Tonnen Kupfer die vierte Position der Weltrangliste der Produzenten und erschloß damit auch neue Exportmöglichkeiten; deren Erträge müssen allerdings zunächst die Kredite abdecken, die zum Ausbau der Produktion erforderlich waren.

4.3.3. Chemische Industrie

Ebenso wie die Schwerindustrie wurde die chemische Industrie ausgebaut. In Polen werden u.a. 2,8 o/o der Weltproduktion an Schwefelsäure hergestellt. Die Versorgung mit Kunstdünger, von der die Landwirtschaft in hohem Maße abhängig ist, war jedoch stets ungenügend. In diesem Bereich wird zwar investiert, neben den älteren Produktionsstätten (Kędzierzyn/Heydebreck) entstehen neue Anlagen in Puławy und in Police (Pölitz) an der Unteroder. Die letzteren Werke entstehen in Zusammenarbeit mit der französischen Firma Creusot. Trotzdem bleibt der Kunstdüngereinsatz in Polen selbst hinter dem der Tschechoslowakei und Ungarns zurück. Dabei muß beachtet werden, daß Polen trotz des Mangels immer noch Stickstoffdünger exportiert, auch wenn die Ausfuhrzahlen im Interesse einer besseren Versorgung der einheimischen Landwirtschaft in der zweiten Hälfte der 1970er Jahre um etwa die Hälfte (von 1.000.000 t auf

500.000 t) zurückgegangen sind.

Die Erdölverarbeitung nahm mit der Inbetriebnahme der "Družba-Pipeline" aus der UdSSR nach Płock zu.

Andere Produkte der chemischen Industrie tragen trotz einem chronischen Defizit im inländischen Bereich zum Exportaufkommen bei. Hierzu gehören synthetische Farben, synthetische Kautschuke und Chemiefasern. Um der Unruhe im Inland entgegenzuwirken, stagnierte in der zweiten Hälfte der siebziger Jahre der Exportzuwachs.

4.3.4. Maschinenbau- und Elektroindustrie

In der Maschinenbau- und der Elektroindustrie hat Polen den größten Produktionszuwachs zu verzeichnen gehabt. Trotz eines imposanten Volumens ist die Maschinenbauindustrie [30)] weiterhin gegenüber westlichen Ländern zurückgeblieben, Exportbedeutung besitzt sie eigentlich nur im Rahmen des Rats für Gegenseitige Wirtschaftshilfe, der Wirtschaftsgemeinschaft der sozialistischen Staaten Osteuropas. Polen ist sehr um neue Absatzmärkte bemüht, aber die polnischen Maschinen zeichnen sich weiterhin im internationalen Vergleich durch größere Störanfälligkeit, einen geringen Grad der Modernität und eine ungenügende Wartungs- und Ersatzteilversorgung aus. Dennoch spielt die Expansion auf diesem Gebiet für Polen eine große Rolle. 1978 waren 35 o/o aller Beschäftigten im Maschinenbau tätig.

Die Kfz-Industrie hat einen Aufschwung erlebt, der der Kooperationsfreudigkeit der staatlichen Unternehmer zuzuschreiben ist. Die ersten Produktionsmodelle, die nach sowjetischer Lizenz gebaute "Warszawa" und die polnische "Syrena" waren weder mengenmäßig noch qualitativ zufriedenstellend. Erst mit der Fiat-Lizenz und der Produktion der als "Polski Fiat" bekannt gewordenen Personenkraftwagen, konnten im In- und Ausland ökonomische Erfolge verbucht werden. Während von dem größeren Fiat 125p ca. 100.000 Stück im Jahr produziert werden, bringt es der kleinere, in Bielsko (Bielitz) montierte Fiat 126p gar auf 187.000 Stück (1978) (RS, 1979, S. 139). Der neue "Polonez" erreichte 1979 eine Produktionsziffer von 25.000 Stück (Polska Fakty, 1980, VIII. 5-3).

Diese Kraftwagen werden in das sozialistische Ausland und in den Westen exportiert, wo sich die polnischen Fiat-Lizenzwagen einer gewissen Beliebtheit erfreuen, weil sie im Verhältnis zu den West-Wagen billiger sind. [31)] Dagegen sind die polnischen Lastkraftwagen, deren Produktionszahl seit 1960 nur um etwa das 4fache anstieg (Pkw um das 25fache), fast nur im RGW-Bereich abzusetzen.

Es bleibt festzuhalten, daß es trotz der Produktionserfolge auf dem Gebiet der Gebrauchsgüterindustrie nicht gelungen ist, den Inlandsbedarf zu befriedigen (es bestehen weiterhin sehr lange Lieferfristen) oder gar den Kaufkraftüberhang zu beseitigen.

Auf dem Gebiet der Herstellung anderer Transportmittel ist Polen ebenfalls aktiv. Zu nennen wäre der Bau von Eisenbahnwaggons und Lokomotiven; daneben sind jedoch im Agrarland Polen vor allem die Traktoren von großer Bedeutung. In einem Land mit kleinen Privathöfen besteht Bedarf an kleinen, erschwinglichen Zugmaschinen, die bislang zugunsten großer Maschinen, die nur auf den großflächigen Staatsgütern sinnvoll eingesetzt werden können, zurückgestellt worden sind. Seit 1979 werden in Polen Massey-Ferguson-Traktoren montiert. Durch die Unruhen der Jahre 1975/76 sind die URSUS-Werke bei Warschau, die 1978 60.000 Einheiten produzierten, allgemein bekannt geworden.

4.3.5. Schiffbau

Der Bergbau und die Werftindustrie gehören zu den staatlicherseits meistgeförderten Wirtschaftsbereichen. Der polnische Zugang zum Meer wurde nach dem Ersten Weltkrieg errungen; er war neben seiner politischen Konfliktträchtigkeit stets das Objekt starker Emotionen. Zwischen den Kriegen wurde viel Aufwand getrieben, um das Fischerdorf Gdynia (Gdingen) auf dem kurzen, Polen zugewiesenen Küstenabschnitt zu einem von Gdańsk (Danzig) unabhängig machenden Hafen auszubauen. Nach dem Zweiten Weltkrieg fiel Polen eine lange Ostseeküste zu: sowohl die Fischereiindustrie als auch die Seeschiffahrt und der Schiffbau konnten sich nun ungehindert entwickeln.

Gdynia wurde mit Gdańsk und Sopot (Zoppot) zur sog. Dreistadt (trójmiasto) verbunden, aus dem sich ein neues Wirtschaftszentrum entwickeln soll. Dort und in Szczecin (Stettin) entstand die polnische Werftindustrie, auf die man politisch besonders stolz war, weil sie tatsächlich als Neuschöpfung des sozialistischen Polen betrachtet werden konnte.

Polens Großwerften sind auf dem Gebiet der Fischereischiffe führend, haben aber im letzten Jahrzehnt auch auf den übrigen Schiffbaugebieten aufholen können - nicht zuletzt wegen der im internationalen Vergleich niedrigen Produktionskosten. Im Rahmen der Arbeitsteilung im RGW hat Polen neben der DDR den Löwenanteil des Schiffbaus zugewiesen bekommen, was dazu führt, daß ein Teil der Neubauten nicht devisenbringend im Westen abgesetzt werden kann, sondern in die UdSSR geliefert werden muß. 44 o/o aller in der UdSSR betriebenen Schiffe ausländischer Produktion kommen aus Polen (Polska Fakty, 1980, VIII. 7-3). Die niedrigen Tarife haben die polnischen Werften auch zu bevorzugten Unternehmen im Bereich der Schiffsreparaturen gemacht.

4.3.6. Sonstige Industrien

Weitere Industriebereiche haben in Polen eine besondere Bedeutung für die Versorung der Bevölkerung: zu ihnen gehören die Textilindustrie, die weiterverarbeitende Lebensmittelindustrie, aber auch die Bauindustrie, der neben dem Industriebau auch der Wohnungsbau obliegt.

Die Textilindustrie, die den Hauptsektor des als Leichtindustrie bezeichneten Komplexes ausmacht, ist ein in Polen alter Industriezweig, der, da er nur relativ geringer Investitionen bedarf, andererseits aber einen hohen Personalkostenanteil erfordert, vor allem einer frühen Phase der Industrialisierung in einem Gebiet mit Arbeitskräfteüberschuß entspricht. Dieser Industriezweig war in Polen auf Łódź, Czestochowa (Tschenstochau), Białystok sowie das Sudetenbergland konzentriert - 1946 arbeiteten 63 o/o der Textil-Beschäftigten in diesen Gebieten (LIJEWSKI, 1978, S. 215). Die Nachkriegszeit brachte - wie auch in anderen Bereichen - eine deutliche Dezentralisierung der Standorte: Der Anteil der Łódźer Beschäftigten an der Gesamtzahl der Textil-Beschäftigten fiel zwischen 1946 und 1975 von 44,2 auf 19,5 o/o (LIJEWSKI, 1978, S. 215). Die Zahl der Textilindustrie-Betriebe stieg bei nahezu gleichbleibender durchschnittlicher Betriebsgröße (250 Beschäftigte) von 903 auf 2.125. Daran läßt sich eine deutliche Verbesserung der Versorgung ablesen. [32)]

Die Lebensmittelindustrie ist in den letzten Jahrzehnten verbessert worden, sie kann aber den einheimischen Bedürfnissen immer noch nicht gerecht werden: Transportengpässe verhindern eine ausgewogene Distribution, unzureichende Kühl- und Lagermöglichkeiten machen das Angebot sehr stark saisonabhängig. Exportverpflichtungen verhindern eine Konzentration auf den Binnenmarkt, und die nur selten ausreichende Versorgung mit den landwirtschaftlichen Roherzeugnissen verhindert eine vollständige Nutzung der Verarbeitungskapazitäten.

Dieser Mangel wird vor allem auf dem Fleischsektor spürbar. Zwar wurden hier nach 1970 bedeutende Investitionen getätigt, deren Erträge sind jedoch nach wie vor - trotz großer "Hilfs"-Importe aus den EG-Ländern - für den Export bestimmt, so daß die offiziellen Zahlen über die Produktionsleistungen hier nichts über die Binnenmarktlage aussagen.

Die Milchindustrie mußte in weiten Teilen Polens nach dem Krieg aus dem Nichts aufgebaut werden. Während die größeren Höfe des ehemals deutschen Gebiets immer schon ihre Produkte über Molkereien vertrieben, wo sie weiterverarbeitet wurden, war in Zentral-, Süd- und Ostpolen die Milchverarbeitung kaum entwickelt: Die kleinen Einheiten betrieben eine Art der Subsistenzwirtschaft, die die quantitativ unbedeutenden Städte am Rande über den direkten Marktverkauf mitversorgte.

Sowohl bei der Fleisch- als auch bei der Milchversorgung macht sich die Verstädterung Polens deutlich bemerkbar: Die steigenden Zahlen der nicht in der Landwirtschaft beschäftigten Polen müssen mit Lebensmitteln versorgt werden, deren Herstellungs- und Verarbeitungs-Anlagen lange Jahre hindurch vernachlässigt worden sind.

Im Rahmen der Konsumgüterindustrie ist die Schnapsherstellung aus Kartoffeln (Wódka) ein bedeutender Sektor. Der Wódka-Konsum (einschl. reinem Spiritus) stieg von 1960 bis 1977 von 5 auf 8 Liter/Einwohner [33] und liegt damit in Europa an erster Stelle (aus der UdSSR liegen keine Zahlen vor). Da der Alkoholismus sowohl für die polnische Justiz als auch für die Wirtschaft ein großes Problem darstellt, wird eine breitangelegte Kampagne gegen dieses Laster organisiert. Gleichzeitig dient der Schnaps aber auch als Mittel der Kaufkraftabschöpfung: Zwischen 1960 und 1978 stieg der 1/2-Liter-Preis für die einfachste Sorte von 36 auf 116 Złoty. Die Versorgung wird in diesem Sektor jedoch bis 1981 gewährleistet - leichtere Artikel (Bier oder Wein) sind in Polen meist nur schwer erhältlich, so daß der Konsument auf das höchstprozentige Alkoholikum verwiesen wird. Bessere Sorten sind in der Regel nur für den Export vorgesehen und in Polen selber nur in Devisenläden erhältlich.

Von besonderer Bedeutung ist für Polen - ein Land mit hohem Geburtenüberschuß und starken Kriegszerstörungen - die Bauindustrie.

Es ist nur teilweise zutreffend, daß Polen mit den ehemals deutschen Ostgebieten "fertige Nester" übernommen hat. Neben unzerstörten Gebieten (Kłodzko /Glatz/ und Oberschlesien) gewann Polen Gebiete, in denen infolge der langandauernden Kämpfe ein Großteil der Gebäude in Trümmern lag. Besonders in den städtischen Zentren (Wrocław /Breslau/, Szczecin /Stettin/, Gdańsk /Danzig/) mußte für die neue Bevölkerung Aufbauarbeit geleistet werden; auch in Kernpolen waren die Zerstörungen verschieden groß: Während es in Krakau praktisch keine Kriegsschäden gab, stand in Warschau kaum ein Haus mehr: die Deutschen hatten als Rache für den Polnischen Aufstand vom August/Oktober 1944 die vollständige Schleifung der Stadt befohlen.

Der Wiederaufbau erfolgte auf zwei verschiedenen Wegen: Zum einen mußte in möglichst kurzer Zeit ausreichender Wohn- und Arbeitsraum erstellt werden. Es entstanden schmucklose Neubauviertel, deren verhältnismäßig kleine Wohnungen mit für europäische Verhältnisse geringem Komfort ausgestattet waren. Die Höhe dieser Gebäude übertraf nie 4 Stockwerke (+ Erdgeschoß), da sonst Aufzüge eingebaut werden mußten. Da es nach dem Krieg zunächst keine privaten Baukapazitäten gab, erfolgte dieser Wiederaufbau in staatlicher Regie.

Zum anderen erfolgte ein Teil des Wiederaufbaus jedoch auch unter anderen als wirtschaftlichen Gesichtspunkten. Das national tief gedemütigte Polen entwickelte aus seinem historischen Verständnis heraus das Verfahren, die Kerne der alten Städte dem historischen Vorbild getreu nachzubauen. Auf diesem Wege sollte der Versuch der Nationalsozialisten, Polen seiner historischen Denkmäler und seiner Daseinsberechtigung zu berauben, zunichte gemacht werden.

Besonders in Warschau und Danzig entstanden so die historischen Stadtkerne neu. Der Tribut an die Geschichte mußte natürlich materiell erkauft werden: Die so entstandenen Viertel belasteten die allgemeinen Baukapazitäten und behinderten einen schnellstmöglichen allgemeinen Wohnungsbau. Obwohl also die Polen diesem Wiederaufbau ihrer Geschichte ideell positiv gegenüberstanden, hatte dieses Verfahren nicht nur Freunde. Zur negativen Haltung trug bei, daß die Finanzierung dieser Bauvorhaben durch die Bürger erfolgen mußte: Jahrzehntelang wurden Löhne und Gehälter, aber auch Briefsendungen und Drucksachen mit "freiwilligen" oder obligatorischen Beiträgen zum "Gesellschaftlichen Fonds für den Wiederaufbau der Hauptstadt" belastet. Die raren Wohnungen im Warschauer Stadtzentrum erhielten Künstler, Parteifunktionäre und andere aus der Masse herausragende Persönlichkeiten - dieser Verteilungsmodus war natürlich ebenfalls nicht ohne Probleme.

Neben dem historischen Aufbau wurde in der ersten Hälfte der fünfziger Jahre auch auf anderen Gebieten des Wohnungsbaus verschwenderisch gearbeitet: In Warschau (MGM) und Krakau (Nowa Huta) etwa entstanden äußerlich imposante Wohnblöcke im sog. Zuckerbäckerstil - mit Triumphbögen und verschnörkelten, dem Stil angepaßten Laternen - die sich als Prestigeobjekte zwar gut propagandistisch verwerten ließen, aber einen für die geschaffene Wohnfläche unverhältnimäßigen Aufwand erforderten, der angesichts des nicht funktionierenden Arbeits-,

Plan- und Materialversorgungssystems geradezu grotesk wirken mußte.

Erst nachdem 1956 der Bevölkerungsbedarf wieder mehr in den Mittelpunkt des Interesses gerückt war und sich der "Zuckerbäckerstil" mit dem Warschauer Josef-Stalin-Kulturpalast sein größtes Denkmal gesetzt hatte, wurde der zweckmäßige Wohnungsbau stärker betont: nun war aber neben den Kriegszerstörungen auch eine sehr lange Zeit der niedrigen Produktivität auf dem Bausektor aufzuholen.

Die Produktion von Baumaterial hinkte hinter der Nachfrage hinterher: Während Polen vor dem Zweiten Weltkrieg Zement exportierte, reichte nach der Einführung neuer Baumethoden die Produktion kaum aus, die dringend notwendigen Vorhaben durchzuführen. [34)]

Obwohl der Wohnungsbau einen deutlichen Fortschritt genommen hat, hat er noch immer nicht ändern können, daß die Situation von zu kleinem Wohnraum, zu geringem Komfort und langen Wartezeiten für die raren Neubauwohnungen gekennzeichnet ist. [35)]

Die Wohnraumbewirtschaftung bemüht sich, die Versorgung der Bevölkerung auf dem Wohnungssektor sicherzustellen. Allerdings stellen die hohen Geburtenraten und der Zuzug in die Städte die Verwaltung vor immer neue und schwierige Aufgaben. Gesamtzahlen zur Wohnfläche liegen erst seit 1969 vor. Von 1950 bis 1978 sank die Belegungsziffer (Personen pro Wohnraum, ohne Berücksichtigung der Größe) von 1,75 auf 1,12; das Gros dieser Entwicklung liegt dabei auf den siebziger Jahren (RS, 1979, S. XLVI-XLVII). Während früher die Wohnverhältnisse auf dem Land schlechter waren, zeichnet sich derzeit ein gegenläufiger Trend ab:

	Durchschnittliche Wohnfläche pro Person in m^2	
	In der Stadt	Auf dem Land
1970	12,8	12,9
1978	14,6	14,9

(Quelle: Polska Fakty, 1980, IV.8-2)

Auf dem Land, wo eigener Grundbesitz häufig ist, werden von den Einwohnern private Ein- und Mehrfamilienhäuser errichtet. Da das Land daneben einen Bevölkerungsabzug verbuchen kann, verbessert sich dort die Wohnraumsituation. Die staatlichen Bauvorhaben in der Stadt zeichnen sich zwar durch die Versorgung mit den üblichen Komfortbestandteilen aus (Aufzüge, Heizung etc.), die Verarbeitung und die Wartung sind jedoch naturgemäß nicht so sorgfältig, wie dies bei den Eigenheimen der Fall ist. Die vermehrte Bautätigkeit in der Stadt muß nach dem Mißkredit, den die hohe Subventionierung der ersten Jahrzehnte gebracht hat, über die Mietpreise finanziert werden. Die Folge davon ist, daß eine krasse Disproportion zwischen Miethöhen für Altbauwohnungen und Neubauten besteht. Die Freude über eine nach jahrelanger Wartezeit zugeteilte Neubauwohnung wird dabei oft vom Mietpreis vergällt. [36)] Diese Preise sind allerdings nun wieder statistisch nicht faßbar, da die nicht angehobenen Altbaumieten das statistische Mittel senken.

Die Bauindustrie belegt deutlich, daß hier eine bedarfsorientierte Produktion erst erreicht werden konnte, als auf eine Vielzahl ideologisch motivierter Phänomene verzichtet wurde und eine Anpassung an "bürgerliche" Vorgehensweisen (Privatbau, kostendeckende Mieten) stattfand.

4.4. Landwirtschaft

Im Unterschied zur Zwischenkriegszeit arbeitet die Mehrzahl der polnischen Beschäftigten nunmehr in der Industrie. Während in allen industriellen Bereichen die Zahl der Beschäftigten konstant gestiegen ist, ist sie in der Landwirtschaft rückläufig. Vor 1939 kamen 7 landwirtschaftlich Beschäftigte auf einen Industriearbeiter (KARGER, 1960, S. 214); etwa seit 1960 sind mehr Menschen in der Industrie als in der Landwirtschaft tätig. Da aber der Bedarf an landwirtschaftlichen Produkten gestiegen ist, ohne daß sich in allen Bereichen die Produktivität entscheidend erhöht hätte, ist Polen auf dem Wege von einem Exportland für landwirtschaftliche Produkte zu einer Volkswirtschaft, die in nicht unwesentlichem Umfang auf den Import landwirtschaftlicher Güter angewiesen ist.

Da die Landwirtschaft in Polen noch überwiegend in privater Hand ist und die Betriebsgrößen an der unteren Rentabilitätsgrenze liegen, ist die Landwirtschaft für zahlreiche Bauern nur mehr eine Nebenbeschäftigung - viele arbeiten ganz- oder halbtägig in einem Industriebetrieb und widmen sich in ihrer Freizeit dem eigenen Hof.

Tab. 11 Landwirtschaft als einzige Erwerbsart in o/o der Bevölkerung, die über Einkommen verfügt

1960	34,8
1970	29,8
1973	27,2
1978	15,25

(Quellen: HEGENBARTH, 1976, S. 163; RS, 1979, S. 250)

Da nicht mehr die ganze Arbeitskraft in die Landwirtschaft gesteckt wird, sinkt auch der Ertrag der Privathöfe, Dies wiederum führt bei vielen Bauern zur Aufgabe der Landarbeit.

1978 arbeiteten 1.100.000 Menschen in der nicht-privaten Landwirtschaft (1975: 959.000). Dadurch arbeiten hier nunmehr 20,6 o/o der hauptberuflich in der Landwirtschaft Tätigen (bei einem Anteil von 31,6 o/o an der landwirtschaftlichen Nutzfläche). Von diesen wiederum entfiel 1978 etwa die Hälfte auf Staatsgut-Beschäftigte, 1/6 auf Mitglieder von Produktionsgenossenschaften (RS, 1979, S. 250; JEZIERSKI/PETZ, 1980, S. 341).

Erst 1957 wurden in Polen "landwirtschaftliche Zirkel" (kółka rolnicze), die in Polen eine alte Tradition hatten und 1939 von den Deutschen aufgelöst wurden, als Alternative zur Zwangskollektivierung zugelassen, die bei der polnischen Landbevölkerung wegen ihrer Mißerfolge, aber auch wegen alter emotionaler Bindungen an eigenen Grundbesitz desavouiert war.

Die Attraktivität der "Zirkel" besteht in ihrer Funktion als Verteilerstelle staatlicher Subventionen (aus dem Fonds für die Entwicklung der Landwirtschaft) und als zentrale Maschinenstation, während andererseits äußerlich die Individualität der Landwirte nicht angetastet wurde. Nur verhältnismäßig geringe Bodenflächen (etwa 10 o/o der Saatfäche, 2 o/o der Gesamtnutzfläche) sind im Eigenbesitz der Zirkel. Die Zugehörigkeit zu den Zirkeln mit den dadurch erforderlichen Ablieferungsverträgen ist oft der einzige Weg, Dünger, Maschinen, Saatgut, Futtermittel etc. zu erhalten. Die bis 1972 bestehende Ablieferungs<u>pflicht</u> wurde aufgehoben - bis dahin wurden nur Minimalpreise gezahlt - und durch einen freiwilligen Ankauf zu Preisen ersetzt, die immer noch weit unter den Marktpreisen lagen, aber dafür das Versprechen der Berücksichtigung bei der Materialzuteilung enthielten. In den letzten Jahren sind die "Zirkel" immer mehr von einer Selbstverwaltungsorganisation zu einer staatlichen Instanz geworden. HEGENBARTH (1976, S. 174) bezweifelte schon längst, ob diese zunehmende Verstaatlichung der Zirkel (Verlagerung der Verfügungsgewalt über den Maschinenpark auf die Gemeinde) von den Individualbauern klaglos hingenommen würde; die "heimliche" Verstaatlichung könnte hier genauso scheitern wie die Zwangskollektivierung. Die Versuche von 1980, die von den Bauern geforderte Selbstverwaltung auf die "Zirkel" zu verlagern, dürften als gescheitert anzusehen sein. Die "Land-Solidarität" (Solidarność Wiejska), die 1981 legalisiert wurde und sich als "Bauerngewerkschaft" bezeichnet, weist in diese Richtung. Die sich abzeichnende Entwicklung, Privaten und staatlichen Produzenten die gleichen Preise für die landwirtschaftlichen Erträge zu zahlen (bisher erhielten die letzteren einen Bonus), dürften auf eine Förderung der Privatbauern hinauslaufen und die längst überfällige Modernisierung der privaten Landwirtschaft einleiten.

1978 waren noch 68,4 o/o der landwirtschaftlichen Nutzfläche (ohne Wälder) in der Hand individueller Bauern. Auf der Landkarte läßt sich an der Distribution der Privatbauern die Grenze der alten deutschen Ostgebiete weiterhin erkennen. Obwohl auch hier (vor allem in Masuren und in der Oppelner Gegend, wo Aussiedlungen kaum stattgefunden haben) der Anteil von Privatbauern noch beträchtlich ist, hat man in diesen Landesteilen in weitaus stärkerem Maße die größeren deutschen Wirtschaftseinheiten bestehen lassen und sie unmittelbar in staatliche und genossenschaftliche Regie übernommen. In den altpolnischen Wojewodschaften hingegen liegt der Anteil privaten Bauernlandes an der landwirtschaftlichen Nutzfläche fast durchweg über 90 o/o. Eine Ausnahme bildet hier das früher ukrainisch besiedelte Bieszczady-Gebiet, das z.T. erst 1952, nach dem Ende des Bürgerkrieges, zu Polen kam. Die einheimische Bevölkerung wurde umgesiedelt und somit der Boden für die Vergesellschaftung ebenso bereitet wie in den Oder-Neiße-Gebieten.

KOZLOWSKI (1977) weist nach, daß die private Landwirtschaft in sehr vielen Bereichen den sozialistischen Formen überlegen ist. Die Dunkelziffern über die private Landwirtschaft (Schwarzschlachtung, Freimarktverkauf) sind jedoch so hoch, daß eine gesicherte Aussage derzeit kaum möglich ist. [37)]

Die ungünstige Ertragslage am Beginn der sechziger Jahre, die z.T. durch Mißernten verursacht wurde, führte zu mehreren gesetzgeberischen Maßnahmen, die eine Verbesserung der Landwirtschaft zum Ziel hatten. Bereits 1963 wurde die Realerbteilung weitgehend erschwert, um dem Grundübel der polnischen Landwirtschaft, der geringen Betriebsgröße, entgegenzuwirken. Gleichzeitig wurde damit ein großes Arbeitskräftepotential für die Industrie freigesetzt. 1968 verabschiedete der Sejm ein Gesetz über die Zusammenlegung von aufgrund von Erb- und Abtretungsrechten weit voneinander entfernt liegenden Parzellen des gleichen Besitzers (Dz.U., 1968, Nr. 3, Pos.16). Höfe, für die kein Erbe mit einer angemessenen landwirtschaftlichen Fachausbildung zur Verfügung stand oder deren Erträge infolge mangelhafter Bewirtschaftung unter eine bestimmte Grenze sanken, wurden vom Staat zwangsweise aufgekauft. Das so erworbene Land wurde der vergesellschafteten Landwirtschaft zur Eigenbewirtschaftung zur Verfügung gestellt. Den Vorbesitzern wurde die Abtretung von Land an den Staat dadurch schmackhaft gemacht, daß ihnen eine Rente versprochen wurde, deren Höhe von den Erträgen und der Menge des abgetretenen Landes abhängig war. 1974 wurden die Verrentungsbestimmungen weitergehend verbessert.[38] Da die Industrie die Bauernsöhne auch so schon mit höheren Industrielöhnen vom Lande weglockte, konnte auf diesem Wege ein Wachstum des staatlichen Bodenbesitzes erreicht werden.

Der Staatliche Bodenfonds (Państwowy Fundusz Ziemi) übernimmt die freiwerdenden Böden vorübergehend und verteilt sie dann auf die neuen Nutzer um.

Die Attraktivität der Verrentung ist rückläufig, seit die wachsende Geldentwertung mit der ungenügenden Rentendynamik nicht Schritt hält und die immer ungenügender werdende Versorung den Wert eines eigenen landwirtschaftlichen Ertrages erhöht hat. Wichtig ist in diesem Zusammenhang die kostenlose befri-

Tab. 12 Landumsatz des Staatlichen Bodenfonds [39]
(alle Angaben in 1.000 ha)

	Übernahme aus Individualbesitz	davon gegen Rente	Abtretung an Staatsgüter	Abtretung an Genoss.	Befristete Überlassg. an Staatsgüter	Befristete Überlassg. an Zirkel	Befristete Überlassg. an Private
1960	36,2	-	26,7	28,8	16,9	72,2	524
1970	111,2	63,1	106,4	18,7	21,1	78,8	610
1975	358,9	314,6	117,4	39,9	-	19,9	587
1978	182,4	130,6	82,2	51,0	-	3,0	542

(Quelle: RS, 1979, S. 219)

stete Überlassung von aufgekauftem Land an Private: Ohne daß sich nach außen hin die Quantität des Privatlandes erhöht, kann die Rentabilität der verbleibenden Höfe durch eine Vergrößerung der Flächen gesteigert werden - der Staat behält sich jedoch die endgültige Verfügungsgewalt vor. [40]

Die Bodenreform der fünfziger Jahre ließ - sieht man von der vorübergehenden Kollektivierung ab - Höfe mit weniger als 50 ha Fläche ungeschoren. Diese Fläche ist damit auch die Obergrenze der Privatwirtschaften. Die meisten Höfe liegen jedoch weit unter dieser Grenze; diese z.T. winzigen Höfe können dann zwar von den Mitgliedern einer Familie bewirtschaftet werden, sie müssen jedoch im Vergleich mit westlichen Ländern unrentabel arbeiten.

Tab. 13 Betriebsgrößen polnischer Individualbauern
(Anteil an der Gesamt-Privat-Nutzfläche in o/o)

	bis 0,5 ha	0,51 - 2 ha	2 - 5 ha	5 - 10 ha	10 - 15 ha	mehr als 15 ha
1960	11,0	25,7	32,6	23,4	5,7	1,5
1970	12,4	24,4	30,3	24,2	6,8	1,96
1978	30,5		30,2	25,6	9,2	4,5

(Quelle: Polen, 1976, S. 155; RS, 1979, S. 241)

Durch Aufkäufe und Verpachtungen steigen die Betriebsgrößen der Privathöfe. Im internationalen Vergleich ist jedoch die kleine Betriebsgröße ein strukturelles Übel der gesamten polnischen Landwirtschaft. Selbst die Staatsgüter sind in Polen relativ klein:

Tab.14 Durchschnittsgröße in ha landwirtschaftlicher Nutzfläche

	Staatsgüter	Produktionsgenossenschaften
Albanien (1965)	2.105	428
Bulgarien (1972)	6.493	5.675
ČSSR (1976)	6.545	2.041
DDR (1976)	1.116	933
Jugoslavien (1973)	4.940	556
Polen (1976)	1.072	256
Rumänien (1976)	5.255	1.734
UdSSR (1976)	17.944	6.621
Ungarn (1976)	5.869	2.838

(Quelle: WÄDEKIN, 1978, S. 38-40)

Auffällig ist, daß die größeren Privathöfe in den nicht-industriellen Teilen der ehemaligen deutschen Gebiete liegen; am kleinsten sind die durchschnittlichen Betriebsgrößen im ehemals österreichischen Gebiet. [41)]

Der Privatsektor umfaßt fast alle Bereiche der polnischen Landwirtschaft. Getreide und Kartoffeln werden zu einem großen Teil von Privaten geliefert, die Schweinemast und die Milchviehhaltung hatte sich auf den Staat verlagert, dennoch ist diese Entwicklung in der letzten Zeit wieder rückläufig. Höherwertiges Obst und Gemüse kommt fast ausschließlich von privaten Produzenten.

Der Absatz landwirtschaftlicher Produkte wird in Polen nur zu einem sehr geringen Teil - im Bereich des freien Verkaufs der sog. Überschußproduktion - über den Preis kontrolliert. Im staatlichen Handel lagen die Endverbraucherpreise bis 1981 unter den Beträgen, die den staatlichen Produzenten gezahlt wurden. [42] Versuche, hier stärker Marktmechanismen einzuschalten, führten zum Widerstand der Bevölkerung. Nach offiziellen Angaben betrugen allein beim Fleisch 1980 die staatlichen Subventionen 76 Milliarden Złoty bei einem Gesamtwert der Produktion von 90 Milliarden Złoty (KDP, 1980, S. 592). Da die Gehälter immer schneller steigen, die Lebensmittelproduktion jedoch nicht ausreicht und auch nicht verteuert werden konnte, führte Polen im April 1981 für fast alle Hauptnahrungsmittel eine rigorose Rationierung ein.

Insgesamt ist der Bedarf an landwirtschaftlichen Produkten in Polen ungesättigt. Dabei spielen z.T. unterschiedliche Eßgewohnheiten eine Rolle [43] - wichtig ist aber z.B. auch der Zwangsexport von Fleisch in den Westen, ohne den die Devisen für den Import von Investitionsgütern und den Schuldendienst kaum zur Verfügung stehen dürften. Die reinen Produktionsziffern stellen Polen, das früher ein bedeutendes Exportland gewesen ist, in ein positives Licht:

Tab. 15 Produktion in kg/Einw. [44]

	Getreide		Fleisch		
	Durchschnitt 1966-1970	1978	1960	1970	1978
Polen	527	615	59	67	90
BRD	304	399	59	78	89
DDR	404	530	59	79	108
UdSSR	673	900	41	51	58

(Quelle: RS, 1979, S. 531)

Durch den Export ist die Landwirtschaft jedoch mit Aufgaben belastet, die eine Konzentration auf die Bedürfnisse des Landes verhindern und zu immer neuen Querelen führen.

Tab. 16 Export landwirtschaftlicher Produkte in 1.000 t

	1960	1970	1975	1977	1978
Zucker	316,0	306,0	67,0	251,0	262,0
Fleischkonserven	18,5	25,4	24,7	21,2	20,1
Rohfleisch	11,5	38,4	90,9	43,0	48,6
Schlachtvieh (1.000)	-	182,0	285,0	132,0	181,0
Eier (1.000.000)	972,0	403,0	492,0	395,0	415,0

(Quelle: RS, 1979, S. 310-11)

Die großen Schwankungen belegen, daß einerseits versucht wird, möglichst große Mengen zu exportieren (ANTAL, 1980, S. 268), andererseits aber auch auf die inländische Reaktion Rücksicht genommen werden muß. Nach den Unruhen der Mitte der 70er Jahre wurden Waren dem Export entzogen, um die Bedürfnisse der Inländer zu befriedigen.

Auf der anderen Seite zeigen die Importe landwirtschaftlicher Produkte, daß an eine umfassende Versorgung der Bevölkerung mit Inlandsprodukten noch nicht zu denken ist - dies aber bedingt wieder den Export, durch den allein Mittel für den Import erwirtschaftet werden können. [45)]

In erheblich höherem Maße als früher wurden bis 1980 Luxusgüter (Wein, Kaffee) importiert, wodurch eine höhere Lebensqualität erzielt worden ist. Diese Güter kommen jedoch (im Unterschied etwa zum Weizen) aus RGW-Staaten (Rumänien, Bulgarien) oder Ländern der Dritten Welt, mit denen oft Kompensationsverträge [46)] bestehen und die demnach die polnischen Devisenreserven nicht so sehr in Anspruch nehmen. Dabei hat die zeitweise annehmbare Versorgung mit Produkten des mittleren

Bedarfs die Sensibilität gegenüber einer Verschlechterung des Angebots verstärkt.

Tab. 17 Import landwirtschaftlicher Produkte in 1.000 t [47)]

	1960	1970	1975	1977	1978
Rohfleisch	12,2	39,8	15,5	98,4	30,2
Wein (1.000 hl)	88,0	329,0	408,0	640,0	462,0
Weizen	1.700,0	1.099,0	1.477,0	2.599,0	2.311,0
Gerste	231,0	1.093,0	1.376,0	1.268,0	2.413,0
Kaffee	3,9	34,5	30,8	26,6	35,3
Zitrusfrüchte	32,0	80,0	144,0	177,0	199,0

(Quelle: RS, 1979, S. 309-10)

4.5. Handel

Genaue Daten über den Binnenhandel sind nicht zu ermitteln, weil die alten Statistiken unzuverlässig sind und die Verhältnisse derzeit in einem Wandel begriffen sind. Die Angabe, der polnische Binnenhandel sei zu 98,8 o/o vergesellschaftet [48)], kann kaum mehr gültig sein. In dieser Zahl war eine Aufteilung in staatlichen (27,7 o/o) und genossenschaftlichen (70,9 o/o) Handel vorgenommen worden, die jedoch letztlich irrelevant ist, weil sich die Handelsgenossenschaften nur mehr unwesentlich von Staatsbetrieben unterscheiden. Dafür wächst augenblicklich die Zahl privater Handelsunternehmen (größtenteils in der Gestalt von Einzelhandelsgeschäften), die - vom landwirtschaftlichen Marktbetrieb abgesehen - im sog. "Kampf gegen den Handel" abgeschafft worden waren. Da die Versorgung mit Mangelwaren zum Teil nur durch die flexibler operierenden Privathändler gewährleistet werden kann, werden diese zunehmend zahlreicher. Aus ideologischen Gründen werden allerlei Methoden angewandt, um den wachsenden Privatsektor zu kaschieren: Landwirtschaftliche Händler deklarieren ihre Ware als Eigenproduktion, es werden sog. Agenturverträge mit staatlichen Handelsunternehmen geschlossen, bei denen der Agent mit dem Staatsbetrieb auf pauschaler oder Umsatzbasis abrechnet.[49] Verkaufsstellen werden Handwerksbetrieben angeschlossen, die theoretisch nur die eigene Produktion vertreiben dürfen. Der Staat ermöglicht Sonderformen des Handels: Die Kommissionsgeschäfte bieten eine Gelegenheit, aus dem Ausland einströmende Waren abzusetzen. Der "Binnenexport" liefert ausländische Waren, aber auch polnische Mangelwaren [50] (von Kaffee über bessere Wodkasorten bis hin zu Autos und Traktoren) gegen Devisen, ohne sich um deren Herkunft zu bekümmern.

4.6. Dienstleistungen und Handwerk

Neben der Landwirtschaft sind in Polen weite Teile des Dienstleistungsgewerbes in privater Hand. Bis in die siebziger Jahre hinein bekämpfte der Staat den privaten Dienstleistungs- und Handwerkssektor. Die Privaten wurden durch Nicht-Belieferung mit Rohstoffen, durch erhöhte Steuerbelastungen und eine rigide Aufsicht in ihrer Arbeit behindert, was sich in einer Verschlechterung der Versorgung der auf diesen Wirtschaftsbereich besonders angewiesenen Bevölkerung auswirkte. Die Unruhen von 1970 haben zu einer Wende geführt: Man hat in der politischen Führung erkannt, daß - allen ideologischen Prinzipien zum Trotz - durch eine Liberalisierung auf diesem Sektor eine Ruhigstellung der Bevölkerung zu erreichen war. Die Beschlüsse des VI. Parteitags der PVAP (Polen, 1976, S. 177) [51] sicherten diese neue Politik ab. Auch wenn weiterhin privaten Unternehmern Auflagen gemacht werden (Höchstzahl zulässiger Angestellter etc.), ist ein stetiges Wachstum sowohl des vergesellschafteten als auch des privaten Dienstleistungssektors zu beobachten. [52]

Der Anteil des privaten Handwerks an der Gesamtzahl der Beschäftigten stieg zwischen 1960 und 1978 von 1,67 auf 2,04 o/o. Auch die Betriebsgrößen nahmen zu: Besaß 1960 noch ein Privatbetrieb im Schnitt 1,4 Beschäftigte, so waren es 1978

Tab. 18 Zahl der Beschäftigten im privaten Handwerk

	Betriebe	Arbeitende insgesamt	Arbeitende aufgr. von Verträgen (Angestellte)	Lehrlinge
1960	147.859	207.621	43.356	43.387
1970	176.313	275.685	76.170	66.339
1975	187.337	313.412	97.266	52.817
1978	201.400	355.708	120.897	58.969

(Quelle: RS, 1979, S. 333)

bereits 1,76. Besonders deutlich stieg die Zahl der (offiziellen) [53] Angestellten: trotz der gewachsenen Betriebszahl stieg hier der Durchschnitt von 0,29 (1960) auf 0,6 (1978) vertraglich Beschäftigte pro Betrieb. [54] Dabei sind auch diese Zahlen wenig aussagekräftig, weil immer noch die Mehrzahl der Privatbetriebe auf Familienbasis organisiert ist, wobei die Familienmitglieder als Mitbesitzer eingetragen werden, um die Limitierung von Angestellten zu unterlaufen.

Es ist eine Tatsache, daß Dienstleistungen und Handwerk der Bevölkerung oft nur durch die private Wirtschaftstätigkeit zugänglich sind, da die staatlichen oder genossenschaftlichen Firmen mit den Aufträgen der vergesellschafteten Unternehmen ausreichend ausgelastet sind, einen schlechteren Kundendienst bieten oder nur begrenzt auf speziellere Nachfragen eingerichtet sind.

Auffällig ist der hohe private Anteil an den Bauhandwerken, der nur dadurch möglich ist, daß dieses bei der Zuteilung von Material nicht mehr behindert wird, also arbeitsfähig bleibt. Es ist auch ein Indikator dafür, daß das private Bauwesen in Polen im letzten Jahrzehnt einen deutlichen Aufschwung genommen hat.

Tab. 19 Anteil des nicht vergesellschafteten Sektors an den Dienstleistungen (Auswahl, 1978)

	Zahl der privaten Betriebe	darin beschäftigte Personen	Anteil der Privatwirtschaft am Gesamtumsatz in o/o
Uhrmacher	2.129	2.807	54,3
Motorisierungsdienstleistungen	8.534	15.775	38,8
Radio- und TV-Reparatur	1.674	2.012	20,9
Schneiderei [55]	19.504	25.679	46,1
Allg. Bauhandwerk	58.427	95.547	69,0
Friseure	6.073	10.867	40,4
Photographen	2.970	4.396	58,3

(Quelle: RS, 1979, S. 333)

Verhältnismäßig undurchsichtig sind die Ertragsverhältnisse im privaten Bereich, weil in manchen Sektoren neben den meist staatlich kontrollierten Grundpreisen zusätzliche Leistungen in Geld oder natura zu erbringen sind, um die privaten Unternehmer zu besonderem Einsatz im Bereich der Anschaffung von Mangelgütern und zu kontinuierlicher Arbeit zu motivieren.

4.7. Transportwesen

In einem Land wie Polen, wo die Industriezonen weit von der Küste entfernt liegen und wo eine verstreut lebende landwirtschaftliche Bevölkerung versorgt werden muß, ist das Transportwesen von großer Bedeutung. Seine Unterausstattung ist einer der Gründe für Polens Versorgungsprobleme.

Das Eisenbahn- und Straßennetz orientierte sich bei seiner Entstehung an den Grenzen der Teilungsmächte. Dabei war die Ausstattung der Gebiete derjenigen des Teilungsstaates angepaßt. Das weitergehend industrialisierte Preußen verfügte z.B. über ein erheblich dichteres Schienennetz als Rußland. Auf einer Eisenbahnkarte Polens sind die Grenzen des Deutschen Reiches von 1914 deutlich erkennbar. In Galizien verlaufen die Eisenbahnen zumeist in Ost-West-Richtung. Sie führen im nunmehr sowjetischen Lemberg zusammen und fallen damit für den Binnenverkehr aus; das Eisenbahnnetz im russischen Teilungsgebiet ist auf Warschau hin orientiert und erschwert damit den die Hauptstadt umgehenden Transport - gleichzeitig wird der Warschauer Knotenpunkt zu einer dauernd verstopften neuralgischen Stelle dieses Systems. [56)]

In der Zwischenkriegszeit wurde unter Umgehung des Deutschen Reiches eine Bahnlinie von Polnisch-Oberschlesien (Katowice) zum polnischen Hafen Gdynia erbaut, die dem Export der polnischen Kohle und dem Import des skandinavischen Erzes für die oberschlesischen Hütten diente. Sie ist auch heute noch von großer Bedeutung; für die neuen Hütten (Nowa Huta bei Kraków, Huta Katowice) wurden nach dem Zweiten Weltkrieg Linien mit sowjetischer Spurbreite erbaut, so daß hier das Erz direkt aus der UdSSR herangebracht werden kann und der Abtransport der Fertigprodukte in das Rohstofflieferland erleichtert wird. Dieser Bahnbau verbessert die objektbezogenen Transportmöglichkeiten, man kann sich jedoch nur schwer des Eindrucks erwehren, er könnte leicht eine militärische Bedeutung erlangen.

Die Daten der Tabelle 20 verdeutlichen den Wandel des polnischen Transportsystems. Die Bahn wird zwar zunehmend elektrifiziert, hat aber auf diesem Gebiet noch nicht westlichen Standard erreicht. Immer noch gibt es einen hohen Anteil einspuriger Strecken (1978: 57,3 o/o), der Waggon- und Lokomotivenpark ist trotz Eigenproduktion veraltet, und die Transportkapazitäten sind erschöpft. Der im Zuge der verstärkten Industrialisierung vermehrte Güterverkehr hat sich immer mehr auf

Tab. 20 Daten zum polnischen Transportwesen

	1960	1970	1978	1979
Betriebslänge der Eisenbahnstrecken (km)	26.904	26.678	26.835	24.405
davon elektrifiziert (km)	1.026	3.872	6.496	6.687
(o/o)	3,8	14,5	24,1	27,4
(zum Vergleich: BRD 1977 34,3 o/o)				
Bahntransport (Mill. t)	286,8	382,3	489,3	479,5
Straßentransport (Mill. t.)	408,1	862,5	2.109,7	
Verhältnis Bahn : Straße	0,7	0,44	0,23	
Öffentliches Straßennetz (km)	287.788	270.648	256.230	
davon befestigt (km)	104.439	130.432	145.629	
(o/o)	36,3	48,2	56,8	

(Quelle: RS, 1979, S. 279, 283, 535; KDP, 1980, S. 107)

die Straße verlagert, was bei den gestiegenen Energiepreisen die Ertragslage verschlechtert, weil auch der Individualverkehr mit der Steigerung der Pkw-Produktion zugenommen hat und das Straßennetz noch Mängel aufweist. Die meisten Fernstraßen sind immer noch zweispurig und werden in den ländlichen Gebieten auch von Pferdefuhrwerken und Traktoren benutzt.

Die Binnenwasserwege sind irrelevant, nur 0,83 o/o (1978) des Warentransports werden auf ihnen bewegt. Dagegen werden Anstrengungen unternommen, die Wasserwege zu kanalisieren und eine unmittelbare Entlastung des Schienen- und Straßenweges vom Massengutverkehr zu erreichen. Für den Weg nach Oberschlesien ist hier die Arbeit an der Oder von größter Bedeutung.

Der Flugverkehr ist von untergeordnetem Gewicht. Die Zahlen liegen bei insgesamt etwa 1,6 Millionen Passagieren jährlich - diese verteilen sich etwa je zur Hälfte auf den Auslands- und den Inlandsverkehr. Im Inlandsverkehr wurde - ähnlich wie in der DDR - wegen der zunehmenden Flugbenzinkosten der Verkehr eingeschränkt. Der Auslandsverkehr, der zum Teil Deviseneinnahmen verzeichnet, wird langsam ausgebaut. Im Inland liegt die Auslastung bei 61,2, im Ausland bei 65,5 o/o der Sitzplatzkapazität.

In der Seeschiffahrt haben der Tourismus, aber auch die zunehmende Liberalisierung der Reiseregulierungen zu wachsenden Passagierzahlen geführt - hier sind vor allem die Fähren nach Skandinavien zu nennen. Daneben unterhält Polen mit der MS. STEFAN BATORY den letzten Nordatlantik-Liniendienst.

Unter polnischer Flagge fahren (1978) 323 Schiffe (insgesamt 2.826.800 BRT) (RS, 1979, S. 291). Nach dem erfolgten Ausbau des Hafens von Szczecin (Stettin) hat diese Stadt nun mehr Schiffsbewegungen zu verzeichnen als Gdańsk und Gdynia zusammen. [57)] Der Warenumschlag ist jedoch noch geringer: Gdańsk/ Gdynia werden von im Schnitt größeren Schiffen angesteuert. Die Schiffe der Bundesrepublik Deutschland stehen nach Polen und vor der UdSSR und Schweden auf den weiteren Plätzen an zweiter Stelle in der Rangfolge der die Handelshäfen anlaufenden Einheiten (RS, 1979, S. 292-3).

4.8. Außenwirtschaft

4.8.1. Import

Polens Wirtschaft ist in die Weltwirtschaft und die RGW-Zusammenarbeit eingebunden.

Die Probleme, denen sich Polens Führung am Beginn der 70er Jahre gegenübergestellt sah, führten zu einer gründlichen Revision der bisherigen Wirtschaftspolitik, die weitgehend auf eigenen Entwicklungen aufzubauen gedachte. Eine Zufriedenstellung der Bevölkerung schien nur mehr möglich, wenn auf die

Selbstbeschränkung verzichtet wurde und die Fortschritte ausländischer technischer Entwicklungen nutzbar gemacht werden konnten. Der Nachteil dieser Politik lag in dem zunächst fehlenden Augenmaß und in der nur theoretischen Ausbildung der damit befaßten Manager. Die eigenen Möglichkeiten wurden überschätzt; Unerfahrenheit und Inkompetenz wirkten sich auf die Effektivität der Öffnungspolitik negativ aus und führten zu einer allgemeinen Kritik an der Wirtschaftspoltik der Gierek-Mannschaft, die jedoch besser am unteren und mittleren Management geübt worden wäre (s. Kap. 4.2).

Polen hat es nicht geschafft, die Rentabilität der Investitionen richtig zu berechnen: Zum einen veränderten sich - nicht zuletzt wegen der Ölkrise - die Absatzchancen, zum anderen wurden oft (man hört häufig den Vorwurf, hierfür seien Manager bestochen worden) veraltete Anlagen erworben. [58)]

Erst seit der Mitte der 1960er Jahre wird der Export in Polen gefördert. 1966 wurden erstmals Prämien für Export-Effektivität eingeführt; davor hatten die Exporte für die Produktionsbetriebe keinerlei Bedeutung. Im Zuge der neuen Außenhandelspolitik wurde das vollständige Monopol des Außenhandelsministeriums dahingehend eingeschränkt, daß dessen Kompetenzen für einzelne Branchen auf Außenhandelsbüros auf niedrigerer Ebene übertragen wurden (Polen 1976, S. 181-2). Die Flexibilität, die dadurch erhöht werden sollte, ist bisher nur schwierig zu evaluieren. Die Aufhebung der getrennten Preisbildung für Binnen- und Außenhandel (inländische Preise werden politisch festgesetzt, während Außenhandelspreise sich am Weltmarkt orientieren und über ein Ausgleichskonto verrechnet werden) ist bislang nur undeutlich erkennbar.

Tab. 21 Importdaten

	1960	1970	1975	1978
Walzgüter (1.000 t)	392	1.218	1.727	1.182
Kugellager (Mill. Devisenzłoty)	32,4	93,2	195,8	304,3
Werkzeuge (Mill. Devisenzłoty)	6,8	59,6	216,5	217,3
Hütteninvestitionsgüter (Mill. Devisenzłoty)	-	60,3	793,3	820,4
Textilindustrie-Investitionsgüter (Mill. Devisenzłoty)	63,7	87,6	339,1	355,7
Konsumindustrie-Investitionsgüter (Mill. Devisenzłoty)	42,2	54,9	360,3	349,0
EDV-Gerät (Mill. Devisenzłoty)	-	42,1	283,7	240,7
Pkw (1.000 Stück)	5,8	16,5	23,8	41,2
Lkw (1.000 Stück)	1,5	7,8	8,5	12,4
Chemiefasern (1.000 t)	15,8	40,7	59,4	76,5
Baumwolle (1.000 t)	128	151	160	159
Reis (1.000 t)	100	60	74	79
Kaffee (1.000 t)	3,9	34,5	30,8	35,3
Kakao (1.000 t)	10,8	14,3	36,8	24,7

(Quelle: RS, 1979, S. 309-10)

Die Wirtschaftspolitik des letzten Jahrzehnts läßt sich an diesen Ziffern deutlich erkennen. In den siebziger Jahren wurden zunächst alle Importzahlen deutlich erhöht; von der Mitte der siebziger Jahre an - im Zeichen der beginnenden Krise - wurde zunehmend eingespart; allerdings vor allem auf dem Konsumgebiet, während die Investitionsgüter weiterhin unbeschränkt ins Land strömten. Da in den siebziger Jahren die Löhne (im Verhältnis zu früher) anstiegen, wurden die knapperen Konsumgüter aus dem Import, selbst bei gleichbleibenden absoluten Quantitäten, dem Markt entzogen, was sich für die trotz eines nominell wachsenden Einkommens nicht über ein ausreichendes Angebot verfügenden Menschen bemerkbar machte. Diese Tendenz hat sich 1980 noch verstärkt (KDP, 1980, S. 724). Die Produktion, die mit dem Investitionsgüterimport erwirtschaftet wird, schlägt auf den Binnenmarkt zunächst kaum durch: Zum großen Teil müssen die Fertigprodukte exportiert werden, um mit den Erlösen die Investitionen zu finanzieren. Der Mangel an Gütern des gehobenen Bedarfs ist daher derzeit - trotz der widersprechenden Produktionsziffern - spürbarer als im vergangenen Jahrzehnt. In der Bevölkerung herrscht große Unzufriedenheit über den Export, den man - ökonomisch z.T. unberechtigt - eine "Beraubung" des Binnenmarktes nennt.

Über den Handel mit den RGW-Staaten werden nur unvollständige Zahlen publiziert. Dennoch kann ausgesagt werden, daß auf dem Importsektor nach 1970 der Westen gegenüber den Staaten des RGW an Boden gewonnen hat. Insbesondere in der Mitte der siebziger Jahre, als die Schwierigkeiten noch verdeckt wurden, fand ein sehr freizügiger Import aus dem Westen statt.

Tab. 22 Import nach Ländern in o/o

	1960	1970	1975	1978
Staaten des RGW	58,9	65,9	43,8	51,9 [59]
Westliche Industriestaaten	29,7	25,8	43,3	40,5
Insgesamt in Milliarden Devisenzłoty [60]	5,98	14,43	41,65	50,94

(Quelle: RS, 1979, S. 306)

In der wertmäßigen Rangfolge liegt die Bundesrepublik Deutschland mit 6,8 o/o nach der UdSSR (29,9 o/o) [59] und der DDR (7,9 o/o) an dritter Stelle (RS, 1979, S. 306).

4.8.2. Export

Auf dem Exportsektor kämpft Polen derzeit mit Schwierigkeiten, denen sich alle Nationen auf dem Wege zur Industrialisierung gegenübergestellt sehen. Die wachsenden Energiekosten verhindern die Nachfrage des Auslands, weil immer größere Anteile freier Mittel im Energiesektor eingesetzt werden müssen. Daneben ist allgemein ein Trend zu einem neuen Protektionismus zu erkennen; Importe aus Ländern, die nicht dem eigenen Wirtschaftssystem angehören, werden unpopulärer. Die Länder der Dritten Welt, in denen sich Polen einen interessanten Markt für nicht westlichen Standards entsprechendes, aber dafür billigeres technisches Gerät erhoffte, fallen wegen der unvergleichlich höheren Energieprobleme, mit denen diese Staaten konfrontiert sind, weitgehend für den Absatz aus. Für den Westen sind dagegen die polnischen technischen Produkte oft nicht entwickelt genug - zum Teil wird ja mit veralteten westlichen Lizenzen gearbeitet; auch hier können Exportabschlüsse nur über den Preis interessant werden. Daneben können nur Rohstoffe (Kohle) und landwirtschaftliche Produkte exportiert werden, die dafür dem Binnenmarkt entzogen werden müssen. Als Absatzmarkt verbleibt der RGW, der jedoch im Gegenzug keine Waren oder Gelder liefert, aus denen der Import und die Produktion der Exportgüter mit Westmaschinen und -lizenzen finanzierbar wäre.

Tab. 23 Exportdaten (s. auch Kap. 4.4)

	1960	1970	1975	1978
Kugellager (Mill. Devisenzłoty)	5,9	54,4	95,6	148,8
Werkzeuge (Mill. Devisenzłoty)	20,4	76,3	201,7	347,8
Kücheneinrichtungen (1000 Stück)	-	318	391	348
Konsumindustrie-Investitionsgüter (Mill. Devisenzłoty)	1,6	99,0	180,5	321,8
Kräne (1.000 t)	-	10,2	10,8	16,7
EDV-Gerät (Mill. Devisenzłoty)	-	40,6	228,2	507,5
Güterwaggons (1.000 Stück)	3,9	5,8	6,9	6,9
Pkw (1.000 Stück)	3,2	20,6	40,9	57,0
Lkw (1.000 Stück)	2,3	12,7	13,8	14,8

	1960	1970	1975	1978
Tonbandgeräte (1.000 Stück)	0,5	89,5	281	418
Schiffsreparatur (Mill. Devisenzłoty)	7,0	51,3	188,2	292,2

(Quelle: RS, 1979, S. 310)

Polen ist auf seine Exportfähigkeit angewiesen, um die akkumulierten Auslandsschulden begleichen zu können. 1979 konnte der Export in die kapitalistischen Staaten um 12,9 o/o gesteigert werden, während der Import nur um 8,7 o/o zunahm (KDP, 1980, S. 107). [61]

Der Export ist in Polen extrem unpopulär, weil das ökonomische Bewußtsein, er allein ermögliche eine Modernisierung und damit auf längere Sicht eine Verbesserung der inländischen Situation nur wenig entwickelt ist. Inwiefern der z.T. obligatorische Export in den RGW-Bereich gleichwertig kompensiert wird, läßt sich aus den Statistiken nicht eindeutig ermitteln. Es ist allerdings nicht auszuschließen, daß im Verhältnis zur UdSSR Lieferverpflichtungen bestehen, die nur über eine Belastung des Importvolumens oder des Binnenmarktes eingelöst werden können. [62] Die Gegenlieferungen bestehen u.a. aus Rüstungsgütern, die keine binnenwirtschaftliche Bedeutung haben.

Das polnische Exportdefizit (incl. RGW) lag 1978 bei rund 2 Milliarden Dollars (RS, 1979, S. 540-1). Trotz sowjetischer Vorzugsbedingungen kam 1980 mindestens eine weitere Dollarmilliarde hinzu. [63] Daneben wiegen Übertragungen und Kapitalleistungen besonders schwer. Vorerst ist angesichts der Weltwirtschaftslage und der spezifischen Situation Polens an eine Verringerung der Auslandsverschuldung nicht zu denken. Der polnische Finanzminister Krzak bezifferte Polens <u>Devisen</u>verschuldung Ende 1980 mit 23.000.000.000 Dollars, für 1981 wird mit einem Anwachsen dieses Betrages auf 26.000.000.000 Dollars gerechnet (FAZ 14/17.1.1981, S. 13). [64] Vor 1986 dürfte sich dieser Betrag, der bis dahin auf über 30 Milliarden Dollars angewachsen sein dürfte, nicht reduzieren lassen. Eine Sanierung der finanziellen Verhältnisse ist schon deswegen schwierig, weil allein der jährliche, in Devisen zu leistende Schuldendienst etwa 2.500.000.000 Dollars ausmacht und mit dem hohen Zinsniveau im Westen nur größer wird. Moratorien für die Tilgungszahlungen können immer nur aufschiebende Wirkung haben - sie verändern die Lage nicht qualitativ.

Auch ohne die Berücksichtigung der Belastungen des Jahres 1980 muß deutlich sein, daß die entwicklungspolitischen Ziele der Gierek-Führung verfehlt wurden: zum einen spielte die weltwirtschaftliche Entwicklung den optimistischen Erwartungen der polnischen Manager einen Streich, die die Möglichkeit einer Krise nicht in ihre Kalkulationen aufgenommen haben, zum anderen gelang es nicht, die für einen Wirtschaftsaufbau erforderliche Erhöhung der Arbeitsleistungen politisch durchzusetzen und die Investition sinnvoll zu exploitieren; diese Vorbedingungen - verbunden mit einem günstigen ökonomischen Klima - waren die Basis des westdeutschen "Wirtschaftswunders", an dem sich die polnische Wirtschaftspolitik zu orientieren versuchte.

4.9. Versorgung, Preise und Löhne

Die monetäre Versorgung der polnischen Bevölkerung ist sehr differenziert, weswegen sich allgemeine Aussagen über den finanziellen Stand nur sehr schwierig machen lassen. Die durchschnittlichen Monatslöhne stiegen zwischen 1960 und 1979 nominell um mehr als das Dreifache (von 1.560 auf 5.087 Złoty).[65)] Zwischen 1979 und 1981 stieg infolge der Forderungen der polnischen Gewerkschaften das Gesamtgehaltsvolumen nochmals um 17 o/o (während das Nationaleinkommen in dieser Zeit um mindestens 6 o/o gesunken ist).[66)] Bei den Lohnproblemen muß jedoch auch berücksichtigt werden, daß in Polen in nahezu allen

Haushalten mehr als eine Person berufstätig ist. Daneben müssen in Polen neben den Löhnen die immateriellen Leistungen berücksichtigt werden: dazu gehören neben der Krankenversorgung u.a. Heizmaterialdeputate, Hilfen bei der Wohnungsbeschaffung, billige Ferienmöglichkeiten in betrieblichen Einrichtungen etc. (vgl. Kap. 6). [67)]

Für die Analyse ist daher die Angabe über die finanzielle Ausstattung einzelner Haushalte (mit mehreren Personen) aufschlußreicher. Danach hatten die Haushalte 1978 im Schnitt monatlich folgende Summen zur Verfügung (vgl. Kap. 5; RS, 1979, S. 84, für die Vorkriegszeit):

Werktätige in der vergesellschafteten Wirtschaft	9.677 Złoty
Arbeiter und Bauern (vergesellsch. u. privat)	10.360 Złoty
Privatbauern	9.440 Złoty
Ruheständler und Rentner	4.070 Złoty

Auch diese Zahlen, die alle für die Jahre 1979 - 1981 noch erheblich höher liegen (ältere Renten wurden z.B. pauschal um je 500,-- Złoty angehoben), sind immer noch kommentierungsbedürftig. Es ist nicht zu vergessen, daß sich die relativ hoch erscheinenden Durchschnittsbeträge aus weit voneinander entfernt liegenden Lohnsummen zusammensetzen. Bergleute unter Tage, höhere Funktionäre, aber z.B. auch als Privatbauern registrierte Kleinunternehmer wie Gärtner etc. können auf unverhältnismäßig hohe Einkünfte kommen, andererseits verdienen z. B. Lehrer und andere Angehörige geistiger Berufe in den ersten Jahren der Berufstätigkeit selten mehr als 3.500 - 4.000 Złoty; Frauen- und Büroberufe sind stark unterbezahlt.

Berücksichtigt man, daß das Nationaleinkommen von 1960 bis 1978 auf das 3,317fache gestiegen ist [68)], die Bevölkerung (Verbraucherzahl) um das 1,18fache, die Nettoeinkommen der Bevölkerung jedoch um das 5,11fache (RS, 1979, S. 101), dann erkennt man, daß insgesamt zwar die Produktivität erhöht werden konnte, über den Lohn jedoch auch vor 1978 schon eine inflationäre Tendenz gefördert wird, an der die Gehaltssteigerungen gemessen werden müssen. Dieses Phänomen wurde nach 1980 erheblich stärker wirksam.

Unter diesen Umständen müssen die Renten in Polen besonders niedrig erscheinen: (alle Angaben = Monatsdurchschnitt in Złoty) 69)

	1960	1965	1970	1978	1979
Versorgungen insgesamt	620	781	1.147	2.219	2.525
Altersrenten (= Ruhegehalt)	-	989	1.459	2.701	
für Bergleute		1.836	2.566	4.626	
Familienrenten (= Hinterbliebenenrenten)		597	911	1.747	
nach Bergleuten		1.033	1.518	2.483	

(Quelle: RS, 1979, S. 110; KSJP, 1973, S. 270; KDP, 1980, S. 105)

Während also das Nettoeinkommen der Bevölkerung zwischen 1960 und 1978 um mehr als das Fünffache stieg, erhöhte sich die Durchschnittsrente in der gleichen Zeit nur um das 3,58fache. Bis in die siebziger Jahre hinein wurden die Renten, die jeweils nach den letzten Arbeitsgehältern berechnet werden, praktisch nicht erhöht, die späteren Erhöhungen konnten mit der inflationären Geldentwertung auch nicht entfernt Schritt halten. Die Folge dessen ist, daß Rentner mit "altem Portefeuille" fast durchweg auf die Minimalrente abgesunken sind und damit unterhalb des Existenzminimums dahinvegetieren. Die Mindestrente wurde mit dem 1. Januar 1980 von 1.625,-- auf 1.800,-- Złoty angehoben (KDP, 1980, S. 721). Neu berechnete Rentenansprüche sind zwar ausreichend, aber auch hier ist eine Verschlechterung abzusehen, wenn die Rentendynamik nicht der schnell fortschreitenden Geldentwertung angepaßt werden sollte.

Das Preissystem ist ohne Kommentar nicht zu bewerten. Im allgemeinen galten bis 1981 für fast alle Waren staatlich festgesetzte Endverbrauchspreise, die künstlich niedrig gehalten werden. Die Preise für Güter des gehobenen Bedarfs liegen dagegen auf Weltmarktniveau unter Berücksichtigung der geringen Kaufkraft der polnischen Währung - und werden daher als überhöht empfunden.

Die verhältnismäßig niedrigen Preise für Grundnahrungsmittel, subventionierte Waren und Dienstleistungen, aber z.B. auch Benzin, sind in der Tat eine Leistung, die der staatlich organisierten Wirtschaft zuzuschreiben ist. Allerdings erlauben sie keine Bewertung der polnischen Versorgungssituation. Der polnischen Bevölkerung kommen sie immer noch hoch vor; man ist in breiten Schichten nicht in der Lage, die Probleme der Preisgestaltung zu bewerten.[70)]

Da die Regulierung des Absatzes nicht über den Preis erfolgen kann, tritt an seine Stelle die Rationierung. Diese Zuteilung versuchte die Fehler der unkontrollierten Unterbelieferung zu beseitigen: Es entwickelte sich ein Berufsstand von "Schlangenstehern", meist älteren Frauen, die die erstandenen Waren mit Gewinn an die später Gekommenen weiterverkaufen. Die dauernde Furcht vor einer Unterversorgung führte zu Hortungskäufen, bei Lebensmitteln mit ihren begrenzten Aufbewahrungsfristen unter den nicht immer modernsten Kühlungsbedingungen auch zu einem hohen Grad von Lebensmittelverderb.

Zwar kann auch die Rationierung nicht allen die nötigen Lebensmittel sichern, sie mag jedoch in der Lage sein, die schlimmsten Auswüchse der Unterproduktion zu beseitigen. Die dringend erforderliche Senkung der Rationen im Juli 1981 führte bereits zu neuen Auseinandersetzungen, so daß ein Ergebnis dieser Politik noch nicht zu ermitteln ist. Waren des gehobenen Bedarfs (z.B. Autos) sind nicht frei verkäuflich. Hier müssen Anrechte erworben werden, die nach längeren Wartefristen zur Zuteilung eines Geräts berechtigen. [71] Dafür müssen z.T. bedeutende Geldbeträge im voraus entrichtet werden: Im Frühjahr 1981 begann eine Ansparaktion für polnische Autos. Die Hälfte des Kaufpreises (67.500,-- Złoty für den kleinen Fiat 126 p) muß auf einmal entrichtet werden, dann müssen monatlich 2.000,-- Złoty eingezahlt werden, zwischen 1984 und 1986 soll die Zuteilung des Wagens erfolgen, dessen Preis bis dahin keineswegs garantiert wird. Um dies richtig zu erfassen, muß man sehen, daß ein Miniaturwagen dann 27 Durchschnittsmonatsgehälter kostet. Die Ansparaktion hat daneben zum Ziel, den gewaltigen Kaufkraftüberhang abzuschöpfen.

Polnische Waren gehobener Qualität und ausländische Güter sind über den staatlichen "Binnenexport" gegen Devisen oder in US-Dollars ausgestellte Bons der Bank "Pekao" erhältlich. Der Dollar steht damit in Polen im Kurs einer zweiten Währung, deren Verhältnis zum Złoty von Schwarzmärkten geregelt wird, die nicht geeignet sind, die öffentliche Moral zu heben.

Bild 3

"Warenbon" - Dollarnote der Außenhandelsbank "Pekao"

4.10. Dunkelziffern

1981 hat der Leiter des Hauptamtes für Statistik zugegeben,

daß die Daten für das Jahr 1979 aus politischen Gründen nicht unbedingt immer etwas mit der Realität in Polen zu tun hatten. In dieser Zusammenstellung wurde daher auf frühere statistische Angaben zurückgegriffen - es kann dennoch erwartet werden, daß eine überarbeitete Auflage von anderen Zahlenangaben auszugehen haben wird.

Schon die vorgestellten Angaben (für die Zeit vor 1980) illustrieren eine unbefriedigende ökonomische Situation. Abgesehen von bewußten Manipulationen, mindert jedoch die Tatsache deren Aussagekraft, daß nur ein Teil des Wirtschaftslebens Polens überhaupt zahlenmäßig erfaßbar ist. Neben dem sich in amtlichen Statistiken niederschlagenden Sektor besteht ein Bereich mit halb- oder illegalen Geschäften, der ohne weiteres in großen Teilen der Spekulation und der Korruption zuzuordnen ist. Den Nutznießern dieses Systems (der "neuen Klasse", aber z.B. auch Klein-Lkw-Besitzern, die unter Umgehung des Handelsverbots landwirtschaftliche Produkte in die Stadt fahren, Schwarzschlächtern und Schwarzbrennern, professionellen Schlangesteherinnen etc.) eröffnen sich hier unkontrollierte und unkontrollierbare Einkunftsquellen.

Offiziell gibt es keine Arbeitslosen, dennoch werden von nahezu allen Betrieben unproduktive Stellen mitgeschleppt, die zum Teil über Bilanzenschönungen kaschiert werden. Da viele im Staatsdienst Beschäftigte einträgliche Nebenbeschäftigungen haben, in denen sie ihre Arbeitskraft stärker entfalten, ist die faktische Arbeitsleistung in den staatlichen Betrieben und Institutionen deutlich geringer als es die Statistiken behaupten.

Zahlreiche produzierte Güter sind über den öffentlichen Markt gar nicht beschaffbar, da sie sofort in den Export gehen oder in privaten Kanälen versickern. Wenn dann z.B. Ärzte nur um ein hohes Zusatzhonorar (in defizitären oder westlichen Naturalien etc.) zum Krankenbesuch oder zum Verschreiben eines ausländischen Präparats bereit sind, dann steigt einerseits so das "Einkommen" der Ärzte (gleiches gilt entsprechend für Klempner und andere Handwerker), andererseits wird dem Konsum der ärmeren Patienten eine Warenmenge entzogen, die ihnen nach der Statistik zur Verfügung steht. Diese Transaktionen sind mit den gängigen Erfassungssystemen nicht zu bemessen, sie begegnen einem in Polen jedoch auf Schritt und Tritt. Da weite Bereiche des Bedarfs (Autoersatzteile, Textilien, Urlaubsplätze, Studienplätze, Wohnungen, Handwerkerleistungen, elektrische Geräte, höherwertige Lebensmittel etc.) nur über "Beziehungen" erworben werden können, ist sowohl die Zahl der von diesem System Profitierenden, als auch diejenige der Leistung Erbringenden sehr hoch.

Die Kampfaktionen der Unabhängigen Gewerkschaft "Solidarität" gegen die Korruption und das "Schmiergeldunwesen" und die Zahl der eröffneten Verfahren (bis Ende April 1981 gegen 108 Personen in höheren Staats- und Parteiämtern) sind ein Zeichen für die große Bedeutung, die diesem "Wirtschaftszweig" zukommt. Die groß herausgestellten Fälle sind dabei jedoch quantitativ irrelevant, weil sie nur die Spitze eines Eisbergs darstellen. Nicht spektakuläre Einzelbereicherungen belasten die polnische Wirtschaft, sondern die Alltags-"Schiebereien", ohne die allerdings heute in Polen kaum jemand auszukommen weiß.

1) 1 US $ entsprach am 31.12.1918 9,-- poln. Mark, 1919 100,-- poln. Mark, 1923 6.375.000,-- poln. Mark (SZEFTER, 1971, S. 33). Es wird aus der Aufstellung deutlich, daß das Geld zwischen dem 31.12.1918 und dem 31.12.1919 bereits um 90 o/o entwertet wurde, so daß in den Fehlentwicklungen dieses Jahres (und der Zeit davor) die Hauptursache der Inflation zu sehen ist, während die späteren Millionenwerte äußerlich zwar imposanter aussehen, aber nur mehr den Verfall der restlichen 10 o/o des vorhandenen Altgeldwertes darstellen.

2) Neben den üblichen Monopolen (Tabak, Spiritus etc.) waren in Polen in staatlicher Hand: Eisenbahnen - zu 93 o/o; Kraftfahrzeugindustrie - 100 o/o; Hüttenwesen - 55 o/o; Wälder - 47 o/o; Getreideexport - 32 o/o; Holzexport - 39 o/o; Banken - 35 o/o (nach BARDACH, 1979, S. 540).

3) Zwischen 1936 und 1939 verfolgte die Regierung ein aufwendiges Investitionsprogramm, dessen Ziel die Schaffung eines "Zentralen Industriegebiets" um Stalowa Wola in der damaligen Staatsmitte war. Hier sollte eine eigene Rüstungsindustrie entstehen, deren Arbeitsplätze die zunehmende Arbeitslosigkeit mindern und unterentwickelte Gebiete entwickeln sollte. Abgesehen von dem negativen Einfluß von Rüstungsanstrengungen auf den Konsumwirtschaftsverkehr war die Zeit bis zum Zweiten Weltkrieg zu kurz, um Erfolge erzielen zu können.

4) Vgl. u.a. MADAJCZYK, 1956. - Das Land wurde keineswegs Landlosen oder Kleinbauern zugeteilt; die Verteilung geschah überwiegend auf dem Wege des Landverkaufs an Zahlungskräftige (BUCHHOFER, 1981, S. 30).

5) 1970-74: 10,4 o/o; 1951-70: 10,7 o/o (LIJEWSKI, 1978, S. 23-24; FIERLA, 1975, S. 10).

6) Anteil der Industrie an den Gesamtinvestitionen 1971-75: Polen 48,9 o/o; DDR 56 o/o; UdSSR 39,1 o/o; Frankreich 33 o/o; Japan 26,6 o/o; USA 23,2 o/o (LIJEWSKI, 1978, S. 23).

7) Der Geldumlauf stieg allein 1946 um das Dreifache (JEZIERSKI/PETZ, 1980, S. 121).

8) Eine unkontrollierte Bürokratisierung der gesamten Wirtschaft setzte ein, vor der O. LANGE (1948, S. 109) bereits vor dem Zweiten Weltkrieg gewarnt hatte. Die Dämonisierung moderner Management-Methoden führte zu den Folgen, die LANGE, der einen "public official" im sozialistischen System mit einem "corporation official" im kapitalistischen verglichen hatte, als "the real danger of socialism" bezeichnet hatte.

9) Nach JEZIERSKI/PETZ, 1980, S. 168-172, blieben die Reallöhne zwischen 1949 und 1955 fast gleich (1949: Index 100; 1955: 104). Bei einer gleichzeitigen Verringerung des Warenvolumens (1951-1953 mußte erneut rationiert werden) verdeutlicht dies die Auswirkung der Wirtschaftspolitik auf den Einzelbürger.

10) Im Vordergrund stand auf der Ebene der Produktionsbetriebe die quantitative Planerfüllung, die allein Prämien versprach. Auf die Bedürfnisse der Abnehmer und qualitative Anforderungen wurden keinerlei Rücksicht genommen ("Tonnendenken").

11) O. LANGE (1957, S. 13) rechtfertigte im nachhinein die bürokratisch-zentralistische Planung als Moment der Kriegswirtschaft, der er eine gewisse Berechtigung nicht absprach. Den

Ersatz ökonomischer Stimuli durch Verwaltungsentscheidungen und moralische Appelle habe man jedoch "länger als nötig" praktiziert: Betriebsräte, die Allianz mit dem Kleinbürgertum und die Suche nach einem "polnischen Modell der sozialistischen Wirtschaft" (S. 19) schienen ihm die Erfordernisse der neuen Etappe zu sein. W. BRUS (1961, S. 343) ging weiter und erkannte im dezentralisierten Modell (planwirtschaftliches Modell unter Anwendung eines Marktmechanismus) eine zweckmäßige Basis für konkrete Systeme einer sozialistischen Wirtschaft. Allerdings kritisierte er eine verbreitete dichotomische Analyse beider Systeme und forderte einen "notwendigen Ausgleich zwischen Zentralisierung und Dezentralisierung" (W. BRUS, 1972, S. 33).

12) Die einzelnen Etappen können hier aus Raummangel nicht dargestellt werden. Während in den 50er Jahren die vereinfachenden Planansätze mit dem Entwicklungsstand der Wirtschaft Polens noch korrelierten, führte die zunehmende Diversifizierung und die Einbindung in die RGW-Spezialisierung zu einem immer komplizierteren und damit empfindlicheren Planungsmechanismus, dem neue Planungsformen entsprechen müßten, die sich eher an Sachkenntnis als an dem ideologisch geforderten Zentralismus orientierten. Der Schluß, "die operative Planung" (auf unterer Ebene) bringe "nicht die wünschenswerten finalen Effekte ..., wenn die strategische Planung"versage (K.PORWIT, 1979, S. 110), weist auf die zunehmende Problematisierung des Planungssystems in neuerer Zeit hin.

13) Die Reallöhne stiegen zwischen 1965 und 1970 in Polen geringer als in allen anderen RGW-Staaten (RWPG, 1975, S. 160).

14) Die Schwierigkeiten, diesen Bereich zu quantifizieren, werden bei U. FOX deutlich, wo z.B. die Überqualifizierung von Arbeitnehmern als ein wesentlicher Indikator genannt wird (1977, S. 9-10). - Ebenfalls nicht quantifizierbar sind die polnischen Rüstungsanstrengungen. Ein Großteil der Panzerproduktion des Warschauer Pakts belastet die polnische Volkswirtschaft.

15) Für weitere Angaben zur wirtschaftlichen Entwicklung nach 1960 wird auf die Abschnitte 4.3 bis 4.8 verwiesen.

16) Gleiches gilt bezüglich der versuchten Erhöhung von 1976, die W. BRUS (1978, S. 48) für "eher akzeptabel" hält. Eine gute Berechnung der "forced savings" enthält S. GOMULKA, 1979, S. 15. - Die auch von der "Solidarität" halbherzig mitgetragenen Preisanhebungen von 1981 zeigen, daß an derartigen Schritten kein Weg vorbeiführt.

17) Immerhin werden inflationäre Tendenzen in der polnischen Wirtschaftswissenschaft problematisiert (L. MIASTKOWSKI, 1980, S. 893-915) und nicht als ein "naturnotwendiges Relikt" des kapitalistischen Systems bezeichnet (S.G. STOLAROV, 1969

S. 201). MIASTKOWSKI nennt eine Preisstabilisierung eine Illusion (s. 910) und schlägt eine "Politik der relativen Stabilisierung der Einzelhandelspreise" (S. 911) vor, durch die er eine abgestützte "Garantie für die wirtschaftlich schwächsten Bevölkerungsgruppen" erreichen will. Diese neu begründete Politik ist als Antwort auf die Ereignisse von 1970 und 1976 zu verstehen.

18) Wie schon 1956, sollte der neue Weg durch eine Beteiligung der Arbeiter - nun unter dem Titel "Konsultation"- auf der Arbeitnehmerseite abgesichert werden (Z. KOZŁOWSKI, 1978, S. 624).

19) Die Zuwächse im Bereich der Investitionsgüter überstiegen den Konsumgütersektor - die Elektro- und Maschinenbauindustrie lag immer noch an der Spitze, während die Lebensmittelindustrie mit 8,4 o/o durchschnittlichen Jahreszuwachses (zw. 1971 und 1975) weit zurücklag (Z.KOZŁOWSKI, 1978, S. 628).

20) Bezeichnend für die politische Deckung der Politik war, daß der 1972 verabschiedete Plan für 1971-1975 bereits im gleichen Jahr überholt war. Er wich einer sog. neuen Entwicklungsstrategie, die aus einer Kombination eines massiven Investitionsprogramms mit einer Steigerung von Leistungen für die Bevölkerung bestand (W. BRUS, 1978, S. 5) und in dieser Maximalform nur unter günstigsten Voraussetzungen erfolgreich sein konnte. Mit Investitionsanstrengungen muß, zumindest vorübergehend, ein Konsumverzicht verbunden sein. Dieser schien der Gierek-Führung zu Recht nach den Erfahrungen des Dezembers 1970 nicht durchsetzbar. Damit aber war ein Ausweg aus der ökonomischen Zwickmühle verbaut.

21) Die Zuwachsraten des erzeugten Volkseinkommens lagen 1972 bei 10,6, 1973 bei 10,8 o/o - damit erreichten sie den Wert des ersten Gomułka-Jahres 1957 (Z. KOZŁOWSKI, 1978, S. 625).

22) Entgegen den eine Steigerung des Konsumangebots versprechenden Planziffern, die selbst nach 1977 im Zuge einer als "wirtschaftliches Manöver" bezeichneten Plankorrektur unverändert blieben, machte sich immer mehr eine Unterversorgung auf diesem Sektor bemerkbar. Die offiziellen Zahlen, auf die sich u.a. H. MACHOWSKI (1981, S. 193) stützt, dürften verfälscht sein. Die Versuche, durch eine Reduzierung der Importe ein "außenwirtschaftliches Gleichgewicht" herzustellen, gingen nicht nur zu Lasten von Luxusgütern, sondern auch von Rohstoffen, wodurch große Wirtschaftsbereiche, in die eben erst Investitionen geleistet worden waren, für die Produktion ausfielen. Zu diesen Faktoren traten weitere Elemente der polnischen Wirtschaftstätigkeit: Die "Effizienz der Verwendung der meist importierten Kapitalgüter" (Z. KOZŁOWSKI, 1978, S. 719) und eine Mißwirtschaft in Planung und Management verhinderten einen optimalen Produktionspro-

zeß. Das untere und mittlere Management war an einer umwälzenden Modernisierung der Anlagen desinteressiert, weil die Ausfälle der Umstellung (und das damit verbundene Risiko) zumindest zeitweise auf den nachweisbaren Ausstoß wirken mußten und somit die Ertragslage (und mit ihr das Image und die Prämien) beeinträchtigten (KLEER, 1975). Daneben bremste das nur ungenügend ausgebaute Transportnetz eine rationelle Distribution von Rohstoffen und Fertigprodukten aller Art.

23) Die Krise ist spätestens 1977 von den polnischen Politikern erkannt worden, als die Politik der materiellen Anreize (Großbetrieben wurde 1973 die selbständige Lohnanpassung bei vermehrter Wertschöpfung gestattet) wieder eingeschränkt wurde; nominelle Wertschöpfungszusätze standen in keinem Verhältnis mehr zur realen Produktionsverbesserung (Z. KOZŁOWSKI, 1978, S. 726; W. BRUS, 1978, S. 6).

24) Volkseinkommen in Polen in Mrd. Złoty:

	produziert	verteilt
1970	749,2	731,5
1972	951,0	950,9
1973	1.064,8	1.114,1
1975	1.357,0	1.459,0

(W. BRUS, 1978, S. 20)

Das Mißverhältnis zwischen dem produzierten und dem verteilten Volkseinkommen konnte nur über die ausländische Ressourcen-Aufnahme ausgeglichen werden. Kaum ein Wert veranschaulicht deutlicher das "Umkippen" der Wirtschaft Polens. - Der 1976 angenommene Plan 1976-1980 sah nach den politischen Erfahrungen einen fast stabilen Index der Lebenshaltungskosten unter Verzicht auf einen ungebremsten Investitionsdrang vor (W. BRUS, 1980, S. 52; R.N. GORSKI, 1977). Die faktischen Entwicklungen hielten sich jedoch nicht an die vorgegebenen Planziele.

25) Die bisher erarbeiteten Reformkonzepte (H. GABRISCH, 1981, S. 9-10) orientieren sich am ungarischen und jugoslawischen Modell und sehen eine weitergehende Dezentralisierung, die Stärkung der Unternehmen mit der "Selbstverwaltung", das Ende der Reglementierung der Materialversorgung und teilweise den zunehmenden Einbau marktwirtschaftlicher Elemente vor.

26) Im Rahmen dieser Arbeit können die finanzwirtschaftlichen Mechanismen der polnischen Planwirtschaft, die sich an dem sowjetischen Finanzsystem orientieren, nicht umfassend dargestellt werden. Wir verweisen auf die kurze Übersicht in POLEN, 1976, S. 121-125, 130-137, sowie auf die breiteren Darstellungen L. SWATLER, 1979, und N. GAJL, 1979.

27) In der Organisation der polnischen Industrie, die fast voll-

ständig verstaatlicht ist, macht sich ein Trend zu größeren Einheiten bemerkbar: 1977 gab es 101 Industrievereinigungen und Kombinate, die in etwa westlichen Konzernen vergleichbar sind (allerdings ist ihre Zusammensetzung nicht willkürlich, sondern nach Branchen oder aufeinander folgenden Produktionsprozessen gegliedert). Daneben werden ökonomisch unselbständige Betriebe (zakłady) zunehmend zu Unternehmen (przedsiębiorstwa) zusammengefaßt; im Schnitt entfielen 1977 auf jedes "Unternehmen" im Landesdurchschnitt 13 Betriebe mit oft weit verstreuten Standorten (E. BUCHHOFER, 1981, S. 84).

28) Die Industrialisierung Polens im 19. Jahrhundert erfolgte weitgehend vom Westen her und wurde von den früher polnischen Reformern (z.B. Stanisław Staszic) gefördert. Die Zollschranken zwischen Kongreß-Polen und Rußland beeinträchtigten den Textil-Absatz nach Rußland und beeinflußten die Schaffung eines neuen Textilindustriezentrums im zum Gouvernement Grodno gehörenden Białystok.

29) Die Wirtschaftspolitik gegenüber den Regionen steht derzeit unter den folgenden Postulaten:
a) Integration der Wirtschaftsregionen im Rahmen des nationalen Territoriums (abgeschlossen); b) allseitige Ausnutzung der Bedingungen und Möglichkeiten der Regionen für die Entwicklung der Volkswirtschaft (K. SECOMSKI, 1978, S. 320) durch Ausbau von infrastrukturierten Regionen und Förderung schwächer entwickelter, aber rohstoffreicher Regionen;
c) die Industrialisierung ist die Hauptmethode der wirtschaftlichen Entwicklung; d) "gemäßigte polyzentrische Konzentration" - gleichzeitige Schaffung positiver Bedingungen für industriestädtische Agglomerationen und Deglomeration durch Stimulierung von Zentren von nationaler und regionaler Bedeutung außerhalb der bestehenden Agglomerationen (B. WINIARSKI, 1980, S. 1218).

30) Sie stieg seit 1960 um das 8,68fache (RS, 1979, S. 133).

31) 1978 wurden insgesamt 56.976 Wagen, d.h. ca. 20 o/o der Gesamtproduktion exportiert (RS, 1979, S. 310).

32) Dabei muß angemerkt werden, daß der Bedarf an nicht weiterverarbeiteten Textilien in Polen größer als im Westen ist: In Polen ist es üblich, Damenbekleidung anhand westlicher Modemagazine und Schnittmuster anfertigen zu lassen (eine deutsche Modezeitschrift fügt ihren Ausgaben regelmäßig eine polnischsprachige Übersetzung bei). Dadurch sind private Schneider ein verhältnismäßig wichtiger Posten des Handwerkssektors.
Aber auch hier verändert sich die Lage; die zunehmende Berufstätigkeit der Frauen läßt die Heimnäharbeit abnehmen. Man ist stärker auf Konfektion angewiesen, deren Preise oft überhöht sind und deren Qualität vieles zu wünschen

übrig läßt. Die textilverarbeitende Industrie hat nach dem Krieg einen deutlichen Aufschwung genommen: bis 1975 lagen die jährlichen Steigerungsraten bei über 10 o/o, 1976-1978 immer noch bei 5,6 o/o.

33) (RS, 1979, S. 491).- Der Vergleichswert liegt für die BRD bei 6 l.

34) Zahlen zur Bauindustrie:

Zahlen zur Bauindustrie:	1960	1970	1978	1978
Zementproduktion in Mill. t	6,6	12,2	18,5	21,7
Bevölkerungszahl in Mill	29,8	32,6	33,6	35,1
Wandelemente in der Umrechnung auf Ziegel (mit Ziegeln) in Mill.	4.842	8.085	11.516	12.174
davon Ziegel	3.463	3.724	3.657	2.759

(Quelle: RS, 1979, S. 141).

Es wird deutlich, wie spät erst die schnellen Fertigbauelemente die herkömmliche Ziegelbauweise zu ersetzen begannen: Dabei beschränkte sich der Ziegelbau in letzter Zeit vornehmlich auf die Errichtung von Einfamilienhäusern in privater Initiative (auf dem Land und in den Vorstädten), die zur Behebung des Wohnungsmangels von der politischen Ächtung befreit wurde.

35) Zur Frage verschiedener Ansätze zur Bewältigung der Wohnraummisere (bis 1980 war eine Bedarfsdeckung bis zum Jahr 2000 vorgesehen) und weiterer Daten über die Wohnverhältnisse s. J. KAJA, 1980. Die Datenveränderungen kann man im Vergleich mit W. NIECIUŃSKI, 1967, verfolgen.

36) Die immer wieder vorgetragene positive Tatsache, daß die Wohnungsmiete in den sozialistischen Staaten besonders niedrig liege, ist demnach zumindest für Polen revisionsbedürftig. Das Verhältnis zwischen Miete und Durchschnittslohn dürfte inzwischen, was Neubauten betrifft, mindestens der westlichen Situation entsprechen, wobei als belastendes Moment eine bis zu 10 Jahren dauernde Wartezeit hinzukommt.

37) Die unvollständige Ablieferung und Meldung von Erträgen führte zu einer Unterversorgung der Städte ab Sommer 1980. Die Rationierung landwirtschaftlicher Produkte ist - unter anderem - auch in diesem Zusammenhang zu sehen. Auf dem Lande - wo wieder Industrieprodukte fehlen - ist dagegen die durch gegenseitige Aushilfe mögliche Versorgung mit Lebensmitteln meist ausreichend. Auch in den Städten verfügten die teureren privaten Bauernmärkte auch 1981 noch über ein ausreichendes Angebot.

38) Von 1976 an werden landwirtschaftliche Produktionsgenossenschaften und "Zusammenschlüsse individueller Landwirte" (S. LAMMICH, 1977, S. 43-44) gefördert. Durch die unvollständige Kollektivierung sollen eine rationellere Produktion und

eine Zunahme staatlicher Eingriffsmöglichkeiten erreicht werden.

39) Die Unvollständigkeit der Daten ergibt sich aus der Nicht-Angabe der übrigen Nutzungsarten (z.B. für Industriezwecke) und aus dem Überhang von Land aus anderen Übernahmejahren.

40) Die Führung versuchte, oft jedoch ziemlich ungeschickt, dieses Ziel anzusteuern. 1976 wurden Gesetzesentwürfe diskutiert, die eine Enteignung von Nebenerwerbsbetrieben möglich machen sollten (S. LAMMICH, 1977, S. 42). Der bäuerliche Widerstand gegen die möglichen Eingriffe in private Bereiche, wie er 1980/81 deutlich wurde, muß auch vor diesem Hintergrund gesehen werden.

41) Der Grund für die geringen Betriebsgrößen in Galizien und bestimmten Teilen Kongreß-Polens liegt im Konkurs, dem viele polnische Gutswirtschaften im Ergebnis des Preisverfalls ihrer Produkte gegen Ende des 19. Jahrhunderts ausgesetzt waren. Ein großer Landbestand wurde damals parzelliert, verlor so aber seine Marktausrichtung und sank zur Selbstversorgungswirtschaft herab. Im preußischen Teil wurde dieser Trend zur Verbreitung des kleinbäuerlichen Sektors verhindert (E. BUCHHOFER, 1981, S. 25). Eine große Bedeutung besaßen auch das Phänomen der Realerbteilung, die hohe Kinderzahl und die sehr späte Bauernbefreiung.

42) Zum Beispiel werden Bauern für 1 l Milch, der im staatlichen Ladengeschäft nur 3 Złoty kostet, bis zu 10 Złoty gezahlt. Im Zuge der Sanierungsversuche der verschiedenen polnischen Regierungen wurde 1970, 1975 und 1981 versucht, die Endverbraucherpreise den Erzeugerpreisen anzugleichen.

43) Die Reduzierung der Fleischrationen von 3,5 auf 3 kg im Monat (August 1981) führte zu "Hungermärschen"; hier muß aber beachtet werden, daß bei einer durchschnittlichen Fleischmahlzeit von 200 g immer noch 10-15 Fleischmahlzeiten im Monat ohne die Hinzuziehung des teureren freien Marktes möglich sind. Eine andere Frage ist es, ob die Auslieferung der Rationen immer erfolgt.

44) Zur Analyse der gegenwärtigen Situation muß gesehen werden, daß 1979 und 1980 Mißernten Polen einen deutlichen Stoß versetzt haben.

45) Der vom 8. Parteitag der PVAP am 11.2.1980 beschlossene Ausgleich der Bilanz des polnischen Agraraußenhandels bis 1985 hat mit den realen Bedingungen der polnischen Landwirtschaft und den Versorgungsbedürfnissen nichts zu tun und ist ein deutliches Beispiel für den abnehmenden Realitätsbezug der Gierek-Führung.

46) Das Kompensationsgeschäft ist auch im Handel mit den west-

lichen Industriestaaten bei allen RGW-Staaten von Bedeutung (der Anteil am gesamten Handelsvolumen schwankt zwischen 5 und 15 o/o), wobei die Tendenz auf eine Zunahme derartiger Verbundgeschäfte hinweist (F.-L. ALTMANN/H. CLEMENT, 1979, S. 232). - Für eine genauere Darstellung vgl. Business, 1980.

47) Die Werte zeigen, daß beim Export die Tierprodukte überwiegen, während der Import vor allem aus Getreide und anderen Futtermitteln besteht. Dabei ist zu beachten, daß Polen bis 1960 Nettoagrarexporteur war, das Verhältnis von Agrarexport zu -import 1978 jedoch 0,44 : 1 betrug (ANTAL, 1980, S. 263-264).

48) RS, 1979, S. 318. Die Angaben beziehen sich auf das wertmäßige Verkaufsvolumen.

49) Grundlage hierfür war der Ministerratsbeschluß vom 3.11. 1977 (Monitor Polski Nr. 29, Pos. 140), vgl. S. LAMMICH, 1978, S. 23-24.

50) Nachdem die Gewerkschaft "Solidarität" 1980 diese Handelsform heftig kritisiert hatte, sah sie sich 1981 genötigt, dem Absatz polnischer defizitärer Artikel über die Devisenläden aus pragmatischen Gründen wieder zuzustimmen.

51) Im praktischen Bereich wurden u.a. die Einkommensteuer von Handwerkern gesenkt (Freibetrag 1976 72.000,- statt vorher 12.000,-), die Umsatzsteuerbestimmungen erleichtert und die Sozialversicherungskonditionen verbessert (S. LAMMICH, 1978, S. 19-20).

52) Erkennbar ist dies an dem Anwachsen der Zahl der im Dienstleistungssektor Beschäftigten: Hier waren 1977 78 o/o mehr Personen beschäftigt als 1960, der Vergleichszuwachswert für die Industrie liegt bei 67 o/o (A. STYŚ, 1980, S. 460).

53) In den Privatbetrieben ist naturgemäß der Anteil nicht gemeldeter Angestellter (Nebenbeschäftigter, Rentner etc.) groß.

54) Die Möglichkeit dazu schuf die Novelle zum Handwerksgesetz vom 18.12.1976 (Dz. U. Nr. 40, Pos. 234), die u.a. die Beschäftigung von Angestellten erleichterte.

55) Daneben gibt es einen unkalkulierbaren Anteil semiprofessioneller Schneider, die nirgendwo erfaßt werden.

56) Die Linien im russischen Teilungsgebiet berücksichtigten kaum die vorhandenen Städte, sie verliefen meist schnurgerade und begünstigten (während die alten Orte nicht angeschlossen wurden) das Entstehen neuer Industrieansiedlungen (z.B. Skierniewice). Übereinstimmend wird von den Wirt-

schaftsexperten das Transportwesen für die Unfähigkeit verantwortlich gemacht, die Distribution von Rohstoffen und Fertiggütern rationell zu gestalten.

57) Der Hafen von Kołobrzeg (Kolberg) ist bisher noch von geringer Bedeutung; das gleiche gilt für die Fischereihäfen wie Ustka (Stolpmünde) etc.

58) Dem damaligen Leiter der Plankommission Jagielski wurde die Lizenzpolitik zum Verhängnis. Die Kritik an seiner Vorgehensweise beendete 1981 seine politische Karriere.

59) Da Polen den größten Teil seines Erdöls aus der UdSSR bezieht, sind bei der Steigerung des RGW-Anteils die gestiegenen Energiekosten zu berücksichtigen, da die Importzahlen in Devisenzłoty bemessen werden. - Dennoch besaß Polen gegenüber der UdSSR eine positive Handelsbilanz, die in diesem Zusammenhang (Unterversorgung) nicht positiv zu bewerten ist (W. BRUS, 1978, S. 19).

60) Da sich die Berechnung des Devisenzłoty am Dollar orientiert, ist bei der nominellen Steigerung dessen Wertverfall zu berücksichtigen.

61) 1980 allerdings veränderte sich dieses Bild. Infolge der Unruhe im Inland ist Polen derzeit immer weniger in der Lage, die übernommenen Exportverpflichtungen zu erfüllen. Die Prioritäten, die dabei gesetzt werden, stoßen nicht überall auf Gegenliebe: Polen erfüllte bis Anfang 1981 größtenteils seine Exportverträge mit kapitalistischen Staaten, stellte dafür aber einen Teil seiner Exporte in die RGW-Staaten ein. Dadurch wiederum wurde die polnische Wirtschaftskrise in die Nachbarstaaten exportiert - die DDR zum Beispiel, die einen Teil ihrer Energiepolitik auf die polnische Steinkohle basieren lassen wollte, kehrte zur sichereren, weil im Inland vorhandenen Braunkohle zurück. Die Weiterungen, die sich daraus für die polnische Wirtschaft ergeben, sind derzeit noch nicht genau bewertbar.

62) Die starken Schwankungen der jeweiligen Exportwerte, die man konstatieren kann, obwohl die Basis des Handels langfristige Lieferverträge sind (ANTAL, 1980, S. 274), lassen auf eine starke Abhängigkeit von ökonomischen und politischen Faktoren bei der Festsetzung der jeweiligen Kontingente schließen, wobei die Ursache meist nicht in Polen liegen dürfte. Die positive Handelsbilanz mit der UDSSR (W. BRUS, 1978, S. 19) weist auf eine insgesamt spürbare Belastung der polnischen Wirtschaft hin, wobei zu berücksichtigen ist, daß die Bilanzierungsmodi nicht immer transparent sind.

63) Mitt. des poln. Außenhandelsministeriums v. Februar 1981, lt. FAZ 45/23.3.1981, S. 4.

64) Eine Wertung dieser Zahlen wird durch die Zukunftsplanung auf der Basis der Werte von 1977 ermöglicht (S. GOMULKA, 1979, S. 18), als für 1981 ein Gesamtschuldenvolumen von von 21,6 Milliarden US $ angenommen wurde. - Die auf dem VIII. Parteitag der PZPR im Frühjahr 1980 noch unter Gierek verabschiedeten Planvorgaben sahen reduzierte Wachstumsziffern, aber immer noch auch eine Steigerung des Lebensstandards der Bevölkerung vor. Durch die Importreduzierung war dieser Plan jedoch von Anfang an absurd. Die Verschuldung sollte bis 1983 konstant wachsen (H. MACHOWSKI, 1981, S. 198).

65) RS, 1979, S. 105; KDP, 1980, S. 105. Das Problem der Lohndifferenzierung ist in der polnischen Wirtschaftswissenschaft nicht ausdiskutiert. Während KRUCZKOWSKA (1979, S. 203) den ideologisch geforderten Egalitarismus ganz im liberalen Sinne nur als Chancengleichheit verstanden wissen will, im positiven Sinne von der Anregung des Konsums durch eine Lohndifferenzierung (S. 110) spricht und damit BRUS' These (1961, S. 347) vom "Realismus in der Bewertung von ökonomischen und außerökonomischen Motiven menschlicher Handlungen in der sozialistischen Gesellschaft" folgt, redet ihr Rezensent K. PIOTROWSKI (Ekonomista, 1980, S. 976) einer Nivellierung der Lohnzahlungen das Wort, indem er in materiellen Anreizen eine Form ökonomischen Zwanges sieht, der letztlich zu einer Entfremdung führen müsse.

66) Nach dem deutlichen Produktionseinbruch der Jahre 1980/81 vergrößerte sich die inflationäre Diskrepanz dieser Werte noch mehr, was die Staatsführung im Juli 1981 bestätigte, indem sie einen Währungsverfall zugab.

67) M. RAKOWSKI (1980, S. 175) kommt zu dem Schluß, daß das "Lebensniveau" jedes Einwohners zwischen 1970 und 1976 um 17,4 o/o gestiegen sei. Diese Angaben gelten jedoch nur auf der Basis der oftmals "geschönten" Zahlen und werden vom Verfasser selber problematisiert.

68) 1979 sank das Nationaleinkommen gegenüber 1978 um 2 o/o, 1980 gegenüber 1979 um weitere 4 o/o, der Konsum erhöhte sich dennoch: die Investitionen wurden verlangsamt und die Reservenbildung eingeschränkt (KDP, 1980, S. 108). Demgegenüber stieg 1979 in allen anderen RGW-Staaten das Nationaleinkommen (KDP, 1980, S. 246).

69) Invalidenrenten werden hier nicht berücksichtigt, weil dabei z.T. nur Zuschüsse zu einer minderbezahlten Weiterbeschäftigung geleistet werden, wodurch ein Vergleich unmöglich wird.

70) Die für 1978 ermittelten Preisindices von 153 : 100 gegenüber 1960 und 134 : 100 gegenüber 1970 (Vergleichswerte für BRD: 194 bzw. 150) (L. MIASTKOWSKI, 1980, S. 894) sind

wegen der unterschiedlichen Subventionspolitik nur sehr bedingt aussagekräftig (vgl. dazu auch W. BRUS, 1978, S. 9).

71) 1981 wurde ein Verfahren gegen den Wojewoden von Leszno (Lissa) eröffnet, der sich durch die Vergabe von "Auto-Coupons" bereichert haben soll (FAZ 157/11.7.1981).

5. Das kulturelle System und die Institutionen der Erziehung und Bildung

Die Besonderheiten des zentralen Wertesystems der polnischen Nationalkultur gehen auf historische Gegebenheiten zurück, unter denen die polnische Gesellschaft sich entwickelt hat, wobei der polnischen Intelligenz, wie bereits an anderer Stelle ausgeführt wurde, eine ganz besondere Rolle zukam. Dieses traditionelle Wertesystem der polnischen Gesellschaft kann anhand folgender Merkmale kurz charakterisiert werden: (vgl. J. SZCZEPAŃSKI, 1970, S. 149 ff. und J.F. MORRISON, 1968):

1) Die katholische Religion war als höchster Wert angesehen, und ihm wurden alle anderen Wertvorstellungen untergeordnet. Der Kampf gegen die feindlichen Nachbarstaaten (Tataren, Deutsche, Schweden, Russen), die anderen Religionsgemeinschaften angehörten, war zugleich mit der Verteidigung der eigenen Religion ein Kampf um die Nation und deren Unabhängigkeit. Dank ihrer starken Position im Erziehungssystem gelang es der Katholischen Kirche, die Einflüsse der Aufklärung im 17. und 18. Jahrhundert mit Erfolg abzuschirmen. In der Periode der politischen Teilung wurde schließlich die Kirche zur wichtigsten Klammer zwischen den einzelnen Teilungsgebieten und zum Repräsentanten der gemeinsamen nationalen Kultur, wie dies der Kampf um den Religionsunterricht in polnischer Sprache deutlich zeigt (s. J. UMIŃSKI, 1960, S. 463 und F. MANTHEY, 1965, S. 196 ff.).

2) Die gemeinsamen Lebenserfahrungen mit anderen nationalen Gruppen in einem Staatsverband (Litauer, Weißrussen, Ukrainer), die auf die Zeit der polnisch-litauischen Union und das polnische Großreich zurückgehen, haben in der Idee der Gleichheit verschiedener Nationen ihren Ausdruck gefunden. Die Ohnmacht gegenüber der Teilung Polens und die Ab-

wehrmaßnahmen der nationalen Ideologie führten später zu dem Glauben an eine besondere nationale Sendung Polens, wie er vor allem in der polnischen Philosophie und Literatur jener Zeit deutlich in Erscheinung tritt.

3) Die Tradition der persönlichen Freiheit wurde bereits in der "Adelsrepublik" durch das Prinzip der Gleichheit des Adels zum Ausdruck gebracht und fand seitens des Monarchen im Grundsatz von 1430 "neminem captivabimus nisi jure victum" ihre Bestätigung. Diese Tradition barg in sich zugleich einen individualistischen und antiautoritären Charakterzug, der schließlich die "Adelsrepublik" in einen anarchischen Zustand stürzte ("liberum veto") und in der darauffolgenden Periode durch den Widerstand gegen die politische Fremdherrschaft weiter verstärkt wurde.

4) Die religiöse Toleranz gehörte immer zum festen Bestandteil des polnischen Wertesystems. Bereits im Mittelalter kommt sie in den großen Einwanderungswellen von Juden und christlichen Sekten, die in Polen Sicherheit vor religiöser Verfolgung fanden, zum Ausdruck. Auch die Tatsache, daß in Polen keine Religionskriege stattfanden, spricht für eine solche Toleranz.

5) Die große Bedeutung, die der Bildung in der polnischen Gesellschaft entgegengebracht wird, geht vor allem auf die Genealogie der polnischen Intelligenz und ihrer nationalen Führungsrolle zurück. Sie wird als wesentliches Merkmal des sozialen Status sowie als wichtigste Voraussetzung für den sozialen Aufstieg angesehen. Bemerkenswert ist in diesem Zusammenhang die Tatsache, daß in Polen als dem ersten europäischen Land ein Ministerium für Fragen der nationalen Erziehung (1773) eingerichtet wurde.

6) Eine ähnliche Funktion hatte für die Intelligenz die Be-

wertung der intellektuellen und künstlerischen Kreativität, die nicht nur als Ausdruck von "ewigen Werten der Menschheit", sondern auch als Dienst an der Nation höher eingeschätzt wurde als Leistungen industrieller und politischer Art.

7) Schließlich ist in diesem Zusammenhang auf die außergewöhnliche Bedeutung der persönlichen Ehre und Individualität hinzuweisen, die ihre Wurzeln in dem Ehrbewußtsein der Adelskultur haben und von der Intelligenz als wesentliche Unterscheidungsmerkmale gegenüber anderen Schichten übernommen wurden.

Bezüglich dieser traditionellen Werte der polnischen Gesellschaft schreibt J. SZCZEPAŃSKI zusammenfassend:

"Thus, in the traditional set of cultural values making up the foundations of the Polish way of life of the higher classes, faith, honor, freedom, and intellectual or artistic excellence were more valued than the set of middle-class values - such as the prestige of work and work achievement, thrift, frugality, respect for money, technological skills, sense of organization, and admiration for success in business - which led to the greatness of the Western democracies. For Poles, the consequence of this set of values was a lack of experience in organized cooperation and in the collective solution of common problems; in its stead there was a credo of individualism " (s. J. SZCZEPAŃSKI, 1970, S. 150).

Neben dem dominierenden Wertesystem des Adels und dem der Intelligenz befanden sich an der Peripherie der polnischen Gesellschaft unterschiedliche Wertesysteme der Bauern- und Arbeiterschicht, die relativ isoliert voneinander existierten.

Das sozialistische Gesellschaftssystem ist nicht nur durch ein neues politisches System und eine wirtschaftliche Umstrukturierung gekennzeichnet, sondern repräsentiert auch einen neuen Kulturtypus, der mit dem Begriff "sozialistische Kulturrevolution" umschrieben wird. [1] Drei Aspekte scheinen im Zusammenhang mit der neuen kulturellen Entwicklung von besonderer Bedeutung zu sein. 1) Die "sozialistische Kulturrevolution" wird zunächst als kulturpolitische Zielsetzung verstanden, die darauf ausgerichtet ist, der gesamten Bevölkerung einen ungehinderten Zugang zur gesamten Nationalkultur zu verschaffen. Sie ist in diesem Zusammenhang als ein Gegensatz zur "elitären Kultur gesellschaftlich privilegierter Schichten" zu verstehen. In diesem Sinne bedeutet sie die Abschaffung des Analphabetismus und die Verbreitung der nationalen Literatur und Kunst - mit anderen Worten: die Teilnahme der gesamten Bevölkerung an allen intellektuellen und ästhetischen Werten der Nation. 2) Außerdem bedeutet die "sozialistische Kulturrevolution" jedoch auch die Schaffung eines neuen Wertesystems mit neuen kulturellen Inhalten, das mit den veränderten gesellschaftlichen Verhältnissen übereinstimmt. Gemäß der Marxschen Konzeption wurde Kultur als ein Element des Überbaus angesehen, das die Produktionsverhältnisse und somit auch den Klassenkonflikt der Gesellschaft widerspiegelt. Die Theorie der neuen sozialistischen Kultur, die in den Jahren nach 1920 in der Sowjetunion entwickelt wurde, sollte auch für Polen zum Modell werden (s. S. DYBOWSKI, 1953 und J. KĄDZIELSKI, 1964). Im ästhetischen Bereich fand sie ihren Ausdruck im "sozialistischen Realismus", der ein idealisiertes Bild der sozialen Realität darstellt und den revolutionären Kampf wie auch den Aufbau des sozialistischen Systems in pathetischer und verklärter Form abzuzeichnen suchte. In der Ethik führte sie zur Vorstellung einer sozialistischen Moral, die sich am Kollektiv orientierte und mit dem Begriff des "sozialistischen Humanismus" und "wissenschaftlichen Atheismus" apostrophiert wurde. Im Bereich der Weltanschauung basierte sie auf dem dialektischen und historischen Materialismus von Marx und Engels. Aus dieser ideologischen Aufgabenstellung der neuen Kulturpolitik ergeben sich allerdings auch erhebliche Schwierigkeiten, insbesondere bei der Bestimmung des Verhältnisses zur nationalen Kulturtradition, die sowohl das Verhältnis zwischen Partei und Kirche als auch das zwischen Partei und Intelligenz außerordentlich stark belasten. 3) Der dritte Aspekt der "kulturellen Revolution" umfaßt schließlich die Lenkung der kulturellen Entwicklung durch die Arbeiterpartei im Sinne der Marxistisch-Leninistischen Ideologie. In der Periode des "Stalinismus" (1949 - 1955) waren administrative und politische Pressionen die dominierenden Methoden der Kulturpolitik. Nach 1955 haben sich diese Methoden weitgehend geändert, womit sich zugleich auch der Spielraum der kulturellen Tätigkeit erweitern konnte (s. G.W. STROBEL, 1961 u. 1966).

Den entscheidenden Faktor für eine Veränderung des nationalen Wertesystems bilden jedoch nicht so sehr die kulturpolitischen Maßnahmen der politischen Führung, sondern vielmehr die spontanen Einflüsse, die sich aus dem Wandel und dem Funktionieren der neuen wirtschaftlichen und politischen Strukturen ergeben. "Eine Nation" - schreibt diesbezüglich J. SZCZEPAŃSKI (1973a,S. 21) - "wird weder durch verbal geäußerte Wünsche und Postulate, Formeln oder Beschwörungen, noch durch den Appell an die Vernunft oder das Gefühl erzogen. Die Erziehung einer Nation erfolgt vielmehr durch die Einführung einer rationellen Organisation, in der jeder einzelne Mensch durch die Realisierung der Ziele des Systems seine eigenen Aspirationen verwirklichen kann. Wenn aber der einzelne die Ziele des Systems realisiert und seine eigenen Aspirationen nicht verwirklichen kann, dann sprengt dieser Widerspruch jegliche Erziehungsmethoden. Die Nation wird vor allem durch eine gut funktionierende Wirtschaft, Staatsapparat und andere Institutionen des öffentlichen Lebens erzogen; wenn diese Institutionen die postulierten Ideale nicht realisieren, dann werden sie nie eine tatsächliche (materielle) Kraft darstellen."

5.1. Erziehung und Bildung

5.1.1. Geschichtliche Grundlagen

In der Zwischenkriegszeit waren breite Bevölkerungsschichten der polnischen Gesellschaft nicht nur in bezug auf ihre materielle Situation benachteiligt, sondern darüber hinaus in einem noch stärkeren Ausmaß von der Teilnahme an kulturellen Werten der Nation ausgeschlossen. Die Organisation und die Ausgestaltung der Erziehungs- und Bildungsinstitutionen spielten dabei eine wesentliche Rolle. Die Realisierung der 1919 eingeführten allgemeinen Schulpflicht konnte zwar in den 20er Jahren von 69 o/o (1921/22) auf 90,3 o/o (1925/26) verbessert werden; mit den wirtschaftlichen Schwierigkeiten verschlechterte sie sich jedoch in den 30er Jahren und betrug 1935 lediglich 88,3 o/o (s. A. ŚWIECKI, 1969, S. 23 ff.). [2] Das angestrebte Ziel einer allgemeinen, sieben Klassen umfassenden Volksschule wurde jedoch kaum realisiert. Die mit der Schulreform von 1932 eingeführte einheitliche Volksschulausbildung von mindestens 6 Schulklassen, die anschließend einen Übergang zur höheren Schule möglich machte, brachte gleichzeitig eine Aufteilung der Volksschule in drei Gruppen mit sich, entsprechend dem in ihnen realisierten Unterrichtsprogramm. [3] Dies hatte praktisch zur Folge, daß die bislang bestehenden Unterschiede im Bildungsangebot und somit die Chancenungleichheit zwischen dem Land und der Stadt nunmehr auch juristisch festgelegt wurden. Für die Mehrzahl der Kinder auf dem Land, die nicht die Gelegenheit hatten, eine vollausgebaute Volksschule zu besuchen, wurde dadurch der Zugang zu weiterführenden Schulen noch schwieriger. Im Jahre 1937/38 gehörten 72,9 o/o aller Schulen auf dem Lande zu den Volksschulen der ersten Stufe, in denen nur ein Vierklassenprogramm absolviert werden konnte. Für die 46,8 o/o der ländlichen Kinder, die diese Schulen besuchten, war der Zugang zur höheren Schule praktisch verbaut (s. MRS, 1939, S. 323). Im Gegensatz zu den Volksschulen, die nur zu einem geringen Anteil aus Privatschulen bestanden (5,1 o/o), waren die höheren Schulen in überwiegender Zahl private Einrichtungen. Im Jahre 1937/38 betrug der Anteil privater Gymnasien rund 60 o/o und der der Lyzeen 57 o/o (s. MRS, 1939, S. 326). Im Vergleich zu den staatlichen Schulen waren die privaten Schulen besser ausgestattet und verfügten sowohl über eine größere Zahl als auch besser ausgebildete Lehrkräfte. Allerdings wurden von ihnen erheblich höhere Schulgebühren erhoben, so daß sie für die einkommensschwachen Schichten der Bevölkerung praktisch verschlossen blieben. Die unterschiedlichen Wertvorstellungen und Lebensstile der einzelnen beruflichen und sozialen Schichten der Gesellschaft, ihre materielle Situation sowie die Selektionsmechanismen des Schulsystems wirkten kumulativ auf eine schichtenspezifische Auslese, die in der Zusammensetzung der Studentenschaft in einer sehr ausgeprägten Form in Erscheinung tritt (s. M. FALSKI, 1937, R. GERBER, 1959, W. RESCHKA, 1974, S. 121 ff.). Zwar konnten in der Zwischenkriegszeit nicht allen Kindern und Jugendlichen gleiche Bildungschancen eingeräumt werden, wenn jedoch die Bildungsbedingungen vor dem Erlangen der politischen Souveränität zum Vergleich herangezogen werden, wird vor allem die Bedeutung der polnischen Schulen und Hochschulen bei der Tradierung nationaler Kulturwerte und der Stärkung der nationalen Identität sichtbar. Vom Schulsystem allein konnte ohnehin ein Durchbruch zur gesellschaftlichen Erneuerung nicht erwartet werden, wenn nicht zugleich auch die wirtschaftlichen, politischen und sozialen Verhältnisse der Gesellschaft entschieden verändert würden.

Die Invasion deutscher Truppen im Jahre 1939 setzte den Bemühungen um eine nationale und kulturelle Erneuerung auch in diesem Bereich ein Ende. In den polnischen Gebieten, die ins Dritte Reich eingegliedert wurden, waren überhaupt keine polnischen Schulen zugelassen, im Generalgouvernement dagegen nur Volks- und Berufsschulen, die gleichzeitig der deutschen Verwaltung unterstellt waren. In den Volksschulen wurden die Unterrichtsfächer Geschichte und Geographie Polens, in den Berufsschulen die polnische Sprache aus dem Programm gestrichen (s. S. WOŁOSZYN, 1964, S. 638 u. 1966, S. 428 ff.). Die polnische Bevölkerung setzte sich gegen diese Maßnahmen zunächst spontan und später durch die Organisation eines eigenen Schulsystems im Untergrund zur Wehr. Dieses, von verschiedenen Untergrundorganisationen, insbesondere von der geheimen Lehrerorganisation (Tajna Organizacja Nauczycielska) getragene Schulsystem wurde schließlich nach 1940/41 im Departement für Bildung und Kultur der Londoner Exilregierung zusammengefaßt. [4] Auf dem Niveau der Volksschule befaßte sich der Unterricht mit den verbotenen Fächern Geschichte und Geographie. Im Jahre 1943/44 beteiligten sich in den Gebieten des Generalgouvernements, außer im Distrikt Galizien, etwa 5.461 Lehrer und 90.800 Schüler, d.i. etwa jeder dritte bis vierte Schüler, am Unterricht im Untergrund. Auf dem Niveau der höheren Schule, die von der deutschen Besatzung verboten war, nahmen im Jahre 1943/44 im Generalgouvernement ca. 4.168 Lehrer und 60.660 Schüler teil, d.i. etwa 70 o/o aller Jugendlichen im Vergleich zum Stand des Jahres 1937/38 (s. J. KRASUCKI, 1971, S. 163, 173, 182).

Waren die offiziellen Verlautbarungen, was Wissenschaft und Hochschule betrifft, in den ersten Tagen der deutschen Besatzung sehr vage gehalten, so ließen sie doch die Hoffnung auf eine ähnliche Regelung zu, wie sie zur Zeit der deutschen Besatzung im Ersten Weltkrieg getroffen worden war. [5] Der danach folgende grausame Schlag gegen diese Einrichtungen wirkte deshalb um so erschütternder. Die Vernichtungsmaßnahmen gegen die Hochschulen und das wissenschaftlich-kulturelle Leben in Polen beschränkten sich nicht nur auf die Schließung von Hochschulen, wissenschaftlichen Institutionen und Gesellschaften sowie auf das Verbot von wissenschaftlichen Publikationen, sondern richteten sich auch gegen den Lehrkörper und bezogen die Zerstörung von wissenschaftlichen Sammlungen, Arbeitsstätten und Bibliotheken mit ein.

5.1.2. Tendenzen und Entwicklungsphasen der Bildungspolitik nach 1945

In der Nachkriegszeit wurde die Bedeutung des Schulsystems voll erkannt und als Instrument sozialer Veränderungen eingesetzt. Die Grundprinzipien des neuen Schulsystems sowie das Recht aller Bürger auf Ausbildung wurden in Art. 61 der Verfassung vom 22.7.1952 verankert. Die Grundlage des Schulsystems bildete eine einheitliche siebenklassige Grundschule, die mit dem Gesetz über die Entwicklung des Schul- und Erziehungssystems vom 15. Juli 1961 (Dz. U. PRL, 1961, Nr. 32, Pos. 160) reformiert und um eine Klasse erweitert wurde. Die Realisierung der Schulpflicht konnte in den Jahren 1937/38 - 1967/68 von 90,0 o/o auf 99,4 o/o verbessert, die Zahl der Schulräume in dieser Zeit fast verdoppelt (von 73.039 auf 142.600) und die Zahl der Lehrer von 76.648 auf 206.867 erhöht werden (s. A. ŚWIECKI, 1969, S. 80 ff.). Das auf der abgeschlossenen Grundschule aufbauende System der weiterführenden Schulen ist weiter ausgebaut worden und erfaßte im Jahre 1970/71 fast 90 o/o aller Absolventen dieser Schulen. Es besteht aus einer Anzahl differenzierter Schularten, die jedoch untereinander verbunden sind, so daß ein Übergang in weiterführende Schulen gewährleistet ist. Die weiterführenden Schulen können generell in zwei Gruppen aufgeteilt werden: in die allgemeinbildenden Lyzeen und in das Berufsschulwesen (s. Tabelle 24).[6] Wie aus Tabelle 24 hervorgeht, wurden von den weiterführenden Schulen in der Nachkriegszeit vor allem die berufsbildenden Schulen ausgebaut. Im Hinblick auf die Versorgung der Volkswirtschaft mit qualifizierten Arbeitskräften wurde die Relation zwischen den Berufsschulen und den allgemeinbildenden Schulen in einem Verhältnis von 4 : 1 festgelegt. Die Konsequenz dieser Politik war die Tatsache, daß z.B. die Grundschulabsolventen aus dem Jahre 1970 zu 18 o/o an den allgemeinbildenden Lyzeen, zu 16 o/o an den berufsbildenden Technika (Lyzeen) und zu 55 o/o an den Berufsgrundschulen eingeschult wurden.

Tab. 24 Anzahl von Schülern und Studenten in den Jahren 1937/38 bis 1977/78 nach Schularten

	Zahl der Schüler und Studenten in tausend				
Schularten	1937/38	1946/47	1960/61	1969/70	1977/78
Kindergarten	83,3	201,5	401,7	512,0	844,6
Grundschule	4.865,3	3.283,4	4.827,6	5.443,1	4.137,2
Allgemeinbildende Lyzeen	221,4[1)]	271,6	336,6	446,0	421,4
Berufsschulen aller Art	208,0[2)]	287,0[3)]	784,2	1.604,4	2.046,4
Hochschulen	49,5	86,5	161,0	322,5	489,6

1) Gymnasien und Lyzeen
2) ohne Kunsthochschulen und spezielle Grundberufsschulen
3) ohne Berufstechnika des Fernstudiums

(Quellen: Rocznik Statystyczny Szkolnictwa 1969/70, S. XX - XXIII; RS, 1970, S. 46-47 und MRS, 1978, S. 205 ff.)

Die Entwicklung der Bildungspolitik in der Nachkriegszeit kann in vier Perioden aufgeteilt werden (s. O. ANWEILER und J.R. WOMPEL, 1978, S. 4 ff.).

In der ersten Periode der Nachkriegsentwicklung (1945-1948) stand der Wiederaufbau des Schul- und Hochschulwesens sowie die Eingliederung der neuerworbenen "West- und Nordgebiete" im Vordergrund. Eine über diese Periode hinausgehende Wirkung ist den Beschlüssen des Polnischen Kongresses für Volksbildung in Łódź (Juni 1945) beizumessen, in denen ein unentgeltliches, obligatorisches, einheitliches und öffentliches Schulsystem gefordert wurde, das aus einer obligatorischen achtjährigen Einheitsschule sowie weiterführenden allgemeinbildenden und berufsbildenden Schulen bestehen sollte.

Die zweite Phase der Bildungspolitik (1948 - 1961), war von einer Offensive der Marxistisch-Leninistischen Ideologie und einer parallel dazu betriebenen Einschränkung des Religionsunterrichts in der Schule gekennzeichnet. Die forciert betriebene Industrialisierung führte darüber hinaus dazu, daß die allgemeine Schulpflicht auf sieben Jahre verkürzt und der Ausbau des Berufsschulwesens schnell vorangetrieben wurden - Maßnahmen, die eine schnelle Bereitstellung qualifizierter Arbeitskräfte sicherstellen sollten. Das Gesetz über die Entwicklung des Bildungs- und Erziehungssystems vom 15. Juli 1961, das diese Periode abschließt, setzt mit der Einführung der obligatorischen achtklassigen Grundschule, einer Lehrplanreform sowie einem weiteren Ausbau der berufsbildenden Schulen neue Ziele für die Weiterentwicklung im Bildungs- und Erziehungsbereich, die auf der nicht unumstrittenen Grundlage einer "wissenschaftlichen Weltanschauung" und im Geiste der "sozialistischen Moral" (Art. 1) vollzogen werden sollte.

Im Zuge der Realisierung dieser Ziele in der dritten Phase (1961 - 1970), die mit einer Verbesserung des Schulnetzes Hand in Hand ging, zeichnete sich immer deutlicher die Tendenz zu einer allgemeinen Sekundarausbildung ab, die im wachsenden Anteil von Schülern im Alter nach Abschluß der Pflichtschulzeit ihren Niederschlag fand. Zwischen 1960/61 und 1970/71 erhöhte sich der Anteil der in schulischer Ausbildung befindlichen Jugendlichen zwischen 14 bzw. 15 und 17 bzw. 18 Jahren von 65 o/o auf 74 o/o der entsprechenden Altersgruppen, wobei diese Entwicklung vor allem dem berufsbildenden Schulwesen zugute kam (O. ANWEILER u.a., 1978, S. 9).

Die vierte Phase der polnischen Bildungspolitik setzt mit den politischen Ereignissen von Dezember 1970 und dem darauffolgenden VI. Parteitag der PVAP ein, auf dem eine umfassende und langfristig angelegte Bildungsreform angekündigt wurde. Anfang 1971 wurde bereits unter der Leitung von Prof. Jan Szczepański ein Expertenkomitee eingesetzt, das neben einer Bestandsaufnahme auch Reformvorschläge für das polnische Bildungswesen zu erarbeiten hatte. Auf der Grundlage des "Berichts über den Stand des Bildungswesens in der Volksrepublik Polen" (Raport o stanie oświaty w PRL) der Expertenkommission wurde am 13. Oktober 1973 vom polnischen Sejm ein Beschluß über das nationale Erziehungssystem verabschiedet, nachdem bereits zuvor (März 1972) durch die "Charta der Rechte und Pflichten des Lehrers" eine Verbesserung der Berufsposition der Lehrer eingeleitet wurde.

Die Hauptlinien und Perspektiven der neuen Bildungsreform faßt O. ANWEILER (1978, S. 11 f.) wie folgt zusammen:

"- Die Vorschulerziehung in der Stadt und vor allem auf dem Lande soll stufenweise ausgedehnt und verallgemeinert werden, zunächst mit dem Ziel, alle Kinder im letzten Jahr vor Beginn der Schulpflicht zu erfassen;

- die allgemeine mittlere Bildung (Sekundarschulbildung) für die Jugend soll durch die neue zehnjährige allgemeinbildende Mittelschule mit einem einheitlichen Lehrplan für Stadt und Land, der jedoch fakultative Fächer einschließt, realisiert werden;

- die Berufsausbildung soll inhaltlich entschieden in Richtung auf eine breitere Grundbildung modernisiert und mit

Bild 4

Das Bildungswesen in Polen (1976)

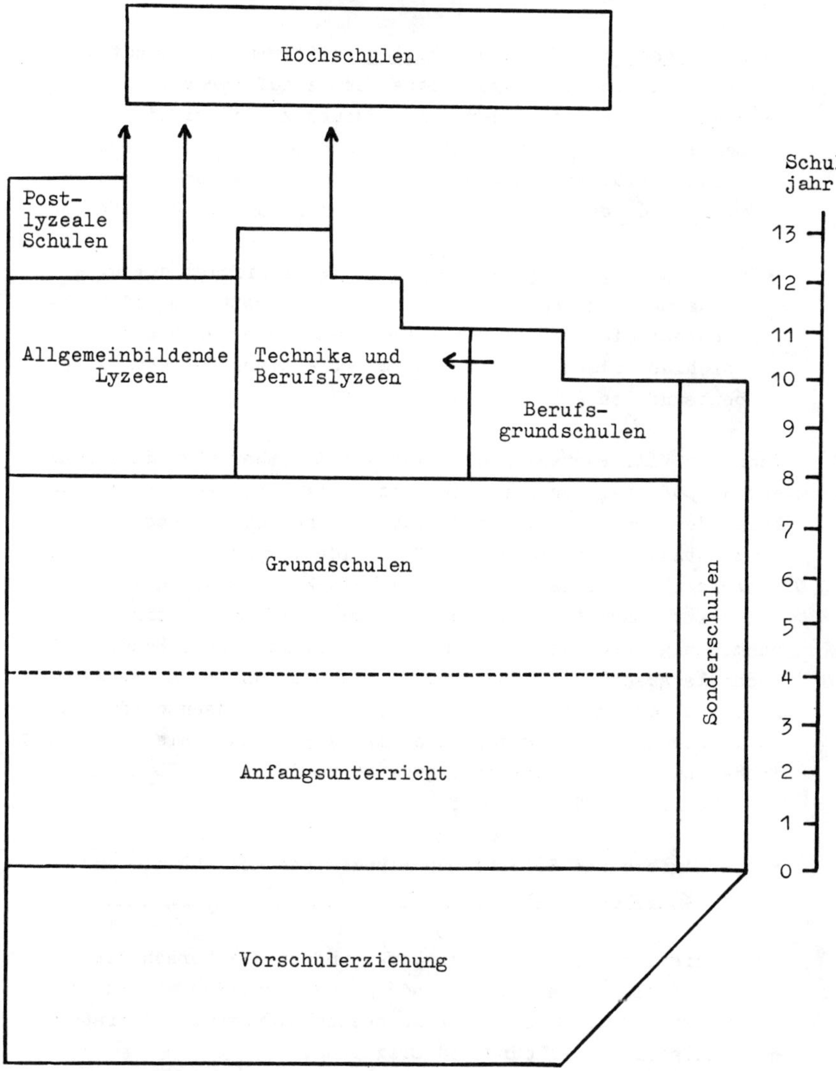

(Quelle: O. ANWEILER und J.R. WOMPEL, 1978, S. 59 f.)

der beruflichen Weiterbildung eng verknüpft werden;

- der Zugang zum Hochschulstudium soll prinzipiell auf der Basis der zehnklassigen Mittelschule auf verschiedenen Wegen möglich sein: durch den Besuch zweijähriger hochschulvorbereitender Schulen, für Absolventen der Berufsschulen, für andere Bewerber aus der Praxis und für hervorragend begabte Jugendliche schon nach zehn Schuljahren;

- die Ausbildung der Lehrer und Erzieher erfolgt durchweg im Rahmen des Magisterstudiums an Universitäten und Hochschulen; die im Dienst befindlichen Lehrer ohne Hochschulabschluß sollen ein Studium im Laufe eines Jahrzehnts nebenberuflich absolvieren."

Auch der VII. Parteitag der PVAP vom Dezember 1975 ging neben dem Hauptthema, das der volkswirtschaftlichen Weiterentwicklung, der Erhöhung von Produktivität und der Verbesserung des Lebensstandards galt, auch auf die ideologischen Aspekte einer "entwickelten sozialistischen Gesellschaft" ein. Im Rahmen der sozialistischen Erziehung wurden auch bildungspolitische Maßnahmen angesprochen, wobei die zuvor eingeleitete Schulreform nochmals ausdrücklich bestätigt wurde. Besondere Aufmerksamkeit kam jedoch dem Hochschulwesen und der Wissenschaft zu, da insbesondere die wissenschaftliche Forschung als wirtschaftlicher Entwicklungsfaktor angesehen wurde (s. S. OSTER und I.R. WOMPEL, 1976, S. 91 ff.).

5.1.3. Aufbau und Selektionswirkungen des Erziehungs- und Bildungssystems

Das Erziehungs- und Bildungssystem umfaßt die Vorschulerziehung, das allgemeinbildende und das berufsbildende Schulsystem sowie schließlich die Erwachsenenbildung und untersteht dem Minister für Bildung und Erziehung.

Bild 5

Entwurf des neuen Bildungssystems
(nach dem Reformplan von 1973)

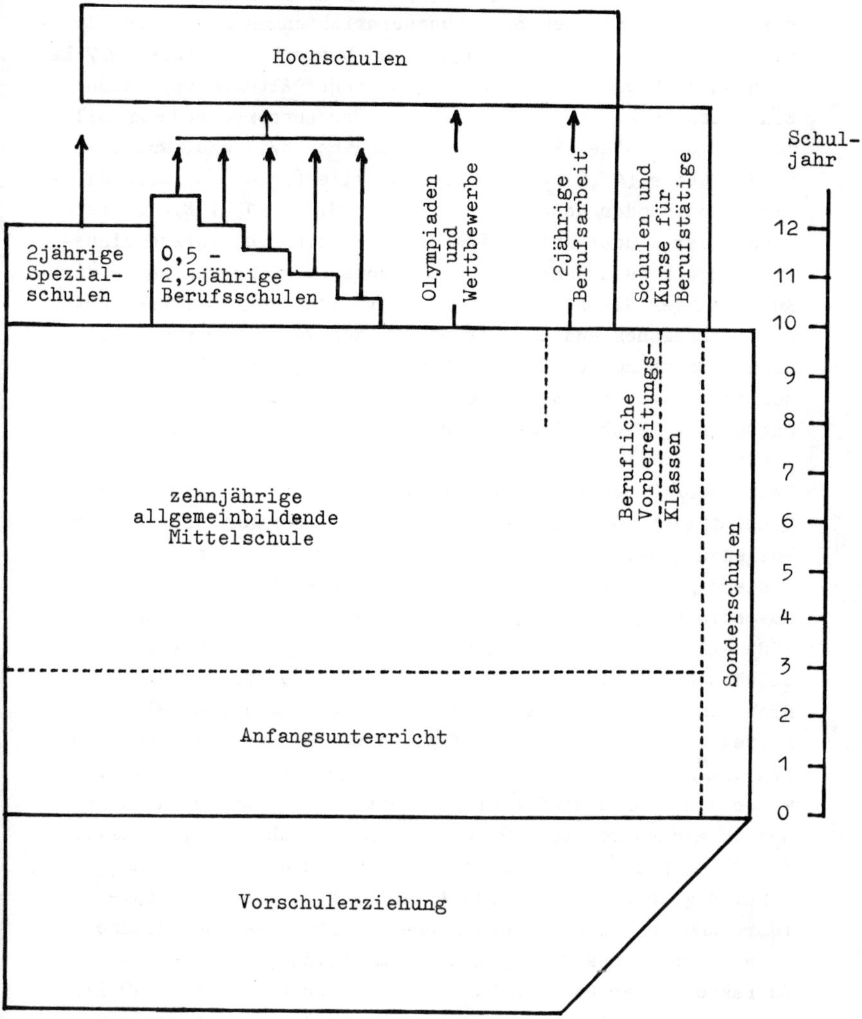

(Quelle: O. ANWEILER und J.R. WOMPEL, 1978, S. 59 f.)

Abgesehen von Kinderkrippen (żłobki), werden im Bereich der eigentlichen Vorschulerziehung in den Kindergärten (przedszkole) und ähnlichen Erziehungseinrichtungen Kinder vom dritten Lebensjahr bis zur Einschulung betreut. Im Jahre 1977 besuchten 47,4 o/o aller Kinder aus dieser Altersgruppe eine Einrichtung der Vorschulerziehung. Der entsprechende Anteil der Besucher eines Kindergartens lag bei 37,3 o/o, wobei die Stadtanteile (49,8 o/o) und Landanteile (23,0 o/o) sich deutlich voneinander abheben (s. MRS, 1978, S. 213). Ein weiterer Ausbau der Kindergärten, insbesondere eine verstärkte Einbeziehung der Sechsjährigen in die Vorschulerziehung sowie die Anhebung des Niveaus der Vorschulerziehung durch verbesserte Qualifikationen und Arbeitsbedingungen von Erziehern, sollte nach Auffassung des Expertenkomitees die Entwicklungsdefizite sozial benachteiligter Kinder beheben und dadurch zu einem Chancenausgleich beitragen (s. Bericht 1973, S. 194 f.).

Seit 1966/67 besteht in Polen eine achtjährige allgemeine Schulpflicht, die mit dem 7. Lebensjahr beginnt und bis zur Vollendung des 17. Lebensjahres andauert. Das für die Realisierung dieser Pflicht zur Verfügung stehende Netz vollausgebauter achtklassiger Grundschulen (szkoła podstawowa) läßt allerdings insbesondere in ländlichen Gebieten einiges zu wünschen übrig, wodurch die Bildungschancen dieser Jugend nicht unerheblich beeinträchtigt werden. Im Jahre 1970/71 hatten beispielsweise nur 43,3 o/o der Kinder vom Lande einen direkten Zugang zu einer vollausgebauten Grundschule, während die Stadtkinder diesen Vorteil voll für sich in Anspruch nehmen konnten (99,4 o/o) (s. Bericht 1973, S. 127). Eine Lösung dieser Problematik wird in den Gemeindesammelschulen gesehen (gminna szkoła zbiorcza), die 1973 eingeführt und in den folgenden Jahren stark ausgebaut, darüber hinaus durch zusätzliche schulische Bildungsangebote den Charakter einer Gesamtschule erhalten kann. Im Jahre 1977/78 gab es bereits 1.639 Gemeindesammelschulen, die gegenüber den früher selbständigen Grundschulen im Gemeindebezirk gewisse Kontrollfunktionen wahrnehmen (s. MRS, 1978, S. 205). In diesem Zusammenhang ist gleichfalls auf die regionalen Unterschiede bezüglich der Lehrerqualifikation, der zur Verfügung stehenden Schulräume sowie ihrer Ausstattung und die nicht gelösten Schultransportprobleme hinzuweisen (s. J. LEWANDOWSKI, 1977, S. 62, ff.).

Die weiterführenden Schulen können als Sekundarschulen der Stufe I (Berufsgrundschulen) und II (allgemeinbildende Lyzeen und mittlere Berufsschulen), die auch die Bezeichnung "Mittelschulen" (szkoła średnia) führen, klassifiziert werden.

Die zweijährige Berufsgrundschule (zasadnicza szkoła zawodowa), die in der Form von Betriebsberufsschulen bzw. überbetrieblichen Berufsschulen und Vollzeitschulen organisiert ist, hat zur Aufgabe, die Grundschulabsolventen auf die Berufsausübung als qualifizierter Arbeiter vorzubereiten. Mit einem Anteil von mehr als der Hälfte aller Jugendlichen bilden sie den Hauptweg der weiterführenden schulischen Ausbildung. Kennzeichnend für das polnische Schulwesen ist jedoch das besondere Gewicht, das der mittleren Berufsschule (średnie szkoły zawodowe) zukommt, da sie neben der allgemeinen Hochschulreife auch eine höhere berufliche Qualifikation vermittelt. Nicht zuletzt dieser Umstand führt dazu, daß vor allem seitens der männlichen Jugend die mittlere Berufsschule dem allgemeinbildenden traditionellen Lyzeum vorgezogen wird. Den Haupttypus auf der Ebene der mittleren Berufsschulen stellen die verschiedenen Technika dar. Darüber hinaus sind die postlyzealen Berufsschulen (policealne szkoły zawodowe) zu erwähnen, die den nichtstudierenden Absolventen der allgemeinbildenden Lyzeen eine berufliche Ausbildung vermitteln, sowie die 1970/71 gegründeten Berufslyzeen (licea zawodowe), die neben der Hochschulreife die berufliche Qualifikation eines Facharbeiters vermitteln. Ähnlich wie in anderen Bildungseinrichtungen bestehen auch in diesem Bereich neben den Tagesschulen berufsbildende Abend- und Fernschulen, die von den Berufstätigen in einem bemerkenswert hohen Umfang in Anspruch genommen werden. Im Schuljahr 1976/77 hatten beispielsweise die Berufstätigen einen Anteil von 41 o/o an allen Schülern der berufsbildenden Mittelschulen zu verzeichnen (s. RS,1977, S. 369).

Innerhalb der Berufsgrundschule und der mittleren Berufsschulen gibt es eine Vielzahl verschiedener Fachrichtungen, die allerdings im Rahmen der neuen Reformbestrebungen zugunsten einer kleinen Zahl fundamentaler Qualifikationsprofile reduziert werden soll. [7] Nach der Phase eines mit weitgehender Spezialisierung verbundenen quantitativen Ausbaus der Berufsschulen wird mit dem Sejmbeschluß vom Oktober 1973 eine Phase der qualitativen Verbesserung der beruflichen Ausbildung angestrebt nicht zuletzt dadurch, daß in Zukunft diese Ausbildung auf der Grundlage einer zehnjährigen allgemeinbildenden Pflichtschule erfolgen soll (s. J.J. JUSTIN, 1980, S. 810 ff.).

Das allgemeinbildende Lyzeum, das traditionell die notwendigen Grundlagen für ein Hochschulstudium zu vermitteln hatte, erhielt durch das Schulgesetz von 1961 eine zusätzliche Aufgabe, die im Gesetz als "Vorbereitung auf die Berufsarbeit" (Art. 17) umschrieben wurde. Nach Auffassung des Expertenkomitees wurde diese Aufgabe von den Lyzeen auch nicht im Ansatz erreicht. Auch die traditionelle Aufgabe konnte angesichts der gestiegenen Anforderungen des Hochschulstudiums von den Lyzeen nur in einem ungenügenden Maße erfüllt werden. Die Tatsache, daß die meisten Studenten sich aus dieser Bildungseinrichtung rekrutieren, belegt darüber hinaus die hohe Selektionswirkung, die den allgemeinbildenden Lyzeen im gesamten Schulsystem Polens zukommt.

Tab. 25 Jugendliche in Ausbildung nach sozialer Herkunft

Absolventen der 8. Grundschulklasse 1977/78	insgesamt in Tausend	Arbeiter o/o	Bauern o/o	Intelligenz o/o	andere o/o
	517.103	50,9	25,6	18,0	5,5
Schüler der ersten Klasse 1978/79					
- Berufsgrundschulen	305.954	60,0	28,2	7,1	4,7
- allgemeinbildende Lyzeen	94.585	38,2	9,0	48,1	4,7
- Technika und berufsbildende Lyzeen	130.284	56,7	19,0	19,1	5,2

(Quelle: RS, 1979, S. 381, Tab. 4 (565))

Es wurde bereits an einer anderen Stelle auf den Zusammenhang zwischen Bildungspolitik und Wirtschaftspolitik hingewiesen. Für die Sicherstellung einer wirtschaftlich erforderlichen Anzahl qualifizierter Arbeitskräfte kam vor allem der Berufsschule eine besondere Bedeutung zu, was in der postulierten Proportion zwischen Schülern an Lyzeen und an Berufsschulen von 1 zu 4 deutlich zum Ausdruck kommt.

Die in Tabelle 25 angeführten Zahlen zur sozialen Zusammensetzung von Schülern einzelner Bildungseinrichtungen belegen, daß eine angebotsorientierte Bildungspolitik vor allem in der schulischen Karriere von Arbeiter- und Bauernkindern Bildungsbarrieren in Kauf nahm. Während Bildungspolitiker in Anbetracht dieser Tatsache zu administrativen Maßnahmen Zuflucht nahmen, wurde von J. SZCZEPAŃSKI (1963, S. 77 ff.) zum ersten Mal mit Nachdruck auf Selektionsprozesse im Vorfeld der Hochschule und Schule hingewiesen, die in unzureichenden gesundheitlichen, materiellen und kulturellen Milieubedingungen bereits ihren Anfang nehmen (s. J. LEWANDOWSKI, 1977, S. 46 ff.). Die unzureichende Teilnahme von Kindern an der Vorschulerziehung, insbesondere aber das stark ausgeprägte Stadt/Land-Gefälle, dürfte ebenfalls für die schichtenspezifische Selektion des Schulwesens von großer Bedeutung sein. Die entscheidende Auslesestufe liegt allerdings beim Abschluß der Grundschule und beim Übergang zu den weiterführenden Schulen. Schichtzugehörigkeit, Unterschiede zwischen Land und Stadt sowie zwischen wirtschaftlich entwickelten und unterentwickelten Regionen haben nicht nur Einfluß darauf, ob nach Abschluß der Grundschule überhaupt eine weiterführende Schule besucht wird, sondern auch darauf, wie die Absolventen der Grundschule auf die einzelnen Schularten verteilt werden (s. M. SZYMAŃSKI, 1973, S. 85 ff.). Kinder aus Arbeiter- und Bauernfamilien wählten hauptsächlich die berufsbildenden Schulen, darunter vor allem die Berufsgrundschule, deren Abschluß nicht zu einem Hochschulstudium berechtigt; Kinder aus Intelligenzfamilien bevorzugen dagegen die allgemeinbildenden Lyzeen, die auf eine weiterführende Ausbildung angelegt sind. Auch diejenigen Arbeiter- und Bauernkinder, die eine mittlere berufsbildende Schule besuchen, haben nach Schulabschluß mit einer Hochschulreife relativ geringe Chancen, ein Studium an der Hochschule zu beginnen. Sowohl die geringere Motivation, nach einer erfolgreichen Berufsausbildung ein Studium zu beginnen, als auch das weit geringere Leistungsniveau bei den Aufnahmeprüfungen an der Hochschule führen dazu, daß im Vergleich zu Absolventen von allgemeinbildenden Lyzeen nur ein geringer Teil dieser Absolventen zur Hochschule findet.

Abschließend ist jedoch auch auf die enormen Schwierigkeiten hinzuweisen, vor der die Bildungspolitik steht, wenn sie den Versuch unternimmt, die sich gegenseitig bedingenden Selektionsfaktoren zu durchbrechen, um eine Chancengleichheit in diesem Bereich zu realisieren. Hierzu schreiben W.W. ADAMSKI und Y.P. HÄYRYNEN (1978, S. 239):

"On the basis of the cross-national comparisons one may conclude that it is much easier to introduce a full equality of chances inside the school system than to eliminate the external mechanisms of selection. The latter source of inequality is related not only to the students' material situation but to their parents' level of education, the degree of their participation in culture, and their aspirations for their children as well. As in every society, in Poland too, more educated parents attribute a high rank to education as a value of autonomous or instrumental character, although this tendency may be more evident in Poland than in other socialist countries."

5.2. Hochschule und Forschung

5.2.1. Das Hochschulwesen

Das unmittelbar nach dem Wiedererlangen der politischen Unabhängigkeit im Jahre 1920 verabschiedete polnische Hochschulgesetz zeichnete sich durch ausgeprägte Autonomierechte der Hochschule sowie ein idealistisches Verständnis ihrer Aufgaben aus. [8)] Im Zuge der wirtschaftlichen Stagnation und der politischen Veränderungen der folgenden Jahre wurden jedoch die Autonomierechte der Hochschule durch das neue Hochschulgesetz von 1933 zugunsten der Kultusverwaltung wesentlich eingeschränkt. Mit dem Dekret über die Organisation der Wissenschaft und des Hochschulwesens von 1947 stellte der neue sozialistische Staat seinen Einfluß auf die Lehr- und Forschungstätigkeit sowie auf die Rekrutierung und Erziehung der akademischen Jugend sicher, indem er die Leitung der Hochschulen auf die zentrale Ebene übertrug und die Kompetenzen des Ministers im Vergleich zur geltenden Regelung wesentlich erweiterte. Das darauffolgende Hochschulgesetz aus dem Jahre 1951 setzte dann auch im Hochschulbereich den im gesamten Gesellschaftssystem geltenden Stalinistischen Führungsstil durch und reduzierte in Anlehnung an das sowjetische Hochschulmodell die Tätigkeit der Hochschule weitgehend auf die Ausbildung und Erziehung eines neuen Kaders der Volksintelligenz. Erst in den Tagen des "polnischen Frühlings" gelang es, durch eine Novellierung (1956) die wesentlichen Kritikpunkte dieser Regelung bezüglich der Hochschulautonomie sowie ihrer Forschungstätigkeit zu berücksichtigen und in der neuen gesetzlichen Regelung im Jahre 1958 festzuschreiben. Unter dem Einfluß der Studentenunruhen sowie den Desintegrationsprozessen innerhalb des politischen Systems, die zu einer verstärkten Machtausübung mit Hilfe administrativer Maßnahmen führte, leitete die Gesetzesnovellierung vom 20.12.1968 entsprechend dem Parteitagsbeschluß eine radikale Veränderung der Hochschulverfassung ein. Die Änderungen betrafen vor allem die Erziehungsaufgaben der Hochschule, die Hochschulleitung und die Beteiligung der Hochschulmitglieder, die politischen Aufgaben der Hochschule sowie die Neugestaltung der Grundeinheiten ihrer Organisationsstruktur. [9)]

Gemäß § 1 bestehen die Aufgaben der Hochschule in einer aktiven Teilnahme am Aufbau des Sozialismus durch Ausbildung und Erziehung einer Berufsintelligenz, der Ausbildung und Erziehung eines neuen wissenschaftlichen Kaders sowie der Durchführung wissenschaftlicher Forschung. Neben der starken Betonung der moralischen und ideologischen Erziehungsaufgaben liegt ein weiteres Merkmal der neuen gesetzlichen Regelung in der vollen Anwendung des monokratischen Führungsprinzips bei einer weitgehenden Reduzierung der Rolle traditioneller Gremien der Hochschulselbstverwaltung. Gleichzeitig wurde eine Anzahl beratender Gremien den monokratischen Organen der Hochschule auf allen Ebenen zur Seite gestellt, womit ein weiterer Beitrag zur "Überorganisation" des polnischen Hochschulsystems geleistet wurde (s. J. SZCZEPAŃSKI, 1969, S. 76). Die Politisierung der Hochschule kommt hauptsächlich durch die Einbeziehung politischer Parteien und Organisationen zum Ausdruck, wobei die PVAP zum ersten Mal direkt in den verschiedenen Hochschulgremien vertreten ist und auch ihre Mitwirkung bei der politischen und ideologischen Erziehung in Art. 31 ausdrücklich hervorgehoben wird.

Mit der gesetzlichen Regelung von 1968 wurde darüber hinaus nach mehrfachen Versuchen die Organisationsstruktur der Hochschule unterhalb der Fakultätsebene verändert. Die traditionelle Lehrstuhlstruktur wurde aufgelöst und durch Institute ersetzt, wobei diese wiederum sich aus zwei untergeordneten Einheiten, nämlich den Forschungsteams (zespoły naukowobadawcze) und den Arbeitsstätten für Lehre und Erziehung (zakłady dydaktyczno-wychowawcze) zusammensetzen. Mit dieser Strukturreform soll vor allem den vielfältigen Aufgaben der modernen Lehre und Forschung Rechnung getragen werden, außerdem sollte die Auflösung der Lehrstuhlstruktur aber auch "der besseren ideologischen Integration der Professoren und Dozenten dienen und stieß deshalb vielfach auf deren Widerstand. Jedenfalls beklagt der Expertenbericht nunmehr die zunehmende Bürokratie und das verminderte Verantwortungsgefühl der Professoren, ferner die vielfach eingetretene Trennung der Lehre von der Forschung sowie die Isolation innerhalb einer Disziplin" (Polen, 1967, S. 211).

Bereits in den ersten Jahren der Nachkriegszeit ist die Zahl der polnischen Hochschulen sprunghaft angestiegen. Im Vergleich zum Vorkriegsstand (1937) hat sich die Zahl der Hochschulen im Jahre 1971/72 verdreifacht. Die erste Periode dieser quantitativen Entwicklung (1945-50) zeichnete sich vor allem durch die Bildung selbständiger Hochschulen aus, die einen hohen Grad an Spezialisierung aufzuweisen hatten. Die Ausrichtung der Hochschulen auf die unmittelbaren Bedürfnisse der Wirtschaft hat auch darin ihren Ausdruck gefunden, daß sie nach sowjetischem Muster den einzelnen Fachministern unterstellt wurden. Ein charakteristisches Merkmal der Entwick-

Tab. 26 Anzahl der Hochschulen nach Hochschularten in den Jahren 1921/22 - 1977/78

Hochschularten	1921/22	1937/38	1947/48	1950/51	1960/61	1971/72	1977/78
1. Universitäten	7	8	8	9	8	10	10
2. Techn. Hochschulen und Ingenieurschulen	3	3	10	20	15	18	17
3. Hochschulen für Landwirtschaft	2	3	2	7	7	7	9
4. Wirtschaftshochschulen	1	9	12	11	9	6	6
5. Pädagogische Hochschulen	1	-	3	7	4	3	11
6. Hochschulen für Lehrerbildung	-	-	-	-	-	8	-
7. Medizinische Akademien	1	1	2	11	10	10	10
8. Kunsthochschulen	1	2	17	19	16	16	16
9. Hochschulen für Leibeserziehung	-	-	1	4	4	6	6
10. Theolog. Akademien	-	-	-	-	2	2	2
11. andere	-	2	-	-	-	2	2
insgesamt	16	28	55	88	75	88	89

(Quelle: Rocznik Statystyczny Rzeczpospolitej Polskiej, Aufl. 1, 1920/22, Teil II, 1923, S. 293; Rocznik Polityczny i Gospodarczy, 1939, S. 513 ff.; A. ŚWIĘCKI, 1969, S. 89; RS, 1972, S. 473; MRS, 1978, S. 210)

lung bildet in diesem Zusammenhang die schnelle zahlenmäßige Zunahme der Technischen Hochschulen, die teils durch Ausbau der bestehenden Ingenieurhochschulen, teils durch Neugründungen erreicht wurde. Im Jahre 1971/72 gab es in Polen 18 Technische Hochschulen mit 7 Außenstellen, ein siebenfacher Anstieg im Vergleich zur Vorkriegszeit. Entsprechend schnell stieg auch die Studentenzahl dieser Hochschulen. Sie erreichte bereits 1945/46 158 o/o und nach 25 Jahren 582 o/o des Vorkriegsstandes, was zur Folge hatte, daß ihr Anteil an der Gesamtstudentenzahl von 15,3 o/o im Jahre 1937 auf 37,2 o/o im Jahre 1970 steigen konnte. Vor allem diese Hochschulen hatten zur Aufgabe, für die schnelle Industrialisierung des Landes die dafür notwendigen hochqualifizierten Arbeitskräfte bereitzustellen. Der Ausbau der Medizinischen Hochschulen, der hauptsächlich durch eine organisatorische Verselbständigung der medizinischen Fakultäten, weniger durch Neugründungen, zustandekam, sollte die medizinische Versorgung der gesamten Bevölkerung sicherstellen. Die geringe Anzahl der Ärzte in der Zwischenkriegszeit (3,7 Ärzte pro 10.000 Einwohner im Jahre 1937) und die besonders hohen Verluste in dieser Berufsgruppe während des Zweiten Weltkrieges (38,7 o/o) (s. A. SZYMANOWICZ, 1960, S. 93 ff.) machten große Anstrengungen notwendig. Durch die Ausgliederung von Fakultäten aus dem Bereich der Universitäten, durch die Einbeziehung früherer nichtakademischer Fachhochschulen und durch Neugründungen wurde im weiteren die Zahl der Hochschulen für Wirtschaftswissenschaften, Kunst und Leibeserziehung vergrößert. Die Universitäten, die im Vergleich zur Vorkriegszeit nur einen Rumpfcharakter aufzuweisen hatten, blieben dagegen ohne wesentliche Änderungen. Die z.Z. bestehenden zehn Universitäten in Polen können aufgrund ihrer Gründung und ihres Standorts in drei Gruppen aufgeteilt werden. Die erste Gruppe bilden Universitäten, die in den polnischen Zentralgebieten wirken (Krakau, Warschau, Posen und KUL Lublin) und bereits in der Zwischenkriegszeit bestanden. Zur zweiten Gruppe gehören Universitäten, die in diesen Gebieten nach dem Zweiten Weltkrieg gegründet wurden (UMCS Lublin, Torun, Łódź und Katowice), zur dritten Gruppe gehören schließlich Universitäten der neuen Westgebiete (Wrocław und Gdańsk) (s. Z. SKUBAŁA-TOKARSKA u.a., 1972, S. 188). Für die Ausbildung von Lehrern an Volks- und Mittelschulen wurden in der ersten Periode der Hochschulentwicklung sieben Pädagogische Hochschulen gegründet, die in den 60er Jahren durch Hochschulen für Lehrerausbildung ergänzt wurden. Zu Beginn der 50er Jahre wurden auch die landwirtschaftlichen Fakultäten aus dem universitären Bereich ausgegliedert und zu selbständigen Fachhochschulen ausgebaut. Aus anderen Gründen erfolgten zur selben Zeit die Auflösung der Theologischen Fakultät und die Gründung zweier Theologischer Akademien. Die zu Beginn der 50er Jahre herausgebildete Hochschulstruktur blieb in den 60er Jahren weitgehend unverändert. Erst Ende der 60er Jahre stellte sich eine neue Wachstumstendenz bei den Hochschulen ein, die jedoch einen besonderen Charakter aufzuweisen hatte. Seit 1968 erfolgte der Ausbau der Hochschulen vor allem über die Gründung von Außenstellen größerer Hochschulen, die unter ihrer Aufsicht und Hilfe wirken. In den Jahren 1968 - 1970 wurden insgesamt 13 solcher Außenstellen ins Leben gerufen, darunter 4 an Universitäten, 7 an Technischen Hochschulen und 2 an Landwirtschaftlichen Hochschulen. "Die Entwicklung von Hochschulen" - schreibt in diesem Zusammenhang die Direktorin des Instituts für Hochschulwesen - "war durch zwei Tendenzen gekennzeichnet. Die erste, die unmittelbar nach dem Kriegsende einsetzte und auf der Gründung neuer, selbständiger Hochschulen beruhte, sowie die zweite, die sich Ende der 60er Jahre abzuzeichnen begann und in der Gründung von Hochschulsatelliten bestand, die an den größeren Hochschulen tätig sind, unter ihrer wissenschaftlichen Aufsicht wirken und bei der Realisierung didaktisch-erzieherischer Aufgaben weitgehend von den Lehrstühlen der Mutterhochschule bedient werden" (Z. KIETLIŃSKA, 1972, S. 76).

5.2.2. Wissenschaft und Forschung

Die zunehmenden wissenschaftlichen und technischen Anforderungen einer modernen Industriegesellschaft führten dazu, daß die traditionellen Organisationsformen wissenschaftlicher Forschung des 19. Jahrhunderts, nämlich Universitäten, wissenschaftliche Gesellschaften und die Forschung von Privatgelehrten, diesen Anforderungen alleine nicht mehr gewachsen waren.

Es wurden in zunehmendem Maße selbständige wissenschaftliche Institutionen ins Leben gerufen, die durch eine straffe Organisationsform gekennzeichnet und von Lehrtätigkeit befreit waren und die durch ihre weitreichende Spezialisierung wesentlich zur Lösung bestimmter sozialer Probleme beitragen konnten. Die Forderungen nach wissenschaftlichen Informationen gingen dabei vor allem von der Wirtschaft und vom Staat aus, die angesichts der wachsenden Kapitalintensität, hauptsächlich der modernen naturwissenschaftlichen Forschung, alleine in der Lage waren, die hierfür notwendigen Mittel aufzubringen. Mit dem wachsenden Bedarf an wissenschaftlichen Informationen stieg zugleich auch die Nachfrage nach hochqualifizierten Arbeitskräften.

Ansätze einer neuen Entwicklung zeichneten sich bereits in der Zwischenkriegszeit ab, indem eine Anzahl selbständiger Forschungsinstitute gegründet wurde, die allerdings die Vorherrschaft der Hochschulen im Bereich der Forschung unangetastet ließen. [10] Ein wesentlicher Grund dafür war die Tatsache, daß die private Finanzierung im Bereich der Forschung angesichts einer nur schwach entwickelten Industrie, die darüber hinaus zum großen Teil vom ausländischen Kapital abhängig war, nur eine geringe Rolle spielte, der Staat aber dafür keine größeren finanziellen Mittel zur Verfügung stellen konnte. Die meisten polnischen Wissenschaftler waren daher auch der Meinung, daß die Gründung von Forschungsinstituten außerhalb der Hochschulen in dieser Situation nicht zu vertreten sei. [11] Der Schwerpunkt der wissenschaftlichen Forschung blieb daher bei den Universitäten und anderen Hochschulen, den wissenschaftlichen Gesellschaften, voran der Polnischen Akademie der Wissenschaften in Krakau, sowie bei einer großen Anzahl regionaler und spezieller Gesellschaften, den Archiven, Bibliotheken und Privatgelehrten. [12] Die Finanzierung der traditionellen Forschungseinrichtungen erfolgte außer über staatliche Zuwendungen auch über Einnahmen aus eigenem Vermögen und Verlagstätigkeit sowie über Zuwendungen von Institutionen zur Förderung des wissenschaftlichen Lebens, von denen sich das Ossoliński-Nationalinstitut in Lemberg und die Mianowski-Kasse in Warschau besonders verdient gemacht haben.

Angesichts der geringen Beteiligung des Staates an der Finanzierung der polnischen Wissenschaft, die in den ersten zehn Jahren der Republik nur einen Anteil von ca. 0,1 o/o des Staatshaushaltes ausmachte, bemühten sich wissenschaftliche Kreise in Polen, die relativ günstige Konjunktur der Jahre 1927 - 29 zu nutzen und in Anlehnung an die in anderen westeuropäischen Ländern bestehenden staatlichen Einrichtungen zur Förderung der Wissenschaft auch in Polen eine ähnliche Institution ins Leben zu rufen. Nach Verhandlungen mit der Regierung wurde schließlich auf Beschluß des Ministerrats vom 2.4.1928 die "Stiftung der Nationalen Kultur" (Fundusz Kultury Narodowej) ins Leben gerufen. Ihre Aufgaben bestanden hauptsächlich darin, über Zuwendungen und Stipendien die polnische Wissenschaft und Kunst zu fördern. Die Staatszuwendungen für das Jahr 1928 in Höhe von 5 Mio. Zł. lassen bereits auf die Bedeutung dieser Institution schließen, wenn man zusätzlich in Betracht zieht, daß die Ausgaben des Ministeriums für Kultus und Volksbildung für wissenschaftliche Zwecke jährlich nur ca. 3 Mio. Zł. betrugen (s. B. JACZEWSKI, 1971, S. 128 ff.).

Die Finanzschwierigkeiten zwangen zugleich die wissenschaftlichen Gesellschaften dazu, ihre Tätigkeit zu koordinieren. Im Jahre 1931 wurde das Verständigungskomitee der akademischen Gesellschaften (Komitet Porozumiewawczy Towarzystw Naukowych) gegründet und 1936 der Rat für exakte und angewandte Wissenschaften (Rada Nauk Ścisłych i Stosowanych) ins Leben gerufen (s. B. JACZEWSKI, 1971, S. 151 ff. und W. ROLBIECKI, 1972, S. 230 ff.).

Nach dem Zweiten Weltkrieg setzte auch auf dem Gebiet der wissenschaftlichen Forschung ein Prozeß des Wiederaufbaus und der Weiterentwicklung ein, der in drei Abschnitte aufgeteilt werden kann (s. Z. OSTROWSKI, 1968, S. 37 ff.). Die erste Periode dieser Entwicklung umfaßte die Jahre zwischen 1944 und 1951 und war vor allem dadurch gekennzeichnet, daß die in der Zwischenkriegszeit tätigen Forschungsinstitutionen reaktiviert wurden. Die wissenschaftlichen Gesellschaften der Zwischenkriegszeit, an der Spitze die Polnische Akademie der Wissenschaften (PAU) in Krakau, nahmen ihre Tätigkeit wieder auf. Am 26.1.1946 wurde auf Initiative der Akademie der Wissenschaften und der Jagiellonischen Universität in Krakau eine wissenschaftliche Konferenz zur Lage und Organisation der polnischen Wissenschaft einberufen. Auf ihr sprach sich eine große Mehrheit für den Wiederaufbau der polnischen Forschungsstätten auf der Grundlage der bisherigen methodologischen und organisatorischen Prinzipien aus; gleichzeitig wurde die Gründung eines "Vereins der Wissenschaftlichen Institutionen und Gesellschaften" (Związek Instytucji i Towarzystw Naukowych) unter dem Patronat der PAU beschlossen, der an die Stelle des "Verständigungskomitees der Akademischen Gesellschaften" und des "Rats für Exakte und Angewandte Wissenschaften" aus der Zwischenkriegszeit treten sollte. Zur Durchführung dieses Vorhabens kam es jedoch nicht mehr. Der von der Regierung bereits 1946 eingesetzte "Hauptrat für Angelegenheiten der Wissenschaft und des Hochschulwesens" (Rada Główna do Spraw Nauki i Szkolnictwa Wyższego) übernahm inzwischen die Initiative zur organisatorischen Neugestaltung des wissenschaftlichen Lebens mit dem Ziel, auch im wissenschaftlichen Bereich die marxistischen Vorstellungen durchzusetzen (s. W. ROLBIECKI, 1972, S. 247). Aber erst die im Jahre 1949 eingeleiteten Vorbereitungsarbeiten für den I. Kongreß der Polnischen Wissenschaften waren für den endgültigen Durchbruch der marxistischen Ideologie von entscheidender Bedeutung. Im Zuge des wirtschaftlichen Wiederaufbaus und der eingeleiteten Industrialisierung entstanden im selben Zeitraum 58 neue, selbständige Forschungsinstitute, die meist technologisch ausgerichtet waren (s. Z. OSTROWSKI, 1968, S. 67 und Dziesięć lat rozwoju nauki w Polsce Ludowej, 1956, S. 56 ff.).

Mit dem ersten Kongreß der polnischen Wissenschaft (1951) und der Gründung einer zentralen, für die Planung und Koordinierung der gesamten wissenschaftlichen Arbeit betrauten "Polnischen Akademie der Wissenschaften" (Polska Akademia Nauk) wurde der zweite Abschnitt (1951 - 1963) in der Nachkriegsentwicklung eingeleitet. Die neue Akademie, die formell die Nachfolge der Akademie in Krakau und der wissenschaftlichen Gesellschaft Warschaus antrat, unterhielt eine Anzahl eigener Forschungsinstitute und erarbeitete Richtlinien für die Grundlagenforschung, wodurch sie einen entscheidenden Einfluß auf die Entwicklung der polnischen Wissenschaft gewann. Die wissenschaftlichen Gesellschaften wurden z.T. aufgelöst und z.T. der neuen Akademie der Wissenschaften unterstellt.[13]
Neben den Forschungsinstitutionen der PAdW wurde 1951 - 63 eine große Anzahl von selbständigen Forschungsinstituten ins Leben gerufen, die sich vor allem der Anwendung wissenschaftlicher Erkenntnisse im Bereich der Wirtschaft widmeten. Im Jahre 1965 waren außerhalb der Hochschulen zusammen mit den Forschungsinstituten der PAdW 259 selbständige wissenschaftliche Institute tätig, die insgesamt 52.871 Personen beschäftigten (s. RS, 1970, S. 442).

In Ausführung des Beschlusses des XI. Plenums des ZK der PVAP wurde 1963 das "Komitee für Wissenschaft und Technik" ins Leben gerufen, das die gesamte Politik der Wissenschaft leiten und koordinieren sollte (Dz.U. PRL, 1963, Nr. 28, Pos. 165).[14] Mit diesem Zeitpunkt ging die Periode des Aufbaus einer neuen Organisationsstruktur im Bereich der wissenschaftlichen Forschung zu Ende. Die Gründung weiterer Organisationseinheiten (Forschungseinrichtungen) in den darauffolgenden

Jahren ließ nach, sowohl in personeller als auch in materieller Hinsicht begann eine Konsolidierung der bestehenden Forschungsstätten.

Die z.Z. vorhandene Struktur der Forschungsorganisation weist drei Organisationszüge auf: 1) die Lehrstühle und Institute der Hochschulen, 2) die Institute, Abteilungen und Arbeitsstätten der Polnischen Akademie der Wissenschaften und 3) die selbständigen Forschungsinstitute, die den einzelnen Fachministerien bzw. Zentralinstitutionen unterstellt sind. [15] Diese drei Organisationsträger der Forschung sind, insbesondere was die Hochschulen und die PAdW betrifft, auf verschiedene Art und Weise miteinander verbunden. Die Einheit der Forschungstätigkeit ist z.T. durch Personalunion gesichert, d.h. dadurch, daß ein Teil der Hochschulprofessoren gleichzeitig an den Forschungsinstituten der PAdW tätig ist und zum anderen dadurch, daß Forschungsergebnisse und Publikationen zwischen den einzelnen Forschungseinrichtungen ausgetauscht werden. Das wichtigste Verbindungsglied stellt jedoch der wissenschaftliche Nachwuchs dar, der, an Hochschulen ausgebildet, das Niveau der wissenschaftlichen Forschungstätigkeit in allen anderen Forschungseinrichtungen bestimmt (s. J. SZCZEPAŃSKI, 1969, S. 43 ff.). Allerdings ist der gesamte Forschungsbereich noch weit davon entfernt, ein geschlossenes System zu bilden. Sowohl in der Beziehung von Hochschule zur PAdW als auch vor allem in der Beziehung von Hochschule zu den selbständigen Forschungsinstituten sind erhebliche Kommunikationsbarrieren anzutreffen, die sowohl den Austausch von Forschungspersonal als auch von Forschungsergebnissen stark behindern. Zahlreiche Organisationsreformen sollten u.a. dabei helfen, diese Barrieren abzubauen. "Obwohl zahlreiche Organisationsreformen vorgenommen" - schreibt in diesem Zusammenhang J. SZCZEPAŃSKI (1969, S. 44) - "und eine große Anzahl von Koordinationsformen zur Integration dieser Systeme entworfen wurden, muß festgestellt werden, daß die Isolierung der Forschungsinstitute, der zentralen Laboratorien und der Hochschulen noch immer zu groß ist. Nicht nur die Lohnunterschiede, die besondere Form der Koordination, die Prestigeunterschiede usw. trennen diese beiden Systeme, sondern auch das fehlende Interesse und Verständnis für die ausgeübte Tätigkeit. In den Organisationszügen außerhalb der Hochschule werden immer noch Ansichten vertreten, daß die Hochschulen sich nicht mit Forschungsaufgaben beschäftigen sollten, entgegen der evidenten Tatsache, daß die Hochschulen bei den geringsten finanziellen Aufwendungen für Forschungsaufgaben die größte Anzahl an wissenschaftlichen Ergebnissen zur Verfügung stellen. Nichtsdestoweniger werden diese Ansichten mit vollem Ernst weiterverbreitet und üben einen entscheidenden Einfluß auf das Finanzierungssystem der Wissenschaft in Polen aus."

Die politischen und wirtschaftlichen Veränderungen nach 1970 führten zu einer wesentlichen Änderung im Verhältnis zur Wissenschaft; dies wurde daran deutlich, daß nun Wissenschaftler als Spezialisten an den Entscheidungsprozessen im wirtschaftlichen und gesellschaftlichen Leben des Landes weit stärker beteiligt wurden. Im Zusammenhang mit dieser Umorientierung wurde die Erschließung von brachliegenden Kapazitäten und die Notwendigkeit einer Aktivierung des wissenschaftlichen Potentials an den Hochschulen auf dem VI. Parteitag der PVAP deutlich zum Ausdruck gebracht. "Die Rolle der Hochschule" - hieß es dort - "in der Durchführung von Forschungsaufgaben ist hervorzuheben. Dies ist unerläßlich sowohl wegen der Notwendigkeit, den didaktischen Prozeß mit der schöpferischen Tätigkeit der Hochschullehrer zu verbinden als auch in Anbetracht des Erfordernisses, das wissenschaftliche Potential der Hochschulen bei der Lösung der Aufgaben, die unserem Lande bevorstehen, zu nutzen." Die Erhöhung der Finanzmittel für eine freie wissenschaftliche Forschung an den Hochschulen, die Beteiligung der Hochschulen an Forschungsaufgaben im Rahmen des nationalen Wirtschaftsplanes (Problemy węzłowe) und schließlich die vermehrte Vergabe von Forschungsaufträgen der Wirtschaft haben auch die Situation an den Hochschulen nach 1970 wesentlich verbessert (vgl. W. WASIAK, 1972, S. 20).

Im Juni 1973 fand in Warschau der II. Kongreß der Polnischen Wissenschaft statt. Es war das Jahr, in dem sich der Geburtstag von Nikolaus Kopernikus zum 500. Male und die Gründung der Nationalen Erziehungskommission zum 200. Male jährten und das in Polen zum "Jahr der Wissenschaft" ausgerufen wurde. Der II. Kongreß der Polnischen Wissenschaft sollte laut Kongreßresolution einen neuen Abschnitt der wissenschaftlichen Entwicklung in der Nachkriegszeit einleiten, in dem, wie in den Parteibeschlüssen von 1970 und 1971 angekündigt, in der Beziehung zwischen Wissenschaft, Wirtschaft und Politik eine grundsätzliche Veränderung erfolgen sollte. Die verstärkte Einbeziehung der Wissenschaft in die Bemühungen zur Intensivierung von Produktionsprozessen sollte dazu beitragen, die wissenschaftlich-technische Revolution im Lande voll zu verwirklichen. Bereits im Jahre 1972 wurde das Komitee für Wisschenschaft und Technik aufgelöst und seine Kompetenzen im wesentlichen auf das neu geschaffene Ministerium für Wissenschaft, Hochschulwesen und Technik übertragen, das nunmehr für Forschungs- und Entwicklungsaufgaben zuständig wurde. Anstelle des Hauptrates für das Hochschulwesen wurde 1973 der Hauptrat für Wissenschaft, Hochschulwesen und Technik (Rada Główna Nauki, Szkolnictwa Wyższego i Techniki) als beratendes Organ des Ministeriums eingerichtet und für die Erarbeitung von wissenschaftlichen Grundlagen für die Hochschul- und Wissenschaftspolitik das Institut für Wissenschaftspolitik und Hochschulwesen (Instytut Polityki Naukowej i Szkolnictwa Wyższego) gegründet. Neben den Bemühungen, die zentrale Steuerung von Wirtschaft und Wissenschaft effizienter zu gestalten, wurde eine Reform des Verwaltungs- und Finanzierungssystems eingeleitet sowie eine verstärkte Förderung der Zusammenarbeit sowohl mit dem sozialistischen als auch mit dem westlichen Ausland anvisiert.

5.3. Die kulturelle Struktur

Das polnische Kulturschaffen nach dem Zweiten Weltkrieg sah zunächst seine Aufgabe in der Demokratisierung und der Betonung seines sozialistischen Charakters. [16] In den faktischen Ergebnissen sehen wir eigentlich nur zwischen 1949 und 1955 den Vorrang des Parteipolitischen, während andererseits die Demokratisierung der Kultur, also die Beteiligung breitester Bevölkerungsschichten am kulturellen Geschehen ein unbestreitbarer Erfolg der Nachkriegszeit ist. [17] Zwar ist bereits in der Zwischenkriegszeit mit ihrem "Regionalismus-Programm" ein Interesse an dem ländlichen Kulturschaffen vorhanden, die Effekte dieses Interesses beschränken sich aber doch wieder auf einen intellektuell-elitären Bereich, der das bäuerliche Kulturgut in eigenen Zirkeln pflegte und höchstens zu politischem Separatismus führte (E. NOWAKOWSKA, 1980, S. 19-21). Die Umkehr dieses Trends erfolgte erst 1945, als verstärkt versucht wurde, alle Kreise am gesamtnationalen Kulturleben zu beteiligen.

Zwischen 1944 und 1949 strebte man die Propagierung aller Arten kulturellen Lebens, eine Dezentralisierung der Kulturarbeit (durch die Förderung provinzieller Bühnen, Kulturvereinigungen etc.) und eine Zulassung privater u.a. verlegerischer Aktivitäten an (Z. CZYŻOWSKA, 1971, S. 26). [18]

Die "Stalinzeit", die viele dieser Aktivitäten wieder absterben ließ, kann auf das Verdienst verweisen, vermehrt im ländlichen Bereich Institutionen geschaffen zu haben, die zwar zunächst vor allem politische Bedeutung hatten und schlecht geführt waren, aber immerhin oftmals die ersten Einrichtungen waren, in denen die Landbevölkerung außerhalb der Kneipen und der Kirche Gemeinschaftskontakte pflegen konnte. [19]

Der "6-Jahres-Plan" von 1950 (Dz.U. Nr. 37) sah eine Zunahme von Gemeinschaftshäusern (świetlice) [20], einen Ausbau des Kinonetzes, die Förderung von Tourneebühnen und eine Rundfunkerfassung auch des flachen Landes vor. [21] Nach 1956 konnten diese Einrichtungen vermehrt als Transmissionsinstanzen auch nichtpolitischer Inhalte dienen.[22] Nur in dieser kurzen Zeit galten in Polen die normativen Thesen des sozialistischen Realismus, die nicht allein die Inhalte bestimmten, sondern auch auf methodischem und ästhetischem Gebiet enge Grenzen setzten ("Sozialistischer Realismus als wissenschaftliche Methode künstlerischen Schaffens") und das gesamte Kulturleben dominierten.

Sowohl der künstlerisch-schöpferische als auch der künstlerisch-popularisierende Sektor wurde nach 1955 weitgehend liberalisiert und in weiten Bereichen von direkten politischen Eingriffen normativer Art befreit. [23]

Gezielt wurden die politisierten und nur sporadisch zugänglichen "świetlice" durch "kluby wiejskie" (Dorfklubs) ersetzt, in denen Zeitungen, manchmal auch Bücher auslagen und wo man Kaffee oder Tee (im Kontrast zu Alkoholika) trinken konnte. Ihre Zahl erhöhte sich allein zwischen 1965 und 1969 von 2.595 auf 10.000 (Z. GRZELAK in: Badania, 1970, S. 83.).

Die kulturelle Entwicklung kann nicht nur unter dem qualitativen Aspekt gesehen werden. Mit dem Anstieg des Bildungsniveaus in der Nachkriegszeit und der Industrialisierung veränderten sich die kulturellen Bedürfnisse der Bevölkerung. Nicht immer trug der Staat dem Rechnung. Dabei differieren die staatlichen Aufwendungen beträchtlich: Während in Warszawa 1967 1.016,-- Złoty pro Einwohner für kulturelle Zwecke ausgegeben wurden, betrug der Satz in Kraków 296,-- Złoty, in der Wojewodschaft Katowice gar nur 63,-- Złoty (K. ŻYGULSKI, 1977, S. 375). Kulturelle Möglichkeiten werden durch die In-

Tab. 27 Staatliche Aufwendungen für kulturelle Zwecke

	Staatsbudget-ausgabe	pro Einwohner	nach Abzug der Einnahmen aus der Rubrik "Kultur und Kunst"
1960	1.841 Mill. zł.	61,-- zł.	-
1970	3.881 Mill. zł	118,-- zł.	946 Mill. zł.
1973	5.740 Mill. zł.	171,-- zł.	2.636 Mill. zł.

(Quelle: K. ŻYGULSKI, 1977, S. 374-5)

dustrialisierung gefördert, aber auch begrenzt: in der letzten Zeit angestellte Untersuchungen zeigen, daß die Schichtarbeit ähnliche Probleme in bezug auf die Teilnahme am kulturellen Leben schafft, wie dies in westlichen Industrieländern der Fall ist (K. ŻYGULSKI, 1979, S. 69).

Trotz der teilweise widersprüchlichen und widrigen Tendenzen hat jedoch das polnische Kulturleben in seinen wichtigsten Bereichen mindestens das Weltniveau erreicht. Im Bereich künstlerischer Freiheit dürfte Polen derzeit im sozialistischen Lager führend sein.

5.3.1. Literatur

Wie in anderen Gebieten künstlerischen Schaffens war auch in der Literatur nur die kurze Zeit zwischen 1949 und 1955, in der man von einem Abklatsch des sowjetischen Stalinismus sprechen kann, eine Zeit des Niedergangs.

Im Anschluß an die XI. Sitzung des Rates für Kultur und Kunst im April 1954 setzte der Pluralismus der 40er Jahre langsam wieder ein. Die nun folgende "Tauwetter"-Periode wurde von Literaten wie Andrzejewski und Hłasko geprägt und ermöglichte die bedeutendsten Publikationen der polnischen Nachkriegsliteratur.

In den sechziger Jahren setzte ein vorübergehender Rückschlag ein: Parteikreise versuchten, die liberale Literaturszene unter ihre Kontrolle zu bringen. Die Zensur wurde strenger gehandhabt, das Argument der Papierknappheit wurde selektiv eingesetzt, um die Auflagezahlen nicht linientreuer Werke zu reduzieren. Diese Parteiaktivität stieß nur bei den Intellektuellen, nicht bei den breiten Massen auf Widerstand. Proteste der Intellektuellen entzündeten sich - mit dem Blick auf die Pariser Studentenunruhen - 1968 an einem Aufführungsverbot des antirussischen Theaterstücks "Dziady" des großen polnischen Dichters Adam Mickiewicz. Die antisemitische Kampagne, die daraufhin einsetzte, führte zu einem Exodus der Intellektuellen; es wurden nicht nur Personen jüdischer Herkunft gedrängt, das Land zu verlassen. Im Unterschied zu den späteren Jahren verhielt sich das Gros der Bevölkerung dieser Vertreibung gegenüber passiv, ein Bündnis zwischen den Intellektuellen und der Arbeiterschicht war nicht zu erkennen.

Seither ist es sehr schwierig, ein Urteil über die polnische Gegenwartsliteratur abzugeben. Da steht auf der einen Seite der auch im Westen geschätzte Science-fiction-Autor Stanisław Lem, es gibt eine Vielzahl von Publikationen aus dem Gebiet der Belletristik unterschiedlicher Qualität, aber auf der anderen Seite spielt sich ein Großteil des literarischen Lebens auf den Seiten der literarischen Zeitschriften ab (Twórczość, Miesięcznik Literacki, Kultura, Literatura, Poezja, Kierunki, Odra etc.); hier veröffentlicht man kritische Essays, Poeme, Kurzgeschichten und diskutiert theoretische Probleme. [24] Dabei läßt sich eine starke Verfremdung, eine möglichst mit Symbolen operierende Verdichtung der Gegenwart und der Vergangenheit beobachten; auf diesem Feld werden große Leistungen vollbracht, aber gleichzeitig entfernt sich die Literatur auch von der Masse des Volkes, die mit ihren Höhenflügen nicht immer mithalten kann. Damit drängt dieser elitäre Zug - der von den Literaten zum Teil gar nicht wahrgenommen wird - die Literaturkonsumenten zu zunehmend angebotenen ausländischen Übersetzungen oder zu einer seichten, konformeren Literatur, die in großen Auflagen den Markt überschwemmt. Große neue Namen zeichnen sich noch nicht ab; allerdings entwickelt sich einiges im Verborgenen, das noch bessere Leistungen für die Zukunft erwarten läßt.

Neben der Belletristik ist das Sachbuch-Angebot in Polen hervorragend und - bis auf wenige Ausnahmen - nicht im gleichen Maße wie in anderen Staaten Osteuropas von den Doktrinen des Marxismus-Leninismus beeinflußt. [25] Im Bereich der Philologien sind selbständige Fragestellungen möglich und die polnischen Forschungsansätze korrespondieren weitgehend mit ihren Entsprechungen im Westen. Im Bereich der historischen Forschung hat sich Polen - sieht man von einem kleinen Bereich staatlich geförderter, aber in den Regalen der Buchhandlungen verstaubender Repetitionen zur Geschichte der Arbeiterbewegung und des Kommunismus ab - am deutlichsten einen eher national orientierten als ideologisch beeinflußten Standpunkt erschlossen. Dies war nicht immer so: bis etwa 1960 überwogen die auch in anderen Staaten Osteuropas üblichen dogmatischen Werke (nationalistische Untertöne waren nur gegenüber Deutschland zulässig). Von da an jedoch (mit einer Unterbrechung zwischen 1968 und 1971) konnte man am historischen Material und nicht nur an Dogmen orientierte Ergebnisse publizieren.

Während früher stärker auf gesamtpolnische Geschichte Wert gelegt wurde, deutet sich seit einem halben Jahrzehnt ein deutlicher Trend zur Regionalforschung ab: es erscheinen vermehrt Stadt- und Landschaftsgeschichten, die - wo es sich um die ehemaligen deutschen Gebiete handelt - nicht mehr die deutsche Zeit übergehen oder diffamierend abtun, sondern sie als historischen Aspekt der regionalen Entwicklung würdigen.

Schwierigkeiten bereiten bei der Sachbuchliteratur - wie in der Belletristik - nur die geringen Auflagen, die mit Papierknappheit, aber auch mit einem im Verhältnis zum Westen erheblich höheren Bedarf erklärbar sind. Die Gewöhnung an die Lektüre von Büchern kann in Polen größer als im Westen sein. [26)] Bücher sind zwar in den letzten Jahren erheblich teurer geworden (der Preis für eine durchschnittliche Monographie stieg seit 1975 von 50 auf 150 Złoty), aber immer noch ist der Preis [27)] - anders als im Westen - kein ausreichendes Abschreckungsmittel. Interessante Neuerscheinungen sind oft nur zufällig oder durch "Beziehungen" zu einem Buchgeschäft zu bekommen.

Das gleiche gilt für die zum Teil mit großem Aufwand hergestellten Bildbände, die polnische Kunst, Photographie, aber auch Landschaften und Kulturdenkmäler vorstellen. Hier suchen die polnischen Planer die Hauptabnehmer im Ausland - auf den Inlandsmarkt kommen nur geringe Teile der Gesamtauflage.

Dem Bibliothekswesen wird viel Aufmerksamkeit gewidmet. Es wird staatlicherseits dafür gesorgt, daß auch das Land an das Bibliotheksnetz (durch Außenstellen oder fahrende Filialen) angeschlossen wird, um dem Anspruch, zur gleichmäßigen Bildung der Bevölkerung beizutragen, gerecht zu werden. Auch die wissenschaftlichen Bibliotheken sind in der Regel gut mit technischen Geräten und Buchmitteln ausgestattet - hier macht sich nur die Devisenknappheit Polens bemerkbar, die umfassende Auslandserwerbungen unmöglich macht. Polnische Bibliotheken sind daher stets bestrebt, auf dem Tauschwege westliche Buchausgaben zu erwerben.

5.3.2. Musik

Während sich im Literaturbetrieb die politische Entwicklung

noch erkennen läßt, ist der musikalische Betrieb bis auf Randgebiete von politischen Einwirkungen fast ganz frei geblieben. Der Name von Krzysztof Penderecki steht hier nur als ein Beispiel dafür, daß die Traditionen des sozialistischen Realismus, die sich auf das kompositorische Schaffen der UdSSR so negativ ausgewirkt haben, in Polen kein Wirkungsfeld fanden. In der Musik sind die religionsorientierten Momente erheblich stärker.

Der Staat nutzt den Musikmarkt, um Deviseneinnahmen zu gewinnen oder - vor allem über den Folklore-Bereich - den Kontakt mit den Auslandspolen aufrechtzuerhalten. Er ist erfolgreich in die Rolle der privaten Mäzene geschlüpft, die er nach dem Zweiten Weltkrieg verdrängt hat. Von dem Anteil der katholischen Verlage abgesehen, ist sowohl der Druck- als auch der Schallplattenproduktionssektor ganz in staatlicher Hand.

Zu einer regelmäßigen Einrichtung wurden die Musikwettbewerbe, bei denen sich vor allem junge Künstler aus der ganzen Welt erste Meriten erwerben können: Alle 4 bis 5 Jahre treffen sich Pianisten zu den Chopin-Wettbewerben in Warschau und Geiger zum Wieniawski-Wettbewerb in Poznań (Posen). Der Polnische Rundfunk schenkt diesen Ereignissen viel Aufmerksamkeit und bestreitet einen Teil seines Musikprogramms mit Produktionen, die anläßlich dieser Wettbewerbe aufgenommen werden. Hierbei werden auch die Nichtplacierten berücksichtigt, so daß sich jungen Talenten in diesem Zusammenhang eine echte Chance auf größere Publizität eröffnet.

Daneben gibt es zahlreiche Festivals, die klassischen und modernen Musikarten gewidmet sind. Zu nennen wären der "Warschauer Herbst", das Chopin-Festival in Duszniki Zdrój (Warmbrunn), das Moniuszko-Festival in Kudowa,das Breslauer Festival "Wratislavia Cantans" oder die Festivals für moderne Musik in Poznań (Posen) und Wrocław (Breslau), für Jazz in Warschau und

Sopot (Zoppot), für Schlagerlieder in Opole (Oppeln) und Zielona Góra (Grünberg), für Soldatenlieder in Kołobrzeg (Kolberg). Die professionellen Folklore-Ensembles "Śląsk" (Schlesien) und "Mazowsze" (Masowien) erfreuen sich internationaler Beliebtheit, daneben bestehen jedoch im Lande zahlreiche Amateurgruppen, deren Darbietungen originaler mit der überlieferten Volksmusik verbunden sind.

In der Stadt wie auf dem Lande wurde die Propaganda des Musizierens und Singens erfolgreich durchgeführt, in den kulturellen Einrichtungen wird der Aneignung musikalischer Fertigkeiten ein breites Publikum erschlossen, wobei es gelungen ist, den musikalischen Bereich vom in Polen oftmals negativ empfundenen Odium der Staatlichkeit freizuhalten. Zahlreiche Musikschulen und eine breite Musikpädagogik entstanden im Rahmen allgemein-kultureller Einrichtungen.

Im Bereich der Unterhaltungsmusik sind in Polen staatliche Ressentiments kaum zu spüren. Die polnische U-Musik wird gefördert und kann sich in entsprechenden Lokalen und Veranstaltungen frei entfalten. Der Förderung von Interpreten entspricht es, daß in nahezu allen besseren Restaurants abends ein Unterhaltungsprogramm (selbstverständlich unterschiedlicher Qualität) dargeboten wird, was sich in marktwirtschaftlich orientierten Ländern schon aus Gründen der Rentabilität verbieten würde. Die Orientierung an westlichen Trends ist dominierend, allerdings haben sich auch spezifisch polnische Sounds entwickelt, die - vor allem im Schlagergesang - manchmal etwas altertümlich wirken, aber eben auch einen ganz eigentümlichen Reiz ausstrahlen. Im Bereich des Chansons haben sich in Polen Talente herausgebildet, die im Ausland wegen der Sprachbarriere leider nur wenig Erfolge verzeichnen konnten (Anna German, Joanna Rawik).

Während sich im Westen die Kenntnis polnischer Musik oftmals nach den Namen Pendereckis, Moniuszkos und bei den Interpreten Marek und Waceks erschöpft, ist dem polnischen Publikum das Spektrum westlicher Musikproduktionen sehr wohl bekannt. Westliche Musik wird im Rundfunk häufig gespielt, wobei es auch Sendungen gibt, bei denen neue ausländische Titel ausdrücklich zum Mitschneiden gesendet werden. Auch die staatliche Plattenfirma "Polskie Nagrania" präsentiert westliche Importware, allerdings ist hier der Bedarf so groß, daß selbst das verhältnismäßig umfangreiche Angebot ihn auch nicht annähernd befriedigen kann. Im Zuge der zunehmenden Devisenknappheit hat sich auf diesem Sektor eine deutliche Verschlechterung des Angebots ergeben.

5.3.3. Theater

Wie der gesamte kulturelle Bereich erfreut sich in Polen auch das Theater einer weitgehenden Förderung durch die staatlichen Instanzen. Seit dem Ende der Stalinzeit [28)] hat es sich sehr weitgehend von politischen Zwängen lösen können; nur vereinzelt sind Versuche erkennbar, z.B. antirussische Akzente zu vermeiden. Das Verhältnis zwischen dem klassischen Repertoire und modernen, zum Teil experimentellen Inszenierungen ist ausgewogen und entspricht weitgehend dem Interesse des Publikums. [29)] Dies äußert sich zum Teil in der Schwierigkeit, Karten zu erwerben. Unter den Regisseuren erwarben sich u.a. Jerzy Grotowski [30)] und Tadeusz Kantor mit avantgardistischen Konzeptionen auch außerhalb Polens Ansehen.

Die Verbreitung ständiger Bühnen ist bemerkenswert: In 41 polnischen Städten gibt es 141 Ensembles, davon 93 Schauspiel-, 27 Puppentheater-, 10 Opern- und 11 Operettenensembles. Damit ist auch die polnische Provinz in kulturellem Sinne nicht unterentwickelt; die Bühnen in Kraków (Krakau) und Wrocław (Breslau) sind sehr wohl in der Lage, qualitativ mit den weitaus stärker geförderten Häusern der Hauptstadt zu konkurrieren. [31)]

Die einzelnen Bühnen sind den lokalen Behörden unterstellt, das Kulturministerium übt eine Oberaufsicht aus und überwacht z.B. die Ausbildung der Künstler. Durch die organisatorische Dezentralisierung ist das Repertoire flexibler und häufig auch die Anstrengung deutlich, die "eigene" Bühne möglichst gut auszustatten. 32)

In Warschau ist neben anderen Bühnen als einziges nicht-polnischsprachiges das Staatliche Jüdische Theater in Betrieb, dessen Aufführungen in jiddischer Sprache stattfinden. Polnische Besucher können über Kopfhörer die Texte in polnischer Sprache verfolgen. Durch die Emigration der bedeutenderen jüdischen Künstler ist die Bedeutung des Theaters jedoch zu einem Erinnerungsstück herabgesunken: Die meisten der Darsteller müssen Jiddisch als Fremdsprache erst erlernen - damit kann das Theater, das als Ausdruck der künstlerischen Produktion des Ostjudentums begann, seiner Rolle nicht mehr gerecht werden.

In Polen gibt es neben der konventionellen Theaterwelt eine Vielzahl kabarettistischer Gruppen und Studentenbühnen, deren Zusammensetzung häufig wechselt, die jedoch dem kulturellen Leben der Großstädte einen eigenen Reiz verleiht, der anderen Staaten Osteuropas abgeht, aber in dieser Spontaneität auch im Westen kaum mehr zu finden ist. 33) Am Rande sei erwähnt, daß auch eine Nachtklub-Kette besteht, deren Programm sich an westlichen Parallelerscheinungen orientiert.

5.3.4. Film

Die polnische Filmkunst hat dem polnischen Kulturschaffen im Ausland die größte Popularität verschafft, was zum Teil darauf zurückzuführen ist, daß hier die Sprachbarriere durch die Synchronisierung überwunden werden kann. Auch wenn in der Folge der restriktiveren Politik der sechziger Jahre einige der besten polnischen Regisseure ins Ausland gegangen sind (Roman Polański, Aleksander Ford), so wirken doch noch bedeutende Filmbildner in Polen (z.B. Andrzej Wajda, Krzysztof Zanussi), die dem polnischen Film weitere Erfolge zu garantieren scheinen.

Dabei ist die polnische Filmproduktion von drei Themenbereichen geprägt:

1) die zum Teil verklärende Darstellung der frühen polnischen Geschichte (z.B. in den auch heute noch häufig vorgeführten Verfilmungen der historischen Sienkiewicz-Romane)[34],
2) die Auseinandersetzung mit der Zeit des Zweiten Weltkriegs (Pokolenie, Popiół i diament (1958), Lotna, Krzyż walecznych Olimpiada 40), die keineswegs nur in den Schwarz-Weiß-Klischees verläuft, die man nach der offiziösen Propaganda vermuten mag [35],
3) die Betrachtung der polnischen Gegenwart bzw. der jüngeren (Nachkriegs-)Geschichte. Im letzteren Bereich entstanden gesellschaftskritische Streifen, Kritiken der Stalinzeit und ihrer Folgen, die wohl am besten im Wajdas "Człowiek z marmuru" (Der Mensch aus Marmor) gelungen ist. Dieser Film wurde in Polen nur sehr kurz gezeigt, durfte aber für das Land Festivalerfolge im Ausland erringen, die ebenso seinem Nachfolger, Wajdas "Menschen aus Eisen" beschieden waren. [36]

Der gesamte filmische Bereich, die Produktion wie der Verleih, unterstehen staatlicher Aufsicht. In Łódź besteht eine Staatliche Filmhochschule, die sich um den Nachwuchs der Filmer bemüht.

Die Zahl der Kinos ist im Zusammenhang mit dem Vordringen des Fernsehens rückläufig (1960: 3.418; 1978: 2.303, s. RS, 1979, S. 409), auch ist die technische Ausstattung der Lichtspielhäuser nur selten befriedigend. Die Zahl der gezeigten Filme steigt dagegen.

Tab. 28 Anzahl der in Polen vorgeführten Filme

	Zahl der Filme (Titel)	davon im jew. Jahr erstmalig vorgeführt
1960	1.065	225
1970	1.696	191
1975	1.852	200
1978	2.081	201

(Quelle: RS, 1979, S. 410)

Die in den ersten Nachkriegsjahren noch sehr starke Monotonie des filmischen Angebots ist verschwunden. Heute zeigt man neben den polnischen Produktionen (im Durchschnitt etwa 30 Neuerscheinungen im Jahr) zahlreiche Filmimporte auch neuesten Produktionsdatums, wobei sich Ost- und West-Produktionen in etwa die Waage halten. Unter den Filmen aus dem sozialistischen Ausland überwiegen bei weitem sowjetische Filme.

Diese Zahlen schließen nicht das Fernsehen ein, wo jedoch ebenfalls 1.843 von 8.601 Sendestunden (21,4 o/o) mit Filmen bestritten werden. Ein Mangel sind jedoch zum Teil unglückliche Synchronisierungsmethoden: meist operiert man nicht mit Untertiteln oder einer genauen Synchronisierung, sondern Sprecher lesen - mehr oder weniger monoton - den polnischen Text vor, während im Hintergrund der Originaldialog leise hörbar ist, was sehr störend wirken kann.

Abschließend sei die polnische Kurzfilmproduktion erwähnt, die von künstlerischen Filmen über hervorragend produzierte Dokumentarberichte bis zu den Trickfilmen der Serie "Bolek und Lolek" reicht, und von zahlreichen ausländischen Verleihen und Fernsehanstalten angekauft wurde.

Die Wochenschau, die lange Zeit eine der am weitestgehenden systemkonformen Institutionen gewesen ist, hat sich gewandelt. Ab 1980 überrascht sie mit massiver Kritik zahlreicher Fehlentwicklungen, während die Partei-"Hofberichterstattung" immer mehr aus den Vorprogrammen der Kinos verschwindet.

5.3.5. Rundfunk und Fernsehen

Während die Literatur und der übrige künstlerische Bereich vorwiegend von den Persönlichkeiten geprägt werden, die darin wirken, und die Presse für einen osteuropäischen Staat verhältnismäßig pluralistisch ist, sind die Funkmedien eine ausschließlich staatliche Domäne und daher der politischen Lenkung am deutlichsten ausgesetzt. Liberalisierungsansätze im Rundfunk sind daher noch am ehesten signifikant für Veränderungen des Gesamtklimas.

In der Stadt kommt auf 4 Einwohner ein Fernsehgerät (auf dem Lande ist die Proportion 160 : 1.000, s. RS, 1979, S. 413), was angesichts der Durchschnittsgröße der Familien, die (außer Rentnerfamilien) ebenfalls in der Nähe der Zahl 4 liegt, bedeutet, daß fast alle Familien über das Fernsehen erreicht werden. Im Unterschied zur DDR ist ein Empfang westlicher Alternativ-Programme in Polen nicht möglich. Der staatliche Einfluß auf den Rundfunk ist daher von immenser Wichtigkeit.

Dieser wird nicht allein in der Auswahl der Nachrichteninhalte und der Kommentierung deutlich, auch die Programmgestaltung berücksichtigt die Interessen der Partei und des Staates. Es ist daher von großer Bedeutung, daß zum Besuch des Papstes erstmals seit Kriegsende eine Messe im Rundfunk übertragen wurde; seitdem ist die Sendung von Gottesdiensten ein Zeichen dafür, daß es den unabhängigen Gewerkschaften gelungen ist, die letzte noch gehaltene Propagandazentrale den Interessen der breiten Mehrheit der Polen zu öffnen. Der Streit um die regelmäßige Zuweisung einer ständigen Sendezeit für gesellschaftliche Gruppen, darunter auch für die Gewerkschaft "Solidarität" stellt ein weiteres Symptom des grundlegenden Wandels dar, der die Massenmedien ergriffen hat. Bis Ende 1981 hielten sich im Rundfunk "linientreue" Sendungen mit solchen liberalerer Machart in etwa die Waage; die Reporter lernten in den Reportagen einen neuen Ton der Berichterstattung, der auch aggressive Fragen einschließt, während lange Zeit hindurch eine die Presse weit hinter sich lassende Schönfärberei die Regel war.

Während das Fernsehen über ein totales Monopol verfügt, muß das Rundfunkprogramm mit ausländischen Stationen konkurrieren: und das schon vor dem August 1980! Seit langem wirbt man in allen Kirchen für die polnischen Sendungen von Radio Vatikan, das das religiöse Kontrastprogramm zum atheistischen Staatsfunk brachte. Daneben muß als interessanteste Position auf der Kurzwelle "Radio Freies Europa" erwähnt werden, dessen polnische Redaktion von München aus täglich 19 Stunden lang ein Programm sendet, welches aus staatlichen amerikanischen Geldern finanziert wird. RFE ist ein Relikt des "Kalten Krieges" und als solches besondere Zielscheibe der staatlichen Propaganda. Seine Informationsdienste sind vorzüglich, wenngleich die polnischen Emigranten, die die Programme gestalten, mit ihrer "Gegenpropaganda" oft ähnlich übertreiben wie der Staatsfunk in der anderen Richtung. Wegen dieser zum Teil sehr reißerischen Aufmachung ist - besonders bei Intellektuellen - RFE weniger beliebt als die "seriösen" Auslandsdienste, die man in Polen in polnischer Sprache empfangen kann. An erster Stelle steht hier wohl der Polnische Dienst der Londoner BBC, der als Muster an Neutralität gilt, daneben sind die Sendungen der Stimme Amerikas (die z.T. über die gleichen Sendeanlagen wie RFE aus München gesendet werden und auch auf der Mittelwelle empfangen werden können), der Deutschen Welle und des Französischen Auslandsdienstes beliebt.

Die sozialistischen Nachbarn Polens erhalten Sendezeiten in Polens Inlandssendungen, aus denen jedoch politische Fragen nach Kräften ausgeklammert werden. Die Auslandssendungen in polnischer Sprache aus Moskau und Prag werden ebenso wenig gehört wie die mit sehr starken Anlagen gesendeten Propagandaprogramme des Albanischen Rundfunks aus Tirana. Hier spielt neben der Langweiligkeit der Propagandasendungen sicherlich auch eine eingefleischte Abneigung bei der Programmwahl eine Rolle.

Der Polnische Rundfunk strahlt derzeit 4 Inlandsprogramme aus. Das 1. Programm bringt eine Mischung allgemein interessierender Sendungen über den starken Langwellensender 1.322 m, der in ganz Polen zu empfangen ist. Das 2. Programm (vor allem auf Mittelwelle) hat ein deutliches Übergewicht im klassischen und literarischen Sektor, das 3. Programm auf der Ultrakurzwelle kann als Musikprogramm charakterisiert werden, während das 4. Programm überwiegend von weiterbildenden Sendungen geprägt wird. Es muß erwähnt werden, daß die polnischen UKW-Programme über andere Frequenzen als diejenigen Westeuropas und der DDR ausgestrahlt werden und daher mit nicht umgebauten westlichen Geräten nicht zu empfangen sind. Neben der Sendezentrale in Warschau gibt es in 16 größeren Städten Regionalanstalten, die jeweils einige Stunden täglich Programme von lokalem Interesse ausstrahlen.

Neben dem Inlandsprogramm werden über Mittel- und Kurzwellen Auslandsprogramme gesendet, die sich an folgende Gruppen wenden:

1) an Polen, die sich vorübergehend im Ausland befinden (z.B. an Seeleute etc.),
2) an die Auslandspolen ("Radio Polonia"),
3) an Ausländer.

Für Ausländer werden in 9 Sprachen Sendungen produziert, wobei der Polnische Rundfunk eine der wenigen Anstalten ist, die in

Esperanto sendet: der Erfinder dieser universellen Kunstsprache stammt aus Polen.

Das Polnische Fernsehen arbeitet mit dem französischen SECAM-Farbsystem und sendet landesweit zwei Programme, die durch Lokalsendungen aus 7 Regional-Fernsehzentren ergänzt werden. Sendungen politischen und sozialpolitischen Inhalts nehmen einen großen Sektor des Programms ein, aber alle übrigen Sparten der TV-Produktion - inklusive älterer amerikanischer Serien nicht immer erstklassiger Qualität - sind gleichfalls repräsentiert.

5.3.6. Presse

Das Pressewesen ist in Polen - obwohl der Vertrieb wie in anderen osteuropäischen Staaten in staatlicher Hand liegt und die Zensur tätig ist - weitaus liberaler als etwa in der DDR oder der UdSSR. Neben den großen und auch im Westen bekannten Tageszeitungen wie "Trybuna Ludu" oder "Życie Warszawy" gibt es weitere 42 täglich oder mehr als dreimal in der Woche erscheinende Periodika. Die Redaktionen dieser Blätter unterstehen meist den zugelassenen Parteien oder anderen Gruppen, wie den Branchengewerkschaften, dem Jugendverband oder dem Verteidigungsministerium.

Tab. 29 Daten zur polnischen Presse

Auflagen (1978)		
Trybuna Ludu	1.000.000	täglich
Trybuna Robotnicza, Katowice	700.000	täglich
Gazeta Robotnicza, Wrocław	300.000	täglich
Gazeta Współczesna, Białystok	145.000	täglich
Przyjaciółka	2.000.000	wöchentlich

Zahl der Titel	
Allgemeine Presse	44
Fach- und andere Zeitschriften	2.404

Jahresauflage in Millionen	
1975	3.735,6
1977	3.488,8
1978	3.573,5

Tageszeitungsauflage pro Tag pro 1.000 Einwohner	
DDR	472
UdSSR	397
Tschechoslowakei	300
BRD	289
USA	287
Polen	248
Rumänien	129
Italien	113

(Quelle: RS, 1979, S. 552)

Das Interesse an der Inlandspresse ist sehr groß, wegen der Papierknappheit kann an manchen Tagen der Erwerb einer Zeitung schwierig sein, oftmals muß man lange in Käuferschlangen warten, die sich an Kiosken nach der Anlieferung der neuen Ausgaben bilden. Auch darin zeigt sich die Unterschiedlichkeit der Presseorgane: Während sich etwa die Katowicer "Trybuna Robotnicza" und das Organ des Verteidigungsministeriums "Żołnierz Wolności" dogmatisch an die Moskauer Linie halten - und fast immer ohne Problem erhältlich sind -, sind die liberaleren Blätter - deren Vorreiter die im Ausland kaum bekannte Krakauer Parteizeitung "Gazeta Krakowska" ist - meist sofort nach Erscheinen ausverkauft und gesucht. Da die lokalen Zeitungen in der Regel nur in der entsprechenden Region vertrieben werden, hat sich ein reger Tauschhandel mit den interessanteren Organen entwickelt.

Einen besonderen Rang nehmen die Zeitschriften "Kultura" und "Polityka" ein, die sich im kulturellen und politischen Bereich bereits vor 1980 zu Fürsprechern der Liberalisierung entwickelt hatten. Der Chefredakteur der "Polityka", Mieczysław Rakowski, wurde 1981 als Reformmann in das Kabinett Jaruzelski berufen. Insgesamt wird in den meisten Blättern ziemlich offen Kritik an bestehenden Mängeln geäußert.

Neben der staatlich/gesellschaftlichen Presse gibt es eine vitale katholische Publizistik, bei der zwischen drei Gruppen zu unterscheiden ist:

a) der "regimetreuen" katholischen Presse der "anerkannten" katholischen Gruppierungen, wie die Tageszeitung "Słowo Powszechne" der laizistischen Gruppe PAX,
b) der liberal-katholischen Presse im Umfeld verschiedener Klubs der Katholischen Intelligenz (KIK) aus den Verlagen "Znak" und "Więź"; z.B."Tygodnik Powszechny"(Znak),
c) und der Presse kirchlicher Stellen, also Publikationen von Orden, Diözesen (z.B. die Katowicer Kirchenzeitung "Gość Niedzielny", die seit 1970 wieder erscheinen darf) und der Katholischen Universität Lublin.

Seit März 1981 darf auch die unabhängige Gewerkschaft "Solidarität" ein eigenes Presseorgan veröffentlichen. Davor wurden ihre Ausgaben illegal ("Robotnik") oder als "innergewerkschaftliches Kommunikationsblatt" ausgegeben, um die Zensur zu umgehen.

Die Polen haben seit jeher ein starkes Interesse an ausländischem Geschehen gehabt, das immer auch Einfluß auf die einheimische Entwicklung hatte. Im Unterschied zu anderen Staaten Osteuropas ist daher die polnische Auslandsberichterstattung schon lange umfangreich und sachlich. Nur selten wird die anderswo übliche Verkürzung der Berichterstattung auf politisch opportune Inhalte angewendet. Es fehlt die überspitzte terminologische Diffamierung nicht-sozialistischer Gruppierungen im Ausland. Selbst gegenüber den deutschen Vertriebenenorganisationen - im Verhältnis zu welchen man eine gewisse Emotionalisierung noch verstehen könnte - wird terminologisch eine erfreuliche Zurückhaltung beobachtet, die sich deutlich von früheren Praktiken unterscheidet. Mit der "Kronika - Dokumentacja Prasowa" erscheint eine in weiten Teilen dem "Archiv der Gegenwart" vergleichbare Publikation, in der zu weltpolitischen Ereignissen die Meinungen westlicher und östlicher Presseorgane und Politiker einander gegenübergestellt werden.

Der Import ausländischer Presseerzeugnisse beschränkt sich in Polen nicht auf Blätter der jeweiligen kommunistischen Parteien; auch die größeren westlichen Tages- und Wochenzeitungen sind in den größeren Städten zumindest in wenigen Exemplaren erhältlich.

Tab. 30 Import und Export von Presseerzeugnissen 1978

	Import		Export	
	Titel	Auflage	Titel	Auflage
Österreich	225	82.800	342	245.000
Tschechoslowakei	604	380.700	838	4.327.400
Frankreich	226	877.300	569	514.000
DDR	646	1.935.600	832	5.290.100
BRD	2.076	2.614.300	834	1.406.100
USA	2.256	661.900	915	1.583.000
UdSSR	2.748	51.922.800	797	41.076.700

(Quelle: RS, 1979, S. 406)

Importbeschränkungen sind nicht zensurbedingt, sondern hängen mit der Devisenknappheit zusammen. Für die polnischen Bürger besteht jedoch - was die Lesepresse betrifft (die Fachpresse wird in Bibliotheken und Instituten gesammelt) - nicht unbedingt eine Kaufnotwendigkeit: in allen größeren und vielen kleineren Städten bestehen sog. Klubs der Internationalen Presse und des Internationalen Buches, wo die laufenden Ausgaben der Weltpresse ausliegen und gelesen werden können.

Die Pressefreiheit erscheint jedoch nur im Verhältnis zu anderen Ostblockstaaten als solche; es bestehen weiterhin Sprachregelungen und Verbote fort, deren Überwachung dem "Hauptamt für die Kontrolle von Presse, Publikationen und Aufführungen" in Warschau und seinen Exposituren obliegt. Der Krakauer Zensor Tomasz Strzyżewski, der unter Mitnahme eines Teiles seiner Zensurunterlagen ins Ausland floh, hat einen Teil seiner Materialien veröffentlicht. Daraus geht hervor, daß die Zensur keine starre Linie verfolgt, sondern sich - von ausdrücklichen Tabus, wie etwa der Kritik an der Sowjetunion, abgesehen - elastisch verhält. Es ist jedoch zu bedenken, daß eine Vorzensur der Redaktionen besteht, die auch bei Fortfall institutionalisierter Zensurstellen eine vollständige Meinungs- und Publikationsfreiheit verhindert. Ein Novum der Entwicklung des letzten Jahres ist die Tatsache, daß ein "Gesetz über die Zensur" geplant ist, das im ganzen Lande diskutiert wird. Damit verläßt Polen den Usus der anderen Staaten Osteuropas, wo die Zensur kein "Thema" ist. Es ist noch zu früh, die künftige Gestaltung dieses Bereiches der staatlichen Einflußnahme auf die Äußerungen seiner Bürger umreißen zu wollen.

1) Nach dem "Philosophischen Wörterbuch" (1971, S. 630) ist die sozialistische Kulturrevolution eine "allgemeine Gesetzmäßigkeit der sozialistischen Gesellschaftsformation, die von der marxistisch-leninistischen Partei mit Hilfe des sozialistischen Staates und der gesellschaftlichen Organisationen bewußt gelenkt und geleitet wird. Im Prozeß der Kulturrevolution wird dem Volk der Zugang zur Kultur und zu allen Bereichen der Bildung (verbunden mit der Entwicklung der allgemeinbildenden polytechnischen Schule)

eröffnet, eine sozialistische Intelligenz herangebildet und ein hohes Bildungsniveau der Volksmasse erreicht, der Klassencharakter der Nationalkultur umgestaltet, das kulturelle Erbe kritisch verarbeitet, der Reichtum der Kultur unter aktiver Teilnahme der Werktätigen, besonders der Arbeiterklasse, dem sozialistischen Aufbau entsprechend schöpferisch weiterentwickelt."

2) Vor 1910 bestand in den Teilungsgebieten Polens (außer im russischen) eine allgemeine Schulpflicht. Sie betrug im preußischen Teilungsgebiet 8 Jahre und im österreichischen 6 Jahre. Der Unterricht wurde allerdings nur im österreichischen Teilungsgebiet in polnischer Sprache erteilt (zur Entwicklung des polnischen Schulwęsens vgl. V. HAMMETTER, 1966; W. MAAS, 1959 und 1968; A. ŚWIECKI, 1969). Mit dem Dekret vom 7.2.1919 wurde auf allen Gebieten Polens die allgemeine Schulpflicht für Kinder zwischen 7 - 14 Jahren eingeführt.

3) Die Schulen der ersten Stufe realisierten ein Programm von vier Klassen, die der zweiten Stufe eines von 6 Klassen und die der dritten Stufe eines von 7 Klassen. Es bestand eine siebenjährige Schulpflicht, wobei nach der 6. Klasse zum Gymnasium übergewechselt werden konnte(s. M. PĘCHERSKI u.a., 1972, S. 40 ff. und S. 161-176). Das Gesetz über die Verfassung des Schulsystems von 11.3.1932 (Dz.U.R.P. von 1932, Nr. 38, Pos 389) teilte die Volksschulen in drei Organisationsstufen ein, in denen drei Unterrichtsprogramme durchgeführt wurden.

4) Zum Schulwesen im Untergrund vgl. insbesondere J. KRASUCKI, 1971; C. WYCECH, 1964; W. SULEWSKI, 1966. Das Departement für Bildung und Kultur (Departament Oświaty i Kultury) hatte drei Abteilungen: 1) für Wissenschaft und Hochschulwesen, 2) für Ausbildung und Erziehung und 3) für Kultur und Kunst. Daneben wirkten eine Hauptplanungskommission, das Generalsekretariat sowie als politische Kontrolle die Verständigungskommission (s. J. KRASUCKI, 1971, S. 78 ff.).

5) In § 6 der Verordnung über das Schulwesen im Generalgouvernement vom 31. Oktober 1939 hieß es lediglich, daß über polnische wissenschaftliche Einrichtungen und Hochschulen besondere Bestimmungen erlassen werden sollten (s. S. WOŁOSZYN, 1966, S. 428-429).

6) Zur Organisation und Entwicklung des polnischen Schulsystems vgl. insbesondere: O. ANWEILER, 1975; O. ANWEILER und J.R. WOMPEL, 1978; P. DILGER, 1973; S. LAMMICH, 1974; M. PĘCHERSKI und M. ŚWIĄTEK, 1972; A. ŚWIECKI, 1969 und 1975; K. TRZEBIATOWSKI, 1972 sowie Raport o stanie oświaty w PRL, Warszawa 1973.

7) Der beruflichen Ausbildung liegt die "Nomenklatur der Berufe und Spezialisierungen" aus dem Jahre 1965 zugrunde, die für

die Berufsgrundschulen 210 Ausbildungsberufe und für die übrigen beruflichen Schuleinrichtungen 343 Berufe auf dem Technikerniveau vorsieht. In den folgenden Jahren wurde die Berufsnomenklatur nur geringfügig geändert (vgl. J.J. JUSTIN, 1980, S. 812, 817).

8) Zur Entwicklung und Struktur des Hochschulwesens in Polen vgl. insbesondere: K. HARTMANN, 1962; S. LAMMICH, 1974; W. RESCHKA, 1974; J. SZCZEPAŃSKI, 1969; J.K. SZŁAPCZYŃSKI, 1968.

9) Durch die Verabschiedung des Gesetzes über die Rechte und Pflichten des Lehrers (Dz.U. PRL, 1972, Nr. 16, Pos. 114) sowie durch die Novellierung des Gesetzes über wissenschaftliche Grade und wissenschaftliche Titel (Dz.U. PRL, 1973, Nr. 12, Pos. 89) wurde gleichzeitig das Hochschulgesetz geändert (Dz.U. PRL, 1973, Nr. 32, Pos.191), ohne jedoch die Organisation der Hochschule wesentlich zu ändern.

10) Z. OSTROWSKI (1968, S. 35) gibt an, daß in der Zwischenkriegszeit in Polen insgesamt 15 selbständige Forschungsinstitutionen tätig waren.

11) Vgl. hierzu insbesondere die Protokolle der ersten und zweiten Tagung der Polnischen Wissenschaften, vor allem auch R. BUJAK, 1920, S. 16 ff; J. SOSNOWSKI, 1927, S. 26-37, und die darauffolgenden Diskussionen.

12) Zum wissenschaftlichen Leben in Polen vgl. K. HARTMANN, 1962, S. 15-31; W. ROLBIECKI, 1972; B. JACZEWSKI, 1971 und "Outline of the History of Polish Science and Technology", 1966, sowie "Historia nauki polskiej", 1970.

13) Die politischen Veränderungen nach 1956 haben zu einer heftigen Kritik an den Organisationsformen der PAdW geführt (s. K. HARTMANN, 1962, S. 67 ff.). Im Jahre 1960 wurde in diesem Zusammenhang ein neues Gesetz über die Polnische Akademie der Wissenschaften verabschiedet. Auch die Politik gegenüber den wissenschaftlichen Gesellschaften wurde geändert, indem ihnen positive Aufgaben zugeteilt wurden (s. W. ROLBIECKI, 1972, S. 266 ff.).

14) Mit den Gesetzen vom 29.3.1972 (Dz.U. PRL, 1972, Nr. 11, Pos. 70-73) wurden das Komitee für Wissenschaft und Technik sowie das Ministerium für Bildung und Hochschulwesen aufgelöst und an ihrer Stelle das Ministerium für Wissenschaft, Hochschulwesen und Technik (Ministerstwo Nauki, Szkolnictwa Wyższego i Techniki) und das Ministerium für Bildung und Erziehung (Ministerstwo Oświaty i Wychowania) errichtet.

15) Zu Struktur und Organisationsformen der Forschungseinrichtungen vgl. K. HARTMANN, 1962; S. LAMMICH, 1974; "Polen", 1976, S. 215 ff.).

16) Dabei wurde gemäß den Ansätzen der kommunistischen Klassiker die "Kulturrevolution" neben der politischen und ökonomischen als eines der konstitutiven Elemente der revolutionären sozialistischen Umgestaltung verstanden (LORANC, 1976, S. 27).

17) Die entsprechenden Forderungen finden sich bereits in den frühesten programmatischen Erklärungen der Polnischen Arbeiterpartei von 1943 und 1944 (W. KACZOCHA, 1981, S. 39).

18) Insbesondere in den West- und Nordgebieten mußte den nicht immer kulturell interessierten Neusiedlern (vgl. für Szczecin E. NOWAKOWSKA, 1980, S. 87) der Kulturbetrieb nahegebracht werden; in den nicht von der Aussiedlung erfaßten Gebieten (Südostpreußen, Oberschlesien) hatte die Kulturförderung einen Polonisierungsauftrag (M. CZERWIŃSKI, 1969, S. 25). Die Distribution des Kulturbetriebs wird auch durch die neue Verwaltungsstruktur von 1975 problematisch: So verfügen die meisten "alten" Wojewodschaftszentren über "professionelle" Kultureinrichtungen, während in den "neuen", die früher nur Kreisstädte waren, "hobbyistische"Einrichtungen überwiegen (M. CZERWIŃSKI, 1969, S. 60-61) - die alte "Hierarchie" besteht dadurch teilweise fort.

19) Als Basis dieses Ausbaus gilt die auf dem Vereinigungsparteitag der PVAP (1948) formulierte Forderung nach einer "aktiven Teilnahme der Massen am Aufbau der neuen Kultur" (W. KACZOCHA, 1981, S. 41).

20) Die Zahl öffentlicher Bibliotheken stieg von 934 (1946) auf 4.193 (1950); bis 1969 trat eine Verdoppelung dieser Zahl ein (8.545) (Z. CZYŻOWSKA, 1971, S. 120). Dabei liegt das Schwergewicht dieser Bibliotheken auf kleinen Einheiten: Bibliotheken mit 2.000 bis 10.000 Titeln machten 1967 6.597 von 8.349 Einrichtungen aus (79 o/o) (Z. CZYŻOWSKA, 1971, S. 122). Im Bereich der Leseförderung leisteten die Schulbibliotheken wichtige Dienste, wo - zum Teil mit allerdings kaum zureichenden Mitteln - oftmals der erste Kontakt mit dem Buch vermittelt wurde. Der Satz "Ich bitte um ein Buch für die Mutter" ist vor allem auf dem Lande von größerer Bedeutung gewesen (M. BIELAWSKA in: Biblioteki,1966, S. 335).

21) Die Investitionsleistungen machten für den Bereich "Bildung, Wissenschaft, Kultur" im Prozentsatz der gesamten Leistungen in der vergesellschafteten Wirtschaft im Durchschnitt aus:

1946 - 1949	4,6 o/o	
1950 - 1955	5,3 o/o	(Z. CZYŻOWSKA, 1971,
1966 - 1969	3,5 o/o	S. 53)

Die von W. SOKORSKI (1967, S. 30) kritisierte Teilung in eine "elitäre" bürgerlich orientierte Kunst und einen "kommunikativen" Sektor der Massenkultur muß nicht negativ gewertet werden, weil sie einen "Kulturkampf" weitgehend verhinderte, andererseits an der "Massenkultur" eines sozialistischen Realismus in keinem Ostblockland ein Weg vorbeiführte. Ideologisch wurde die Aufgabe des "Doppelweges" durch ein Einmünden beider Richtungen in eine "Nationalkultur der Epoche des Sozialismus" rationalisiert (W. SOKORSKI, 1967, S. 34). Die "Massenarbeit" gehorchte weitergehend den Gesetzen des sozialistischen Realismus, als dies bei ihrem Gegenpol der Fall war: Das pädagogische Moment, die erzieherische Funktion stand im Vordergrund und mit ihr die "Parteilichkeit", das Bestreben, die Utopie der Diktatur des Proletariats positiv hervorzustreichen. Als konstitutives Element der Kulturarbeit und der Integration in das osteuropäische System kam die bis heute in spezifischen Gesellschaften propagierte "Freundschaft mit der UdSSR und ihrer Kultur" auf, die, in die polnische historische Beziehung übersetzt, den Übergang "vom Weg der Jagiellonen auf den Weg der Piasten" und den totalen Bruch mit dem Piłsudski-Polen der Zwischenkriegszeit bedeutete (W. KACZOCHA, 1981, S. 45).

22) Erst in neuerer Zeit werden wieder Gedanken laut, die eigene dörfliche Kultur "wiederzuentdecken" (J.K. MAKULSKI, 1973, S. 181-184) und "in der Praxis diejenigen Elemente ländlicher Kultur zu nutzen, ... die für die moderne ländliche Gesellschaft wertvolle Elemente enthalten" (S. 184).

23) 1955, im Anschluß an die III. Plenarsitzung des ZK der PVAP wurde der Realismus nicht mehr als "Sammlung von Canones und Vorschriften, sondern als Reichtum an Formen und Stilen" verstanden; 1968 verzichtete man völlig auf künstlerisch-ästhetische Direktiven. Der V. Parteitag der PVAP faßte einen Beschluß über die "vollständige Respektierung der Freiheit der Schaffenden bei der Auswahl künstlerischer Ausdrucksformen und der methodischen Versuche", gefordert wurde nur mehr eine "Kunst, die vom sozialistischen Humanismus durchtränkt" ist (W. KACZOCHA, 1981, S. 57-59).

24) Quantitative Angaben zeigen den Anstieg der Diversifizierung der Literaturproduktion, vor allem den Massenvertrieb von Propagandatiteln in der Stalin-Ära:

	Titelzahl	Gesamtauflage in Mill.	Mittlere Auflage in 1.000
1937	7.974	29,2	3,7
1949	4.602	72,9	15,8
1950	4.611	118,9	25,8
1969	10.445	110,9	10,6

(Z. CZYŻOWSKA, 1971, S. 90)

W. SOKORSKI (1967, S. 30) spricht deutlich von "durch nichts begründeten Auflagen an Agitationsliteratur, gesellschaftlich oft nutzlos, aber im Rahmen der propagandistischen Ansätze."

25) Die Belletristik machte 1969 11,3 o/o der Titel, aber 32,9 o/o der Gesamtauflage aus (Z. CZYŻOWSKA, 1971, S. 91).

26) Bei einer Umfrage gaben 1961 über 40 o/o der Befragten an, mindestens einmal in der Woche ein Buch zu lesen (M. CZERWIŃSKI, 1969, S. 32). 1974 ergab allerdings eine Befragung von Schichtarbeitern, daß nur 6 - 9 o/o in ihrer freien Zeit Bücher lesen (K. ŻYGULSKI, 1979, S. 59).

27) Der durchschnittliche Band moderner Belletristik war 1975 um 40 - 50 Zł . zu erwerben, 1964 lag der mittlere Buchpreis (Sachbuch und Belletristik) bei 16,81 Zł. (M. CZERWIŃSKI, 1969, S. 17). Die Krise von 1980/81 drückt sich hier deutlich in sinkenden Auflagen, verminderter Papierqualität und der Hinauszögerung von Erscheinungsdaten aus.

28) Im Theaterbereich waren die Restriktionen stärker spürbar als in der Literatur oder der Musik. 1953 wurde das Rhapsodische Theater in Krakau geschlossen. Nicht nur ideologisch, auch stilistisch sollte das Theaterleben monolithisiert werden, Persönlichkeiten wie Leon Schiller, Wilam Horzyca oder Iwo Gall wurden aus ihren innegehabten Positionen verdrängt und durch durchschnittliche Talente ersetzt. Die Epoche soz.-realistischer Stücke, deren Höhepunkt das Festival der Modernen Künste 1950/51 war, mündete in primitives Vaudeville oder eskapistische historische Probleme.

29) Nach 1944 hatte sich das Theater vor allem in der Provinz entwickeln können; allerdings wird den Bühnen in den ehemals deutschen Gebieten ein "eher pionierhafter als artistischer Charakter" bescheinigt (St. MARCZAK-OBORSKI, 1968, S. 25). Hier kam der Aufschwung mit den 1950er Jahren, die neuen Gebiete stellten 1950 8,8 o/o der Zuschauer im ganzen Land, 1952 waren es 22,3 o/o (S. 62).

30) Einen Überblick über Grotowskis Schaffen bietet ein repräsentativer Interpress-Band (T. BURZYŃSKI/Z. OSIŃSKI, 1977), aus dem auch die Bedeutung hervorgeht, die der polnische Staat auf dem international-propagandistischen Sektor seinen Künstlern zumißt.

31) Die Provinz hatte hier einen Vorsprung, weil Warschau dem Erdboden gleich war. Die ersten Jahre sahen vor allem Łódź, Krakau und Toruń (Thorn) als Theaterzentren (St. MARCZAK-OBORSKI, 1968, S. 24). Warschau gewann seine Bedeutung erst 1949/51 wieder (S. 60). Die Bedeutung der ländlichen Arbeit und des gesamtnationalen Kulturaustausches veranschaulicht das Verhältnis der Zuschauer an den Heimatorten der Ensembles und außerhalb derselben zueinander:

(Theater und Musik)	1953	1960	1969
am Ensembleort	9.104.000	10.305.000	10.625.000
außerhalb	5.026.000	7.357.000	7.606.000

(Z. CZYŻOWSKA, 1971, S. 169).

Das geringe Wachstum in den 1960er Jahren ist u.a. dem aufkommenden Fernsehen zuzuschreiben und ein auch in anderen Ländern festzustellendes Phänomen.

32) Gleichzeitig erkennt man hier eine Reaktion auf die Überzentralisierung des Theaterlebens in den 1950er Jahren, deren Folgen höchst negativ eingestuft werden (R. SZYDŁOWSKI, 1972, S. 53).

33) Eine informative, mittlerweile allerdings veraltete Übersicht bietet Teatry Studenckie w Polsce. Warszawa 1968.

34) Diese Richtung gewann seit den frühen 1960er Jahren an Bedeutung. Sienkiewiczs "Krzyżacy"(1960) war in der Verfilmung von Aleksander Ford der beliebteste polnische Nachkriegsfilm: 25.000.000 Zuschauer sahen ihn bis 1974 (J. FUKSIEWICZ, 1975, S. 39). Auch Wajda hat mit der Verfilmung von Wyspiańskis "Wesele" internationale Erfolge errungen.

35) Aus diesem Bereich stammen die ersten polnischen Nachkriegsproduktionen ("Verbotene Lieder" (1947) von Leonhard Buczkowski; "Letzte Etappe" (1948) von Wanda Jakubowska und "Grenzstraße" von Aleksander Ford). Die Darstellung wurde im Laufe der Jahre immer differenzierter, obwohl bereits einige der frühen Produktionen hohes Niveau haben.

36) Zur gesellschaftskritischen Filmart gehören apolitische, z.T. psychologisierende Streifen wie "Beata" von Anna Sokołowska, "Żywot Mateusza" (1968) von Witold Leszczyński oder "Gra" von Jerzy Kawalerowicz (1968). Für den "jungen polnischen Film" stehen Namen wie Krzysztof Zanussi ("Struktura Kryształu", "Iluminacja")und Krzysztof Wojciechowski ("Kochajmy sie").

6. Soziale Differenzierung und Schichtung der polnischen Gesellschaft

6.1. Die Zwischenkriegszeit

Wie bereits aus den vorangegangenen Abschnitten deutlich wurde, war Polen in den Jahren 1918 - 1939 ein wirtschaftlich schwach entwickeltes Land. Die in Tabelle 31 dargestellte Sozialstruktur der polnischen Gesellschaft der Zwischenkriegszeit (1931) zeigt deutlich den geringen industriellen Entwicklungsgrad des Landes. [1]

Tab. 31 Die Aufgliederung der polnischen Bevölkerung in soziale Schichten für das Jahr 1931

Kategorien	Bevölkerung in Mill.	o/o
Bevölkerung Polens insgesamt	32,0	100
Arbeiterbevölkerung	9,4	29
bäuerliche Bevölkerung	16,8	53
Intelligenz und Angestellte	1,9	6
Mittelstand	3,5	11
besitzende Klasse	0,4	1

(Quelle: J. ŻARNOWSKI, 1969, S. 158)

Neben den politischen und wirtschaftlichen Problemen bildete daher die Sozialstruktur Polens eines der wichtigsten Hemmnisse im Prozesse der Modernisierung und Demokratisierung. "The combined problems of social unrest, national integration, and efficient political leadership" - schreibt J. SZCZEPAŃSKI (1970, S. 22) - "became most relevant, taking into consideration that, for the first time in Polish history, a democratic system admitted the masses of peasants and workers to active participation in politics. From this point of view, the problem of

Tab. 32 Die Verbrauchsstruktur einzelner Bevölkerungsgruppen in der Zwischenkriegszeit

Klassen und soziale Schichten	Monatsausgaben pro Person in Złoty	Jahresverbrauch einer erw. Person in kg				prozent. Anteile der angegebenen Gruppe nach Wohnraumdichte	
		Backwaren Mehl	Kartoffeln	Fleisch	Zucker	bis zu 2 Pers./ Zimmer	6 u. mehr Pers./ Zimmer
besitzende Klasse und freie Berufe	254	147	143	100	33	77	1
Angestellte und Intelligenz	141	152	202	67	32	78	2
Mittelstand	59	-	-	-	-	44	8
Arbeiter	43	185	191	31	20	29	10
Bauern:							
- wohlhabende im Posener Raum	46x)	191	439	28	5	19	17
- Kleinbauern in Kleinpolen	24x)	163	290	9	3		

x) Im Falle der Bauern wurden auch die Werte der verbrauchten Produkte berücksichtigt, die aus der eigenen Landwirtschaft stammen.

(Quelle: J. ŻARNOWSKI, 1969, S. 162)

social structure and relations between social classes, the way each fought for its own interest, and how each viewed the national interest, was of utmost importance."

Die Schichtung der polnischen Gesellschaft in der Zwischenkriegszeit war hauptsächlich durch die Vermögens- und Einkommensverhältnisse der einzelnen Bevölkerungsgruppe bestimmt. Die diesen Gruppen zur Verfügung stehenden Mittel bedingten direkt ihren Lebensstil, insbesondere den Anteil am gesamtgesellschaftlichen Verbrauch, die Konsumgewohnheiten sowie die Ausstattung mit Wohnraum (vgl. Tabelle 32). Auch das Sozialprestige der einzelnen sozialen Schichten stimmte mit den Vermögensverhältnissen weitgehend überein. Eine Ausnahme bildete in dieser Hinsicht lediglich die polnische Intelligenz. Mit einer besonderen Bildung ausgestattet, konnte sie, dank ihrer allgemeinen kulturellen Überlegenheit, auch ein höheres Sozialprestige für sich in Anspruch nehmen.

Tabelle 32 bringt gleichzeitig den geringen Entwicklungsstand der polnischen Gesellschaft deutlich zum Ausdruck. Die im 19. Jahrhundert einsetzenden Industrialisierungsversuche hatten, wie zu ersehen ist, nur eine geringe Veränderung der Sozialstruktur bewirken können. Die in der Mehrzahl adligen Großgrundbesitzer, deren Einfluß durch Industrialisierung und Landreform z.T. beschnitten wurde, behielten auch weiterhin ihre dominierende Position in der Gesellschaft. Charakteristisch für die traditionelle Sozialstruktur Polens ist im weiteren der hohe Anteil bäuerlicher Bevölkerung, die zum Teil unter äußerst kümmerlichen Bedingungen leben mußte und von einer Beteiligung an gesamtgesellschaftlichen Prozessen weitgehend ausgeschlossen blieb. Im Vergleich zu ihr war der Anteil der Arbeiter an der Gesamtbevölkerung ausgesprochen gering. Die für eine unterentwickelte Wirtschaft charakteristische Verbreitung von Kleinbetrieben in Industrie und Handel findet ihren Ausdruck in einem relativ hohen Anteil der Kleinbourgeoisie. Anders als in Westeuropa, konnte jedoch diese soziale Schicht eine Höherbewertung ihrer sozialen Position, einschließlich der von ihr repräsentierten Wertvorstellungen und Verhaltensmuster, nicht durchsetzen. Die traditionelle Auffassung, daß die Intelligenz besser dazu geeignet wäre, gesellschaftliche Führungsfunktionen wahrzunehmen, verhinderte darüber hinaus, daß sie eine entscheidende politische Rolle übernehmen konnte (J. CHAŁASIŃSKI, 1958, S. 97 u. M. VAUGHAN, 1971, S. 321).

An der Spitze der polnischen Sozialstruktur der Zwischenkriegszeit stand die Oberschicht, die sich aus Großgrundbesitzern, der Großbourgeoisie und der politischen Führungselite zusammensetzte. Zwar hatten die Großgrundbesitzer mit ca. 0,5 o/o nur einen geringen Anteil an der Gesamtbevölkerung, verfügten jedoch über mehr als 27 o/o der landwirtschaftlichen Nutzflächen. Den Kern dieser Gruppe bildeten die alten Adelsfamilien, die sich, ihrer historischen Rolle bewußt, als die führende Gesellschaftsschicht des Landes ansahen. Zwar wurde ihre wirtschaftliche Basis im Zuge der kapitalistischen Produktionsentwicklung immer brüchiger, dennoch war sie dank ihres kulturellen Einflusses und ihrer Verbindung zu Regierungskreisen weiterhin in der Lage, ihre führende gesellschaftliche Rolle beizubehalten (s. J. SZCZEPAŃSKI, 1970, S. 23). Die polnische Großbourgeoisie war mit einem Anteil von 1 - 2 o/o relativ klein und hatte auch nicht die gesellschaftliche Bedeutung erreichen können, wie das in Ländern Westeuropas der Fall war. Eine Besonderheit bildete ihre ethnische Zusammensetzung, wie sie annähernd aus den statistischen Daten über die unterschiedliche Religionszugehörigkeit ihrer Mitglieder zu erschließen ist. Einem Anteil von 37 o/o Katholiken (meistens Polen) standen 38 o/o Juden (mosaisches Bekenntnis) und 19 o/o Protestanten (in der Regel Deutsche) gegenüber, ein Tatbestand, der deutlich auf die Schwäche der national-polnischen Bourgeoisie hinweist und oft als Vorwand für die wirtschaftlichen Eingriffe des Staates benutzt wurde (s. J. ŻARNOWSKI, 1969, S. 150).

Zur Oberschicht ist schließlich auch die Führungselite hinzuzuzählen, der neben der politischen Macht auch ein erhebliches Wirtschaftspotential zur Verfügung stand. Sie rekrutierte sich hauptsächlich aus der Intelligenz und dem Offizierskorps und näherte sich in ihrem gesellschaftlichen Lebensstil den beiden einflußreichsten Gruppen an. Ihr Selbstverständnis als "Elite der Nation" sowie ihre besonderen Rekrutierungsmechanismen sprechen im weiteren dafür, sie als eine besondere soziale Schicht anzusehen (s. J. ŻARNOWSKI, 1969, S. 142).

Den zweiten Platz in der polnischen Sozialstruktur nahm die Intelligenz (5,5 o/o) ein. [2)]

Die größte Gruppe innerhalb der Intelligenz bildeten die ca. 700.000 Angestellten, die vorwiegend im Staats- und Verwaltungsapparat beschäftigt waren. Ihre Einkommenssituation war recht unterschiedlich und glich z.T. der Einkommenssituation qualifizierter Arbeiter (s. J. ŻARNOWSKI, 1969, S. 29). Wesentlich besser situiert war dagegen die ca. 50.000 Peronen zählende Intelligenzgruppe der freien Berufe. Aus der Tatsache, daß die jüdische Mehrheit aus dem öffentlichen Dienst ausgeschlossen war, ist zu erklären, daß der Anteil dieser nationalen Minderheit an der freiberuflichen Intelligenz überdurchschnittlich hoch vertreten war und dem polnischen Anteil gleichkam, was u.a. zum Aufkommen antisemitischer Einstellungen in einigen Kreisen der Intelligenz beitrug. Die sogenannte "freischaffende Intelligenz" (Intelligenz im engeren Sinn) zählte zwar nur 10.000 Mitglieder, war aber dank ihrer Einflüsse auf das Kulturleben von großer gesellschaftlicher Bedeutung. Im allgemeinen bilden das Einkommen, z.T. auch die Ausbildung, keine ausreichenden Kriterien für die Abgrenzung der Intelligenz von anderen sozialen Schichten. Das wesentliche Unterscheidungsmerkmal bestand vielmehr im sozialen Bewußtsein und dem Persönlichkeitsvorbild, dem sich die Intelligenz verpflichtet fühlte. Dazu gehört weiter eine bestimmte

Wohn- und Bekleidungskultur, die Hervorhebung der Stellung der Frau sowie die weniger restriktiven Erziehungspraktiken. Die Intelligenz rekrutierte sich vorwiegend aus ihrem eigenen Milieu sowie der Ober- und Mittelschicht (s. J. ŻARNOWSKI, 1965, S. 122 ff.).

Die Mittelschicht (Kleinbourgeoisie und Handwerker (11 o/o)) war im Vergleich zu westlichen Industrieländern stark unterentwickelt und spielte nur eine untergeordnete gesellschaftliche Rolle. In ihren Einkommens- und Lebensverhältnissen war sie sehr unterschiedlich und besonders in Ost- und Mittelregionen Polens stark proletarisiert, was darauf zurückzuführen ist, daß einerseits der Güteraustausch zwischen den einzelnen Wirtschaftssektoren des Landes schwach entwickelt war, andererseits ein ständiger Zufluß aus anderen Schichten erfolgte. Insbesondere in den Jahren der Wirtschaftskrise sah sich ein Großteil der entlassenen Arbeiter und Angestellten gezwungen, auch bei geringer Entlohnung als Handwerker oder Händler sein Geld zu verdienen. Auch in der Mittelschicht war der Anteil der jüdischen Minderheit überdurchschnittlich hoch.

Der geringe Anteil an Arbeitern (20 o/o), vor allem die kleine Zahl von Arbeitern in Groß- und Mittelbetrieben der Industrie von ca. 6 o/o, spiegelt die industrielle Unterentwicklung Polens sehr deutlich wider. Einen viel höheren Anteil hatten dagegen Landarbeiter (9 o/o) aufzuweisen, die in ihrem Lebensstil und ihren Lebensverhältnissen den Kleinbauern näherstanden als den Arbeitern in der Stadt. Eine privilegierte Position unter den Arbeitern nahmen Facharbeiter ein, die sich bereits durch ihre Bezeichnung als "Handwerker" (Rzemieślnicy) von den un- und angelernten Arbeitern zu distanzieren suchten. Ähnlich wie die ungelernten Arbeiter waren auch die Arbeiter im Handwerk und die Landarbeiter ständig von Arbeitslosigkeit bedroht. [3] Der Lebensstandard der Arbeiter war, gemessen an den Ausgaben für Lebensmittel, am geringen Konsum von Fleischwaren und an den Wohnverhältnissen sehr niedrig, allerdings immer noch höher als der der Kleinbauern (s. J. ŻARNOWSKI, 1969, S. 162).

Tab. 33 Monatsausgaben einer vierköpfigen Familie in Złoty

Bevölkerungskategorien	1929	Index o/o	1933	Index o/o
vom Gewinn lebende und freie Berufe	1.300	100	800	100
Angestellte	640	49	445	56
Mittelstand	345	27	185	24
Arbeiter	265	20	135	17
Bauern und Landarbeiter	175	13	-	-

(Quelle: J. ŻARNOWSKI, 1969, S. 161; die Angaben beziehen sich oft auf Familien, in denen mehrere Personen berufstätig waren)

Bei einer relativ hohen Kinderzahl (2,4 bis 3,2) der Arbeiterfamilien und einem geringen Bildungsniveau bestanden die Bemühungen der Eltern dieser Sozialschicht vor allem darin, den Kindern eine Fachausbildung zu ermöglichen, um sie vor dem Schicksal eines ungelernten Arbeiters zu bewahren. Eine Ausbildung am Gymnasium oder sogar an der Hochschule scheiterte meistens an den hohen Gebühren. Was die Kulturgewohnheiten betrifft, so orientierte sich die "Arbeiteraristokratie" an den Gewohnheiten der Kleinbourgeoisie. In den anderen Gruppen blieben dagegen die bäuerlichen Verhaltensnormen noch sehr stark ausgeprägt (s. Pamiętniki bezrobotnych, 1933).

Die Bauern stellten mit 52 o/o die größte Bevölkerungsschicht der polnischen Gesellschaft. Den Hauptanteil bildeten mit 64 o/o die Klein- und Kleinstbauern, die mit einer Nutzfläche bis zu 5 ha kaum in der Lage waren, ihren Lebensunterhalt mit

Hilfe der vorwiegend auf Eigenbedarfsdeckung ausgerichteten Produktion zu sichern und somit gezwungen waren, durch Lohnarbeit auf dem Lande oder in der Stadt ein zusätzliches Einkommen zu erzielen. Nur die Mittelbetriebe (ca. 32 o/o) mit 5 bis 15 ha, die meistens den Charakter eines Familienbetriebes hatten, waren als selbständige Wirtschaftseinheiten anzusehen. Die Großbetriebe (15 bis 50 ha), die nur einen Anteil von 4 o/o an den bäuerlichen Betrieben zu verzeichnen hatten, waren nicht selten durch eine kapitalistische Produktionsweise gekennzeichnet. Abgesehen von diesen Unterschieden lag das Einkommen der Bauern im Durchschnitt auf einem sehr niedrigen Niveau (s. J. ŻARNOWSKI, 1969, S. 48 ff.). In der Zeit der Wirtschaftskrise, die mit einem schnellen Verfall der Preise für landwirtschaftliche Produkte (ca. 51 o/o) einherging, sank das Einkommen dieser Gruppe teilweise bis unter das Existenzminimum. Von entscheidender Bedeutung für die Homogenität dieser Bevölkerungsschicht war der traditionsgebundene bäuerliche Lebensstil, der auch unter dem Einfluß der mit dem Stadtleben mehr vertrauten Jugend und infolge der Emigrationswellen seine dominierende Rolle nicht verloren hatte. In ihren Lebensverhältnissen eingeschränkt, kulturell isoliert und bildungsmäßig unterprivilegiert, machte sich in dieser Bevölkerungsschicht das Gefühl einer sozialen Benachteiligung breit, wie das vor allem aus den zahlreichen biographischen Dokumenten hervorgeht (s. z.B. Pamiętniki Chłopów, 1935). Lediglich die Jugend bildete die einzige Kraft, die auf Neuerungen drängte, eine egalitäre Einstellung vertrat und den traditionellen Machtstrukturen im Dorfe den Kampf ansagte (s. J. CHAŁASIŃSKI, 1938).

6.2. Die Veränderungen in der Nachkriegszeit

Der Zweite Weltkrieg zerstörte nicht nur die neugebildeten Institutionen des Staates, sondern führte auch tiefgehende Veränderungen innerhalb der Sozialstruktur Polens herbei. Die

Tatsache, daß 22 o/o der Einwohner Polens durch Kriegseinwirkungen, Vernichtungsmaßnahmen und Deportationen zur Zwangsarbeit ums Leben kamen, konnte nicht ohne Einfluß auf die polnische Bevölkerungsstruktur bleiben; nicht nur aufgrund des Ausmaßes dieser Verluste, sondern vor allem wegen der unterschiedlichen Betroffenheit einzelner sozialer Schichten. [4)] Die durch Vernichtungsmaßnahmen, Deportationen und Auswanderung bedingte Eliminierung der jüdischen Minderheit und die infolge der territorialen Veränderungen erfolgte Verschiebung großer Bevölkerungsgruppen bewirkten eine weitgehende Homogenisierung der ethnischen Zusammensetzung der Gesamtbevölkerung. [5)] Die auf die politisch und kulturell führende Oberschicht und Intelligenz ausgerichteten Vernichtungsmaßnahmen in der Zeit der Besatzungspolitik führten zu einer Dezimierung dieser Schichten und machten es den neuen politischen Kräften leichter, gesellschaftliche Veränderungen im Sinne der Marxschen Ideologie durchzusetzen. [6)]

Tab. 34 Erwerbstätige Bevölkerung nach sozialer Schichtung für die Jahre 1921 bis 1970 in Prozent

Soziale Schicht	1921	1931	1950	1960	1970
Oberschicht	} 6,7	9,5	-	-	-
Mittelstand			1,6	1,5	1,3
Arbeiter	22,8	25,6	} 43,9	33,8	41,2
Intelligenz und Angestellte	3,3	4,1		18,2	22,5
Bauern	66,0	60,7	52,6	44,0	33,7

(Quelle: K. ZAGÓRSKI, 1976, S. 282. In der vorliegenden Tabelle wurde die als nicht einstufbar ausgewiesene Bevölkerungsgruppe für die Jahre 1921 (0,5), 1931 (0,1) und 1950 (0,2) sowie die Gruppe von Mitgliedern landwirtschaftlicher und gewerblicher Genossenschaften für die Jahre 1950 (1,3 bzw. 0,4), 1960 (2,3 bzw. 0,2) und für das Jahr 1970 (2,3 und 0,2) nicht berücksichtigt.)

Die Oberschicht, durch Kriegsverluste und Emigration geschwächt, konnte unter den neuen politisch-militärischen Verhältnissen ihre Führungsrolle nicht mehr behaupten. Durch Agrarreform und Verstaatlichung von Industrieanlagen wurde ihr darüber hinaus auch die Basis ihrer gesellschaftlichen Position genommen. Abgesehen von ihrer kulturellen Tradition, der Denk- und Lebensart, die weiterwirkten, löste sich diese Schicht auf, ohne in der polnischen Gesellschaftsstruktur eine spürbare Lücke zu hinterlassen. Ihre wirtschaftliche und politische Führungsrolle wurde von der neuen "Machtelite" übernommen, die sich aus der Führungsspitze der Arbeiterpartei, der Regierung und des Managements zusammensetzte. Ähnlich wie in Rußland, fand auch in Polen die "sozialistische Revolution", als deren Ergebnis die neue Führungselite entstanden ist, in einem wirtschaftlich unterentwickelten Land statt, das einen ausgesprochenen Agrarcharakter aufzuweisen hatte. Die zahlenmäßig kleine Arbeiterschicht konnte erst im Zuge der Industrialisierung des Landes zur dominierenden sozialen Schicht werden. Zum Zeitpunkt der Revolution war sie jedoch nicht in der Lage, die ihr von der Marxschen Theorie zugewiesene Rolle bei der gesellschaftlichen Veränderung Polens zu spielen. "Es mußte eine Diktatur des Proletariats ohne Proletariat ausgeübt werden" (R. GARAUDY, 1972, S. 71). Die "Diktatur des Proletariats" wurde dem wirtschaftlichen und politischen Machtmonopol einer relativ kleinen Parteielite gleichgesetzt. Die "objektiven Interessen der Arbeiterklasse", die deklarierte Richtschnur politischer Entscheidungen, stellen daher nicht die Interessen einer sozialen Gruppe dar, sondern sind das Ergebnis einer Interpretation der Marxschen Ideologie seitens der neuen Elite. Zwar weist die neue "Führungselite" mit der Intelligenz viele gemeinsame Züge auf, zugleich unterscheidet sie sich jedoch von ihr durch ihr soziales Bewußtsein, durch die Rekrutierungsmechanismen und die ideologische Legitimation ihrer Machtposition, so daß sie auch von einigen aus der Marxschen Tradition kommenden Sozialwissenschaftlern als eine "neue Klasse" angesehen wird. [7]

In der Zwischenkriegszeit übte die Oberschicht sowohl die politische als auch die kulturelle Führung in der Gesellschaft aus. Ein besonderes Merkmal der gesellschaftlichen Entwicklung der Nachkriegszeit bestand darin, daß diese Führungseinheit aufgelöst wurde. Wie bereits gezeigt, wurde die politische Führung von der neuen Machtelite übernommen; die kulturelle Führung ging dagegen an die Intelligenz und an die katholische Kirche über (J. SZCZEPAŃSKI, 1970, S. 138 ff.). Diese Aufspaltung der nationalen Führung war für die Nachkriegszeit in Polen von besonderer Bedeutung. Sie führte nämlich zu scharfen Auseinandersetzungen und Konflikten zwischen der Partei und der Intelligenz einerseits und der Partei und der katholischen Kirche andererseits.

6.2.1. Die Mittelschicht

Aus der ehemals ohnehin relativ kleinen Mittelschicht ist in der Gesellschaft der Nachkriegszeit nur eine geringe Anzahl privater Unternehmer von Klein- und Handwerksbetrieben übrig geblieben. Bedingt durch den überdurchschnittlich hohen Anteil jüdischer Mitglieder wurde diese Schicht von den nationalsozialistischen Vernichtungsmaßnahmen besonders hart getroffen und mußte sich nun vorwiegend aus anderen sozialen Schichten neu rekrutieren. Unmittelbar nach dem Kriegsende gab es in Polen lediglich etwa 400.000 Betriebe dieser Art, wobei ihre Zahl in der darauf folgenden "stalinistischen Periode" weiter auf 115.000 Betriebe zusammenschrumpfte und erst danach einen leichten Anstieg aufzuweisen hatte (s. J. SZCZEPAŃSKI, 1970, S. 137). Der Anteil der Erwerbstätigen in privaten Betrieben außerhalb der Landwirtschaft hat sich allerdings nur geringfügig erhöht und stieg von ca. 1,3 o/o im Jahre 1950 auf 1,7 o/o im Jahre 1975 an (s. T. TOIVONEN und ST. WIDERSZPIEL, 1978, S, 113). [8] Im Jahre 1978 gab es beispielsweise in Polen 128.400 private Kleinbetriebe in der Industrie, 18.840 im Handel, 135.143 im Dienstleistungssektor und 201.400 im Handwerk. Im gleichen Jahr belief sich die Gesamtzahl der Beschäftigten in Privatbetrieben außerhalb der Landwirtschaft auf 533.000 Personen, wobei 61 o/o von ihnen entweder Eigentümer, Miteigentümer oder helfende Familienmitglieder waren (s. RS, 1979, S. 45, 166, 322, 332-33; vgl. hierzu auch Kap. 4.5 und 4.6).

Von der Mittelschicht der Zwischenkriegszeit unterscheidet sich diese soziale Gruppe jedoch nicht nur hinsichtlich ihrer sozialen Rekrutierung und ihrer hohen Fluktuationsrate, sondern vor allem durch das Fehlen klarer Prinzipien ihres wirtschaftlichen Handelns mit der Folge, daß ihre wirtschaftlichen Aktivitäten sich oft am Rande der Legalität bewegen. Die ideologische Diffamierung des privaten Unternehmertums einerseits und die wirtschaftlichen Nöte des alltäglichen Lebens andererseits, drängen diese Gruppen in eine gesellschaftliche Randständigkeit, die mit der des Judentums im christlichen Mittelalter durchaus vergleichbar ist. Mängel im Bereich des staatlichen Wirtschaftssektors, insbesondere seine unzureichende Marktorientierung und geringe Flexibilität, bilden die Voraussetzungen dafür, daß Kleinunternehmer und Handwerker in der Regel ein Mehrfaches des durchschnittlichen Einkommens erzielen, ohne jedoch unter der Bevölkerung entsprechend hohes Ansehen genießen zu können (s. A. SARAPATA, 1976, S.313 ff.). Aus wirtschaftlich-pragmatischen Erwägungen vom sozialistischen Staat toleriert, hat diese soziale Schicht nur einen geringen und indirekten Einfluß auf das politische Leben des Landes. [9] Ihre Interessen werden teilweise von der Demokratischen Partei (SD) vertreten und ihre wirtschaftliche Tätigkeit wird über Verträge, Preis- und Steuerpolitik sowie eine Reihe von Verwaltungsmaßnahmen mit den Zielsetzungen der staatlichen Planwirtschaft in Einklang gebracht. Die gesellschaftliche Bedeutung sowie die soziale Ausstrahlungskraft dieser Schicht ist wissenschaftlich kaum erforscht, wird jedoch von den meisten Autoren negativ bewertet. So schreibt z.B. W. RONGE (1971, S. 88 ff.): "Der legale wie auch illegale Handel sowie das Produzieren von Gütern, deren Herstellung von der staatlichen Industrie entweder gar nicht oder qualitativ und quantitativ nur ungenügend bereitgestellt werden kann, läßt diese Klasse zu einem bedenklichen Vektor innergesellschaftlicher Kräfte heranwachsen. Hier in dieser Klasse machen sich die Verhaltensweisen und Ideologien breit, deren Prototypen in den kapitalisierten Ländern erzeugt wurden und die dann als begehrte Muster von anderen Klassen und Schichten übernommen werden. Daß die Stellung dieser Klasse innerhalb der Gesellschaft einmal als Aufstiegsposition im einzelnen und als Störfaktor im allgemeinen gewertet wird, liegt im Widerspruch zwischen Systemanspruch und gesellschaftlicher Wirklichkeit, ablesbar am privilegierten Zugang zu Konsummitteln, der dem größten Teil der Gesellschaft verschlossen bleibt."

6.2.2. Die Bauern

Der Wandel der bäuerlichen Bevölkerungsschicht Polens wurde in der Nachkriegszeit im wesentlichen von drei Faktoren bestimmt: 1. der Landreform, die im engen Zusammenhang mit der Westverschiebung der polnischen Staatsgrenzen zu sehen ist, 2. der Industrialisierung des Landes sowie 3. den Bestrebungen der politischen Führung, die Landwirtschaft in das System der staatlichen Planwirtschaft einzubeziehen.

Ähnlich wie in Rußland, waren auch in Polen zur Zeit der "sozialistischen Revolution" nicht die Arbeiter, sondern die Bauern mit einem Anteil von 52 o/o an der Gesamtbevölkerung die stärkste soziale Klasse. Ihre Option für oder gegen das neue politische System war somit von entscheidender Bedeutung. Bereits im "Lubliner Manifest" wurde ihnen daher seitens der neuen politischen Führung eine im Vergleich zur Zwischenkriegszeit weitreichende Landreform versprochen. Im Zuge ihrer Realisierung wurden in den folgenden Jahren 2.384.400 ha Land verteilt; davon 1.890.100 ha für die Gründung von 374.000 Neubetrieben und 494.000 ha für die Vergrößerung von 254.400 Kleinbetrieben. [10] Auf den hinzugewonnenen West- und Nordgebieten wurden zusätzlich 466.800 Bauernfamilien angesiedelt (J. SZCZEPAŃSKI, 1970, S. 132). Diese Maßnahmen haben die Betriebsstruktur in der Landwirtschaft entschieden verbessert und die Position der bäuerlichen Bevölkerung gestärkt.

Mit dem Wiederaufbau- und dem Industrialisierungsprogramm Polens wurden der Landwirtschaft jedoch erhebliche wirtschaftliche Lasten aufgebürdet, die in einer überhöhten Besteuerung sowie der Festlegung von Pflichtabgaben zu Niedrigstpreisen ihren Niederschlag fanden. Angesichts der erheblichen Überbevölkerung auf dem Lande bedeutete zunächst die infolge eines extensiven Wirtschaftswachstums einsetzende "Landflucht" eine Entlastung und Ergänzung der eingeleiteten Landreform, führte jedoch in den darauffolgenden Jahren zu einem verstärkten Mangel vor allem an jungen und qualifizierten Arbeitskräften. [11] Ein Problem von besonderer Bedeutung bildeten die Eingliederungsversuche der landwirtschaftlichen Produktion in die im Entstehen begriffene sozialistische Planwirtschaft. Nachdem sich innerhalb der Arbeiterpartei Polens die stalinistischen Kräfte durchgesetzt hatten, wurde mit Hilfe drastischer administrativer und fiskaler Maßnahmen eine Kollektivierung der Landwirtschaft eingeleitet. Diese Maßnahmen,die u.a. eine Zersplitterung des Bodenbesitzes, verstärkte Migration in die Stadt sowie einen erheblichen Produktionsrückgang zur Folge hatten, wurden nach 1956 von einer Politik partieller Reprivatisierung und wirtschaftlicher Stimulierung abgelöst. Alle hier kurz angesprochenen Faktoren führen dazu, daß die traditionelle, im wesentlichen der Bodenbesitzverteilung folgende Struktur der bäuerlichen Bevölkerung durch zusätzliche Merkma-

le in verschiedene Schichten aufgegliedert wurde(vgl. hierzu auch Kap. 4.4).
Die größte Kategorie bilden Bauern, die eigene Betriebe bewirtschaften und hauptsächlich aus dieser Tätigkeit ihr Einkommen beziehen. 1978 gab es in Polen insgesamt 3.065.400 private landwirtschaftliche Betriebe, die 68,4 o/o des landwirtschaftlich genutzten Bodens bewirtschafteten (s. RS, 1979, S. 241, 217). Etwa ein Drittel dieser Betriebe können als ausschließliche Erwerbsquellen angesehen werden.[12] Im wesentlichen sind es Familienbetriebe, nur ein geringer Anteil von ca. 0,5 o/o beschäftigte fremde Arbeitskräfte.[13] Die 1956 eingeleitete neue Agrarpolitik, die mit Hilfe ökonomischer Anreize (vertragliche Produktionsregelungen, Preis- und Steuerpolitik, Zuteilung von Baumaterial und anderen industriellen Produkten usw.) die Eingliederung der privaten landwirtschaftlichen Produktion in das Plansystem anstrebte, hat im wesentlichen dazu beigetragen, daß sich die traditionell wirtschaftenden zu ökonomisch handelnden Betrieben entwickelt haben.[14] Die Bemühungen der Regierung, den Lebensstandard der Landbevölkerung zu heben, der Einfluß der Massenmedien und der Bildungsinstitutionen haben diese Entwicklung verstärkt und auch die Landflucht verringert. Der landwirtschaftliche Nachwuchs zieht es jedoch weiterhin vor, in der Stadt zu leben. Nach Schätzungen werden 15 o/o der Landbetriebe in dieser Kategorie von Bauern bewirtschaftet, die über 65 Jahre alt sind und keinen Erbnachfolger haben (s. J. SZCZEPAŃSKI, 1970, S. 136). Sie werden gegen Entschädigung vom Staat übernommen.

Die zweite Schicht der Landbevölkerung bilden Bauern, die ihr Einkommen hauptsächlich aus einer Beschäftigung außerhalb der Landwirtschaft beziehen. Zu dieser Kategorie gehören hauptsächlich Betriebe unter 5 ha. Der rasche Aufbau von Industrie und anderen Institutionen im Bereich der Staatsverwaltung hat den in der Landwirtschaft Tätigen die Möglichkeit gegeben, ein zusätzliches Einkommen zu erzielen und somit ihren niedrigen Lebensstandard wesentlich zu verbessern. Die berufliche Aktivierung brachte eine ihrer Tätigkeit entsprechende Differenzierung dieser Gruppe mit sich.

Die zahlenmäßig größte Kategorie stellen die Bauern dar, die in der Industrie und anderen Wirtschaftszweigen außerhalb der Landwirtschaft als Arbeiter beschäftigt sind. In diesen Betrieben lernen sie, sich an formale, rational arbeitende Organisationen anzupassen, kommen in Berührung mit einem anderen Lebensstil und bilden somit ein wichtiges Bindeglied zwischen Land und Stadt, der Bauern- und der Arbeiterklasse.

Eine zweite Gruppe stellen jene Bauern dar, die in wirtschaftlichen Betrieben oder auch in der Verwaltung als Angestellte tätig sind. Im Unterschied zur ersten Kategorie weist diese Gruppe ein höheres Bildungsniveau auf und orientiert sich in ihrem Lebensstil am Vorbild der Intelligenz. Die Verbindungen mit der Verwaltung und anderen staatlichen Institutionen machen es ihr auch möglich, einen größeren politischen und gesellschaftlichen Einfluß auf das Leben im Dorfe zu nehmen.

Schließlich muß in diesem Zusammenhang eine relativ kleine Kategorie von Landwirten angeführt werden, die ihre landwirtschaftliche Beschäftigung mit verschiedenartigen Formen eines privaten Unternehmens verbindet (Transport, Handel, Handwerk usw.). Diese Kategorie findet ihren Tätigkeitsbereich dort, wo die staatlichen Institutionen noch nicht in der Lage sind, die Bedürfnisse der Landbevölkerung zu erfüllen. [15)]

Durch das Entstehen von staatlichen und genossenschaftlichen Landwirtschaftsbetrieben bildeten sich in der Nachkriegszeit ganz neue Kategorien von Landbevölkerung. Die Beschäftigten staatlicher Landwirtschaftsbetriebe (PGR) [16)] rekrutieren sich in den vierziger und fünfziger Jahren hauptsächlich aus der landlosen Landbevölkerung, die mangels Qualifikationen keinen anderen Beruf ergreifen konnte. Dementsprechend war sowohl ihr Bildungsniveau als auch ihr sozialer Status sehr gering. Aufgrund vereinzelter Untersuchungen kann jedoch angenommen werden, daß sich inzwischen ihr Zugang zu den gesellschaftlich hochgeschätzten Werten (Einkommen, Bildung, Lebensstandard) verbessert hat. Die wachsende Bedeutung der PGR, ihre Spezialisierung, Mechanisierung und Modernisierung haben dazu im wesentlichen beigetragen. Eine zweite Kategorie bilden Bauern, die landwirtschaftlichen Produktionsgenossenschaften angehören. 1978 gab es insgesamt 2.060 Betriebe mit 134.000 Mitgliedern und einem Anteil an der landwirtschaftlich genutzten Fläche von 1,9 o/o. Sowohl wegen ihrer Größenordnung als auch wegen ihres Stellenwerts in der Agrarpolitik spielt diese Kategorie keine besondere Rolle (RS, 1979, S. 217, 235).

Generell gesehen zeichnet sich die gesellschaftliche Struktur der ländlichen Bevölkerung durch den Abbau traditioneller Schichtungen aus. Im Zuge einer Neuverteilung landwirtschaftlich genutzter Bodenfläche und des Entstehens neuer Formen von Bodenbesitz sowie durch die wachsende Bedeutung beruflicher Tätigkeit außerhalb bäuerlicher Betriebe, konnte sowohl innerhalb der ländlichen Bevölkerung als auch im Vergleich zu anderen sozialen Schichten der polnischen Gesllschaft ein weitgehender Ausgleich von Lebenschancen erreicht werden. Nach einer Untersuchung von L. BESKID (1972) lag im Jahre 1937 das Verhältnis zwischen der ländlichen Bevölkerung und den Lohnabhängigen im Pro-Kopfverbrauch bei ca. 1 zu 2,0 bis 2,2, zwischen der ländlichen Bevölkerung und Arbeitern bei 1 zu 1,4 bis 1,5 und zwischen der ländlichen Bevölkerung und Büroangestellten bei 1,0 zu 4,6 bis 5,7. Im Jahre 1967 sahen diese Relationen wie folgt aus: Zu den Lohnabhängigen insgesamt 1 zu 1,5, zu den Arbeitern 1 zu 1,1 und zu den Büroangestellten bei 1 zu 1,6. Obwohl im Vergleich zur Zwischenkriegszeit die Einkommensunterschiede zwischen den einzelnen Schichten der bäuerlichen Bevölkerung wesentlich reduziert wurden, sind die Landwirte jedoch weiterhin die am stärksten nach Einkommen differenzierte Schicht innerhalb der polnischen Gesellschaft. [17] Dabei hängt die materielle Situation der bäuerlichen Familie neben der Größe des Bodenbesitzes vor allem vom Produktionsniveau des eigenen Betriebes und den Verdienstmöglichkeiten ihrer Mitglieder außerhalb der Landwirtschaft ab. [18] Der Ausgleich von Lebenschancen kann vor allem in der Verbesserung der materiellen Lebenssituation der ländlichen Bevölkerung aufgezeigt werden, insbesondere beim Lebensmittelverbrauch und der Versorgung mit Wohnraum, wo im Vergleich zur Zwischenkriegszeit grundlegende Veränderungen eingetreten sind. [19]

Infolge dieser Entwicklung ist auch die soziale Mobilität der bäuerlichen Schichten stark angestiegen. Der Ausbau des Schul- und Bildungssystems sowie das umfangreiche Angebot an attraktiven Arbeitsplätzen in anderen Wirtschaftssektoren außerhalb der Landwirtschaft im Zuge einer expansiven Industrialisierung kamen hauptsächlich der jungen Generation zugute. Was die Bildungsmöglichkeiten betrifft, so waren die bäuerlichen Schichten schon immer stark unterprivilegiert. Um so erstaunlicher sind die Veränderungen, die in diesem Bereich in der Nachkriegszeit stattgefunden haben. Insbesondere in den sechziger Jahren konnte das Bildungsniveau der ländlichen Bevölkerung erheblich verbessert werden. So verringerte sich in den Jahren 1960 - 70 beispielsweise der Anteil von Personen über 15 Jahre, die keinen Grundschulabschluß nachweisen konnten, von 64,3 o/o auf 38,8 o/o, in der Altersgruppe zwischen 15 und 29 Jahren sogar von 38 o/o auf 9,9 o/o. Gleichzeitig stieg der Anteil der Personen mit einer über die Grundschule hinausgehenden Ausbildung insgesamt von 5,9 o/o auf 15,6 o/o und in der jungen Generation von 11,1 o/o auf 31,2 o/o. [20]

6.2.3. Die Arbeiter

Mit 6,9 Millionen (1973) sind die Arbeiter die größte soziale Klasse der polnischen Gesellschaft. Im Zuge der Industrialisierung des Landes konnten sie eine Zuwachsrate erreichen, die lediglich von den Angestellten übertroffen wurde.

Tab. 35 Arbeiter unter den Beschäftigten außerhalb der Landwirtschaft zwischen 1931 und 1973

Beschäftigte	1931	1960	1970	1973
Beschäftigte außerhalb der Landwirtschaft insgesamt	100 o/o (3.432.542)	100 o/o (6.831.333)	100 o/o (9.919.000)	100 o/o (10.558.470)
Arbeiter	81,2 o/o (2.786.349)	63,9 o/o (4.364.109)	65,1 o/o (6.453.000)	65,4 o/o (6.904.855)
davon in der Industrie	45,0 o/o (1.545.719)	34,0 o/o (2.323.612)	33,5 o/o (3.326.300)	34,6 o/o (3.652.359)

(Quelle: H. JAROSIŃSKA und J. KULPIŃSKA, 1978, S. 109)

Innerhalb von vierzig Jahren hat sich die Zahl der Arbeiter außerhalb der Landwirtschaft fast verdreifacht, mehr als die Hälfte von ihnen findet ihren Arbeitsplatz in der Industrie, 12 o/o im Bau- und 10 o/o im Transportwesen.

Vom Standpunkt der herrschenden Marxistischen Theorie bilden Arbeiter die führende soziale Kraft in der neuen sozialistischen Gesellschaft, wodurch ihr sozialer Status nicht unwesentlich beeinflußt wurde. Dieser Umstand spiegelt sich nicht nur in den hohen Anteilen von Arbeitern im Sejm, den Volksräten und anderen politischen Gremien wider, sondern auch im politischen Selbstbewußtsein dieser sozialen Schicht, wie dies nicht zuletzt in der Auseinandersetzung mit den organisierten

Tab. 36 Arbeiter nach Alter und Ausbildung

Ausbildung	insgesamt	A l t e r							
		bis 24 Jahre	25-29	30-39	40-49	50-54	55-59	60-64	65 und älter
insgesamt	1.657.344 100 o/o	935.313 100 o/o	935.313 100 o/o	1.599.059 100 o/o	1.585.467 100 o/o	515.671 100 o/o	286.840 100 o/o	221.846 100 o/o	103.315 100 o/o
Hochschul-ausbildung	-	-	-	-	-	-	-	-	0,1
Auf dem Lyzeum-abschluß aufbau-ende Ausbildung	0,1	0,2	0,2	0,1	-	-	-	-	-
mittlere Berufs-ausbildung	2,4	4,6	4,2	1,9	0,8	0,3	0,2	0,3	0,5
mittlere Allge-meinbildung									
-abgeschlossen	0,7	1,2	1,1	0,6	0,4	0,3	0,3	0,3	0,9
-nicht abge-schlossen	0,7	0,7	0,8	0,8	0,6	0,4	0,3	0,4	0,8
berufliche Grundausbildung	23,5	49,3	36,2	16,9	8,4	5,3	5,9	6,7	3,7
Grundschulbildg.									
-abgeschlossen	56,0	41,7	54,9	74,5	61,9	55,9	46,9	42,3	44,8
-nicht abge-schlossen	16,6	2,3	2,6	9,5	27,9	37,8	46,4	50,0	49,2

(Quelle: Personalzählung 1973; zusammengestellt aus M. JAROSIŃSKA und J. KULPIŃSKA, 1978, S.124)

politischen Kräften in den letzten Jahren zum Ausdruck kommt. Die neue sozialistische Gesellschaft hat dem Arbeiter die Furcht vor der ihn ständig bedrohenden Arbeitslosigkeit nehmen können, durch kostenlose Ausbildung, bessere medizinische Versorgung, niedrige Mieten und Lebenshaltungskosten seinen Wohlstand erhöht und zur Angleichung seiner Lebenschancen an die anderer sozialer Schichten beigetragen.

Obwohl durch die Verstaatlichung der wichtigsten Produktionsmittel der Arbeiter zum "Miteigentümer" des gesellschaftlichen Eigentums erklärt wurde, hat sich seine Stellung im betrieblichen Produktionsprozeß nicht wesentlich geändert. [21)] Er ist weiterhin als Lohnabhängiger beschäftigt und muß sich sowohl der hierarchischen Organisationsstruktur des Betriebes als auch den technischen Anforderungen der Produktion unterwerfen. Die aus dieser Situation resultierenden Widersprüche sollten durch die im Jahre 1956 eingerichtete "Arbeiterselbstverwaltung" behoben werden. [22)] Wie die Ereignisse der Jahre 1970, 1976 und vor allem 1980 deutlich machen, war jedoch diese Institution nicht in der Lage, die grundlegenden Interessen des Arbeiters sowie die besonderen Interessen der Belegschaft zu formulieren, geschweige denn zu vertreten (s. A.TH. DROSS, Hrsg., 1980).

Die Arbeiterklasse kann in dreifacher Hinsicht als eine junge soziale Schicht angesehen werden. In technischer Hinsicht bedeutet diese Umschreibung, daß ein hoher Anteil der Arbeiter in modernen Industriezweigen wie z.B. dem Maschinenbau, der Elektronik und der Chemie beschäftigt ist. Bezogen auf die demographische Struktur dieser sozialen Schicht wird in diesem Zusammenhang hervorgehoben, daß zwei Drittel der Arbeiter ein Alter unter 40 und die Hälfte unter 30 Jahren aufzuweisen hat. In gesellschaftlicher Hinsicht bedeutet schließlich diese Feststellung, daß die Arbeiter sich zum großen Teil vom Lande rekrutieren und mit den industriellen Produktionsbedingungen sowie mit den städtischen Lebensformen noch nicht ganz vertraut und verbunden sind. Ein Drittel der Arbeiter stammt vom Lande, fast der gleiche Anteil wohnt außerhalb der Stadt, 12,2 o/o der Arbeiter sind zugleich in ihren eigenen landwirtschaftlichen Kleinbetrieben tätig (M. JAROSIŃSKA und J. KULPIŃSKA, 1978, S. 109).

Wie aus Tabelle 36 unmittelbar zu ersehen ist, stellt die Ausbildung einen wesentlichen Faktor im Wandel der polnischen Arbeiterklasse dar, der einen engen Zusammenhang mit der Altersstruktur aufweist. Im Jahre 1958 hatten nur 10,7 o/o der Arbeiter eine über das Niveau der Grundschule hinausgehende Ausbildung, im Jahre 1973 waren es bereits 27,4 o/o. Gleichzeitig verringerte sich der Anteil jener Arbeiter, die den Abschluß der Grundschule nicht nachweisen konnten, von 43 o/o im Jahre 1958 auf 16,6 o/o im Jahre 1973. Wie aus Tabelle 36 im weiteren zu ersehen ist, wird diese Verbesserung des Bildungsniveaus hauptsächlich von jungen Arbeitern bestimmt, die in der Regel die Grundschule, zum großen Teil aber auch die Berufsschule mit Erfolg abgeschlossen haben (s. W. WESOŁOWSKI, 1970, S. 21). Das wachsende Bildungsniveau der Arbeiter wirkt sich allerdings nicht nur positiv auf die Ergebnisse des Produktionsprozesses aus, sondern eröffnet der Arbeiterschaft auch in zunehmendem Maße die Chance, sich am politischen und kulturellen Leben des Landes aktiv zu beteiligen, was für die Weiterentwicklung der polnischen Gesellschaft von besonderer Bedeutung sein dürfte.

"Zusammenfassend" - schreiben M. JAROSIŃSKA und J. KULPIŃSKA (1978, S. 111) - "können wir die Arbeiterklasse als eine Population kennzeichnen, die sich auf der Grundlage einer schnellen wirtschaftlichen Entwicklung ausgebildet hat und sich aus beruflich nicht aktiven Bevölkerungsteilen (Frauen und Jugendlichen) sowie der Landbevölkerung rekrutiert. Die zuvor noch nicht Berufstätigen nehmen ihre Arbeit in der Regel erst dann auf, wenn sie innerhalb des schulischen Bildungssystems auf den Beruf vorbereitet wurden, und bewirken dadurch eine Anhebung des durchschnittlichen Ausbildungsniveaus der gesamten Arbeiterklasse. Statistisch gesehen, stammen sie am häufigsten aus Arbeiterfamilien. Die dominierende Gruppe innerhalb der Arbeiterklasse bilden die Industriearbeiter."

Was die materielle Situation der Arbeiterschaft betrifft, so wurde bereits an anderer Stelle angedeutet, daß sich der Arbeitslohn in der Nachkriegszeit sowohl absolut als auch im Vergleich mit anderen sozialen Gruppen positiv entwickelt hat. Die unmittelbaren Nachkriegsjahre (1945 - 1949) waren zunächst durch ein geringes Konsum- und Lohnniveau gekennzeichnet, das lediglich die Befriedigung der existentiellen Grundbedürfnisse sicherstellen konnte. In den Jahren 1949 - 1956 stiegen die Reallöhne der Arbeiter bei einem hohen Wachstum des Nationalprodukts um insgesamt 37 o/o, die der Angestellten dagegen lediglich um 5 o/o (s. L. BESKID, 1977). In der folgenden Periode (1960 - 1970) war der Anstieg der Reallöhne in dem gesamten vergesellschafteten Wirtschaftssektor mit 1,7 o/o im Jahresdurchschnitt (RS, 1977, XXXII f.) relativ gering. Die Verbesserung der materiellen Situation der Arbeiter in dieser Periode, die sich im wesentlichen in der qualitativen Dimension des Konsums vollzog, war somit nicht so sehr von der Entwicklung der Reallöhne, sondern vielmehr durch den Anstieg der Zahl berufstätiger Familienmitglieder bestimmt. Das hierdurch gestiegene Gesamteinkommen machte es der Arbeiterfamilie möglich, einen höheren Lebensstandard zu realisieren.[23] Die Jahre nach 1970, eingeleitet und begleitet von Lohn- und Preisauseinandersetzungen zwischen Arbeitern und Partei, führten zu einem vergleichsweise schnellen Anstieg der Reallöhne. Von 1971 bis 1976 stiegen die Reallöhne aller Beschäftigten im vergesellschafteten Sektor durchschnittlich um 6,6 o/o (RS, 1977, XXII f.). Diese Entwicklung wurde begleitet von einer zunehmenden Verknappung an Konsumgütern sowie steigenden Versorgungsschwierigkeiten bei Grundnahrungsmitteln, die unter dem Druck von Arbeiterstreiks mit erheblichem Subventionsaufwand auf einem niedrigen Preisniveau eingefroren wurden (vgl. hierzu auch Kap. 4.9).

Wie einige Untersuchungen zeigen, ist die Lohnentwicklung in der Nachkriegszeit bei Arbeitern günstiger als bei Angestellten verlaufen mit der Konsequenz, daß hochqualifizierte Facharbeiter z.T. höhere Löhne als Angestellte erzielen (s. W. WESOŁOWSKI, 1969, S. 43 ff.) und der durchschnittliche Lohn von Industriearbeitern beispielsweise den Durchschnittslohn von Büroangestellten in der Verwaltung übersteigen konnte (s. M. JAROSIŃSKA und J. KULPIŃSKA, 1978, S. 137). Verdiente ein Angestellter im Jahre 1937 noch das 2,8fache im Vergleich zu einem Arbeiter, so war im Jahre 1972 sein Lohn nur noch 28 o/o höher (s. L. BESKID, 1974, S. 698 und M. KALECKI, 1964, S. 39).

Wie aus den in Tabelle 37 angeführten Zahlen ersichtlich ist, unterscheiden sich die Haushalte von Arbeitern der Maschinen- und der Chemieindustrie, abgesehen von unterschiedlichen Präferenzen bzgl. Waschmaschine oder Staubsauger, kaum voneinander. Im Vergleich zur Gesamtheit aller Arbeitnehmerhaushalte im Jahre 1973 liegen die entsprechenden Werte für den Arbeiterhaushalt lediglich bei den relativ einfachen Fortbewegunsmitteln, Nähmaschinen und Radiogeräten über dem Gesamtdurchschnitt. Auffallend ist darüber hinaus die Veränderung in der Ausstattung der Arbeitnehmerhaushalte in den letzten Jahren (1973 - 1976), die die rasche Konsumentwicklung in den siebziger Jahren kennzeichnet.

Was schließlich die Wohnsituation betrifft, so sind auch hier einige Verbesserungen zu verzeichnen; allgemein wird jedoch der unbefriedigende Versorgungszustand der Bevölkerung

Tab. 37 Ausstattung der Haushalte mit einigen dauerhaften Konsumgütern in Stückzahl pro 100 Haushalte

	Haushalte von Arbeitern des Maschinenbaus	Haushalte von Arbeitern der chem. Industrie	Arbeitnehmerhaushalte insgesamt	
	1973[a)]	1973[a)]	1973[b)]	1976[c)]
Kühlschrank	45,2	46,4	59,5	77,4
Waschmaschine	86,2	82,3	88,5	92,7
Staubsauger	46,0	54,2	59,4	70,8
Nähmaschine	49,1	47,1	45,2	47,1
Radio/Transistor	124,1	118,8	118,3	129,4
Fernseher	80,2	80,0	88,2	95,2
Fotoapparat	28,8	30,2	37,6	41,9
Fahrrad	44,6	44,9	43,8	57,9
Motorrad	14,2	16,0	12,1	12,0
Pkw	3,3	3,8	7,6	10,3

(Quellen: a) Repräsentative Erhebung von M. JAROSIŃSKA und J. KULPIŃSKA, in: DIES., 1978, S. 140; b) RS, 1974, S. 161; c) RS, 1977, S. 81)

mit Wohnraum sowie seine unzureichende Ausstattung beklagt. Nach den Mikrozensusdaten von 1974 teilen 18 o/o der Arbeiterhaushalte eine Wohnung mit anderen Familien. Bei 20,1 o/o der Arbeiterhaushalte kamen im Durchschnitt zwei oder mehr Personen auf ein Zimmer. Lediglich bei 23,7 o/o der Arbeiterhaushalte wurde ein Zimmer im Durchschnitt von einer bzw. weniger Personen belegt. Bei Angestellten lagen dagegen diese Zahlen mit entsprechend 5 o/o bzw. 46,4 o/o wesentlich günstiger (s. M. JAROSIŃSKA und J. KULPIŃSKA, 1978, S. 142 f.).Darüber hinaus unterscheiden sich die Arbeiterhaushalte bezüglich ihrer Wohnsituation voneinander je nach Qualifikation und der Beschäftigungsbranche des Haupternährers (s. A. KOBUS-WOJCIECHOWSKA, 1974, S. 201). "Bei einer wesentlichen Verbesserung der Wohnsituation von Arbeitern belegen daher die einzelnen

Indikatoren zur Wohnsituation, daß eine Befriedigung dieser Bedürfnisse für die gesamte Gruppe erst erfolgen muß" (M. JAROSIŃSKA und J. KULPIŃSKA, 1978, S. 145).

Die Teilnahme der Arbeiter an der nationalen Kultur wird im wesentlichen von zwei Faktoren bestimmt: dem wachsenden Bildungsniveau dieser sozialen Schicht und der Verbreitung von Massenmedien, die einen leichteren und mit geringeren Kosten verbundenen Zugang zu Kulturgütern ermöglichen. Unter den Massenmedien nimmt in den letzten Jahren zunehmend das Fernsehen eine dominierende Position ein. An zweiter Stelle wird von den Arbeitern die Lektüre von Zeitungen und Zeitschriften, an dritter das Hören von Rundfunkprogrammen genannt. [24] Unbeschadet dieser ausgleichenden und homogenisierenden Wirkung von Massenmedien, die durch gruppenspezifische Aufbereitung insbesondere im Kreise der eigenen Familie gekennzeichnet ist, sind auch den besonderen Umständen des sozialen Milieus entsprechend eigenständige Subkulturen vorhanden. Sie treten vor allem in relativ geschlossenen und regional abgesonderten Berufsgruppen, so z.B. der schlesischen Bergarbeiter auf und finden ihren Niederschlag in einer spezifischen Ausformung der beruflichen Ideologie, im Brauch der Folklore des alltäglichen und festlichen sozialen Handelns (s. J. KULPIŃSKA, 1972).

Aus der von A. WOJCIECHOWSKA (1977) vorgelegten empirischen Untersuchung geht hervor, daß die traditionell bestehende Ungleichheit sowohl im Einkommen als auch in der Wohnraumversorgung sowie ihrer Ausstattung mit langlebigen Gütern weiterhin besteht. Die Intelligenz und die Angestellten weisen gegenüber den Arbeitern hinsichtlich der materiellen Versorgung einen deutlichen Vorsprung auf, der im Bereich der Teilnahme am kulturellen Leben noch größer ausfällt. Die traditionellen Barrieren zwischen diesen sozialen Schichten sind somit in Polen noch von nicht unbedeutender Wirksamkeit geblieben.

6.2.4. Die Intelligenz

Die größten Veränderungen innerhalb der polnischen Sozialstruktur vollzogen sich zweifelsohne bei der Intelligenz. [25)] Bereits der quantitative Aspekt dieser Entwicklung, gekennzeichnet durch die Dezimierung dieser sozialen Schicht während des Zweiten Weltkrieges und der Okkupation Polens einerseits sowie ihr schnelles Wachstum in der Nachkriegszeit, bedingt durch den Ausbau des Schulsystems und der zentralen Planwirtschaft sowie der forcierten Industrialisierung des Landes, belegen diese Veränderungen sehr deutlich. Von weit größerer Bedeutung sind allerdings strukturelle Veränderungen, die sich im Zuge dieser Entwicklung eingestellt haben und erst dann in voller Deutlichkeit in Erscheinung treten, wenn die soziale Genealogie der polnischen Intelligenz in die Betrachtung mit einbezogen wird.

Im Gegensatz zu den Ländern Westeuropas wurde die polnische Gesellschaft unter anderem infolge ihres politischen Schicksals erst spät und in einem viel geringeren Umfang von der Industrialisierung und technischen Entwicklung erfaßt. Die aus diesem Prozeß entstehende Mittelschicht war daher zu schwach, um die ständisch-feudalen Strukturen aufzulösen und eine führende Rolle in der Gesellschaft zu übernehmen. Diese Entwicklung war jedoch stark genug, um einen Prozeß der Deklassierung breiter Adelsschichten einzuleiten. Mit dem Verlust ihres Landbesitzes suchten diese Gruppen in der Stadt Zuflucht, waren allerdings darauf bedacht, ihren hohen Status weiter aufrechtzuerhalten und versuchten daher, unter anderem durch Bildung, vor allem aber durch die Pflege "des gesellschaftlichen Umgangs", sich von anderen Schichten der Stadtbevölkerung abzuheben. Gesellschaftlicher Ritualismus als Mittel zur Aufrechterhaltung von sozialer Distanz, kulturelle

Absonderung und elitäre Pflege eines ästhetischen Formalismus einerseits und eine "innere Emigration" andererseits bildeten die Hauptmerkmale des "Intelligenz-Ghettos". "Viele Züge der polnischen Intelligenz" - schreibt in diesem Zusammenhang J. CHAŁASIŃSKI (1958, S. 64) - "sind Überbleibsel aus dem alten adligen Polen, sind degenerierte Überreste der adligen Tradition, die der Kapitalismus in Polen nicht so gründlich wie anderswo herausgefegt hatte, weil er in Polen zu schwach war und nicht die Masse des Adels erfaßt hat. Es ist kein Zufall, daß die westlichen Provinzen Posen und Pommern, die in technisch-wirtschaftlicher Hinsicht am stärksten zivilisiert und verstädtert waren, keine Intelligenz von 'Warschauer" und 'Krakauer' Art aufzuweisen hatten." Aus dieser Situation ergaben sich im weiteren der charakteristische Egozentrismus, die übermäßige persönliche Empfindlichkeit, die aufgebauschte Pose von Ritterlichkeit und die intellektuelle Brillanz sowie die Orientierung am Adel als Bezugsgruppe sozialer Wertungen und die Abneigung gegenüber der für die Mittelschicht charakteristischen wirtschaftlich-utilitaristischen Beschäftigung. Im Gegensatz zum übrigen Europa war die Intelligenz Polens an der wirtschaftlichen und industriellen Expansion nicht beteiligt und distanzierte sich sowohl von der schwach entwickelten Mittelschicht als auch von dem durch sie geprägten, auf Arbeit und Geschäftstüchtigkeit ausgerichteten persönlichen Leitbild. Zwar versuchten gegen Ende des 19. Jahrhunderts fortschrittliche Kreise der Warschauer Intelligenz, ihre soziale Isolierung durch die positivistische Parole der "organischen Arbeit" zu durchbrechen, der Einfluß der konservativen, auf den Adel ausgerichteten Intelligenzkreise erwies sich jedoch auf die Dauer als stärker. "In der Kultur der polnischen Intelligenz" - schreibt hierzu J. CHAŁASIŃSKI (1958 , S. 115) - "fehlte das Fundament, das für die westeuropäische Kultur charakteristisch ist, das Element der Treue zum entstehenden Werk, die Treue zu zivilisatorischer Arbeit."

Mit dem Verlust der staatlichen Eigenständigkeit gewann die Intelligenz im 19. Jahrhundert den entscheidenden Einfluß auf das nationale Denken und Handeln. Sie entwarf das Bild eines "gut erzogenen Menschen", in dem die traditionellen Elemente der Adelskultur und die Hochschätzung der Literatur, Kunst und Allgemeinbildung integriert wurden. "The lack of a Polish state and of national political institutions forced this intelligentsia to work in the world of ideas rather than in political reality, with significant consequences for its social and political attitudes. Thus in simplified terms we can say that the Polish intelligentsia in the 19th century was not alienated but that rather it fulfilled an important social role which is regarded as a national duty, viz., to keep alive the national traditions, to develop the values of the national culture, to educate the new generations, for the struggle for national goals. It maintained and developed the language, literature, arts and science, it created new social and political ideas, it searched for possibilities and analysed social forces within the nation which could be decisive for regaining political independence" (s. J.SZCZEPAŃSKI, 1961, S. 35).

Von besonderer Bedeutung ist in diesem Zusammenhang der Umstand, daß die Intelligenz das traditionelle Wertsystem der polnischen Gesellschaft wesentlich mitgeprägt hat (s. J. SZCZEPAŃSKI,1970, S. 149 ff. und J.F. MORRISON, 1968). Dieses Wertsystem ist einerseits von den Inhalten der katholischen Glaubenslehre stark mitbestimmt worden, andererseits mit dem Glauben an eine besondere nationale Sendung auf das engste verbunden. In bezug auf die zwischenmenschlichen Beziehungen ist dieses System gekennzeichnet durch die hohe Wertschätzung persönlicher Freiheiten, insbesondere einer ausgeprägten religiösen Toleranz, dem besonderen Stellenwert von Bildung sowie intellektueller und künstlerischer Kreativität und einer außergewöhnlichen Sensibilität hinsichtlich der persönlichen Ehre und Individualität; alles in allem Vorstellungen, die in erheblichem Widerspruch zu bürgerlichen Werten der Mittelschicht stehen, bei der Arbeit, Wirtschaftlichkeit und Sparsamkeit einen hohen Stellenwert haben und mit der Hochschätzung von Geld, Technologie sowie einem ausgeprägten Sinn für Organisation und Verwaltung verbunden sind.

Durch die Errichtung eines eigenständigen Staatswesens, dem Aufbau eigener wirtschaftlicher, kultureller und sozialer Institutionen sowie die Erweiterung der Rekrutierungsbasis über den Ausbau des Schul- und Hochschulsystems entstand bereits in der Zwischenkriegszeit und in verstärktem Maße nach 1945 eine große Nachfrage nach hochqualifizierten Arbeitskräften. Kamen z.B. im Jahre 1938/39 ca. 6,3 Personen mit höherer Allgemeinbildung auf 1.000 Einwohner, so waren es im Jahre 1976 bereits 17,9 Personen. Entsprechend entwickelte sich auch der Anteil von Hochschulabsolventen an der Bevölkerung in dem entsprechenden Zeitraum von 1,4 auf 3,6 (RS, 1977, S. 32, Tab. 10 (51)). Ein detailliertes Bild dieser Entwicklung in der Nachkriegszeit vermittelt die Darstellung der Angestellten im sozialistischen Wirtschaftssektor nach Ausbildung (s. Tabelle 38). Die strukturelle Veränderung dieser Entwicklung, die durch das Anwachsen der Gruppe von Angestellten mit einer berufsbezogenen Ausbildung auf Kosten von Angestellten mit einem allgemeinbildenden Schulabschluß gekennzeichnet ist, wird auch in den veränderten Anteilen von Hochschulstudenten nach Studienrichtungen deutlich, die das schnelle Wachstum der technischen und beruflichen Intelligenz anzeigen.

Das wirtschaftspolitische Industrialisierungsprogramm des Landes erforderte vor allem eine große Anzahl technisch hochqualifizierter Arbeitskräfte. Wie aus Tabelle 39 zu ersehen ist, stieg der Anteil von Studenten der technischen Studienrichtungen in der Nachkriegszeit stark an. Im Vergleich zur Zwischenkriegszeit erhöhte er sich von 15,8 o/o im Jahre 1937/38 auf 31,8 o/o im Jahre 1976/77.

Tab. 38 Angestellte im vergesellschafteten Wirtschaftssektor nach Ausbildung in o/o

Jahre	insgesamt absolut	insg. o/o	Hochschulausbildung	höhere berufl. Ausbildung	höhere allgemeinbildende Ausbild.	berufl. Grundausbildung	allg. Grundausbildung
1958	1.980.119	100	12,1	21,0	25,3	8,2	33,4
1964	2.356.167	100	13,1	24,4	23,9	11,2	27,4
1968	2.916.217	100	13,8	31,8	21,2	12,2	21,0
1973	3.653.615	100	16,7	39,7	17,8	10,1	15,7

(Quelle: W. MAKARCZYK und J. BLUSZKOWSKI, 1978, S. 182)

Tab. 39 Studenten nach Studienrichtung in den Jahren 1950 - 1977 in o/o

Studienrichtung	akademisches Jahr 1950/51	1960/61	1970/71	1976/77
Technik	28,4	33,8	39,8	31,7
Landwirtschaft	7,3	6,6	7,7	7,0
Wirtschaftswissenschaft	11,5	13,0	11,2	10,4
Jura	8,2	6,2	6,9	6,9
Humanistische Wissenschaften	11,4	12,9	11,0	20,6
Math.-Naturwissenschaftl. Richtung	9,7	9,1	9,6	11,4
Lehrerbildung	-	-	3,5	-
Medizin	18,6	14,3	6,9	6,5
Leibeserziehung	0,9	1,1	1,0	3,1
Kunst	3,0	2,2	1,6	1,5

(Quelle: RS, 1972, S. 476 und Tendencje Rozwoju Społecznego, 1979, S. 153)

Tab. 40 Soziale Zusammensetzung von Studenten in den Jahren 1937 - 1977 in o/o

Soziale Herkunft	1937	1951	1960			1977		
			Tages-studium	Abend-studium	Fern-studium	Tages-studium	Abend-studium	Fern-studium
insgesamt	49.534 100 o/o	125.096 100 o/o	111.196 100 o/o	10.725 100 o/o	22.669 100 o/o	298.476 100 o/o	35.571 100 o/o	147.986 100 o/o
Arbeiter	8,9	35,8	26,2	60,3	29,2	32,1	59,8	45,1
Bauern	8,0	24,1	18,3	20,3	18,5	11,2	11,4	25,8
Intelligenz (Angestellte)	57,5	35,9	49,1	18,7	46,5	51,3	24,6	23,8
andere	25,6	4,2	6,4	6,7	5,8	5,4	4,2	5,3

(Quellen: Z. KETLIŃSKA, 1972, S. 64, 84; RS, 1970, S. 475; RS, 1977, S. 376)

Parallel zu dieser Entwicklung schrumpfte im Vergleich zur Zwischenkriegszeit der Anteil von Studenten der juristischen und philosophischen Fakultäten. Die Zahl der Jurastudenten die 1937/38 einen Anteil von 27,5 o/o aller Studierenden ausmachte, ging in der Nachkriegszeit rapide zurück. Weniger drastisch verringerte sich die Anzahl von Studenten der humanistischen Studienrichtungen, die im Jahre 1937/38 einen Anteil von insgesamt 25 o/o aufzuweisen hatten. Eine Besonderheit stellt die Entwicklung der Medizinstudenten dar. Angesichts der katastrophalen medizinischen Versorgung der Bevölkerung und der hohen Verluste an Ärzten in der Kriegszeit stieg die Zahl der Medizinstudenten schnell an, um dann jedoch in den folgenden Jahren mit ihrem Anteil hinter den aus der Zwischenkriegszeit zurückzugehen. In den Jahren zwischen 1946 und 1971 stellten die Hochschulen der Gesellschaft insgesamt 613.000 Absolventen zur Verfügung, was einen Zuwachs an hochqualifizierten Arbeitskräften bedeutete, der erheblich über dem Gesamtzuwachs von Beschäftigten aller anderen Gruppen lag (vgl. W. RESCHKA, 1974, S. 204 ff.).

Die in der Nachkriegszeit vorgenommene Kapazitätserweiterung des gesamten Schulsystems hatte nicht nur zur Folge, daß die Basis der Rekrutierung für das Hochschulstudium im Vergleich zur Vorkriegszeit rein quantitativ erweitert wurde, sondern führte zugleich zu einer Veränderung der schichtenspezifischen Zusammensetzung der Studentenschaft, insbesondere zu einer Erhöhung der Studentenanteile aus der Arbeiter- und Bauernschicht. Im Jahre 1951 erreichte der Anteil von Studenten aus diesen beiden Bevölkerungsschichten rund 60 o/o aller Studierenden [26] (s. Tabelle 40). Bald zeigte sich allerdings, daß dieser Erfolg nicht von Dauer war. Seit Mitte der fünfziger Jahre begann der Anteil dieser Schichten an der gesamten Studentenzahl deutlich abzunehmen. Zwischen 1956/57 und 1957/58, als infolge einer politischen Liberalisierung auch die Rekrutierungsmaßnahmen der Partei nicht voll zur Anwendung gelangten, konnte ein drastischer Rückgang sowohl der Hochschulbewerber (11,6 o/o) als auch der neuimmatrikulierten Studenten (6,6 o/o) aus der Arbeiter- und Bauernschicht verzeichnet werden. In den darauffolgenden Jahren konnte zwar der Anteil an Neuimmatrikulierten aus der Arbeiterschaft das Niveau der 50er Jahre wieder erreichen, der Anteil der Studienanfänger aus der Bauernschicht zeigte dagegen eine ständig fallende Tendenz (s. Z. WANKOWICZ, 1973, S. 177). Die Ungleichheit der Bildungschancen einzelner sozialer Schichten wird schließlich auch an der unterschiedlichen sozialen Zusammensetzung von Studenten der verschiedenen Studienformen (Tagesstudium, Abendstudium und Fernstudium) sichtbar. Die Benachteiligung der Arbeiter- und Bauernschicht macht sich hier dadurch bemerkbar, daß vornehmlich Jugendliche aus diesen Schichten das aufwendige und schwierige Abend- und Fernstudium wählen. Schließlich deutet die Wahl der einzelnen Hochschularten darauf hin, daß diese Schichten vor allem ein leichteres Studium und einen sozial weniger attraktiven Beruf vorziehen (Pädagogische Hochschulen, landwirtschaftliches, wirtschaftswissenschaftliches Studium sowie Theologie) (s. Rocznik Statystyczny Szkolnictwa, 1969/70, S. 216 ff.).

Die Professionalisierung und strukturelle Differenzierung der polnischen Intelligenz hat sicherlich nicht unerheblich dazu beigetragen, daß diese soziale Schicht im Hinblick auf ihre ursprünglichen Führungsansprüche erhebliche Abstriche zugunsten der politischen Machtelite machen mußte. W. MARKIEWICZ (1976, S. 208) schreibt in diesem Zusammenhang: "Der politische Realismus der modernen polnischen Intelligenz hat seine objektiven Gründe im Umstand ihrer weitgehenden und ständig fortschreitenden Differenzierung, die dieser Schicht die Möglichkeit entzogen hat, als eine einheitliche und selbständige politische Kraft aufzutreten und sich in dieser oder jener Art, unabhängig vom Charakter des bestehenden Systems und der herrschenden sozialen Klassen, zu betätigen." Die zunehmende Professionalisierung und Spezialisierung von Intelligenzberufen, die das ursprünglich geltende Vorbild eines "allgemein gebildeten Mannes" zurückgedrängt haben, legt es daher auch nahe, die einzelnen Intelligenzgruppierungen im folgenden anhand beruflicher Kategorien kurz zu beschreiben.[27)]

Die erste Gruppe der polnischen Intelligenz bildet die sogenannte "kreative Intelligenz" (Schriftsteller, Künstler, Schauspieler, Journalisten usw.), einschließlich von Wissenschaftlern an Hochschulen und anderen Institutionen. Ihre Zahl, von J. SZCZEPAŃSKI (1970, S. 116) mit ca. 25.000 beziffert, dürfte inzwischen auf über 30.000 angewachsen sein (s. RS, 1977, S. 20, 348). Ihre gesellschaftliche Bedeutung liegt vor allem darin, daß diese Gruppe an der Tradierung nationaler Kulturwerte und an ihrer Weiterentfaltung entscheidend beteiligt ist. Sowohl ihre Einflußmöglichkeiten auf das kulturelle Leben des Landes als auch das sich daraus ergebende hohe Sozialprestige bringen diese Gruppe oft in Konflikte mit der Parteibürokratie, die ihr eine ganz bestimmte Rolle und ganz bestimmte Aufgaben zuordnen möchte.

Eine zweite Schichtung bildet der Teil der polnischen Intelligenz, der aus seinen hohen beruflichen und fachlichen Qualifikationen Einfluß und Prestige ableitet. Die "technische Intelligenz" mit akademischer und höherer Berufsausbildung gewann im Zuge der Industrialisierung des Landes zunehmend an Bedeutung. Sie führt das Programm der Industrialisierung und der wirtschaftlichen Entwicklung durch und fühlt sich oft durch Entscheidungen des bürokratischen Apparats nicht nur in ihrer Tätigkeit behindert, sondern darüber hinaus auch in Widerspruch zu ihrer eigenen, auf wissenschaftlichen und technischen Fortschritt ausgerichteten Ideologie gesetzt. Eine zahlenmäßig kleinere, an den planwirtschaftlichen Entscheidungen jedoch wesentlich stärker beteiligte Gruppe bilden Wirtschaftsmanager, die sich zunehmend aus Absolventen von Hochschulen und höheren

Schulen für Wirtschaft rekrutieren. Es ist eine im Wachsen begriffene Gruppe, die, ähnlich wie die technische Intelligenz, in ihren Vorstellungen mit dem Modell einer bürokratisch gelenkten zentralen Planwirtschaft nicht voll übereinstimmt, sondern zu einem neuen Wirtschaftsmodell neigt. Die wachsende Komplexität des Wirtschaftslebens verstärkt ihre Rolle im Entscheidungsprozeß und gibt ihr die Chance, die anstehenden Entscheidungen in ihrem Sinne zu beeinflussen. Die Anzahl der Lehrer an Volksschulen sowie den höheren allgemeinbildenden Schulen und Berufsschulen ist mit dem Ausbau des Schulsystems in der Nachkriegszeit stark gewachsen und betrug im Jahre 1972 insgesamt 651.379 (RSSZ, 1972/73, S. 44). Ihr Sozialprestige ist relativ hoch, ihr Einkommen im Vergleich mit den in der Industrie erzielten Löhnen jedoch gering. Auch sie haben im Zuge des sozialen Wandels ihre gesellschaftliche Führungsrolle und mit der Verbreitung von Massenmedien ihre Bedeutung als Informationsquelle weitgehend eingebüßt. Die medizinischen Berufe haben in der Nachkriegszeit eine dynamische Entwicklung aufzuweisen. Die Zahl der Ärzte ist von 12.917 (1938) infolge der Kriegsauswirkungen zunächst erheblich gesunken (1946: 7.732), konnte jedoch im Jahre 1976 die Anzahl von 59.963 erreichen und mit einem Indexwert von 17,4 pro 10.000 Einwohner auch im Weltmaßstab recht gut abschneiden (s. RS, 1977, S. 394). Dagegen verloren die juristischen Berufe, verglichen mit der Zwischenkriegszeit, viel an Einfluß und Bedeutung. Die radikale gesellschaftliche Veränderung in der Nachkriegszeit und in ihrer Folge die grundlegende Umgestaltung des Rechtssystems mußte erst ein Mindestmaß an Stabilität erreichen, um dieser Berufsgruppe einen Statuszuwachs zu ermöglichen. Im Jahre 1976 waren in Polen 3.211 Richter, 5.728 Rechtsanwälte und 2.901 Staatsanwälte tätig (RS, 1977, S. 433). Eine besondere Stellung nimmt in diesem Zusammenhang der Klerus ein, der nach der Umgestaltung im Hochschulwesen nun seine Ausbildung außerhalb staatlicher Hochschulen erhält. Theologie wird an zwei staatlich eingerichteten Akademien, der Katholischen Universität Lublin und an den höheren Priesterseminaren der einzelnen Bistümer und Ordensorganisationen gelehrt. Im Jahre 1976 gab es in Polen 19.456 katholische und 1.628 nichtkatholische Geistliche, unter denen die orthodoxen Geistlichen mit 216 den höchsten Anteil hatten (RS, 1977, S. 23). Der soziale Status des Klerus ist in der Nachkriegszeit erheblich gesunken und nimmt auf der Berufsskala nur noch Rang elf ein. Insbesondere auf dem Lande, aber auch in Krisenzeiten ist seine soziale Position weiterhin von großer gesellschaftlicher Bedeutung.

Die dritte Gruppe der Intelligenz bilden schließlich die zahlenmäßig am stärksten vertretenen Büro- und Verwaltungsangestellten, die im Bereich der Staatsverwaltung und der Wirtschaft Entscheidungen ausführen und Routinearbeiten im Büro verrichten. Mit ca. 1.541.000 im Jahre 1974 ist sie die am stärksten gewachsene Gruppe nichtmanueller Berufe. Den hierarchischen Organisationsstrukturen einzelner Institutionen entsprechend geschichtet und differenziert, entscheiden Loyalität gegenüber den Vorgesetzten sowie die Effizienz ihrer Arbeit über Aufstiegschancen innerhalb dieser Organisationen. Daneben führen sowohl das geringe Einkommen als auch das relativ niedrige Bildungsniveau dazu, daß diese Gruppe starke Abhängigkeiten gegenüber den jeweiligen Institutionen aufzuweisen hat und keine selbständige gesellschaftliche oder politische Kraft darstellt. Darüber hinaus leidet diese soziale Gruppe unter der Vorstellung ihrer sozialen Degradierung, nicht zuletzt, weil sie sich an der Intelligenz im engeren Sinne orientiert, zu der sie auch in der soziologischen Fachliteratur nicht ohne weiteres gezählt wird (s. J. SZCZEPAŃSKI, 1959, 1971; J.J. WIATR, 1976, S. 64 f.). In diesem Zusammenhang schreibt J. KORALEWICZ-ZĘBIK (1974, S. 52): "Die Differenzierung der Intelligenz in bezug auf Ausbildung, Einkommen und Sozialprestige oder sogar den Lebensstil führt dazu, daß immer häufiger der Begriff Intelligenz auf eine kleinere

Kategorie von Personen angewandt wird, die sich zum größten Teil aus Hochschulabsolventen zusammensetzt. Bezüglich vieler Merkmale der sozialen Lage steht diese Kategorie an der Spitze der Hierarchie dieser Schicht. Man kann die Behauptung wagen, daß dies die Bezugsgruppe für alle anderen Arten nichtmanueller Berufe ist und ihre Aspirationen, Einstellungen, Verhaltensmuster und Konsumgewohnheiten in den verschiedenen Lebensbereichen beeinflußt. Sie bildet gewissermaßen den Kern dieser Schicht, indem sie die spezifischen Schichtmerkmale in reiner Ausprägung darstellt."

6.3. Strukturmerkmale der sozialen Schichtung Polens

Ohne den Wandel der polnischen Sozialstruktur an dieser Stelle vertiefen zu können, erscheint es wichtig, auf einige wesentliche Merkmale dieser Veränderung abschließend hinzuweisen.

An erster Stelle ist auf die "Streuung" von schichtenspezifischen Statusmerkmalen (Einkommen, Bildung, Prestige) hinzuweisen. Im Gegensatz zur Sozialstruktur der Zwischenkriegszeit, die von einer erheblichen "Statuskristallisation" gekennzeichnet war, derzufolge ein hohes Einkommen mit einem hohen Prestige, Bildungsniveau und politischem Einfluß verbunden war, bildet die "Statusinkonsistenz" das vorherrschende Merkmal der gegenwärtigen polnischen Sozialstruktur. Ein hohes Einkommen (z.B. der privaten Unternehmer) ist nicht immer mit einem hohen Ansehen verbunden, ein hohes Prestige (z.B. eines Universitätsprofessors) nicht immer mit einem hohen Einkommen und politischer Einfluß (z.B. eines Mitgliedes des ZK der PVAP) nicht immer mit hohem sozialen Prestige. Die einzelnen Korrelationen zwischen Ausbildung, Beruf, Einkommen und Größe des Wohnraums wurden von M. ALESTALO, K.M. SŁOMCZYŃSKI und W. WESOŁOWSKI (1978, S. 128 ff.) auf der Grundlage von Daten einer repräsentativen Stichprobe aus dem

Jahre 1975 wie folgt angegeben: Ausbildung und Beruf .42, Ausbildung und Einkommen .31, Beruf und Einkommen .33, Wohnraumgröße und Ausbildung .12, Wohnraumgröße und Beruf .15, Wohnraumgröße und Einkommen .32. Die Gesamtkorrelation zwischen Rangplätzen der nach Prestige geordneten Berufe und dem Einkommen erreicht einen Wert von r = 70 und bestätigt damit auch die zuvor durchgeführte Untersuchung (s. K.M. SŁOMCZYŃSKI, 1972, S. 167). Die Ergebnisse weisen übrigens einen deutlichen Unterschied im Vergleich zu den meisten westeuropäischen Gesellschaften auf und werden von den polnischen Soziologen im Sinne einer Verringerung sozialer Ungleichheit interpretiert. W. WESOŁOWSKI (1967, S. 34) schreibt in diesem Zusammenhang: "Thus in socialist society we find two tendencies in the realm of the distribution of values representing important status characteristics (education, incom and social prestige). Either tendency is connected with different socialist principles. One tendency (the congruence of status characteristics) is connected with the principles 'to each according to his work'. The other tendency is associated with egalitarian ideals and leads to a decomposition (at least partial) of status characteristics." Die an der Vorstellung von sozialer Gleichheit orientierten Umverteilungsprozesse haben in der Nachkriegszeit dazu geführt, daß zwischen den einzelnen sozialen Schichten ein weitreichender Ausgleich von Lebenschancen erreicht wurde. Insbesondere der Lebensstandard der Arbeiter wurde durch die Sicherung des Arbeitsplatzes, kostenlose Ausbildung und medizinische Versorgung, durch die Angleichung der Einkommens- und Wohnbedingungen wie auch durch erhöhte kulturelle Partizipation denen anderer Schichten angepaßt. Allerdings bliebendie Unterschiede in den Wertvorstellungen und Verhaltensmustern, die sich aus den unterschiedlichen Berufsrollen herleiten und für die Sozialisationsprozesse von besonderer Bedeutung sind, davon wenig berührt. Die Überführung der Produktionsmittel in die gesellschaftliche Verfügungsgewalt konnte es auch nicht verhindern, daß der Arbeiter sich weiterhin als Lohnempfänger den hierarchischen Strukturen der Betriebsorganisation unterwerfen und an die technischen Erfordernisse der Produktion anpassen mußte.

In diesem Zusammenhang muß auf die Besonderheit des zentraldemokratischen Sozialismus hingewiesen werden, die darin besteht, daß die meisten statusdifferenzierenden Werte direkt von der Führungselite über den Staatsapparat verteilt werden. "In a socialist society the state - the government and its organizational apparatus - fulfils various functions in shaping the system of stratification and it becomes the main forces for regulating the distribution of goods and values " (M. ALESTALO, K.M. SŁOMCZYŃSKI und W. WESOŁOWSKI, 1979, S. 118). Das betrifft nicht nur die Löhne und Preise für Güter und Dienstleistungen, die am Markt gekauft werden, sondern auch andere materielle Werte (Wohnungen, Erholungsurlaub u.ä.), die über Verwaltungsstellen direkt zugeteilt werden. Die dabei entstehenden Interessenkonflikte werden unter diesen Umständen nicht unter den einzelnen sozialen Gruppen ausgetragen, sondern sind in erster Linie gegen die Machtelite gerichtet, wodurch die Auseinandersetzung einen unmittelbar politischen Charakter erhält.

Im Vergleich zur Zwischenkriegszeit gewinnt in der gegenwärtigen polnischen Gesellschaft anstelle des Eigentums zunehmend der Beruf als Schichtungsfaktor an Bedeutung. Selbst in der Landwirtschaft, wo das Privateigentum an Boden weiterhin vorherrscht, bildet der Beruf in immer stärkerem Ausmaß das "determinierende Merkmal" (T. GEIGER, 1967) des sozialen Status. Z. BAUMANN (1973, S. 40) schreibt in diesem Zusammenhang: "Der Besitz von Produktionsmitteln impliziert nicht mehr eine privilegierte Stellung bei der Verteilung sozialer Werte. Diese Schlüsselrolle wird allerdings von einem neuen institutionellen System übernommen, der kumulativen und hierarchischen

Machtstruktur, die von bürokratischen Normen geleitet wird." Die traditionelle Institution der Tradierung privilegierter sozialer Positionen, die Vererbung von Eigentum, mußte daher von anderen Institutionen ersetzt werden. In diesem Zusammenhang gewinnen die Ausbildung sowie der formale Nachweis von Bildungsabschlüssen bei der gesellschaftlichen Plazierung eine außergewöhnliche Bedeutung. Da zu erwarten ist, daß im Zugang zu den höheren Bildungseinrichtungen die Herausbildung neuer Mechanismen und Strukturen der Verteilung sozialer Positionen zuerst sichtbar wird, ist es verständlich, daß, wie Z. BAUMANN (1973, S. 41) berichtet, die Daten zur sozialen Zusammensetzung von Studierenden zu den bestgehüteten Geheimnissen gehören. Aber selbst die globalen Zahlen scheinen anzudeuten, daß mit der gesellschaftlichen Stabilisierung auch der soziale Druck der neuen privilegierten Schichten hinsichtlich der Aufrechterhaltung und Tradierung ihrer sozialen Positionen zunimmt. Dieser Druck richtet sich vor allem gegen administrative Präferenzen zugunsten unterprivilegierter Schichten, wobei die Maßnahmen als unangebracht gegenüber einer "sozialistischen Intelligenz" empfunden und durch Einsatz von materiellen Mitteln (Nachhilfestunden) und durch persönliche Beziehungen mit Erfolg unterlaufen werden. Darüber hinaus richtet sich dieser Druck gegen eine weitere Expansion von Bildungsinstitutionen. Unter Verweis auf Finanzierungs- und Beschäftigungsschwierigkeiten zielen diese Bestrebungen darauf ab, die privilegierten Positionen knapp zu halten und vor einer überhöhten Nachfrage zu schützen. Die polnische Führungselite wird jedoch zugleich mit einem entsprechenden Gegendruck der aufstrebenden Schichten konfrontiert, die, im Leistungswettbewerb unterlegen, bessere Zugangschancen und den weiteren Ausbau des Schulsystems fordern (Z. BAUMANN, 1973, S. 43).

Mit der Rolle der Ausbildung wird gleichzeitig das Problem der sozialen Mobilität direkt angesprochen, das als ein wesentliches Merkmal der sozialen Schichtung Polens anzusehen ist. Wie K. ZAGÓRSKI (1979, S. 207 ff.) auf der Grundlage repräsentativer Erhebungen nachweisen konnte, waren hauptsächlich die fünfziger Jahre von hohen Mobilitätsraten gekennzeichnet, die wiederum vor allem struktureller Natur waren, d.h. von Kompensationen der Kriegsverluste, eingeleiteter gesellschaftlicher Neuordnung sowie der Politik eines "extensiven" Wirtschaftswachstums bestimmt waren (s. auch M. PHOSKI, 1974 und K. ZAGÓRSKI, 1974).

Tab. 41 Intergenerationsmobilität beruflich aktiver Bevölkerung in Polen 1972, Matrix der Abstrom-Prozente

sozio-ökonomische Gruppe des Vaters	sozio-ökonomische Gruppenzugehörigkeit 1972 nicht-manuelle Berufe	Arbeiter	Selbständige	Landwirte	insgesamt
insgesamt	23	40	1	33	100
nichtmanuelle Berufe	68	28	1	2	100
Arbeiter	29	61	1	7	100
Selbständige	34	42	8	15	100
Landwirte	12	30	1	55	100

(Quelle: M. POHOSKI, S. PÖNTINEN und K. ZAGÓRSKI, 1978, S. 151. Übersichtshalber wurde die sozio-ökonomische Gruppe der Landarbeiter aus der Tabelle herausgenommen.)

In diesem Zusammenhang schreibt K. ZAGÓRSKI (1974, S. 6): "During the last years we are observing a stabilization and even a decreasing outflow from worker and peasant groups to the intelligentsia. Simultaneously, there is a growing tendency of outflow from the intelligentsia in the working class. This certifies, firstly, that the 'extensive' growth stago of employment in white-collar occupations has finished and, secondly, that there have been changes in the hierarchy of groups in society. Connected with this is a gradual disappearence of barriers dividing the working class and intelligentsia, especially between skilled workers and middle or lower office and technical staff."

Aus den erhobenen Daten geht im weiteren hervor, daß von der Intergenerationsmobilität (Vergleich zwischen dem ersten Arbeitsplatz und dem Beruf des Vaters) insgesamt 41,9 o/o der berufstätigen Männer und 37,8 o/o der berufstätigen Frauen erfaßt werden. Wird dem Vergleich jedoch der Arbeitsplatz sowie die sozio-ökonomische Zugehörigkeit zum Zeitpunkt der Erhebung (1972) zugrunde gelegt, erhöht sich der Anteil der Männer auf 46,6 o/o, der Anteil der Frauen bleibt dagegen mit 38,0 o/o gleich. "Die Intergenerationsmobilität" - schreibt in diesem Zusammenhang K. ZAGÓRSKI (1979, S. 203) -"führt in Polen in einem nur geringen Umfang zur Erhöhung des Gesamtanteils von Männern, die einer anderen Gruppe angehören als ihre Väter, und verändert den Anteil von Frauen, die einer anderen Gruppe angehören als ihre Mütter, überhaupt nicht. Die Grundprozesse der Veränderung von sozialer Zugehörigkeit vollziehen sich in unserem Lande durch Abwanderung aus dem sozialen Herkunftsmilieu schon zum Zeitpunkt der Aufnahme einer beruflichen Tätigkeit, was in der Regel in den jungen Jahren erfolgt. Die später eintretende Veränderung im Charakter der Arbeit, die oft mit einer beruflichen Karriere verbunden ist, erfolgt in den meisten Fällen im Rahmen der hier unterschiedenen sozio-ökonomischen Gruppen."

Die dichotome Kategorisierung von Berufen in Hand- bzw. Kopfarbeiter blieb daher unbeschadet der angestrebten Angleichung weiterhin bestehen. Die Ausübung nichtmanueller Berufe wird nicht nur von den Arbeitern als sozialer Aufstieg erfahren, sondern auch von der neuen Machtelite im Sinne von Auszeichnung und Belohnung gehandhabt. Damit werden einige Widersprüche in der Gesellschaftspolitik deutlich, die M.

VAUGHAN (1971, S. 342) treffend folgendermaßen formuliert: "The contradiction between assessing manual work as the most socially useful and promoting the most valuable workers to non-manual posts corresponds to an ideological uncertainty. On the one hand, the promotion of the working class to ruling class is understood as an attempt to abolish traditional hierarchies of prestige. On the other, it is construed as merely giving workers maximum chance of reaching high echelons in these hierarchies. The two policies appear to have been applied simultaneously."

Obwohl Polen nicht mehr als Agrarland anzusehen ist, wird seine soziale Schichtung weiterhin besonders stark vom Land-Stadt-Gefälle geprägt, auf das im folgenden Abschnitt noch ausführlicher einzugehen sein wird. Die grundlegenden Unterschiede zwischen einer industriellen Massenproduktion im Rahmen vergesellschafteter Großbetriebe in der Stadt einerseits und den Produktionsbedingungen kleiner Privatbetriebe auf dem Lande andererseits begründen Einkommens- und Ausbildungsmöglichkeiten, bestimmen Unterschiede in der kulturellen Partizipation und prägen Lebenschancen und den Lebensstil der Bevölkerung in einem vielleicht noch größeren Umfang als die Bedingungen, die sich aus der Klassen- bzw. Schichtzugehörigkeit ergeben.

1) J. SZCZEPAŃSKI (1970, S. 22 ff.) gibt folgende Aufgliederung der polnischen Sozialstruktur an: Großgrundbesitzer 0,36 o/o, Großbourgeoisie 2,0 o/o, Intelligenz 6 o/o, Mittelstand 11 o/o, Bauern 52 o/o, Arbeiter 20 o/o, Landarbeiter 9 o/o; vgl. auch Tabelle 34, S. 238, die einige Abweichungen hierzu aufzuweisen hat.

2) Die Bezeichnung Intelligenz wird hier im weiten Sinn des Wortes gebraucht, ähnlich wie dies in der polnischen Sozialforschung in der Regel der Fall ist. In diesem Sinn umfaßt die Intelligenz alle nichtmanuellen Berufe. Die so definierte Kategorie entspricht zwar der Marxschen Klassenkonzeption, hat aber den Nachteil, daß sie recht heterogene Bevölkerungsschichten in bezug auf Einkommen, Sozialprestige,

Berufsposition und Ausbildung zusammenfaßt und eine differenzierte soziologische Analyse erschwert. Da jedoch allen verfügbaren Angaben, insbesondere aus der Nachkriegszeit, eine Aufteilung der Sozialstruktur in drei bzw. vier Klassen (Arbeiter, Bauern, Intelligenz und andere) zugrunde liegt, wurde diese Aufteilung der Sozialstruktur mit dem oben gemachten Vorbehalt hier übernommen.

3) Die Zahl der Arbeitslosen stieg in den Jahren 1929 - 1937, wie das die offiziell erfaßten Arbeitssuchenden ausweisen, von 185.000 auf 470.000 an (s. Mały Rocznik Statystyczny, 1939, S. 268). Daß diese Zahlen in Wirklichkeit weit größer waren, geht aus der Tatsache hervor, daß nach der Volkszählung (1931) die Zahl der arbeitslosen Arbeiter und Angestellten 6.814.000 betrug, während sie nach den Angaben des Arbeitsamtes lediglich mit 313.000 ausgewiesen wurde (s. Materiały do badań nad gospodarka Polski, 1956, S. 126).

4) Vgl. S. SZULC, "The Demographic Problem". In: International Social Science Bulletin, UNESCO, Vol. IX., No. 2, 1962, S. 177; M. VAUGHAN, 1971, S. 322; vgl. hierzu auch Kap. 1, Bild 1 und Kap. 8).

5) Von diesen Bevölkerungsverschiebungen wurden einerseits ca. 1,5 Millionen Polen aus den früheren polnischen Ostgebieten sowie verschiedene ethnische Gruppen, die in die Gebiete der Sowjetunion umgesiedelt wurden, andererseits etwa 2 Millionen Deutsche, die die früheren deutschen Ostgebiete verlassen mußten, betroffen; vgl. hierzu M. VAUGHAN, 1971, S. 322. Nach Angaben von R. BREYER sind aus den früheren deutschen Ostgebieten in der Zeit des Zusammenbruchs von 1945 rund 4 Millionen und in den ersten Nachkriegsjahren weitere rund 3,5 Millionen geflüchtet bzw. ausgesiedelt worden (s. Polen, 1976, S. 44).

6) Eine allgemeine Darstellung der Veränderungen innerhalb der polnischen Sozialstruktur geben: E. ALLARDT und W. WESOŁOWSKI, Hrsg. 1978, S. 89 ff.; J. SZCZEPAŃSKI, 1970, 1973b; Social Structure, 1978; W. RONGE, 1971; M. VAUGHAN, 1971; W. WESOŁOWSKI, 1966, 1967; DERS., Hrsg., 1970, 1978; J. WIATR, 1976; S. WIDERSZPIL, 1973, 1979; Transformations of Social Structure in USSR and Poland, 1974.

7) Vgl. M. DIJLAS, 1951; J. KUROŃ und J. MODZELEWSKI, 1969. Diese Auffassung ist allerdings in der Literatur umstritten. So räumen zwar W. WESOŁOWSKI (o.J., S. 127) und J. SZCZEPAŃSKI (1970, S. 122 ff.) die theoretische Möglichkeit dafür ein, bestreiten jedoch, daß dies in Polen der Fall ist. In diesem Zusammenhang ist auf die Auffassung von M.S. LIPSET und L. ZETTERBERG (1967, S. 366) zustimmend zu verweisen, daß die Bedeutung der Macht als Vehikel sozialer Mobilität in der soziologischen Forschung weitgehend unbeachtet geblieben ist. Im Jahre 1974 zählte nach den Angaben des Sta-

tistischen Hauptamtes der leitende Kader in Verwaltung, Wirtschaft und Politik insgesamt 136,9 Tausend Personen, d.i. 0,9 o/o aller Beschäftigten.

8) Die Größe dieser sozialen Schicht kann auch anhand der Zahl von Steuerzahlern des nichtvergesellschafteten Wirtschaftssektors geschätzt werden (vgl. J.J. WIATR, 1976, S. 52 f.). Diese Zahlen zeigen nach 1960 einen langsamen Aufstieg an. Im Jahre 1960 waren 208.732 Personen, im Jahre 1970 entsprechend 216.018 und im Jahre 1978 bereits 264.951 Personen in diesem Sinne steuerpflichtig (s. RS, 1979, S. 440).

9) Im Jahre 1946 war diese soziale Schicht im Nationalen Volksrat (KRN) mit 55, im ersten Sejm mit 86 Sitzen zunächst außerordentlich stark vertreten. Nach den ersten Wahlen im Jahre 1947 erhielt sie jedoch nur noch 20 Sitze (vgl. J. MALANOWSKI, 1963, S. 84).

10) Vgl. RS, 1945 - 1965, S. 115, und A. SZEMBERG, 1962, 1969 und 1975.

11) Nach den Berechnungen von M. POHOSKI (1963, S. 94 f.) wurde durch die Migration der Jahre 1945 - 1957 die sowohl in qualitativer als auch struktureller Hinsicht wirtschaftlich überflüssige Gruppe der ländlichen Bevölkerung abgebaut. Im Vergleich zu anderen europäischen Ländern ist allerdings der Anteil in der Landwirtschaft Beschäftigter mit 31,1 o/o (1974) immer noch sehr hoch. Er könnte lediglich durch verstärkte Technisierung und strukturelle Veränderung der polnischen Landwirtschaft zu verringern sein (s. J.J. WIATR, 1976, S. 37).

12) Nach einer Befragung des Instituts für Landwirtschaft (IER) aus dem Jahre 1972 sind das hauptsächlich landwirtschaftliche Betriebe mit einer Gesamtfläche von über 5 ha. Betriebe mit einer Gesamtfläche von 0,5 bis 2,0 ha stellen lediglich zu 11 o/o, Betriebe mit 2 bis 5 ha zu 30,9 o/o eine ausschließliche Erwerbsquelle dar (s. R. TURSKI, K. ŁAPIŃSKA-TYSZKA und W. NOWAK, 1978, S. 52 f.). Schätzungen von Landwirtschaftsexperten gehen sogar davon aus, daß insgesamt nur 34 o/o aller bäuerlichen Familien keine zusätzliche Einkommensquelle in Anspruch nehmen (s. A. WYDERKO, 1974).

13) Vgl. B. GAŁĘSKI (Hrsg., 1966, S. V). Das Landproletariat bildet ebenfalls nur noch eine Randerscheinung und umfaßte zu diesem Zeitpunkt (1960) etwa 1,2 o/o der Landbevölkerung.

14) Zur Einbeziehung traditionell autarker Bauernhöfe in das wirtschaftliche und kulturelle Leben des Landes vgl. R. TURSKI, 1970, S. 228 ff.

15) J. SZCZEPAŃSKI (1970, S. 134 f.) macht für diese Katego-

rien von Bauern folgende Zahlenangaben: Bauern-Arbeiter ca. 900.000, Bauern-Angestellte ca. 200.000, Bauern-Privatunternehmer ca. 10.000.

16) 1978 waren in den 1.719 staatlichen Landwirtschaftsbetrieben, die dem Landwirtschaftsministerium unterstehen, 477.400 Personen beschäftigt. Von den 358.000 in der landwirtschaftlichen Produktion Beschäftigten ist der Anteil an Arbeitern mit 84,7 o/o überdurchschnittlich hoch (RS, 1979, S. 233).

17) Vgl. L. BESKID, 1977, S. 81 ff. Die Einkommensunterschiede zwischen den kleinsten und den größten landwirtschaftlichen Betrieben betrugen im Jahre 1952 1 zu 3,5 und verringerten sich im Jahre 1972 auf 1 zu 1,3.

18) Aufgrund einer Befragung des Instituts für Philosophie und Soziologie der PAN aus dem Jahre 1972 konnten aufgrund des Ausstattungsstandards der Familienbetriebe vier wirtschaftlich-gesellschaftliche Typen von bäuerlichen Familien unterschieden und wie folgt geordnet werden:
1. Familien mit einer Betriebsgröße von mehr als 10 ha und zusätzlichem Einkommen außerhalb der Landwirtschaft.
2. Familien mit derselben Betriebsgröße, ausschließlich in der Landwirtschaft tätig.
3. Familienbetriebe mittlerer Größe (5 - 10 ha) sowie Kleinbetriebe (2 - 5 ha) mit zusätzlichem Einkommen außerhalb der Landwirtschaft.
4. Mittelgroße (über 5 ha) und kleinere Betriebe (bis 5 ha) ohne zusätzliches Einkommen außerhalb der Landwirtschaft.

Bei dieser Aufgliederung wurden die Kleinbetriebe von Arbeiter-Bauern nicht berücksichtigt (vgl. R. TURSKI, K. LAPIŃSKA-TYSZKA und W. NOWAK, 1978, S. 93).

19) Beispielsweise hat sich der tägliche Zuckerverbrauch pro Kopf von 12 g im Jahre 1936/37 auf 68,5 g im Jahre 1971/72 erhöht, der Fleischverbrauch ist in demselben Zeitraum von 30 g auf 114,8 g gestiegen und der Pro-Kopf-Verbrauch von Kartoffen von 800 g auf 517,8 g gesunken (vgl. H. CHOJNACKA, 1963, S. 55 und 154 f.).
Im Jahre 1931 wohnten 80 o/o der ländlichen Bevölkerung in Wohnungen mit durchschnittlich mehr als zwei Personen pro Zimmer. Bei 38,9 o/o dieser Wohnungen war ein Zimmer sogar von vier und mehr Personen belegt. Im Jahre 1960 betrugen diese Zahlen 46,4 o/o bzw. 8,6 o/o (s. A. ANDRZEJEWSKI, 1965, S. 78 f.).

20) Als Erbe der Teilung hatten die bäuerlichen Schichten im Jahre 1921 mit 39,8 o/o den höchsten Anteil an Analphabeten aufzuweisen. Die Einführung der allgemeinen Schulpflicht und der Ausbau des Schulsystems führten in den folgenden Jahren zu einer laufenden Verringerung dieser Gruppe (1931: 26,9 o/o, 1950: 7,1 o/o, 1960: 3,9 o/o). Den Hauptanteil

der ländlichen Bevölkerung stellen mit 46,1 o/o Personen mit abgeschlossener Grundschulausbildung dar (vgl. R. TURSKI u.a., 1978, S. 95 ff.). Die angeführten Zahlen beziehen sich allerdings auf die gesamte Landbevölkerung, d.h. auch auf Personen, die außerhalb der Landwirtschaft in der Stadt berufstätig sind. Unter den privaten Landwirten dürfte allerdings der Bildungsstand wesentlich schlechter aussehen (s. J. FRENKEL, 1976).

21) Neben den Arbeitern, die in staatlichen und genossenschaftlichen Betrieben beschäftigt sind, ist eine relativ kleine Gruppe von Arbeitern in privaten handwerklichen und industriellen Betrieben tätig. Im Jahre 1974 waren 479.000 Personen in privaten Betrieben außerhalb der Landwirtschaft beschäftigt, wobei 61 o/o dieser Beschäftigten zu der Gruppe der Eigentümer bzw. der mithelfenden Familienmitglieder zählten. Diese privaten Betriebe üben wegen überdurchschnittlicher Verdienstmöglichkeiten, eines guten Betriebsklimas, eines in der Regel kleinen Familienbetriebes wie auch wegen einer starken Verhandlungsposition der Arbeiter eine besondere Anziehungskraft aus. Am "nichtvergesellschafteten Produktionsprozeß" sind auch jene Arbeiter beteiligt, die neben ihrer Arbeitertätigkeit eigene landwirtschaftliche Kleinbetriebe bewirtschaften. Was ihre materielle Situation betrifft, so sind sie im allgemeinen sowohl im Vergleich zu den Arbeitern, als auch den Bauern schlechter gestellt, müssen als Pendler und durch ihre zusätzliche Berufstätigkeit weit größere persönliche Kosten auf sich nehmen und werden darüber hinaus in der Regel mit einem negativen sozialen Sterotyp gekennzeichnet (s. M. JAROSIŃSKA und J. KULPIŃSKA, 1978, S. 116 f.).

22) Vgl. hierzu W. MORAWSKI, 1973; L. GILEJKO, 1970; A. STURMTHAL, 1961.

23) Im Jahre 1963 waren in den Arbeiterhaushalten im Durchschnitt 1,45 Personen beschäftigt. Dieser Durchschnittswert stieg im Jahre 1969 auf 1,57 Personen an und dürfte in den siebziger Jahren bei einer anhaltenden allgemeinen beruflichen Aktivierung der Bevölkerung auch bei der Arbeiterfamilie wenn nicht gestiegen, so doch sicherlich konstant geblieben sein. Im Jahre 1969 hatte der Lohn am Gesamteinkommen der Arbeiterfamilie einen Anteil von 88,4 o/o und der Lohn des Familienvorstandes einen Anteil von 58,9 o/o aufzuweisen. Bei einem Anteil der Sozialleistungen in Höhe von 8,6 o/o hatten andere Einkommensquellen lediglich einen Anteil von ca. 3 o/o, was die starke Abhängigkeit des Arbeiters von der Entwicklung des Grundlohnes belegt (s. M. JAROSIŃSKA und J. KULPIŃSKA, 1978, S. 135 f.).

24) Nach einer Umfrage von K. ŻYGULSKI (1977, S. 399 f.) geben

53 o/o der befragten Arbeiter an, während der Woche das Fernsehprogramm gesehen zu haben; am Sonnabend sahen es 61 o/o, am Sonntag 67 o/o und an Feiertagen 75 o/o. Die Lektüre von Zeitungen und Zeitschriften gaben entsprechend dieser zeitlichen Spezifikation 34 o/o, 36 o/o, 25 o/o und 39 o/o der Befragten an. Das Hören von Rundfunkprogrammen wurde dementsprechend von 22 o/o, 18 o/o, 19 o/o und 30 o/o der Arbeiter angeführt.

25) Zur Entstehung der Intelligenz und ihrer kulturellen und politischen Rolle in der polnischen Gesellschaft vgl. insbesondere: J.CHAŁASIŃSKI, 1958 und 1970; H. LAEUEN, 1959; W. MAKARCZYK und J. BLUSZKOWSKI, 1978; W. MARKIEWICZ, 1976; J. SZCZEPAŃSKI, 1961, 1966, 1971; A. ZAJĄCZKOWSKI, 1961 und J. ŻARNOWSKI, 1965. Bemerkenswert ist in diesem Zusammenhang die Tatsache, daß in der polnischen soziologischen Fachliteratur zu dieser Problematik des öfteren heftige Diskussionen stattfinden, die eine gewisse Parallelität zu den jeweiligen Krisensituationen im Lande aufweisen.

26) Im Vergleich zu westeuropäischen Ländern ist der Ausgleich von Chancen in der Hochschulausbildung unbestreitbar höher. In der Bundesrepublik betrug z.B. der Anteil der Studierenden aus der Arbeiterschicht (1962/63) 5,9 o/o, in der Schweiz (1959) 5,5 o/o, in Frankreich (1963) 9,4 o/o, in Schweden (1960/61) 14,3 o/o und in England (1961/62) 25 o/o (s. F. HESS, F. LATSCHA und W. SCHNEIDER, 1966, S. 18). Gemessen an den Anteilen der einzelnen sozialen Schichten Polens, ist der angestrebte Ausgleich jedoch noch nicht voll realisiert worden.

27) Die folgende Beschreibung lehnt sich im wesentlichen an die von J. SZCZEPAŃSKI (1970, S. 113 ff.) vorgenommene Gruppierung der polnischen Intelligenz an. W. MARKIEWICZ (1976, S. 208 ff.) unterscheidet in diesem Zusammenhang lediglich drei Gruppen: 1. Ingenieure und Techniker, 2. Beamte und Büroangestellte und 3. die kreative Intelligenz. J.J. WIATR (1976, S. 64) führt dagegen insgesamt sieben Intelligenzgruppen an: 1. Intellektualisten, 2. leitende Kader in Politik, Verwaltung und Militär, 3. mittlere Kader, 4. technische Intelligenz, 5. freie Berufe, 6. ausführende Kader in Partei, Staat, Wirtschaft und Militär, wobei die Masse der Büroangestellten der Intelligenz im engeren Sinne nicht zugerechnet wird.

7. Mikrostruktur der polnischen Gesellschaft

Die dargestellten Institutionen und Organisationen der polnischen Gesellschaft stellen den Rahmen und die Aktionsbedingungen für das gesellschaftliche Leben und das aufeinander bezogene Handeln einzelner Gesellschaftsmitglieder dar. Der folgende Abschnitt bildet einen Versuch, die gesellschaftlichen Inhalte näher zu betrachten, die im Rahmen der vorgegebenen Makrostruktur sich in den jeweiligen Interaktionsmustern als Sediment verdichtet haben und in ihrem Realitätsanspruch durch die alltäglichen Begegnungen innerhalb von Kleingruppen gestützt und weiterentwickelt werden. Beschränkt man sich bei der Darstellung einer Gesellschaft nur auf die Makrostruktur, so läuft man Gefahr zu übersehen, daß bei gleichen Rahmenbedingungen recht unterschiedliche gesellschaftliche Inhalte der sozialen Wirklichkeit entstehen und damit auch verschiedenartige Weltbilder hervorgebracht werden können, die unter Umständen als widersprüchlich erfahren werden. In diesem Abschnitt kommt es daher vor allem darauf an, aus der Perspektive der unmittelbaren Erfahrung des einzelnen das Besondere der polnischen Gesellschaft aufzuzeigen sowie Zusammenhänge zwischen Mikrostruktur und Elementen der bestehenden oder in der Vergangenheit wirksamen gesellschaftlichen Makrostruktur zu beleuchten.[1] Wie mit Nachdruck von J. SZCZEPAŃSKI (1970, S. 174) betont wird, werden durch diese Betrachtungsweise Probleme der Kontinuität und des sozialen Wandels einer Gesellschaft sichtbar, die im Eifer sozialer Reformen nicht selten von den Akteuren übersehen werden. "In short, changes in the institutional systems and in the macrostructure can be made overnight, but they become social 'reality' only when they have succeeded in creating a correspondingly changed microstructure. This, however,is a long process. The microforms, therefore, are the most important factors of both continuity and change in the society. Some political scientists, fascinated by the importance of political and governmental institutions, have been inclined to believe that the introduction of communist political institutions in East European societies has transformed these societies into communist ones in a very short time. But a society can be completely transformed only by developing a new microstructure that corresponds to the new macrostructure."

7.1. Der Wandel von Interaktionsmustern

Die in einer Gesellschaft geläufigen Interaktionsmuster sind eng mit zentralen Werten verbunden, die eine Nation im Laufe ihrer geschichtlichen Erfahrungen hervorgebracht hat (vgl. Kap. 5). In der Zwischenkriegszeit war das alltägliche Handeln darüber hinaus von dem ausgeprägten Charakter der sozialen Schichtung der Gesellschaft mitbestimmt worden und beinhaltete daher zugleich eine starke Betonung der bestehenden sozialen Unterschiede. Dieses ausgeprägte soziale Distanzbewußtsein insbesondere der Oberschicht war zugleich mit einer Hochschätzung der eigenen Gruppe und der Gruppenmitglieder verbunden, die in ihrer überhöhten Form als besonders hohe Bewertung der persönlichen Würde und Ehre von der Intelligenz übernommen wurde und im Zuge des gesellschaftlichen Wandels auch unter anderen sozialen Schichten der polnischen Gesellschaft weite Verbreitung fand. Ein interessantes Beispiel stellt in diesem Zusammenhang die bis heute noch geltende Anredeform "pan/pani" (Herr/Frau bzw. Sie) dar, die zuerst als Umgangsform des Adels die soziale Distanz zu anderen, insbesondere der bäuerlichen Schicht markierte, zur allgemeinen Geltung gekommen, dem Interaktionspartner gegenüber eine Haltung der Hochachtung anzeigt. Das in der Nachkriegszeit als verbindlich erklärte Modell der "sozialistischen zwischenmenschlichen Beziehung" stellte demgegenüber das Gleichheitspostulat in den Vordergrund. Der Versuch, die "reaktionären Elemente" der nationalen Tradition zu beseitigen und die traditionelle Anredeform durch eine neue: "obywatel" (Bürger) zu ersetzen, schlug allerdings fehl und blieb nur im Bereich des amtlichen Verkehrs weiter bestehen.

In der Zwischenkriegszeit hatte auch der "Ehrenkodex" der Oberschicht sowie der gebildeten Kreise als Kontrollinstanz alltäglicher Handlungsabläufe eine sehr große Bedeutung. Mit der Demokratisierung und Egalisierung ist seine Wirkung zwar insgesamt abgeschwächt worden, andererseits aber in das Verhaltensrepertoire der Mittel- und Unterschicht eingegangen. Im gesellschaftlichen Bewußtsein mit Bildung und Ausbildung verbunden, stellen diese Verhaltensmuster eine moralische Verpflichtung dar, das Verhältnis zum anderen Menschen nach kultivierten Umgangsformen zu gestalten. Im 19. und 20. Jahrhundert ist diese Haltung mit nationalen und revolutionären Wertvorstellungen zu einer besonderen Form von Loyalität und Solidarität verschmolzen worden und bildete die Grundlage dafür, der Gemeinschaft eine hohe Opferbereitschaft entgegenzubringen. Mit der Etablierung des neuen Gesellschaftsystems wurde der Versuch unternommen, die vorgefundenen Grundmuster des alltäglichen Handelns mit der ideologisch begründeten Konzeption des "sozialistischen Menschen" zu verbinden und die tradierte Vorstellung von Ehre und Solidarität neu zu definieren. "But the concept of honor within the communist movement" - schreibt hierzu J. SZCZEPAŃSKI (1970, S. 178) - "and especially since its establishment as the political authority has been given new meaning - the willingness to supress one's individualistic strivings in favor of loyalty to the demands of the party and state. This ist, of course, quite contrary to the traditional notions, and it can be said that this concept of honor has not attained much acceptance."

Neben der an der Spitze der Wertskala stehenden persönlichen Wertschätzung, die in den alltäglichen zwischenmenschlichen Beziehungen als Wohlwollen, Entgegenkommen, Ehrlichkeit sowie Fähigkeit zu Kooperation zum Ausdruck kommt, zählt J. KORALE-

WICZ-ZĘBIK (1979) noch eine Reihe traditioneller Wertvorstellungen auf, die auch weiterhin ihre Gültigkeit behalten haben. Zu ihnen gehört die individualistische, auf sich bzw. die Kernfamilie oder Kleingruppe bezogene Grundhaltung, die als Gruppenkonformismus bzw. stark ausgeprägtes Affiliationsbedürfnis in Erscheinung tritt und einer pragmatischen, auf Eigenleistung und Erfolg ausgerichteten Orientierung entgegensteht mit der Konsequenz, daß z.B. "Beziehungen" als legitimes Mittel der Verteilung von Privilegien und Gütern allgemein akzeptiert werden. Darüber hinaus bilden vor allem Kleingruppen und die Nation stark emotional besetzte Identifikationsobjekte, wogegen das Engagement auf der Ebene sozialer Organisationen nur eine schwache Ausprägung aufweist und damit einer passiven und konformistischen Haltung und einem gewissen Konservatismus in diesem Bereich Vorschub leistet. Im Sinne der sozialistischen Ideologie hat sich dagegen die Arbeit zum konstitutiven Element der sozialen Position entwickelt, wurde der Gegensatz zwischen Kopf- und Handarbeit weitgehend von der Dichotomie "qualifiziert - nicht qualifiziert" ersetzt, und anstelle von Eigentum und Besitz wurde die Bildung zum wichtigsten Mittel des sozialen Aufstiegs erhoben. [2)]

Bei einer genaueren Betrachtung kulturell gebundener Handlungsabläufe wird jedoch deutlich, daß neben allgemeingültigen Interaktionsmustern eine große Anzahl unterschiedlicher Lebensstile in der polnischen Gesellschaft anzutreffen ist. [3)] Diese Mannigfaltigkeit der Ausformung des gesellschaftlichen Lebens kann anhand einer von A. JAWŁOWSKA und E. MOKRZYCKI (1978) vorgeschlagenen Typologie der Lebensstile verdeutlicht werden, die ohne Anspruch auf Vollständigkeit vor allem aus der Perspektive der historischen Entwicklung entworfen wurde. Die Autoren unterscheiden in der gegenwärtigen polnischen Gesellschaft vier Lebensstile, die mit Ausnahme des Lebensstils der Arbeiter als Fortentwicklung traditioneller Wertvorstellungen einzelner Gesellschaftssegmente begriffen werden.

1) Der elitäre Lebensstil stellt eine modifizierte Form jener Lebensführung dar, die der früheren polnischen Intelligenz eigen war. Nachdem sich die Intelligenz in der Nachkriegszeit in ihrer Zusammensetzung und in ihren Funktionen radikal gewandelt hat und ihr Lebensstil weit über sie hinaus Verbreitung fand, ist sein elitärer Charakter nicht mehr in der besonderen gesellschaftlichen Aufgabe der Gruppe begründet. Er kann vielmehr als "pseudoelitär" bezeichnet werden, da er nur in einer spezifischen Bewußtseinshaltung zum Ausdruck kommt. Im Vordergrund der Werthaltung steht die Ausbildung, genauer gesagt die allgemeine und umfassende humanistische Bildung. Sowohl im Berufsleben als auch in anderen Lebensbereichen gilt die Verpflichtung, sich als kulturell gebildeter Mensch darzustellen, wobei es oft nicht so sehr auf die Inhalte als auf die Form der Darstellung ankommt. Im Gegensatz zur Lebensführung der früheren Intelligenz beinhaltet der elitäre Lebensstil angesichts einer zunehmenden Verbreitung von Bildung und Ausbildung allerdings im steigenden Ausmaße eine Wertschätzung materieller Güter, insbesondere Konsumgüter, die als Statussymbol bei der Abgrenzung zu anderen Gruppierungen eingesetzt werden können.

2) Der neubürgerliche Lebensstil stellt die Fortführung der kleinbürgerlichen Wertvorstellung und Verhaltensnormierung dar, für die Vermögenswerte von zentraler Bedeutung waren, der Besitz als materielle Sicherheit angesehen wurde und das "Anschaffen" als die wichtigste Tugend galt. Obwohl die Mittelschicht in der Nachkriegszeit, zahlenmäßig stark reduziert, nur noch eine Randexistenz fristet, hat sich ihr Lebensstil auch in anderen Bevölkerungsgruppen erhalten und weiterentwickelt, wobei allerdings im Gegensatz zur Sparsamkeit der Kleinbourgeoisie der Konsum an Bedeutung gewann. Die Begeisterung für neue Produkte, insbesondere ausländischer Hersteller, der Widerspruch zwischen deklarierter und gelebter Moral sowie das Bedürfnis nach Sicherheit und Stabilität bilden

weitere Bestandteile dieses Lebensstils.

3) Durch die Bezeichnung ländlicher Lebensstil soll der Unterschied zur traditionellen bäuerlichen Lebensführung unterstrichen werden. Mit der Industrialisierung, Urbanisierung sowie dem Einzug technischer Neuerungen im landwirtschaftlichen Produktionsbereich haben viele als erfolgreich angesehene Verhaltensmuster des bäuerlichen Lebens eine tiefgreifende Veränderung erfahren. Die zentralen Werte dieses Lebensstils: Bodenbesitz und Arbeitsfleiß wurden in ihrer Bedeutung relativiert, die Naturgebundenheit und die damit verbundene Zeitvorstellung durch technische Entwicklungen gelockert. Die infolge dieser Veränderung entstandene "Freizeit", verbunden mit der Verbreitung von Massenmedien und Bildung, eröffnete neue Chancen kultureller Partizipation. Obwohl persönliche zwischenmenschliche Kontakte, traditionelle Rituale und Feierlichkeiten weiterhin von großer Bedeutung sind, wurde damit der sehr enge Bezug zur eigenen nachbarschaftlichen Gemeinschaft zugunsten größerer Verkehrskreise aufgelöst.

4) Der neue Lebensstil der Arbeiter stellt nach Auffassung von A. JAWŁOWSKA und E. MOKRZYCKI (1978) eine Besonderheit dar. Die traditionelle Lebensführung der in Großbetrieben beschäftigten Arbeiter der Zwischenkriegszeit, die in Anlehnung an die soziologische Analyse von S. CZARNOWSKI (1956) als Gegenkultur zur bürgerlichen und kleinbürgerlichen Daseinsgestaltung anzusehen war, konnte als solche in einer sozialistischen Gesellschaft, in der die Arbeiter die führende politische Macht darstellen sollten, keine Fortführung erfahren. Dies betrifft vor allem das Selbstverständnis der Arbeiter, nicht mehr entwurzelt und entfremdet zu sein, weniger das Solidaritätsbewußtsein in dem Sinne, daß der einzelne nur als Mitglied der eigenen Gruppe sich zu artikulieren und durchzusetzen vermag. Der hohe Anteil von Arbeitern, die sich aus ländlichen Gebieten rekrutieren, die zunehmende Verbreitung von Bildung

und Ausbildung, die gestiegenen technischen Anforderungen am Arbeitsplatz und die hohe berufliche Mobilität dürften im weiteren dazu beitragen, daß einerseits Elemente aus anderen Lebensstilen, insbesondere dem ländlichen und bürgerlichen eingebracht werden, andererseits völlig neue Verhaltensmuster sich zu entwickeln beginnen. Obwohl diese Problematik noch wenig systematisch erforscht wurde, kann davon ausgegangen werden, daß für den neuen Arbeiterlebensstil sowohl die durch das alltägliche Auseinandersetzen mit der Natur im Produktionsprozeß bedingte spezifische Rationalität als auch die aus dem Solidaritätsbewußtsein abgeleiteten moralischen Prinzipien der Gerechtigkeit, Brüderlichkeit und persönlichen Würde weiterhin von Bedeutung sind.

In der dargestellten Typologie schichtenspezifischer Lebensstile wurde bereits auf die vom sozialen Wandel bedingten Dekompositionsprozesse innerhalb der polnischen Sozialstruktur verwiesen. Neben bestimmten Wertvorstellungen, wie z.B. die der Einschätzung persönlicher Umgangsformen in der Dimension "kulturell gebildeter - primitiver Mensch" (człowiek kulturalny - prostak), die weiterhin von großer Bedeutung sind, ist daher in der gegenwärtigen polnischen Gesellschaft eine Anzahl widersprüchlicher Bewertungsmaßstäbe anzutreffen, die für eine im Wandel begriffene Gesellschaft charakteristisch sind. Diese Widersprüche entwickeln sich insbesondere an den Stellen des sozialen Lebens zu offenen Konflikten, wo sie in objektiv meßbaren Ausprägungen erfaßbar sind und als Privileg bzw. Benachteiligung erfahren werden. Von besonderer Bedeutung ist in diesem Zusammenhang der Umstand, daß in einer zentral geplanten und gelenkten Gesellschaft neben der nach wirtschaftlichen Gesichtspunkten bedingten Differenzierung zunehmend die Macht und der Rang von Positionen innerhalb vergesellschafteter Organisationen zum autonomen Faktor und synthetischen Indikator sozialer Schichtung werden (s. J. SZCZEPAŃSKI, 1980). Auf der Grundlage einer Analyse autobiographischen Materials schreibt hierzu W. NAROJEK (1980, S. 110 f.): "Wie die Analyse von Stereotypen gezeigt hat, werden sowohl die ökonomische Differenzierung als auch die sich aus der Machtverteilung in Organisationsstrukturen des gesellschaftlichen Lebens ergebende Differenzierung in der modernen polnischen Gesellschaft als Faktoren wahrgenommen, die einen spezifischen Einfluß auf die zwischenmenschliche Beziehung ausüben. Das Wesentliche einer Situation, in der diese Differenzierungen sichtbar werden, wird vor allem von ihrer Definition wiedergegeben, die aus der Sicht der Benachteiligung erfolgt. Es ist bemerkenswert, daß aus dieser Sicht in beiden Fällen die Differenzierung als rechtswidrig bzw. sozial ungerecht (im ersten Fall: "Privatunternehmerchen"; im zweiten: "gut denen an der Futterkrippe") oder nichterwünscht (im ersten Fall: "alles nur für Moneten"; im zweiten: "Mißbrauch der bekleideten Position", "heilige Kühe, Straflosigkeit", "jene, die Beziehungen haben") wahrgenommen wird. Die ergänzende Situationsdefinition, die aus der Sicht der Bevorzugung vorgenommen wird, hat dagegen einen defensiven Charakter insofern, als die emotional negative Einstellung der Interaktionspartner in Kategorien fehlender Loyalität ("Demagogie", "Schädigung", "Schmähung") oder eigener Entfremdung ("Neid", "die Leute wollen nicht glauben, daß es mir schwerfällt") erfaßt wird."

Parallel zu "Destrukturalisierungs- und Restrukturalisierungsprozessen" im Bereich der sozialen Schichtung werden im Zuge der Massenproduktion von Konsumgütern und dem Ausbau von Massenmedien nivellierende Tendenzen wirksam, die auf eine Vereinheitlichung von Werten, Einstellungen und Gebräuchen drängen und der Lebensführung den Stempel des Lebensstils einer Massengesellschaft aufdrücken. Kennzeichnend für die neuen Stilelemente sind u.a. das Fehlen eines einheitlichen Gefüges von Wertvorstellungen und beständigen Verhaltensformen sowie ein gewisser Synkretismus in bezug auf ihre Zusammensetzung aus unterschiedlichen und z.T. widersprüchlichen Elementen

(Stilbrüche), die gleichzeitig starken modischen Schwankungen unterworfen sind und im wesentlichen von Marktgegebenheiten bestimmt und durch Massenmedien vermittelt werden.

Mit der Errichtung einer sozialistischen Gesellschaftsordnung wurde eine Periode eingeleitet, in der neben den traditionellen Verhaltensmustern neue Orientierungsmaßstäbe gesetzt wurden, die oft im Widerspruch zu den bislang geltenden Normierungen standen. J. SZCZEPAŃSKI (1970, S. 179) schreibt in diesem Zusammenhang: "As noted above, those who were dedicated to socialist ideology and reforms and who were fascinated by the prospect of the economic and cultural development that the plans promises thought it also necessary to follow the new patterns of interactions and relations. But the majority of citizens limited themselves to paying lip service to the new principles, although still keeping the old patterns. Nevertheless, the old patterns are slowly losing their force and ceased to work as a means of social control. It seems that the decomposition of the microstructure is one of the essential causes, in any society, of a growing rate of deviant behavior, juvenile delinquency, alcoholism and crime." Die Wirksamkeit der "sozialistischen Umerziehung", die insbesondere im schulischen Bereich und der Jugendarbeit mit Nachdruck betrieben wurde, ist allerdings, wie dies z.B. aus der Geschichte der Jugendorganisationen und aus empirischen Befunden von Einstellungen Jugendlicher hervorgeht, nicht sehr hoch anzusetzen, ganz zu schweigen von Nebenwirkungen, die in einer ideologischen Immunisierung und einer Entleerung, in sich erstarrten Sprachritualen ("drętwa mowa") ihren Niederschlag fanden. Eine weit größere Bedeutung dürften dagegen die neuen Institutionen im wirtschaftlichen und gesellschaftlichen Bereich haben, die für den einzelnen den Rahmen abstecken, in dem er seine Bedürfnisse zu befriedigen hat.

Zunächst ist darauf hinzuweisen, daß mit dem Aufbau sozialistischer Organisationen auch neue Rekrutierungs- und Karrieremuster eingeführt wurden, deren Bewertungsmaßstäbe den bestehenden Beziehungsstrukturen radikal widersprachen. "Eine charakteristische Erscheinung dieses Phänomens im Nachkriegspolen sind die weit verbreiteten Stereotypen, die die gesellschaftliche Berechtigung zur Bekleidung von Positionen in Organisationen von Personen, die unter den neuen Bedingungen im Schnellverfahren erreicht wurden ("z awansu"), bestreiten, oder die ein überhöhtes Streben nach Spitzenpositionen unter den Bedingungen der neuen Gesellschaftsordnung brandmarken ("karierowicze", "oportuniści") (s. W. NAROJEK, 1980, S. 98). Hinzu kommt noch der Umstand, daß die sozialistischen Organisationen in der Regel einen ausgeprägten bürokratischen Charakter aufweisen und damit eine Formalisierung der zwischenmenschlichen Beziehungen bewirken, die zwar einerseits universalistisch-rationalen Tendenzen Vorschub leisten, andererseits aber den Bedürfnissen nach Authentizität und Spontaneität widersprechen. Diesen Tendenzen wird mit einer sprachlichen "Entformalisierung des Formalisierten" (M. CZERWIŃSKI, 1969, S. 87) und verstärkter Bildung von informellen Gruppen begegnet. Der "allumfassende" Charakter der gesamtgesellschaftlichen Organisationsstrukturen ("Superorganisation", M. HIRSZOWICZ, 1973) führt dazu, daß neben integrativer Gesamtidentität auch der Grundwiderspruch zwischen universalistischer Verpflichtung und partikularistischer Gruppenloyalität mit der Detailliertheit der Regelung zwischenmenschlicher Beziehungen proportional zunimmt. Die zentralistischen Tendenzen im organisationellen Gesamtgefüge, verbunden mit einer monokratischen Machtausübung und geringen Partizipationsmöglichkeiten, führen zu Widersprüchen in den einzelnen Bewertungsdimensionen und zu unterschiedlichen Erwartungen bezüglich der Aufgabenerfüllung und ihrer Kontrolle und tragen dadurch zu einer Pathologie von Organisationsprozessen bei, die in einer Umverteilung von Privilegien und Belastungen unter den Mitarbeitern zentral gelenkter Organisationen münden (s. W. NAROJEK,

1980, S. 106 ff.). Abschließend ist in diesem Zusammenhang noch auf die Doppelung der Verfügungsmacht (Verwaltung/politische Instanz) hinzuweisen, die in fast allen gesellschaftlichen Bereichen etabliert und mit erheblichen Verlusten an Kapazität verbunden ist und im unmittelbaren Erfahrungsbereich des einzelnen in dem Interrollenkonflikt eines "Mitarbeiters" und eines "Funktionärs" zum Ausdruck kommt (s. S. KOWALEWSKA, 1966, S. 121 ff.).

Nach A. SICIŃSKI (1977, S. 304 ff.) wirken auf die Veränderung der Lebensstile im gegenwärtigen Polen im wesentlichen zehn miteinander in Verbindung stehende Faktoren, nämlich: die Unterschiede zwischen Stadt und Land, der unterschiedliche Lebensstandard, der Binnenmarkt, die Differenzierung nach Ausbildung, die Arbeit und Freizeit, die Wohnungsbedingungen, die soziale und kulturelle Infrastruktur, das Rechtssystem und das Wertsystem. Forschungsanstrengungen erscheinen jedoch notwendig, um die makrostrukturellen Mechanismen dieser Differenzierung besser zu erfassen (s. A. JAWŁOWSKA und A. PAWEŁCZYŃSKA, 1981), die eine Kontinuität, Dekomposition bzw. eine Vereinheitlichung von Stilelementen bewirken oder aber neue Verhaltensmuster hervorbringen. Dabei können die in der Persönlichkeitsstruktur angelegten Dispositionen nicht aus dem Auge verloren werden, da in Zukunft zu erwarten ist, daß der einzelne in zunehmendem Maße die Möglichkeit haben wird, im vorgezeichneten Rahmen sein Verhaltensrepertoir nach eigenen Prioritäten und Bedürfnissen zu differenzieren und zu gestalten (s. A. PAWEŁCZYŃSKA und E. TARKOWSKA, 1978).

In den kommenden Jahrzehnten ist nach A. SICIŃSKI (1977) im weiteren zu erwarten, daß der Einfluß der sozialen Schichtung auf die Ausgestaltung der Lebensstile an Bedeutung verlieren wird und auch Unterschiede zwischen Stadt und Land verringert werden. Demgegenüber dürfte der Beruf verstärkt den Lebensstil bestimmen, wobei dieser Einfluß von einer stärker berufsbezogenen Einkommensdifferenzierung eine zusätzliche Bekräftigung erhalten dürfte, vorausgesetzt, daß auch ein entsprechendes Angebot an Gütern und Dienstleistungen vom Markt bereitgestellt wird. Auch der Generationsunterschied dürfte in Zukunft auf die Ausgestaltung der Lebensführung einen größeren Einfluß haben. Die damit zusammenhängende Veränderung altersspezifischer Lebensphasen, die in Verbindung mit einer steigenden Mobilität zu sehen ist, eröffnet dem einzelnen neue Möglichkeiten, seinen Lebensstil auch mehrmals zu ändern. Damit wird die Persönlichkeit des einzelnen bei der Auswahl von Handlungsalternativen an Bedeutung gewinnen und die Lebensgestaltung breiter Bevölkerungskreise in zunehmendem Maße beeinflussen (s. M. CZERWIŃSKI, 1978a und A. SICIŃSKI, 1978).

7.2. Familie

Unter den verschiedenen Ausformungen der Mikrostruktur nimmt die Familie einen besonderen Platz ein, da sie die biologische Reproduktion der Gesellschaft sowie die frühkindliche Pflege des Nachwuchses sicherstellt und darüber hinaus die Sozialisation, Bildung, das emotionelle Gleichgewicht und die soziale Plazierung der jungen Generation wesentlich mitbestimmt. Die Veränderungen, die in diesem Bereich stattgefunden haben, werden erst auf dem Hintergrund der traditionellen polnischen Familie deutlich, die in der Erfüllung ihrer Funktionen von der ausgeprägten Schichtungsstruktur der Gesellschaft bestimmt war. Neben dieser schichtenspezifischen Differenzierung war jedoch ein gemeinsamer Kern vorhanden, der von J. SZCZEPAŃSKI (1970, S. 182) wie folgt beschrieben wird: "But in spite of all class-determined differentiations, there were certain common elements which could be found in all social classes, such as a strong patriarchal tradition, a strong influence of religion on family life, the importance of economic functions of the family, and strong ties of family solidarity. Almost all families were three-generation-families, and the influence of grandparents was pronounced; even if the grandparents were not living with their married children, they exercised a strong influence on the conduct of family affairs." In der Zeit des Zweiten Weltkriegs wurden diese Grundmuster des familiären Lebens noch verstärkt, da von der Solidarität der Familienangehörigen oft das physische Überleben des einzelnen abhängig war und die Familie darüber hinaus eine Anzahl von Aufgaben anderer sozialer Organisationen zu übernehmen hatte, die von der Besatzungsmacht mit Erfolg unterdrückt werden konnten.

7.2.1. Strukturelemente der modernen polnischen Familie

Die gesellschaftliche Bedeutung der Familie kann z.T. aus der Verbreitung der Ehe erschlossen werden. Bedingt durch die Kriegsereignisse, war zunächst der Anteil verheirateter Männer und Frauen relativ gering, er stieg jedoch in den Jahren 1950 bis 1960 bei den Männern von 64,2 o/o auf 71,7 o/o und bei den Frauen von 53,5 auf 62,5 o/o schnell an (RS, 1966, S. 4). Eine bessere Vorstellung von der Verbreitung der Ehe erhalten wir allerdings dann, wenn dem Vergleich nur die Altersgruppe zwischen 40 und 44 Jahren zugrunde gelegt wird. Die Zahlen in Tabelle 42 belegen überzeugend den hohen Stellenwert der Ehe, wobei die Unterschiede in den Prozentwerten

Tab. 42 Verheiratete Männer und Frauen der Altersgruppe zwischen 40 und 44 Jahren nach Stadt und Land in o/o

	Stadt		Land	
	Männer	Frauen	Männer	Frauen
1950	89,5	63,5	91,1	78,2
1960	94,1	71,0	93,8	84,2
1970	95,6	94,2	93,6	94,9

(Quelle: Angaben aus der Bevölkerungszählung, zitiert nach R. JALLINOJA, J. PIOTROWSKI und V. STOLTE HEISKANEN, 1978, S. 304)

zwischen Männern und Frauen durch die ungleiche Verteilung der Bevölkerung bezüglich des Geschlechts bedingt sind. Anzumerken wäre in diesem Zusammenhang, daß auch in Polen eine Tendenz zum Zusammenleben ohne Trauschein sich abzeichnet, die mit einem Anteil von 1 o/o aller Paare veranschlagt wird und vor allem in den unteren Altersgruppen eine überdurchschnittliche Verbreitung findet (s. R. JALLINOJA u.a. 1978, S. 306). Wie die Zensusdaten von 1970 zeigen, folgt nach der Eheschließung in 90 o/o aller Fälle die Geburt eines Kindes, d.h. die Gründung der eigentlichen Familie. In der Regel (86,2 o/o) wird das erste Kind drei Jahre nach der Eheschließung geboren, wobei bei 21,6 o/o der Ehen die Geburt in dem ersten Jahr nach der Eheschließung, bei 47,9 o/o im zweiten Jahr und bei 16,7 o/o im dritten Jahr erfolgt. Spezielle Erhebungen zeigen im weiteren, daß der Zeitabschnitt zwischen der Geburt des ersten und zweiten Kindes für 1972 zwischen 18,8 und 33,6 Monaten, bei jüngeren Frauen insgesamt unter zwei Jahren lag. Damit wird eine Tendenz zur Verkürzung der Geburtsphase in der modernen polnischen Familie sichtbar mit der Folge, daß z.B. bei einer Familie mit zwei Kindern diese Phase in der Regel nach drei Jahren, bei einer Familie mit drei Kindern nach 5 bis 6 Jahren nach der Begründung der Ehe abgeschlossen ist (s. D. MARKOWSKA, 1980, S. 160 f.).

Die zuletzt angezeigte Entwicklung ist in Verbindung mit statistischen Daten zu sehen, die erkennen lassen, daß die Ehe in immer früherem Alter geschlossen wird. Zwischen 1950 und 1970 erhöhte sich in der Altersgruppe von 20 bis 24 Jahren der Anteil verheirateter Männer von 20 auf 25 o/o und der Anteil verheirateter Frauen in der Stadt von 46,1 auf 51,0 o/o, wobei Frauen auf dem Lande keine Veränderungen aufzuweisen hatten (s. R. JELLINOJA u.a. 1978, S. 305 f.). Dieser Tendenz entsprechend sank auch das Durchschnittsalter bei der Eheschließung kontinuierlich ab.

Tab. 43 Durchschnittsalter bei Eheschließung nach Geschlecht (Median)

	Männer	Frauen
1931/32	26,3	23,4
1950	26,0	23,0
1960	25,4	22,3
1970	24,1	21,6

(Quelle: RS, 1966, S. 49; RS, 1972, S. 92)

Wenn darüber hinaus berücksichtigt wird, daß mit verbesserter Lebensbedingung und Gesundheitsfürsorge die Lebenserwartungen gestiegen sind, ist eine Ausdehnung der gesamten Ehezeit, insbesondere aber der nachelterlichen Phase zu konstatieren. Der "neue Familienzyklus" legt es daher auch nahe, in der Familienpolitik von bislang praktizierter ausschnitthafter Betrachtung (z.B. Mutter-Kind, ältere Menschen) sowie punktuellen Maßnahmen Abschied zu nehmen und die Familie insgesamt als eine "lebendige Einheit" ins Auge zu fassen (s. D. MARKOWSKA, 1980, S. 179 ff.).

Die Größe der Familie weist in der Nachkriegszeit eine sinkende Tendenz auf. Im Jahre 1931 hatte die Stadtfamilie eine durchschnittliche Größe von 3,66 Personen. Nachdem die großen Kriegsverluste ausgeglichen wurden, verringerte sich die durchschnittliche Personenzahl der Familie kontinuierlich; sie betrug 1960: 3,12, 1970: 3,03 und 1974: 2,97 Personen (s. RS, 1970, S. 41 und RS, 1977, S. 33). Diese Entwicklung ist im wesentlichen darauf zurückzuführen, daß die Zahl der Kinder zurückgegangen ist. In den Jahren zwischen 1960 und 1970 verringerte sich die durchschnittliche Kinderzahl pro Familie in der Stadt von 2,09 auf 1,71, während sie auf dem Lande zwar erheblich höher lag (2,81 auf 2,19), aber sowohl absolut als auch relativ gesehen einen noch schnelleren Rückgang zu verzeichnen hatte. Besonders stark betroffen von dieser Entwicklung sind kinderreiche Familien (s. R. JALLINOJA u.a. 1978, S. 308 f.). Einen entscheidenden Einfluß auf diese Entwicklung hat die in der Bruttoreproduktionsrate der Bevölkerung deutlich zum Ausdruck kommende geringere Fruchtbarkeit; dies gilt besonders von der städtischen Bevölkerung.

Tab. 44 Bruttoreproduktionsrate der Bevölkerung nach Stadt und Land

	insgesamt	Stadt	Land
1950	1,790	1,558	1,936
1960	1,438	1,168	1,731
1970	1,064	0,832	1,389
1978	1,096	0,855	1,537

(Quelle: RS, 1979, S. 39 (Tab. 16))

Parallel dazu zeichnet sich eine Tendenz zur Reduktion des Haushaltes auf die Kernfamilie ab, obwohl, wie aus Tabelle 45 zu entnehmen ist, die Dreigenerationsfamilie in Polen weiterhin noch von großer Bedeutung ist. Wie empirische Untersuchungen belegen, muß allerdings berücksichtigt werden, daß bei einer Haushaltsaufteilung in der Regel die Dreigenerationsfamilie in der Form der "erweiterten Familie" auch weiterhin aktiv bleibt. [4)]

Im Zusammenhang mit der Stabilität der Familie wird oft auf die Scheidungsquote als einen hierzu brauchbaren Indikator hingewiesen. Die Zahl der Ehescheidungen, bezogen auf 1.000 der Bevölkerung, zeigt in Polen eine steigende Tendenz, die im wesentlichen von der städtischen Bevölkerung bestimmt wird. Sie erhöhte sich in den Jahren zwischen 1950 und 1978 von 0,44 auf 1,0. Wie aus Tabelle 46 hervorgeht, scheint sich in den siebziger Jahren eine Stabilisierung der Scheidungsquote auf einem höheren Niveau abzuzeichnen. Im weiteren ist aus dieser Tabelle zu ersehen, daß die Entwicklung der Scheidungsquote von einem Anstieg neuer Ehen begleitet wurde, die in steigendem Ausmaß von geschiedenen Ehepartnern geschlossen wurden. Der Anteil der Wiederverheiratung an den neugeschlossenen Ehen erhöhte sich in der Zeit zwischen 1950 und 1970 von 8,8 auf 9,9 o/o bei Männern und von 7,4 auf 7,5 o/o bei Frauen (s. R. JALLINOJA u.a., 1978, S. 307).

Tab. 45 Zusammensetzung von Mehrpersonenhaushalten im Jahre 1970

Haushalts-mitglieder	Personenzahl pro 100 Haushaltsvorstände Stadt	Land
Vorstand	100,0	100,0
Gatte/Gattin	84,2	86,3
Kinder	148,4	188,5
Enkelkinder	4,8	15,3
Eltern	8,3	15,5
Andere	8,3	15,7

(Quelle: Mikrozensusdaten, zitiert nach R. JALLINOJA u.a., 1978, S. 311)

Tab. 46 Neue Ehen und Scheidung auf 1.000 der Bevölkerung nach Stadt und Land

	Stadt		Land	
	neue Ehen	Scheidung	neue Ehen	Scheidung
1950	12,6	0,9	9,7	0,2
1960	8,8	0,9	7,7	0,2
1970	8,7	1,7	8,4	0,3
1975	9,6	1,8	9,8	0,4
1978	9,8	1,5	9,7	0,4

(Quelle: RS, 1972, S. 88; RS, 1979, S. 37)

Die angeführten Zahlen belegen bereits die hohe Attraktivität und Stabilität der Familie in Polen. Der als relativ gering anzusehende Anstieg der Scheidungsquote wird vor allem von sozial mobilen Eheleuten getragen, die durch die Auflösung der Ehe im nachhinein den Versuch unternehmen, die Partnerwahl zu korrigieren, was nicht zuletzt darin zum Ausdruck kommt, daß ein Großteil von Scheidungen von kinderlosen Ehepartnern begehrt wird und die Scheidungshäufigkeit im umgekehrten Verhältnis zur Zahl der davon betroffenen Kinder steht.

Neben der Scheidung oder dem Tod eines Ehepartners kann die Unvollständigkeit der Kleinfamilie auch durch eine nichteheliche Geburt von vornherein angelegt sein. In der Zwischenkriegszeit betrug der Anteil nichtehelicher Geburten an allen Lebendgeburten 6,1 o/o (1931) und stieg dann infolge der Kriegszeit (1950) auf 8,3 o/o in der Stadt und 7,2 o/o auf dem Lande schnell an. Nach einer drastischen Senkung (1960: Stadt 5,2 und Land 3,8 o/o) zeichnet sich am Ende der sechziger Jahre wieder ein leichter Anstieg nichtehelicher Geburten ab (1969: Stadt 5,9 und Land 4,3 o/o), der sowohl im Zusammenhang mit den veränderten Lebensumständen und Lebenschancen alleinerziehender Elternteile als auch dem Einstellungswandel bezüglich der Nichtehelichkeit und dem Zusammenleben von Geschlechtern zu sehen ist. Die in den Jahren zwischen 1960 und 1974 in der Stadt von 8 auf 12 o/o und auf dem Lande von 7 auf 8 o/o gestiegenen Anteile "unvollständiger Familien" sind entsprechend dieser Entwicklung zunehmend aus geschiedenen (1970: 23 o/o), getrennt lebenden (1970: 31 o/o) und alleinstehenden Müttern (1970: 12 o/o) zusammengesetzt (s. R. JALLINOJA u.a., 1978, S. 314 ff.).

7.2.2. Der Wandel der Familie

Die in der Nachkriegszeit in allen gesellschaftlichen Bereichen eingeleiteten Veränderungen konnten auch für die Familie nicht ohne Konsequenzen bleiben. Den Wandel der Familie haben in der Nachkriegszeit im wesentlichen folgende Faktoren bestimmt: 1) die durch die Kriegsereignisse und die Westverschiebung Polens bedingte Massenmigration, 2) die Industrialisierung des Landes und die sich daraus ergebenden Folgen der Urbanisierung, Technisierung, des Anstiegs der Berufstätigkeit von Frauen u.ä., 3) die insbesondere bei Frauen gestiegene Inanspruchnahme von Bildungs- und Ausbildungsangeboten sowie 4) der Einfluß der sozialistischen Ideologie, die die Gleichheit der Geschlechter betont und damit zu einer Neugestaltung der Rollenstruktur in der Familie nicht unwesentlich beigetragen hat (s. J. SZCZEPAŃSKI, 1970, S. 182). Im folgenden soll nur auf zwei Problembereiche näher eingegangen werden, nämlich auf die Berufstätigkeit der Frau und die Veränderung der familiären Binnenstruktur, da sich in ihnen die Veränderungsprozesse der modernen Familie besonders deutlich abzeichnen.[5)]

Die wohl wichtigsten Veränderungen innerhalb der Familie wurden von der steigenden Berufstätigkeit der Frauen eingeleitet, war doch die Frau nach der traditionellen Vorstellung die zentrale Integrationsfigur der Familie, die darüber hinaus zum größten Teil die Aufgaben der Haushaltsführung und der Kindererziehung zu leisten hatte.

An der steigenden beruflichen Aktivierung der Bevölkerung in der Nachkriegszeit, die im Zuge der Industrialisierung außerhalb der Landwirtschaft eingesetzt hat, waren die Frauen in den Jahren 1950 bis 1974 mit 178 o/o überdurchschnittlich beteiligt. Ihr Anteil an den Beschäftigten in diesem Bereich konnte von 32,7 o/o (1950) auf 42,4 o/o (1974) um fast ein Drittel ansteigen. Charakteristisch für die Berufstätigkeit der Frau ist im weiteren ihr hoher Anteil in der Landwirtschaft, wo ihre berufliche Aktivität z.T. die Voraussetzung

Tab. 47 Beruflich aktive Bevölkerung der polnischen Volkswirtschaft außerhalb und in der Landwirtschaft in Tausend mit prozentualen Anteilen der Frauen

	insgesamt	Frauen o/o	außerhalb der Landwirtschaft	Frauen o/o	in der Landwirtschaft	Frauen o/o
1950	12.404	45,7	5.388	32,7	7.016	53,9
1960	13.907	44,3	7.361	34,5	6.546	55,3
1970	16.944	46,0	10.523	40,1	6.421	55,6
1974	17.507	46,2	11.566	42,4	5.941	53,5

(Quelle: Zensus- und Mikrozensusdaten, zitiert nach J. ALEKSIŃSKA, 1979, S. 194)

dafür schafft, daß der Mann einer Erwerbstätigkeit außerhalb der Landwirtschaft nachgehen kann. Entscheidend für die steigende berufliche Aktivierung der Frau war neben der extensiven Beschäftigungspolitik sowie dem Bestreben breiter Bevölkerungsschichten, das Familieneinkommen dadurch zu erhöhen, die stark gestiegene Ausbildung und der damit verbundene Anstieg der beruflichen Aspirationen der Frau. Die berufstätigen Frauen zeichneten sich zwischen 1958 und 1979 sowohl durch eine bessere Ausbildungsstruktur, d.h. einen geringeren Anteil an nichtqualifizierten Arbeitskräften und einen hohen Anteil von Absolventen berufsbezogener und allgemeinbildender Mittelschulen als auch durch einen schnellen Zuwachs hochqualifizierter Arbeitskräfte aus (s. J. ALEKSIŃSKA, 1979, S. 197 f.).

Mit der beruflichen Aktivierung der Frauen ist der Anteil verheirateter Frauen an allen berufstätigen Frauen außerhalb der Landwirtschaft von 18 o/o (1950) auf 70 o/o (1970) sprunghaft gestiegen, wobei ihre berufliche Aktivität durch die Geburt und Pflege der Kinder in der Regel nur kurz unterbrochen wird. Auch die Zahl der Kinder wirkt sich nur geringfügig auf ihre Berufstätigkeit aus, so daß beispielsweise Frauen mit vier und mehr Kindern immer noch einen Anteil von 66 o/o aufzuweisen haben. Mit 72 o/o erreichen unter den erwerbstätigen Müttern diejenigen mit Kindern im Schulalter (7 - 15 Jahre) den vergleichsweise höchsten Anteil.

In diesem Zusammenhang ist schließlich auch die steigende Position der Frau in der Gesellschaft zu sehen, die zwar in Polen traditionell immer außerordentlich hoch war, jedoch im wesentlichen auf den Bereich der Familie und Kleingruppe beschränkt blieb. Unter den veränderten gesamtgesellschaftlichen Bedingungen erfährt nun ihre soziale Position nicht nur im wirtschaftlichen Bereich langsam eine Aufwertung, sondern findet allmählich auch in der Mitgliedschaft von gesellschaftlichen Eliten ihren Niederschlag (s. E. HAAVIO-MANNILA und M. SOKOŁOWSKA, 1978, S. 183 ff.; R. WIERUSZEWSKI, 1975).

Der Umstand, daß die meisten Frauen und Mütter wegen ihrer Erwerbstätigkeit über viele Stunden von zu Hause abwesend sind, hat erhebliche Konsequenzen für die Ausgestaltung der familiären Rollenstruktur und die Aufteilung von gemeinsamen Aufgaben, die die Familie zu bewältigen hat, ohne daß damit die traditionellen Muster von Verpflichtungen und Erwartungen jedoch vollständig abgelöst wurden. Obwohl die berufstätige Frau im Vergleich mit der nichtberufstätigen weniger Zeit für den Haushalt aufwendet, ist die Beteiligung anderer Mitglieder der Familie an diesen alltäglichen "Hausfrauenarbeiten" recht gering. Dagegen werden die meisten Entscheidungen bezüglich des Haushaltes und der Kindererziehung von den Ehepartnern gemeinsam getroffen. Damit kommt gleichzeitig eine Ablehnung gegenüber den traditionellen Prinzipien der patriarchalischen Herrschaftsordnung in der Familie zum Ausdruck, die zugunsten einer partnerschaftlichen Ehe auf der Basis persönlicher Zuneigung und gemeinsamer Lebensführung hoch in der Skala der Wertschätzung rangiert und sich auch entsprechend auf die Ausgestaltung der Eltern-Kind-Beziehung auswirkt. Die Erwerbstätigkeit der verheirateten Frau außerhalb des Haushaltes wird dabei im allgemeinen akzeptiert, ohne daß sie jedoch einen verpflichtenden Charakter aufweist. Dagegen bestehen einige Bedenken, was die Berufstätigkeit von Müttern von Vorschul- und Schulkindern anbelangt, es sei denn, sie üben eine hochqualifizierte Tätigkeit aus. Damit wird die Frau in der Regel schwierigen und widersprüchlichen Rollenerwartungen ausgesetzt, die eine starke Belastung für sie und ihre Familie darstellen. [6] Die Auslagerung wirtschaftlicher Funktionen aus der Familie, die in der Erwerbstätigkeit beider Ehepartner außerhalb des Hauses ihren Höhepunkt aufweist, sowie die Auflösung der Dreigenerationsfamilie zugunsten der Kernfamilie haben eine Privatisierung der Familie bewirkt und zugleich ihren Mitgliedern neue Freiräume für ihre persönliche Entwicklung erschlossen. Damit kommt jedoch nicht ein Funktionsverlust der modernen Familie, sondern vielmehr die Modifikation ihrer Funktionen zum Ausdruck, die sowohl im Wandel der Funktionskonfiguration als auch in der Veränderung von Methoden und Inhalten der Aufgabenerfüllung sowie dem Wandel bezüglich ihrer Partner deutlich werden, mit denen die moderne Familie bei der Realisierung ihrer Aufgaben zu kooperieren hat. Die Veränderungen in der Bildungs- und Plazierungsfunktion sowie der sozialen Sicherungs- und sozialen Kontrollfunktion stellen gute Beispiele für einen so zu verstehenden Wandel dar (s. N. CHMIELNICKI, 1976; D. MARKOWSKA, 1980; J. TUROWSKI, 1972).

Der besondere Stellenwert der Familie in der polnischen Gesellschaft kommt auch darin zum Ausdruck, daß außer den als "normal" anzusehenden Ablösungsspannungen die Beziehung zwischen den Eltern und der jungen Generation von keinen unüberbrückbaren Problemen belastet ist, wie das beispielsweise in hochindustrialisierten westlichen Gesellschaften in den unterschiedlichsten Ausprägungen radikaler Jugendkulturen zum Teil der Fall ist. Der noch in der vorangegangenen Generation be-

Tab. 48 Übereinstimmung von Familienmitgliedern in ihrer Beziehung zur Religion in o/o

gesellschaftlich-berufliche Gruppe	Anzahl der Probanden	Ansichten des Befragten im Vergleich zu den Ansichten anderer Familienmitglieder					betrifft nicht / alleinstehend
	(100 o/o=)	übereinstimmend	einige Unterschiede	nicht übereinstimmend	darüber wird nicht gesprochen	keine Angaben	
Landwirte	563	93,1	5,3	0,2	-	0,2	1,2
ungelernte Arbeiter	234	86,8	11,1	1,7	-	-	0,4
qualifizierte Arbeiter	691	84,9	10,3	2,9	0,7	0,3	0,9
Angestellte ohne Hochschulausbildung	511	72,0	21,6	1,8	1,2	1,2	2,2
Angestellte mit Hochschulausbildung	83	67,5	22,9	2,4	1,2	3,6	2,4

(Quelle: W. MAKARCZYK, 1978, S. 52)

stehende Erfahrungsbruch zwischen den Eltern und einer revolutionär engagierten Jugend wurde mit der Verbreitung einer technisch geprägten Zivilisation von einer pragmatischen Spannung abgelöst. In diesem Zusammenhang schreibt B. GOLĘBIOWSKI (1976, S. 288): "Aspiration to the role of a social reformer and a leader-activist have been overshadowed by the aspirations to acquire professional and material values, aspirations to skills and knowledge and aspirations to developing personal ties within small informal groups." Unbeschadet von dieser Entwicklung übt die Familie weiterhin eine große Anziehungskraft auf die Jugend aus, was nicht nur darin zum Ausdruck kommt, daß sie an der Spitze ihrer Wertskala steht, sondern auch darin, daß sie als Orientierungshilfe bei der Ausbildung von Wertvorstellungen, Einstellungen und Bewertungen angesehen wird und zugleich für einen Großteil der Jugend ein anstrebenswertes Modell für die eigene Lebensgestaltung darstellt (s. B. GOLĘBIOWSKI, 1976, S. 279 ff.; A. JANOWSKI, 1977, S. 191; A.P. WEJLAND, 1970, S. 191 ff.). Ein überzeugendes Beispiel für die ungebrochene Beziehung zwischen den Generationen geben die in Tabelle 48 angeführten Daten bezüglich der Einstellung zur Religion und religiösen Praktiken, die aus einer im Jahre 1975 durchgeführten repräsentativen Erhebung stammen, insbesondere wenn bedacht wird, daß Religion als eine traditionelle und zentrale Angelegenheit der polnischen Familie anzusehen ist.

Die Übereinstimmung von Vorstellungen in Sachen Religion ist, wie aus Tabelle 48 hervorgeht, insbesondere in bäuerlichen Familien und bei Arbeitern sehr hoch, sie verringert sich bei Angestellten insbesondere dann, wenn ein höherer Bildungsstand vorliegt. Die Bedeutung der Familie als Faktor gesellschaftlicher Kontinuität von Wertvorstellungen und eingegangenen Bindungen ist allerdings nicht nur im Zusammenhang mit Besonderheiten gesamtgesellschaftlicher Strukturen und nationaler Traditionen zu sehen, sondern auch von der damit in Verbindung stehenden Binnenstruktur der Familie. Die berufliche Aktivierung der Frau und Mutter hat bei einem unzureichenden Angebot an öffentlichen Ersatzeinrichtungen für Kinder insbesondere im Vorschulalter dazu geführt, daß die Großeltern in verstärktem Ausmaß Sozialisations- und Erziehungsaufgaben zu übernehmen hatten. Dadurch bekamen sowohl der Erziehungsstil als auch die Erziehungsinhalte einen besonders stark ausgeprägten traditionellen Charakter, der den angestrebten Zielvorstellungen einer sozialistischen Umerziehung, wie sie in den öffentlichen Sozialisationsagenturen verfolgt wurde, radikal widersprach.

7.3. Informelle Gruppen und Verkehrskreise

Informelle Gruppen und gesellschaftliche Verkehrskreise haben neben familiären und verwandtschaftlichen Beziehungen eine große Bedeutung im Leben der polnischen Nation, und ihre politische Rolle in der Zeit der Teilung dauert bis heute an. Die informellen Beziehungsstrukturen stellen sich als lockere, mit einem ausgeprägten persönlichen Charakter ausgestattete zwischenmenschliche Kontakte dar, die in der Regel auf eine Persönlichkeit zentriert sind, deren Prestige sich weniger aus ihrer wirtschaftlichen Position denn ihrer intellektuellen, wissenschaftlichen bzw. künstlerischen Fähigkeit ableitet.
Die gesellschaftliche Bedeutung dieser Gruppen besteht nicht darin, daß in ihnen Entscheidungen "gefällt" werden, sondern darin, daß sie Einstellungen und Bewertungsmaßstäbe ihrer Mitglieder gestalten und beeinflussen, Informationen über die aktuellen Ereignisse im öffentlichen und politischen Leben bereitstellen und kommentieren und dadurch eine eminent politische Rolle spielen. Da diese Gruppierungen keine formellen Organisationsstrukturen aufweisen, können sie auch vom Rechtssystem und den politischen Instanzen weder kontrolliert noch reglementiert werden. J. SZCZEPAŃSKI (1970, S. 181) schreibt in diesem Zusammenhang: "Based on my own observation

and participation and not on systematic empirical research, I would say that changes in this type of social formation come about very slowly. Such groups constitute a powerful factor for continuity in the society, as they make up the 'content' of everyday social life. They are the checking and balancing factor in revolutionary changes in the macrostructure and institutional system. They give their own meaning to institutional changes, and they interpret their significance. They also maintain the traditional norms and values which are very difficult for the authorities to suppress using the means at their disposal. It is somewhat surprising that Western students of socialist societies have not given these groups any attention."

Neben der Bedeutung für die Kontinuität der gesellschaftlichen Entwicklung haben informelle Freundschaftsgruppen auch für den einzelnen eine stabilisierende Funktion, da sie als Ressourcen solidarischer Hilfe in schwierigen Lebenssituationen angesehen werden. Im Jahre 1975 wurde von 75 o/o aller Befragten einer repräsentativen Untersuchung in schwierigen Situationen Hilfe von anderen Personen erwartet, was im Vergleich zu einer Erhebung aus dem Jahre 1960 einen Anstieg von 4 Prozentpunkten ausmacht. Wie aus Tabelle 49 hervorgeht, werden diese Hilfsmöglichkeiten je nach Zugehörigkeit der Befragten zur sozialen Schicht unterschiedlich eingeschätzt. Die höchsten Erwartungen sind bei den Angestellten, die geringsten bei den Arbeitern zu finden, wobei die bäuerliche Bevölkerung in dieser Hinsicht eine mittlere Stellung einnimmt. Bei wichtigen und schwierigen Problemen wird am häufigsten eine Hilfestellung seitens der eigenen Familie und Verwandtschaft erwartet. Fast alle Angestellten (96 bzw. 95 o/o), der Großteil der bäuerlichen Bevölkerung (84 o/o) sowie große Teile der Arbeiterschaft (77 bzw. 65 o/o) erhoffen sich in schwierigen Lebenslagen Hilfe seitens ihrer Familie und Verwandtschaft. Die unterschiedliche Struktur sozialer Ver-

Tab. 49 Arten eventueller Hilfequellen in o/o (Angaben aus dem Jahre 1975)

	Anzahl der Befragten	Quelle der erwarteten Hilfe												
		Familie als Ganzes	Ehepartner	Eltern	Kinder	andere Familienmitglieder, Verwandte	Nachbarn	Freunde, Bekannte, Kollegen	Kollegen vom Arbeitsplatz	Arbeitsstelle	Staatl. u. soz. Organisationen u. Institutionen	andere Quellen der Hilfe	rechnen nicht mit Hilfeleistung	keine Angaben
Bauern	563	28,6	12,8	7,5	18,7	16,3	22,2	6,8	0,4	-	3,6	1,2	21,5	0,2
nichtgelernte Arbeiter	234	18,4	12,0	6,4	12,8	15,0	5,1	7,7	1,3	1,3	0,9	0,4	38,9	-
qualifizierte Arbeiter	691	24,2	11,7	21,3	6,9	13,3	3,2	15,2	1,6	4,8	2,2	0,3	28,2	0,3
Angestellte ohne Hochschulausbildung	511	27,6	20,7	25,8	5,5	14,9	3,5	24,5	4,1	3,9	1,4	1,0	17,6	-
Angestellte mit Hochschulausbildung	83	32,5	20,5	18,1	6,0	19,3	-	45,8	6,0	1,2	1,2	-	13,3	-

(Quelle: W. MAKARCZYK, 1978, S. 65)

pflichtungen in ihrer schichtenspezifischen Ausgestaltung wird allerdings noch deutlicher, wenn in diesem Zusammenhang die Nennung von Freunden und Kollegen betrachtet wird. Auffallend ist hier insbesondere die Gruppe der Intelligenz im engeren Sinne (Angestellte mit Hochschulausbildung), von der jeder zweite im Freundeskreis eine potentielle Hilfsquelle sieht, sowie die Gruppe der Landwirte und der ungelernten Arbeiter auf der anderen Seite, die in einem nur geringen Umfang Freunde nennt, dafür allerdings in weit höherem Maße sich auf traditionelle Nachbarschaftshilfen verlassen kann. Qualifizierte Arbeiter und Angestellte ohne Hochschulausbildung scheinen dagegen eine Zwischenposition einzunehmen insoweit, als sie im außerfamiliären Bereich ihre Hilfserwartungen zunächst auf Freunde und Kollegen richten, darüber hinaus aber weit stärker soziale Organisationen in ihre Betrachtung einbeziehen und dabei auch die traditionelle Nachbarschaftshilfe nicht ganz ausschließen.

Aus der bereits zitierten Untersuchung des Instituts für Philosophie und Soziologie der PAdW vom Frühjahr 1975 geht hervor, daß 26 o/o der Befragten keine Freunde hatten. Freundschaften sind entsprechend diesen Untersuchungsergebnissen altersspezifische Erscheinungen insoweit, als das Fehlen von Freunden mit dem Alter der Befragten ansteigt, allerdings auch damit verbunden ist, daß ältere Befragte öfter verheiratet sind, Ehepartner und Verwandte jedoch von der Aufzählung ausgeschlossen wurden. Auch das Geschlecht der Befragten wirkt sich auf die Zusammensetzung der Freundeskreise aus. Nicht nur war der Anteil der Frauen, die keine Freunde nennen konnten, größer, sondern Frauen nannten in der Regel auch eine geringere Anzahl von Freunden, die sich darüber hinaus häufiger aus der Nachbarschaft und der Verwandtschaft des Ehepartners rekrutierten, wogegen Freunde der Männer in weit größerem Umfang aus dem Kreis der Arbeitskollegen stammten. Von erheblicher Bedeutung für die Größe und die Zusammensetzung des Freundeskreises ist auch die Schichtzugehörigkeit der Befragten. Vor allem ungelernte Arbeiter und Landwirte waren öfter ohne Freunde (40 bzw. 36 o/o) oder hatten einen viel kleineren Freundeskreis aufzuweisen.

Tab. 50 Ursprung der besten Freundschaft in den verschiedenen Berufsgruppen in o/o

	Mitschüler und Kommilitonen	Nachbarn	Arbeitskollegen	Verwandtschaft d. Ehepartners	andere	insgesamt o/o	N
Angestellte mit Hochschulausbildung	33	6	32	5	24	100	(79)
Angestellte ohne Hochschulausbildung	18	13	48	8	13	100	(435)
qualifizierte Arbeiter	14	23	42	7	14	100	(534)
ungelernte Arbeiter	7	31	45	6	11	100	(141)
Landwirte	12	69	4	5	10	100	(359)

(Quelle: M. JAAKKOLA und W. MAKARCZYK, 1978, S. 340)

Was den Ursprung bestehender Freundschaften betrifft, so zeigen die in Tabelle 50 angeführten Daten, daß bei Angestellten mit Hochschulabschluß Freundschaften besonders häufig auf die Schul- und Studienzeit zurückgehen, für die Landwirte und ungelernten Arbeiter dagegen die Nachbarschaft in diesem Zusammenhang von besonderer Bedeutung ist und von höherqualifizierten Arbeitern und Angestellten ohne Hochschulstudium Freundschaften offensichtlich besonders häufig am Arbeitsplatz geknüpft werden. Vor allem hochqualifizierte Angestellte pflegen ihre Freundschaften auch über die unmittelbaren Kommunikationsräume hinaus zu unterhalten, was nicht zuletzt mit der hohen Mobilität dieser relativ kleinen sozialen Gruppe verbunden zu sein scheint.

Tab. 51 Berufsposition des Befragten und des besten Freundes in o/o

	Angestellte insgesamt	Arbeiter insgesamt	Landwirte	andere x)	insgesamt o/o	N
Angestellte mit Hochschulausbildung	91	0	0	9	100	(79)
Angestellte ohne Hochschulausbildung	75	11	2	12	100	(435)
Hochqualifizierte Arbeiter	13	70	5	12	100	(534)
Ungelernte Arbeiter	9	70	10	11	100	(141)
Landwirte	8	5	81	6	100	(359)

x) Hausfrauen, Studenten, Militärpersonal, Polizisten

(Quelle: M. JAAKKOLA und W. MAKARCZYK, 1978, S. 343)

Andererseits zeichnet sich vor allem die Gruppe der Intelligenz durch eine Homogenität und Exklusivität der Freundeskreise in einem Umfang aus, daß sich diese fast ausschließlich auf die Gruppe der Angestellten beschränken. Auch die bäuerliche Bevölkerung hat einen relativ homogenen Freundeskreis aufzuweisen, was allerdings in Verbindung mit einer relativ größeren Homogenität der ländlichen Gegend und der besonderen Rolle der Nachbarschaft zu sehen ist. M. JAAKKOLA und W. MAKARCZYK (1978, S. 342), nach denen die hier angeführten Untersuchungsergebnisse dargestellt wurden, interpretieren diesen Sachverhalt wie folgt: "The occupational homogeneity of friendship networks of upper white collar workers is interesting in that this is a relatively small group which tends to live in cities where there is greater opportunity than in the countryside to come into contact with people from different ways of life. The occupational homogeneity is explained in part by the fact that upper white collar workers tend to find their best friends among their school-mates and fellow students. The range of occupations in the upper white collar category is also quite broad. The group is not only heterogeneous but the friendship networks of respondents in this group also tend to be open. Therefore the inwardlooking nature of the friendship networks of upper white collar workers does not necessarily mean that they are as limited as those of farmers whose friendship networks are smaller, often closed and homogeneous."

Die Intensität sozialer Kontakte mit Personen, die nicht zur Familie gehören, ist ebenfalls von der Schichtenzugehörigkeit der Befragten abhängig. Angestellte mit Hochschulstudium nehmen nach den Ergebnissen der oben zitierten Untersuchung in bezug auf die Kontakthäufigkeit vor anderen Angestellten, qualifizierten Arbeitern, Landwirten sowie ungelernten Arbeitern den höchsten Platz auf der Rangskala ein. Diese Rangliste gilt übrigens gleichermaßen für die Anzahl von Besuchen in privaten Haushalten als auch für die Anzahl von Treffen in öffentlichen Lokalen. Bei der Teilnahme an geselligen Kontakten in öffentlichen Lokalitäten sind allerdings zwischen den extremen Rangpositionen weit größere Unterschiede vorzufinden, was nicht nur mit den kulturellen Gewohnheiten und der Verschiedenheit von Lebensstilen, sondern auch mit den unterschiedlichen Einkommenssituationen der einzelnen Berufsgruppen in Verbindung steht (s. W. MAKARCZYK,1978, S. 66 ff.).

7.4. Gemeinde und Nachbarschaft

In der Zwischenkriegszeit waren traditionell strukturierte Gruppen auf lokaler Basis für die Einbettung des einzelnen in das Netz zwischenmenschlicher Beziehungen nicht nur auf dem Lande, sondern auch in der Großstadt von großer Bedeutung. Neben der Familie war die Gemeinde in vielen Bereichen des gesellschaftlichen Lebens eine wichtige Instanz der sozialen Kontrolle. Durch die Entwicklung neuer Verkehrsmittel, die Verbreitung von Massenmedien, den Ausbau des Schulsystems und die Verbreitung der Marktwirtschaft wurde jedoch ihre im 19. Jahrhundert noch vorherrschende soziale Isolierung von der Umwelt abgeschwächt. Insbesondere die Dorfgemeinde konnte jedoch weiterhin mit Erfolg die Beziehung ihrer Mitglieder zur Außenwelt kontrollieren, indem sie Maßstäbe für die Beurteilung von täglichen Ereignissen und Nachrichten festsetzte und mit Hilfe formeller und informeller Druckmittel in der Lage war, traditionell geltenden Umgangsformen und Einstellungen Respekt zu verschaffen. Erst der Zweite Weltkrieg und die Entwicklung in der Nachkriegszeit brachten diesbezüglich beträchtliche Veränderungen mit sich, die dazu führten, daß die Zahl der Gemeindemitglieder schnell anwuchs, die Isolierung der Gemeinde durch eine hohe vertikale und horizontale Mobilität endgültig aufgebrochen und ihre kulturelle Besonderheit von einer nationalen Gesamtkultur zurückgedrängt wurde sowie ihre Eingliederung in größere Organisationsstrukturen im Bereich der Wirtschaft, Politik und Verwaltung energisch vorangetrieben werden konnte.

Während des Krieges und der Besatzungszeit wurden große Teile der polnischen Bevölkerung durch Flucht, Zerstörung von Städten und Dörfern, durch Deportation zur Zwangsarbeit sowie gezielte Umsiedlungsmaßnahmen aus ihren angestammten Ortschaften herausgerissen. Mit der Westverschiebung des polnischen Staatsgebietes nach Kriegsende wurde schließlich eine

Millionen Menschen umfassende Bevölkerungswanderung ausgelöst, die nicht nur eine organisatorische, versorgungs- und verkehrstechnische Aufgabe, sondern auch eine soziale Herausforderung darstellte. [7] Zwar wurde bei der Neubesiedlung entsprechend der Empfehlung des Wissenschaftlichen Beirates für die Westgebiete eine Umsiedlung nach bestimmten Zonen angestrebt mit dem Ziel, geschlossene territoriale Gruppen in Gebiete mit vergleichbaren geographischen Bedingungen zu überführen, doch war die Realisierung dieser Vorstellungen nur schwer zu verwirklichen (s. S. NOWAKOWSKI, 1974, S. 208 f.).

Im Zuge der Industrialisierung und einer extensiv betriebenen Beschäftigungspolitik wurde in der Nachkriegszeit ein umfassender Migrationsprozeß in die Städte und Industriezentren eingeleitet. Auch hier waren die Bemühungen, durch eine gleichmäßige Verteilung von Industriebetrieben eine Ausuferung der Migrationswelle mit allen damit verbundenen negativen Erscheinungen zu verhindern, ohne einen nennenswerten Erfolg geblieben. In den Jahren von 1951 bis 1970 nahmen an der Wanderung zwischen den verschiedenen polnischen Ortschaften ca. 23 Millionen Menschen teil, was letztlich für die Stadt mit einem positiven Saldo von 2,2 Millionen zu Buche schlug (s. W. MIROWSKI, 1978, S. 306). Nicht zu unterschätzen ist in diesem Zusammenhang auch die große Zahl der Pendler, insbesondere der Bauern-Arbeiter, die nicht nur durch ihre besondere Lebenslage und andersgeartete Lebenserfahrungen die eigene Gemeindestruktur auf dem Lande beeinflussen, sondern auch die städtischen Gemeinden in ihren Lebensgewohnheiten prägen.

Einen weiteren Faktor für die Veränderung der Gemeindestruktur stellte schließlich die Etablierung des neuen sozialistischen Gesellschaftssystems dar, das mit dem Ausbau eines umfassenden und kostenlosen Bildungssystems ein wirksames Medium sozialer und geographischer Mobilität bereitgestellt hat. Zur Schwächung der engen Bindungen innerhalb lokaler Gruppen einschließlich ihrer sozialen Kontrolle hat auch die Ablösung der traditionellen Eliten geführt. Die neue Gemeindeelite, die sich aus Führungskräften der Partei, Wirtschaft und Verwaltung rekrutiert, ist zugleich als Exponent einer neuen Werthaltung anzusehen, die für sich und ihre Wertvorstellungen Macht und Prestige in Anspruch nimmt. Die Einführung einer zentralen Planwirtschaft in vielen Bereichen der Produktion, Verteilung und Versorgung der Bevölkerung auf der Grundlage überregionaler Zielvorgaben und unter Aufsicht zentraler Kontrollinstanzen hat darüber hinaus die Selbständigkeit der einzelnen Gemeinden geschwächt, ihren Mitgliedern jedoch sowohl neue Aufstiegsmöglichkeiten über die Grenzen der lokalen Gruppen geöffnet, als auch durch neue Leistungsangebote sie von der traditionellen Nachbarschaftshilfe weitgehend unabhängig gemacht.

7.4.1. Die Dorfgemeinde

Der Anteil der Landbevölkerung an der gesamten Bevölkerung Polens hat sich seit 1945 kontinuierlich verringert, wobei der Bevölkerungsanteil, der seinen Lebensunterhalt aus der Landwirtschaft bestreitet, einen noch schnelleren Rückgang zu verzeichnen hatte (vgl. Kap. 1.3 und 4.4). Die Anzahl der Dorfbewohner, die absolut gesehen mit ca. 15 Millionen in der gesamten Nachkriegszeit in etwa konstant blieb, setzt sich daher zunehmend aus Personen zusammen, die ihren Lebensunterhalt außerhalb der Landwirtschaft erzielen (1931: 20 o/o; 1978: 46 o/o) und von den Besonderheiten der bäuerlichen Produktions- und Lebensweise nicht mehr unmittelbar berührt sind. Die Migration in die Stadt, die in der Regel der Landwirtschaft die höchstqualifizierten jungen Arbeitskräfte entzogen hat, und die Politik des Staates, mit Hilfe direkter Maßnahmen die Rückständigkeit des Dorfes in wirtschaftlicher, kultureller und sozialer Hinsicht zu überwinden, bewirkten im weiteren, daß die lokalen Eigeninitiativen, die wesentlich zur Integration der Gemeinde beitrugen, verkümmerten. S. NOWAKOWSKI (1974, S. 213 f.) schreibt hierzu: "This has resulted in weakening grass-roots initiatives. Nowadays village people are interested only in having an influential person (a seym deputy, the secretary of the regional party organization etc.) who can force the insertion of a given item into the budget before the deadline comes. This, of course, is only a poor ersatz for the earlier activeness of the local people. As the social and cultural changes were gaining ground, new institutions, whose setting up was suggested or ordered by top authorities, started emerging in the rural areas. Sometimes they would be set up before people came really to need them, as human consciousness was lagging behind the changes brought about by decisions of the central authorities. Quite often, the demand for books was lower than was assumed in the central plan, the demand for lectures organized by the regional Popular Knowledge Society less than was provided for by the regional branches of that Society. If lecture halls were empty, the audience had to be brought in. At a certain period, postmen were swelling the sales of books and periodicals by refusing do deliver mail if the addressee had not bought some books and/or periodicals the postmen were supposed to sell."

Die Zunahme einer individualistisch geprägten Orientierung sowie die Abschwächung nachbarschaftlicher Bindungen wurden nicht zuletzt auch von dem Ausbau des Bildungssystems und der kulturellen Öffnung der Dorfgemeinde begünstigt, da hierdurch die individuellen Aufstiegsmöglichkeiten insbesondere der jungen Generation wesentlich verbessert wurden. Im Zuge dieser Entwicklung wurde auch das traditionell hohe Prestige des Dorflehrers als "opinion leader" und Vermittler von Schul- und Berufskarrieren beeinträchtigt. Politische, wirtschaftliche und ideologische Gründe haben darüber hinaus dazu beigetragen, daß auch die anderen Mitglieder der alten Dorfelite

(Großgrundbesitzer, Großbauer, Intelligenz und Geistlicher) ihren Platz der neuen Elite räumen mußten, die zugleich, als Vertreter einer wenig Anklang findenden Werthaltung angesehen, kaum in der Lage war, die Desintegrationsprozesse der Gemeinde aufzuhalten und nicht selten selber wesentlich zu ihrer Spaltung beitrug.

Die traditionelle Gemeindestruktur auf dem Lande, die auf informellen familiären und nachbarschaftlichen Bindungen, zugeschriebener Autorität und ökonomischen Abhängigkeiten auf der Grundlage von Besitz und Eigentum aufbaut, scheint nicht mehr den Anforderungen ihrer Mitglieder zu entsprechen. Mit der Ausweitung sozialer Kontakte verliert auch die öffentliche Meinung der Gemeinde ihre Kontrollfunktion und ermöglicht somit eine Differenzierung des traditionell einheitlichen Wertsystems und der zur Verfügung stehenden Verhaltensmuster. Diese Entwicklung hat zunächst Desorganisationserscheinungen zur Folge, die nicht nur im Bereich der Arbeitsmoral die Arbeitsproduktivität beeinträchtigen, sondern auch in den verschiedensten Formen des abweichenden Verhaltens und der Kriminalität ihren Niederschlag finden. In Dorfgemeinden, die den neuen Einflüssen besonders stark ausgesetzt sind und die den Strukturwandel intensiver erleben, zeichnen sich jedoch bereits neue Formen der Gruppenbildung auf lokaler Basis ab, die sich auf Verbände, zielgerichtete und spezialisierte Organisationen sowie vertragsähnliche Beziehungen stützen (s. J. TUROWSKI, 1965). Neben einer Erweiterung der Befugnisse lokaler Einheiten sowie der Schaffung von Freiräumen für Eigeninitiativen dürften in diesem Zusammenhang auch die kulturellen Einrichtungen von besonderer Bedeutung sein, die in Form von Clubs und Cafés bereits einen großen Anklang gefunden haben. S. NOWAKOWSKI (1974, S. 216) schreibt hierzu: "The spontaneous expansion of clubs and cafés in the rural areas has to some extent helped to preserve the cohesion of the traditional community. In the present author's opinion, the good reception by the peasants of the new institution is due to their willingness to absorb elements of the urban way of life. Of course, it would be risky, to claim that this will influence the future of the rural areas considerably; it merely provides some counterweight to the traditional village inn, and some institutionalization to the local bonds."

7.4.2. Die Stadt

Die gesellschaftliche Entwicklung der Nachkriegszeit ist von einer Verstädterung gekennzeichnet, die nicht nur in dem kontinuierlichen Anstieg der Stadtbevölkerung zum Ausdruck kommt, sondern auch in der Verbreitung des städtischen Lebensstils auf dem Lande seinen Niederschlag gefunden hat. Angesichts der Tatsache, daß die Stadtbevölkerung von den Kriegsereignissen besonders stark betroffen war, mußten nach dem Kriege diese Defizite von der Landbevölkerung ausgeglichen werden. Die Migration ganzer Familienverbände vom Land in die Stadt führte zunächst dazu, daß ländliche Bräuche und Verhaltensmuster auch in den Städten häufiger anzutreffen waren. Einen besonders starken Zustrom hatten in der ersten Periode der Industrialisierung die Großstädte aufzuweisen. Erst am Ende der 50er Jahre war man darum bemüht, durch administrative Maßnahmen und durch den Bau von Industriebetrieben in kleineren Städten die Entwicklung von Agglomerationen unter Kontrolle zu bringen, was vor allem den mittleren Städten zugute kam.

Die schnelle Urbanisierung verlief allerdings nicht ohne Schwierigkeiten. Die im Zuge radikaler Veränderungen in den Lebensbedingungen vieler neuer Stadtbewohner auftretenden Formen der sozialen Fehlanpassung traten insbesondere dort in Erscheinung, wo, wie z.B. in Nowa Huta, in kurzer Zeit eine Stadt "aus dem Boden gestampft" wurde, weniger dagegen dort, wo, wie z.B. in Posen, Industrialisierungsmaßnahmen behutsam eingeleitet wurden und es darüber hinaus möglich war, an bereits vorhandene urbane Lebensbedingungen und Verhaltensgewohnheiten anzuknüpfen (s. S. NOWAKOWSKI, 1967; R. SIEMIEŃSKA, 1969). In einer besonders schwierigen Lage befanden sich Städte in den neuerworbenen Westgebieten, die im Zuge von Umsiedlungsmaßnahmen mit ganz spezifischen Integrationsproblemen konfrontiert wurden (s. S. NOWAKOWSKI, 1964).

Tab. 52 Einwohner kleiner, mittlerer und großer Städte in Tausend

	1950	1960	1970	1978	o/o der Gesamtbevölkerung	Zahl der Städte
Kleinstadt bis 20.000 Einwohner	3.213,3	4.740,1	4.913,2	4.420,0	12,6	623
mittlere Stadt 20.000-100.000 Einwohner	2.355,1	3.353,8	4.786,7	6.037,5	17,2	147
Großstadt über 100.000 Einwohner	4.036,9	6.112,2	7.388,1	9.697,0	27,7	33
insgesamt	9.605,3	14.206,1	17.088,0	20.154,5	57,5	803

(Quelle: RS, 1972, S. 79, Tab. 5(39); RS, 1978, S. 33, Tab. 5(52).

Im Schnittpunkt zwischen der ländlichen und städtischen Gemeinde und ihren spezifischen Strukturen und Lebensstilen liegt die Kleinstadt, die durch Kriegseinwirkungen und Migrationen besonders betroffen war. Die gesunkene Einwohnerzahl sowie der Funktionsverlust der Mittelschicht, insbesondere der Händler und Handwerker, der nicht zuletzt auch im Zusammenhang mit der Ausrottung der jüdischen Bevölkerung zu sehen ist, veränderten das Bild der Kleinstadt grundlegend. Ein Teil dieser Städte, vor allem jene, die an den großen Verkehrswegen lagen, wurde im Zuge der Migration von der Abwanderung so stark betroffen, daß sie ihre Größe aus der Vorkriegszeit nicht mehr erreichen konnten. Kleinstädte, die sich in der unmittelbaren Nähe großer Industriezentren befanden, mußten eine Anzahl ihrer früheren Funktionen bezüglich der Versorgung des ländlichen Umlandes abgeben und sich auf die Versorgung ihrer stark fluktuierenden Einwohner beschränken (z.B. Schlafstadt). Einen dritten Typus stellen nach P. RYBICKI (1974) schließlich jene Kleinstädte dar, die unmittelbar von der Industrialisierung erfaßt wurden und einen gewaltigen Anstieg ihrer Einwohnerzahl zu verzeichnen hatten. Die daraus resultierenden Gegensätze zwischen den Ansässigen und Neuhinzugezogenen beschleunigten die Auflösung der alten Gemeinschaft und leiteten den strukturellen Wandel der Gemeinde ein (s. J. LUTYŃSKI, 1974).

Einen großen Aufschwung erlebte in der Nachkriegszeit die mittelgroße Stadt. Zwischen 1946 und 1978 stieg ihre Zahl von 51 auf 147 und der Anteil ihrer Einwohner an der Gesamtbevölkerung Polens von 8 auf 17 o/o. Sowohl die Industrialisierungsmaßnahmen als auch die Neugliederung der regionalen und kommunalen Verwaltung, die zur Entstehung kleiner Wojewodschaften führten, haben ihre Rolle als Zentrum von Handel, Distribution, Dienstleistung und Verwaltung für die in der näheren Umgebung wohnende Bevölkerung gestärkt. Im Vergleich zur Kleinstadt ist der Integrationsgrad der mittelgroßen Stadt wohl geringer anzusetzen; darüber hinaus sind bereits Ansätze einer strukturellen Untergliederung in Stadtteile und Wohnsiedlungen zu beobachten, ohne daß jedoch die Stadt in ihrer Einheit sowohl im Bewußtsein ihrer Einwohner als auch in bezug auf den monozentrischen Charakter ihrer Infrastruktur sowie ihrer kulturellen Besonderheiten in Frage gestellt ist.

Die Großstädte, deren Zahl zwischen 1946 und 1978 von 11 auf 33 gestiegen ist, haben mit ihren Einwohnern einen wachsenden Anteil an der Gesamtzahl aller Stadtbewohner aufzuweisen (1946: 32 o/o, 1978: 48 o/o) und strukturieren durch ihren Einfluß und ihre Ausstrahlungskraft den Raum weit über die eigene Stadtgrenze hinaus. Auf der Grundlage der Volkszählung des Jahres 1970 und der von der UNO festgelegten Kriterien wurden vom Zentralen Statistischen Amt in Warschau 21 metropolitane Gebiete unterschieden, die 207 Städte und einige Hunderte von Dörfern mit insgesamt 16.005 qkm und 11.531.700 Einwohnern, d.i. 35,4 o/o der gesamten Bevölkerung Polens und 60,5 o/o der Stadtbevölkerung umfassen (s. W. MIROWSKI, 1978, S. 315). Zunächst zeichneten sich in den metropolitanen Gebieten zentripetale Tendenzen bezüglich des gewünschten Wohnortes ab. Mit zunehmender Umweltbelastung dieser Gegend gewannen jedoch bald die in der Nähe vom Stadtzentrum und in der Vorstadt liegenden Wohngebiete und Wohnsiedlungen an Attraktivität. Die Einwohner von Großstädten zeichnen sich durch eine hohe berufliche und räumliche Mobilität und durch einen besonderen Lebensstil aus, der sie nicht nur von der ländlichen Bevölkerung unterscheidet, sondern auch von den Einwohnern einer Kleinstadt bzw. einer mittelgroßen Stadt abhebt (s. M. CZERWIŃSKI, 1978b).

Die Beziehungslosigkeit und soziale Isolierung von Großstadtbewohnern wird des öfteren von verschiedener Seite beklagt. Es scheint auch zuzutreffen, daß die Einbindung des einzelnen in das Netz sozialer Beziehungen und die daraus resultierende Nachbarschaftshilfe im traditionellen Sinne in der Großstadt an Wirkung verloren hat. Andererseits liegen Belege vor, daß sich in einem Großstadtmilieu neuartige Gemeindeformen herausbilden, die an die neuen Strukturen und Institutionen der Stadt anknüpfen. Dabei kommt der Wohnsiedlung sowohl hinsichtlich der in ihr ausgeübten sozialen Kontrolle als auch bezüglich der in ihr sich vollziehenden Spezialisierung und Institutionalisierung diffuser Funktionen einer traditionellen Gemeinde eine ganz besondere Bedeutung zu (s. P. KRYCZKA, 1981; J. TUROWSKI, 1974).

Neben den Kräften, die innerhalb der Gemeinde zum Wandel drängen, sind allerdings in ihr auch mächtige Faktoren vorhanden, die auf eine kontinuierliche gesellschaftliche Entwicklung hinwirken. Der Pfarrgemeinde ist in diesem Zusammenhang sicherlich ein besonderer Stellenwert einzuräumen, da um sie herum eine große Anzahl informeller Kreise und Gruppierungen angeordnet ist. Insbesondere in den Zeiten, in denen radikale politische oder wirtschaftliche Veränderungen gegen die Bevölkerung durchgesetzt wurden, bildete neben der Familie vor allem die Gemeinde den Ort der Zuflucht und Zuversicht, aus dem heraus passiver Widerstand geleistet werden konnte. Der Versuch, durch formalisierte Kleingruppen auf lokaler Basis (Wohnblockskomitees) den Anpassungsprozeß auch in der Mikrostruktur zu beschleunigen, konnte daher keinen nennenswerten Erfolg erreichen. Abschließend ist in Anlehnung an J. SZCZEPAŃSKI (1970, S. 192) noch auf eine andere stabilisierende Funktion der Gemeinde zu verweisen: "Still another factor of continuity in local communities is the capacity for assimilation of innovations into the old patterns. This may be due in part to a strong feeling of the superiority of some of the traditional values in the national culture, but it is also due to a highly developed ecological identity. The people of Poland are not as mobile as Americans. One's birthplace is something 'sacrosanct'. As the great poet Adam Mieckiewicz put it 'the birthplace will be always sacred and pure as first love' - and people try to keep in touch with it forever! This is especially true of the peasants, but it was also true of the citizens of Warsaw, who preferred a most difficult life in the ruined city to a better life in some other town after the war. This is one of the reasons why the new local elites and the young educated generations stay with the traditional values."

1) Nach einer längeren Zeit, in der die mikrosoziologische Analyse der Gesellschaft innerhalb der Soziologie relativ vernachlässigt wurde, werden in den letzten Jahren Bemühungen sichtbar, diese Sichtweise wieder zu beleben. Auch in der polnischen Soziologie werden Versuche unternommen, die in großer Anzahl vorhandenen monographischen Studien und Einzelergebnisse zusammenzufassen und theoretisch zu durchdringen (vgl. hierzu insbesondere W. NAROJEK, 1980; A. SICIŃSKI, Hrsg., 1976 und 1978; J. SZCZEPAŃSKI, Hrsg., 1977).

2) Nach der Auffassung von J. KORALEWICZ-ZĘBIK (1979) zeichnet sich in den Industriegesellschaften eine neue Variante kultureller Schichtung ab, die durch Vereinheitlichung bei gleichzeitiger Vorherrschaft eines Kulturethos gekennzeichnet ist. Das dominierende Kulturethos ist dabei in sich differenziert und tritt in unterschiedlichen Standards und Ausprägungen in Erscheinung. Das Wertsyndrom der kulturell dominierenden Gruppe in Polen kann auf der Ebene alltäglicher Werthaltung nach Auffassung der Autorin wie folgt charakterisiert werden: Ausbildung - Qualifikation - Arbeit - Geld - materielle Konsumption - Kleinfamilie - Sorge um die Kinder.

3) Der Begriff "Lebensstil" wird neben anderen Begriffen wie z.B. "way of life", Lebensqualität, Lebensbedingungen, Lebensstandard und Konsummuster sowohl in der Publizistik als auch in der wissenschaftlichen Literatur oft verwendet, ohne daß dabei der Versuch einer Präzisierung vorgenommen wird. A. SICIŃSKI (1980, S. 72) umschreibt den Begriff Lebensstil wie folgt: "The style of life typical of a certain group (society) can be understood as a 'way of being' in the society characteristic of this group. This 'way of being' is a specific set of forms of everyday behaviour ('conduct', 'action') of the members of this group being a manifestation and/or perceived as characteristic of their social status and thus enabling their social identification. Equally justified are the considerations on the life-style of individuals. In this case the style of life is a 'way of being' of an individual in the society, a set of forms of everyday behaviour (way of conduct) characteristic of him/her being a manifestation of personality traits and of the identity of that individual". Zur Diskussion dieser Begrifflichkeit vgl. auch A. SICIŃSKI, Hrsg., 1976.

4) D. MARKOWSKA (1980, S. 173) schreibt in diesem Zusammenhang: "The results of investigations carried out in Poland explicitly point to the vitality (and even a kind of renaissance) of the ties within the kinship group, particularly in the intergenerational structure. Nevertheless this structure is not of fully voluntary, confederate character; it bears many traits of coercion. Housing crisis forces

young married couples to live in one appartment with the parents. Insufficiency of institutions of infant care subjects young parents to the help of older generations and in turn, the elderly people with lowered physical fitness have to widely rely upon - in view of the lack of appropriate institutions and inefficiency of social service - the care of younger family members".

5) Vgl. darüber hinaus hierzu: Kobiety w Polsce, 1975; M. SOKOŁOWSKA, 1973; R. WIERUSZEWSKI, 1975; Z. TYSZKA, Hrsg., 1976.

6) Vgl. hierzu insbesondere J. PIOTROWSKI, 1969. B. LOBODZIŃSKA (1969) analysiert anhand von Einstellungen der Stadtbewohner die unterschiedlichen Funktionen von Ehe und Partnerschaft und kommt auf dieser Grundlage zur Konstruktion von Idealmodellen, die den Wandel traditioneller Vorstellungen in diesem Bereich plastisch darstellen. Auch die von F. ADAMSKI (1970) dargestellten Ergebnisse sind in diesem Zusammenhang von besonderer Bedeutung, da sie sich auf die Familien in Nowa Huta beziehen, das als Symbol einer neuen sozialistischen Industriestadt einen exemplarischen Charakter in Anspruch nimmt.

7) Die Bevölkerungszählung von 1950 stellte fest, daß von den insgesamt 24,6 Millionen Einwohnern 18,1 Millionen in derselben Wojewodschaft wohnten wie im Jahre 1939 und 2,3 Millionen ihren Wohnsitz außerhalb der derzeitigen Staatsgrenze hatten. Daraus folgt, daß etwa 4,2 Millionen Menschen innerhalb der Landesgrenzen ihren Wohnsitz verändert haben, wobei der ausgewiesene Wohnortwechsel zwischen den Wojewodschaften vor allem mit der Neubesiedlung der Westgebiete verbunden war (s. W. MIROWSKI, 1978, S. 306).

8. Polen und Deutsche

Das polnische und das deutsche Volk sind Nachbarn in Europa. Nachbarschaften bringen es mit sich, daß man sich mit dem anderen mehr beschäftigt als dies mit einem weiter entfernt lebenden Volke nötig wäre. Daß es dabei zu Interessenkonflikten kommen kann, ist eine Binsenweisheit, daß Interessenkonflikte eine vorurteilsfreie Betrachtung des Gegenübers verhindern, eine leider durch die historische Erfahrung bestätigte Tatsache. [0)]

Das östliche Europa kannte keine klar voneinander getrennten Wohngebiete seiner verschiedenen Bevölkerungsgruppen. Nicht überall war die Völkermischung so extrem - und so reizvoll - wie in der jugoslavischen Vojvodina, wo ein Kaleidoskop von Dörfern mit Angehörigen sämtlicher ost- und mitteleuropäischer Völkerschaften auf engstem Raum noch heute dicht nebeneinander liegt. Aber auch in den polnischen Gebieten lebten nationale und religiöse Minderheiten vermischt, bis die politischen Ereignisse des 20. Jahrhunderts das heutige Polen zu einem Nationalstaat machten (s. Kap. 1.3).

Der Hauptgrund für die Entstehung des Völkergemischs in Ostmitteleuropa ist die häufig unberücksichtigte Tatsache, daß bis ins 18. Jahrhundert hinein die nationale Zugehörigkeit eines Menschen nicht als Wert an sich gesehen wurde, daß sie hinter religiöser und verfassungsmäßiger (Untertanen-)Bindung zurücktrat und relativ leicht gewechselt werden konnte. Das polnische Mittelalter und die frühe Neuzeit sind Zeiten der Assimilation im Geiste eines viele Gegensätze überbrückenden europäischen Zivilisationsgedankens.

Sicherlich kam es bereits im 10. Jahrhundert zu ersten Zusammenstößen zwischen Deutschen und Polen. Wenn aber der Historiker Zygmunt Wojciechowski sein Buch über die deutsch-polnischen Beziehungen mit dem Untertitel "Zehn Jahrhunderte des Ringens" versah, dann ist dies nur als Fehlinterpretation unter dem Eindruck des Publikationsjahres 1945 zu deuten. Sowohl das expandierende Deutsche Reich als auch der noch junge polnische Staat unter seinen ersten bedeutenderen Herrschern Mieszko I. und Bolesław Chrobry waren Staaten ohne festgelegte Grenzen und ohne eine national bestimmte Bevölkerung; sie sollten noch Jahrhunderte brauchen, um sich zu konsolidieren.

Zwar kämpften im Mittelalter Polen und Deutsche manchmal gegeneinander, sie verbündeten sich aber auch z.B. gegen andere slavische Völker, und die jeweilige Allianz der Herrscher bedeutete keineswegs, daß sich die Völker in allem ihrem Tun an ihr zu orientieren hatten. Zahlreiche westslavische Stämme wurden im erstarkenden Staat der Piasten ebenso zu Polen verschmolzen, wie die deutschen Stämme eine gewisse Zeit brauchten, bis sie begannen, sprachliche und verwandtschaftliche Bande höher zu bewerten als zufällige Allianzen mit in (z.B. religiösen) Einzelfragen eine ähnliche Richtung vertretenden Nachbarvölkern (wobei über die Höherwertigkeit der ersteren zumindest Zweifel gestattet sein dürften). In Polen wurden die "Fremden", die im Laufe der Zeiten ins Land kamen, zu treuen Untertanen. Die zentralen und die regionalen Potentaten nutzten die wirtschaftliche und soziale Situation in Deutschland, um deutsche Bürger und Bauern an einer Umsiedlung zu interessieren. Dabei ging es um vieles, nur nicht um nationale Motive! Die Linderung der Steuerlast, die persönliche Freiheit und ein ausreichend großer Landbesitz waren Anreiz genug. Die neuen Landesbewohner hingen daher auch nicht an ihren äußeren nationalen Merkmalen: In wenigen Generationen paßten sie sich sprachlich den Einheimischen an und waren bald nur mehr an überlieferten Namen zu erkennen.

Nicht nur Christen diente Polen als Asyl. Die Juden West- und Mitteleuropas, aber wahrscheinlich auch Reste der jüdischen chasarischen Oberschicht fanden in Polen ebenso Zuflucht wie moslemische Tataren, die mit den polnischen Heeren gegen die gleichermaßen islamischen Türken kämpften. Wegen der unterschiedlichen Konfession war für diese Gruppen die Assimilation schwieriger, aber auch nicht unmöglich. Zahlreiche Juden traten zum Christentum über, was in vielen Fällen mit einer Nobilitierung honoriert wurde und dementsprechend attraktiv war.

In der Frühen Neuzeit war Polen ein kosmopolitischer Staat. Seine Jugend studierte - wie die deutsche - in West- und Südeuropa, seine Herrscher rekrutierten sich nach dem Untergang der Jagiellonen-Dynastie aus vielen europäischen Staaten, seine Kultur orientierte sich am gängigen Geschmack des Kontinents (KOT, 1932, S. 640-704). Wenn auf dieser internationalen Basis dennoch eines der Völker mit dem in Europa deutlichsten Nationalbewußtsein entstehen konnte, dann muß der Grund dafür in der späteren Entwicklung gesehen werden.

Ein wichtiges Moment war dabei die erfolgreiche Gegenreformation. Unter dem Einfluß der Jesuitenschulen geriet Polen, das bis dahin - zumindest in seinen höheren Schichten - religiös eher indifferent war, immer stärker in ein bewußt katholisches Fahrwasser. Da die Jesuiten ihre Position in Polen zu verteidigen beabsichtigten, taten sie ihr Möglichstes, um den Einfluß anderer Religionsgemeinschaften zu reduzieren. Agitationen gegen die nicht unierte Orthodoxie, das Judentum, aber auch den sich in Nachbarstaaten durchsetzenden Protestantismus führten zu einer ersten Isolierung und Agitierung der Polen, die unter dem Einfluß dieser Erziehung in den dissidenten Konfessionen "Feinde" zu erblicken begannen. In gewisser Weise war das auch gerechtfertigt: die schwedisch-protestantische "Sintflut" bohrte sich tief in das Bewußtsein ein. [1)]

Am Ende des 18. Jahrhunderts befand sich die einstmalige Großmacht Polen zwischen zwei Staaten, die gerade ihre Blütezeit durchlebten: Preußen und Rußland. Preußen war noch nicht mit Deutschland gleichbedeutend: es hatte sich verhältnismäßig spät aus der deutschen Kleinstaatengemeinschaft hervorzuheben begonnen, wobei es sich auf Kolonialgebiete stützte, die bis ins Mittelalter noch von slavischen und baltischen Völkern bewohnt gewesen waren.

Der Deutsche Ritterorden, einer der Ahnen Preußens, war zunächst vom masowischen Teilfürsten Konrad zur Bekehrung der heidnischen Pruzzen zu Hilfe gerufen worden; bald jedoch hatte er sich zu einer Konkurrenzmacht für Polen entwickelt, wobei die nationale Basis dafür, die die polnische Historiographie häufig annimmt, eher hinter einer materiellen - dem Interesse am eigenen Gewinn - zurücktreten dürfte. Nachdem er von Polen 1410 bei Tannenberg (Grunwald) geschlagen worden war und 1454/1466 das Ermland (Warmia) und Westpreußen als Preußen königlichen Anteils (Prusy Królewskie) an Polen abtreten mußte, leistete sein Hochmeister 1525 Polen den Lehnseid. Dabei wird aus dem Ordensstaat ein weltliches Herzogtum (Prusy Książęce), das 1618 durch Erbfall an das expandierende Brandenburg fällt. Die sich an Polen anlehnenden ostpreußischen Landstände verlieren diesen Rückhalt im Zusammenhang mit dem Schwedeneinfall. Die zunehmende Zentralisierung Preußens beseitigt die Macht der Stände; Schweden muß seine pommerschen Besitzungen Anfang des 18. Jahrhunderts an Preußen abtreten.

Der aus mehreren Teilen bestehende preußische Staat hatte das Bestreben, sein Territorium zu vereinheitlichen, dabei stand ihm Polen im Wege. Seine ähnlichen Versuche im Westen zeigen, daß es hier nicht um nationale Probleme ging; es war eine Macht- und Staatsidee, die die preußischen Könige bewog, ihre Macht auszudehnen. Im Osten befand sich Rußland in einem ähnlichen Expansionszug. Nach zahlreichen Niederlagen - unter anderen hatte Polen zeitweise Moskau besetzt - hatte Rußland territoriale Gewinne im Westen (Ostseeküste), Süden (Ukraine) und im Osten (Sibirien) zu verzeichnen.

Die unter unterschiedlichen Vorwänden betriebenen Teilungen Polens, an denen sich auch Österreich beteiligte, fielen zeitlich mit dem heranwachsenden Nationalismus zusammen - nicht nur in Polen, auch in den Teilungsmächten gewannen nationalistische "Ideologien" mit ihrer Unduldsamkeit gegenüber den jeweiligen anderen Nationen an Boden. Mit Ausnahme des österreichischen Teilungsgebiets, in dem die Wiener Regierung die Polen zur Neutralisierung der Ruthenen (= Ukrainer) gern mißbrauchte, versuchte man in den beiden anderen Teilen Polens, zunächst seine politischen Institutionen zu entmachten und dann das ganze Land sprachlich dem jeweiligen "Mutterland" anzupassen.

Im preußischen Teil setzte nach den liberalen, national desinteressierten Regierungen unter Otto von Bismarck (im Zusammenhang mit dessen "Kulturkampf" gegen die Katholiken) und verstärkt nach seinem Rücktritt unter der Ägide des "Ostmarkenvereins" eine rigorose Germanisierungspolitik ein, die die polnischen nationalen Äußerungsformen kriminalisierte und die Polen wirtschaftlich diskriminierte. Preußens Hauptgegner war dabei nicht das Polentum an sich, sondern die mit seiner Betonung verbundene Forderung nach einem eigenen polnischen Staat, der ja zum Teil auf nunmehr preußischem Boden entstehen müßte und damit den Territorialbestand Preußens bedrohte. Die Alvenslebensche Konvention (1863) mit Rußland belegt die identischen Interessen beider Staaten gegenüber dem nach Selbständigkeit strebenden Polen.

Das 1871 gegründete Deutsche Reich stand unter der eindeutigen Vorherrschaft Preußens. Der preußisch-polnische Gegensatz weitete sich zu einem deutsch-polnischen; dies war neu - noch im napoleonischen selbständigen Großherzogtum Warschau hatte man es keineswegs abwegig gefunden, einen Sachsen auf den Thron zu berufen. Nunmehr wurde der deutsch-polnische Gegensatz jedoch auf beiden Seiten propagandistisch ausgewertet und mit zahlreichen Vorurteilen beladen, die unabwendbar einer Auseinandersetzung zutrieben. Im Zeitalter des Nationalismus fand keine Seite etwas dabei, ihre nationalistischen Forderungen ohne Rücksicht auf die entstehenden Konflikte zu propagieren.[2)]

Druck erzeugt Gegendruck. Die nationale Unterdrückungspolitik in Preußisch- und Russisch-Polen, gepaart mit einer Diskriminierung der katholischen Kirche, führte zu einem erbitterten Deutschen- und Russenhaß, der in eben dieser katholischen Kirche eine Integrationsinstanz fand. Die Begründung der polnischen nationalen Traditionen fand unter dem Eindruck der nationalen Unterdrückung des 19. Jahrhunderts statt - in Literatur, Malerei und Musik fand eine Rückbesinnung auf idealisierte historische Werte statt. Dabei wurden die religiösen Unterschiede übertrieben - und damit eine Tradition begründet, die gern - aber zu Unrecht - als Erbfeindschaft dargestellt wurde.

Das wilhelminische Deutschland - im kolonialen Streben zu spät gekommen - verstand sich gern als "Kulturträgernation" und machte es sich angelegen, den "kulturlosen Polen" das "deutsche Wesen" nahezubringen: diese Stereotypisierung wirkt sich bis auf den heutigen Tag bewußt oder unbewußt aus. Daß sich die Polen - auf eigene Traditionen verweisend - dies ebensowenig gefallen ließen, wie einige Jahrzehnte später die kolonisierten Völker Afrikas und Asiens, verwundert angesichts der Entwicklung in der Dritten Welt kaum mehr.

Zu dieser "politischen" Aktivität kam ein weiteres Moment hinzu: das 19. Jahrhundert brachte Polen eine erste Welle der Industrieansiedlung. [3] Ob im rohstoffreichen Oberschlesien oder in den zentralpolnischen Textilindustriegebieten - überall waren die Angehörigen der von der Zeitgeschichte begünstigten Teilungsmächte gegenüber den kapitallosen, staatslosen und, was den Adel betraf, von einer modernisierungsfeindlichen Ideologie geprägten Polen im Vorteil. Die Polen stellten ein notwendiges und nicht allzu teures Arbeitskräftepotential. In den letzten Jahrzehnten der Teilungszeit war die soziale Struktur von dieser Scheidung geprägt: den deutschen Industriellen (wobei auch die verhältnismäßig wenigen jüdischen Unternehmer als Deutsche zu sehen sind) standen die polnischen Arbeiter gegenüber, wobei die ersteren von den obrigkeitlichen Instanzen bevorzugt wurden. [4] Stiegen Polen sozial auf, was entgegen einer anderslautenden historischen Propaganda nicht selten geschah, dann war damit (außerhalb der geisteswissenschaftlichen und geistlichen Bereiche) meist eine vollständige Anpassung an die Deutschen verbunden. Der Frühkapitalismus und die landwirtschaftliche Misere führten zu großen Emigrationen aus Polen: nicht nur nach Amerika, sondern auch ins Ruhrgebiet zogen polnische Bauern und bildeten da ein billiges Arbeitskräftepotential, wodurch neue Konfliktherde entstanden. [5] Die ostpreußische Landwirtschaft war ebenfalls auf die zur Erntezeit nach Deutschland kommenden polnischen Saisonarbeiter angewiesen: in den Augen der Deutschen gewannen die Polen immer deutlicher einen Status von Hilfskräften für Deutsche, von dem aus auf ihre allgemeinen Fähigkeiten geschlossen wurde: he, who has nothing, deserves nothing.

Den Ersten Weltkrieg verloren alle drei polnischen Teilungsmächte, nachdem sie zuvor noch einmal mit halbherzigen Versprechungen versucht hatten, den Polen den Dienst in ihren jeweiligen Armeen schmackhaft zu machen. Der Einsatz der polnischen Wirtschaft für die deutsche und die österreichische Kriegsmaschinerie - man konfiszierte polnische landwirtschaftliche Erträge und verschleppte die Menschen zu Arbeitseinsätzen als Ersatz für die Frontsoldaten - führte den Polen ihre nationale Unterdrückung noch einmal deutlich vor Augen.[6)]

Daher waren sich im Augenblick der Niederlage die Polen - wie stark sie auch sonst parteipolitisch zersplittert gewesen sein mögen - in einem einig. Es sollte ein neuer polnischer Staat aus allen drei Teilungsgebieten entstehen,und wenn dies gewaltlos nicht zu erreichen war, dann mußte man eben zur Gewaltanwendung bereit sein. Die Österreicher hatten bereits vor Kriegsende ihre Ansprüche auf Polen weitgehend aufgeben müssen, die mit ihrem Bürgerkrieg beschäftigten Russen bildeten zunächst keine Bedrohung, allein die Deutschen konnten (neben den "neuen" Staaten der Ukrainer, Litauer, Tschechen und Weißrussen) eine Basis für antipolnische Aktivitäten darstellen. Getragen von militanten polnischen Nationalisten, die eine Beschneidung ihrer Maximalforderungen durch die Westmächte fürchteten und vollendete Tatsachen schaffen wollten, brach noch im Dezember 1918 im preußischen Teil Polens (Groß-Polen) ein Aufstand aus, der sich gegen die Reste des deutschen Militärs und hastig herangeholte Freikorps richtete. Nach Jahrhunderten bescherte diese widersprüchliche Aktion Polen seinen ersten militärischen Sieg über Deutsche.

Auch die "Rückkehr ans polnische Meer", ein geradezu mystisches Streben, das aber auch ganz reale wirtschaftspolitische Gründe hatte, geschah auf Kosten des einheitlichen deutschen Territorialbestandes. Der so entstandene sog. Polnische Korridor (Pommerellen) lieferte deutschen Revisionisten (die sich in allen Parteien fanden) einen Vorwand für immer neue Angriffe auf das als "Saisonstaat" diffamierte neue Polen. In Oberschlesien, wo eine Volksabstimmung zeigen sollte, ob die Bewohner zu Polen oder zu Deutschland wollten, erzwangen die Polen in drei Aufständen eine sie begünstigende Lösung: Oberschlesien wurde geteilt, jedoch nicht gemäß dem Abstimmungsergebnis, das gezeigt hatte, daß die Städte überwiegend deutsch, die Landgemeinden überwiegend polnisch votiert hatten. Gemäß dem Vorschlag des italienischen Außenministers Graf Sforza erhielten die beiden beteiligten Staaten einen dem prozentualen Stimmenanteil entsprechenden Sektor des Gesamtgebietes. Obwohl die Absicht bestanden hatte, Minderheiten in den beiden Staaten möglichst gering zu halten, lebten nun (1922) in den Polen zugesprochenen Gebieten 250.000 Deutsche, in Deutsch-Oberschlesien 750.000 Polen. [7)]

Die Auseinandersetzungen um die Lage der nationalen Minderheiten in Polen, die Dauerkrise in Polen und die anwachsende nationalistische Propaganda in Deutschland trugen zur Propagierung der Meinung bei, die zurückgewonnenen Gebiete Polens seien "altes deutsches Kulturland"; man sprach von "Deutschlands blutender Grenze" und strebte nach einer Revision der in Versailles festgesetzten Grenzen. Während Stresemann 1925 in Locarno die deutsche Westgrenze anerkannte und damit auf Eupen-Malmedy und Elsaß-Lothringen verzichtete, weigerten er und seine Nachfolger sich, ein ähnliches "Ost-Locarno" zu unterschreiben: Auch die demokratische Weimarer Republik wollte die an Polen abgetretenen Gebiete wiedererlangen (vgl. WOLLSTEIN, 1976, S. 796). Deutschland erklärte Polen einen "Zollkrieg" - Polen boykottierte deutsche Waren. Man sekkierte die jeweiligen "gegnerischen" Minderheiten in den Grenzgebieten und stilisierte den deutsch-polnischen Interessengegensatz propagandistisch zu einer Feindschaft hoch, aus der es kaum mehr einen Ausweg zu geben schien.

Im 19. und 20. Jahrhundert hatte die politische Agitation begonnen, auf die Massen überzugreifen: Das allgemeine Wahlrecht machte auch die Unterschichten zu einer politisch bedeutsamen Größe, die man versuchte, über den Nationalismus zu einer Solidarität mit den bis dahin staatstragenden Schichten zu veranlassen. Um den eigenen Nationalstolz zu fördern, wurden nationale Vorurteile als Realitäten hingestellt, die dem positiven Autostereotyp ein negatives Heterostereotyp gegenüberstellten. Dadurch sollte die Parteinahme für die eigene Nation gefördert werden, gleichzeitig aber sollte sich das Individuum, wie unbedeutend es auch selber war, als Teil einer "positiven" Gruppe fühlen und deren Interessen vertreten. Nationale Vorurteile waren schon entschieden älter, nun aber wurden sie zu einem gefährlichen politischen Werkzeug.

In Deutschland geschah die Stereotypisierung Polens auf zwei Ebenen: Während demokratische Intellektuelle in dem Freiheitsstreben der Polen in der Teilungszeit ein anzustrebendes Ideal zu sehen glaubten, orientierten sich kleinbürgerliche und nationalistische Kreise an dem Bild der polnischen Realität des 19. Jahrhunderts. Sie stellten Polens lange Staatslosigkeit als Folge der slavischen Unfähigkeit zur Staatenbildung und -organisation, letztlich also als "Naturnotwendigkeit" hin. Der "kulturvolle" Deutsche sollte sich dem Polen gegenüber haushoch überlegen vorkommen. In diesem Sinne wurde auch die Geschichte umschrieben: Man versuchte, alle irgendwie positiven Erscheinungen in Polen als Folgen deutschen Einflusses hinzustellen: von der Staatsgründung Mieszkos, dem man germanische Vorfahren andichtete, über die Kolonisation, die erst die polnischen Gebiete lebensfähig gemacht habe, bis zur Industrialisierung, die den "unfähigen Polen" die Segnungen der Moderne bringe, wurde der deutsche Einfluß in Polen übersteigert dargestellt. Daß die Polen angesichts dieser deutschen "Dienste" nunmehr "deutsches Land" beanspruchten, erschien als historische "Undankbarkeit". [8)]

Es muß betont werden, daß diese Sicht keineswegs eine Ausgeburt des Nationalsozialismus war, der sich in den ersten Jahren seiner Herrschaft in Deutschland gegenüber Polen auffallend zurückhielt. Nach dem Ende der deutsch-polnischen Verständigung (1934 - 39) allerdings konnte auf diesem Boden der nationalsozialistische Rassismus gut gedeihen. Die vordem als "kulturlos" bezeichneten Polen wurden nun zu "slavischen Untermenschen", die "kulturelle Aufgabe der Deutschen" zu einer biologisch begründeten historischen Notwendigkeit. [9] Den im Denken in nationalen Stereotypen geübten Deutschen fielen die Wandlungen, die der Rassismus mit sich brachte, kaum mehr auf. Seine politischen Postulate schienen als notwendige Schlußfolgerungen aus den bereits vorher propagierten Thesen einzuleuchten.

Auch in Polen war eine stereotypisierende Sicht nicht unbekannt. Gestützt auf eine Verklärung der eigenen Vergangenheit, begann man, in den Preußen die Wurzel allen polnischen Übels zu sehen. Während sich die deutschen Nationalisten durch die Aufzeigung einer angeblichen Minderwertigkeit fremder Völker selber aufzuwerten trachteten, wurden in Polen die Ausländer als Urheber aller Mißstände charakterisiert. Dadurch konnten sich die jeweiligen Regierungen von eigenen Fehlern freisprechen. Die Mär von der "Erbfeindschaft" wurde auf beiden Seiten der deutsch-polnischen Grenze genährt.

Viele Polen meinten, in der Machtergreifung der Nationalsozialisten eine Wendung zum besseren erkennen zu können. Anstelle der bis dahin dominierenden protestantischen Preußen herrschte nun in Deutschland eine Clique unter der Führung eines katholischen Österreichers, der man vielleicht eher trauen konnte (ROOS, 1961, S. 131). Man war der Meinung, Deutschlands Expansionsdrang werde sich nun eher dem Balkan zuwenden, was die ersten Annexionen auch zu bestätigen schienen. Daß die Friedenstöne aus Berlin nur die Ostgrenze ruhig halten sollten, bis sich Hitler auf einen Angriff genügend vorbereitet hatte, wurde in Warschau nicht erkannt. Man beachtete die rassistischen Postulate nicht mehr, sondern schloß einen Nichtangriffspakt; man distanzierte sich von der Völkerbundsidee der kollektiven Sicherheit (indem man u.a. den Minderheitenschutzvertrag kündigte) und propagierte statt dessen eine von Deutschland ebenfalls verfolgte Politik bilateraler Beziehungen. Ja, man ging sogar so weit, sich an der Zerschlagung der Tschechoslowakei zu beteiligen. Gegen einzelne Momente der NS-Ideologie hatte man wenig einzuwenden: Auch die polnischen Nationalisten wollten die "Judenfrage" dadurch lösen, daß man die polnischen Juden zur Emigration zwang, man war gleichermaßen antikommunistisch, gegen das Annexionsprinzip hatte man, solange man selber nicht davon betroffen war, wenig einzuwenden.

Im Zuge dieser "Linie des 26. Januar" [10] versuchte Polen, die Konjunktur zu nutzen und aus der nationalsozialistischen Politik größtmöglichen Profit zu ziehen - die Linke wurde immer stärker unterdrückt, für politische Gegner ein "Konzentrationslager" eingerichtet. Als sich Deutschland nach der endgültigen Zerschlagung der Tschechoslowakei nunmehr Polen zuwandte, erwachten die polnischen Politiker aus ihrer Trance. Viel zu spät erkannten sie die Taktik der Deutschen. Auf beiden Seiten setzte nun eine heftige Propagandakampagne ein. Deutschland spielte das Korridorproblem hoch, verlangte Danzig, das 1920 als Freie Stadt Polens Zugang zum Meer sichern sollte, zurück und inszenierte einen angeblichen Überfall auf den deutschen Rundfunksenker in Gleiwitz, der einen "Gegenangriff" rechtfertigen sollte.

Polnische Politiker wurden in Deutschland behindert und Angehörige der Minderheit verprügelt. Als im Ergebnis einer polnischen Gegenpropaganda auch in Polen einzelne Übergriffe stattfanden, wurden sie in Deutschland mit dem gesamten zur Verfügung stehenden Propagandainstrumentarium aufgebläht. Der häufig als Beleg polnischen Deutschenhasses angeführte "Blutsonntag von Bromberg" (Bydgoszcz), wo Volksdeutsche von Polen ermordet wurden, fand am 3. September 1939, also <u>nach</u> dem deutschen Angriff auf Polen statt. Als Rache wurden allein in Bromberg (Bydgoszcz) bis zum 9. September 400 Polen exekutiert (JURGA, 1979, S. 505-6).

Der Zweite Weltkrieg sollte für Polen zu einer schlimmen historischen Erfahrung werden. Aus rassistischen Gründen wiesen die Deutschen alle Kollaborationsversuche zurück und erklärten den Teil Polens, der nicht sofort dem Reich angeschlossen wurde, zu einem "Reservat" (General-Gouvernement), dessen Bevölkerung, aller Bildungsmöglichkeiten beraubt, als Sklaven der deutschen Wirtschaft zu dienen hatte. Alle weiterbildenden Schulen wurden geschlossen, die Intelligenz in Konzentrationslager gesperrt oder gleich umgebracht. Aus den angeschlossenen Landesteilen wurden die Polen entweder ins Generalgouvernement abgeschoben oder als "Fremdarbeiter" nach Deutschland verschleppt, wo sie bis zum Kriegsende praktisch ohne Entgelt arbeiten mußten.[11)] Ihre Höfe wurden aufgrund eines Abkommens aus dem sowjetisch gewordenen Baltikum und aus Bessarabien ausgesiedelten Auslandsdeutschen zur Verfügung gestellt. "Nordisch" aussehende Kinder wurden ihren Eltern fortgenommen und in Deutschland zur Adoption freigegeben.[12)] Die polnischen Juden wurden entweder sofort umgebracht oder zunächst in geschlossenen Wohnbezirken ("Gettos") interniert und dann fast vollzählig in Vernichtungs- und Konzentrationslagern ermordet.[13)]

Da die Deutschen eine Kollaboration in Polen nicht zuließen, blieb den Polen kaum etwas anderes übrig, als gegen den deutschen Feind, der ihre totale Erniedrigung anstrebte, zu kämpfen. Die zunächst zersplitterten Widerstandsgruppen formierten sich unter dem Eindruck des deutschen Terrors. Mit tatkräftiger Unterstützung der polnischen Bevölkerung nahmen sie den Kampf gegen die Okkupationsmacht auf, der im Warschauer Aufstand seinen Höhepunkt hatte: Drei Monate lang, von August bis Oktober 1944, lieferten die Partisanen den Deutschen erbitterte Gefechte um jede Straße der polnischen Hauptstadt. Nach der Niederschlagung des Aufstandes befahl Hitler, die polnische Hauptstadt dem Erdboden gleichzumachen, um jede Erinnerung an die polnische Erhebung zu tilgen.

Die Schätzungen der polnischen Opfer der Jahre 1939 - 1945 klaffen weit auseinander, aber selbst die niedrigsten Werte gehen davon aus, daß ca. 20 o/o der Polen während dieser Jahre auf unnatürliche Weise starben.

Tab. 53 Offizielle Angaben des "Büros für Kriegsentschädigungen" über die "biologischen Verluste der polnischen Gesellschaft" (incl. der polnischen Juden)

	Zahl der Opfer	o/o der Bevölkerung von 1938	1946
direkte Kriegseinwirkung	644.000	1,85	2,72
Läger, Exekutionen etc.	3.577.000	10,27	15,15
Epidemien, Unterernährung etc. in Gefängnissen und Lagern	1.286.000	3,69	5,44
Verletzungen etc. außerhalb von Lagern	521.000	1,49	2,20
	6.028.000	17,32	25,54

(Quelle: MADAJCZYK, 1970, Bd. 2, S. 371; RS, 1979, S. XXXII)

Neben diesen für unsere Begriffe unvorstellbaren Zahlen [14]) kamen in den Lagern in Polen die Mehrzahl der europäischen Juden und viele andere Gegner des Nationalsozialismus ums Leben. Zahlreiche Polen, die bis dahin selber verschiedenen Einzelpunkten der NS-Ideologie nahestanden, veränderten nun ihre Haltung (vgl. GOLCZEWSKI, 1979, S. 181); kaum jemandem sind die unmenschlichen Züge von Repräsentanten Deutschlands so gründlich nahegebracht worden wie den Polen. Man muß diese tiefgehenden Eindrücke, die die Polen von den Deutschen in ihrem Lande gewannen, berücksichtigen, um auch nur annähernd die dadurch bewirkte Belastung des deutsch-polnischen Verhältnisses erfassen zu können. Von allen europäischen Staaten trug Polen die größte Last des Krieges - es gab keine Familie, die nicht Opfer zu beklagen hätte.

Auf dieser Grundlage sofort nach der Befreiung durch die Rote Armee Verständnis für die Deutschen zu verlangen, ist wohl ein Zeichen sehr geringen Verständnisses des Gegenübers. Bezeichnenderweise sind es meist die "Täter" selber, die am heftigsten einen selektiven "Mantel des Vergessens" fordern. 1945 vereinbarten die Siegermächte, Polen mit deutschem Gebiet für territoriale Verluste zu entschädigen, die es zugunsten der UdSSR zu tragen hatte (vgl. LEHMANN, 1979). Die früheren deutschen Bewohner dieser Gebiete wurden - soweit sie nicht schon vor Kriegsende vor der Front geflohen oder evakuiert worden waren - westwärts vertrieben, was unter den emotional gespannten Bedingungen der ersten Nachkriegsjahre z.T. mit Grausamkeiten und Racheakten verbunden war und zahlreiche Opfer forderte. Polen aus den sowjetisch gewordenen polnischen Ostgebieten erhielten in Schlesien, Pommern und einem Teil Ostpreußens eine neue Heimat zugewiesen. Aber auch aus Zentralpolen wanderten Besitzlose in die neuen Gebiete, von denen man sich eine Linderung der gespannten sozialen Verhältnisse auf dem polnischen Lande erwartete.

Das deutsch-polnische Verhältnis der ersten Nachkriegsjahre war weit von Entspannung entfernt. Deutsche Vertriebenenorganisationen warfen den Polen die Vertreibung vor, ohne zu berücksichtigen, daß nahezu alle deutschen Regierungen zwischen Bismarck und Hitler dieses Verfahren in umgekehrter Richtung praktiziert hatten. Die Umkehrung der Vertreibung demonstrierte den Deutschen, wie unmenschlich dieses Verfahren für die Betroffenen war.

Die frische Erinnerung an die deutschen Greuel ließ aber auch in Polen kein unbefangenes Verhältnis zu den Deutschen aufkommen, die im Lande geblieben waren. Anfangs wurde vereinzelt die deutsche Sprache diskriminiert, eine umfassende Polonisierungskampagne setzte ein; propagandistische Akte, wie das Görlitzer Abkommen von 1950, in dem die DDR Polens neue Westgrenze anerkannte, blieben ohne tiefere Bedeutung. Auch wenn es unsinnig klingen mag: Die Neusiedler in den ehemals deutschen Gebieten fürchteten eine Rückkehr der Deutschen und eine erneute Vertreibung. Die laut vorgetragenen Forderungen der Bundesrepublik Deutschland und der diversen Vertriebenenorganisationen waren nicht geeignet, die Angst vor einer erneuten Einigung der Großmächte zu Lasten Polens zu zerstreuen. Die Folge dieser Befürchtungen war, daß in den östlich der Oder und der Lausitzer Neiße gelegenen Gebieten nur wenig investiert wurde - ein anomaler Zustand wurde damit zunächst konserviert.

Nach 1956 gestattete Polen eine freiwillige Familienzusammenführung, von der viele der noch in Polen verbliebenen Deutschen Gebrauch machten. Der gegenseitige touristische Reiseverkehr kam in der Mitte der sechziger Jahre in Gang und brachte eine weitergehende Entkrampfung des Verhältnisses mit sich, die nicht darüber hinwegtäuschen sollte, daß die Beziehung zwischen zwei Völkern, von denen eines 1/5 des anderen ermordet hat, zu Lebzeiten der Zeitgenossen der Täter und der Opfer nicht "normal" sein kann.

Die junge Generation Polens steht derjenigen Deutschlands weitgehend vorurteilsfrei gegenüber. Trotzdem besteht eine verständliche Wachsamkeit nicht nur gegenüber teilweise atavistisch anmutenden Forderungen organisierter Vertriebener. Auch die Berufung auf das "Kulturerbe" und die preußischen Traditionen in der DDR weckt in Polen ungute Erinnerungen.

Die de-facto-Anerkennung der Oder-Neiße-Grenze durch die Bundesrepublik Deutschland hat 1970 das deutsch-polnische

Verhältnis entspannt, auch wenn die Polen immer noch mißtrauisch auf den deutschen Verweis auf eine künftige Friedensregelung schauen. In Deutschland sind gegen den 1972 ratifizierten Vertrag Vorbehalte laut geworden, die meinten, die deutsche Regierung habe ohne Gegenleistung "Terrain aufgegeben". Aber ganz abgesehen von der Fortsetzung des Teufelskreises, die ein Beharren auf früheren Positionen bedeutet hätte, ist einfach die deutsche Hypothek in diesem Verhältnis größer: Nach dem, was deutscherseits geschehen ist, mußte der diesbezügliche Schritt von Deutschland ausgehen. Polens Zustimmung zu einem Neubeginn ohne gegenseitige Verleumdung (und in diesem Zusammenhang sind die deutsch-polnischen Kommissionen über Geschichts- und Geographieschulbücher zu erwähnen) ist nach der jüngsten Vergangenheit bereits als Vorleistung zu verstehen.

Daß das Verhältnis trotz allem nicht ganz ungetrübt ist, liegt unter anderem wieder einmal an den in Polen verbliebenen Deutschen und der Politik, die mit ihnen getrieben wird. Während aus Niederschlesien und Pommern nahezu alle Deutschen vertrieben wurden, verfolgte man in Oberschlesien und in Teilen Ostpreußens eine andere Politik. Die dortigen Deutschen wurden vor die Alternative gestellt, fortzuziehen oder sich als "Autochthone" polonisieren zu lassen. Statistisch verschwanden sie damit aus der polnischen Nationalitätenstatistik (so lange eine solche noch veröffentlicht wurde), da sie nun keine Sondergruppe mehr bildeten. Bei der Analyse des gegenwärtigen Zustandes wird der damals eingeleitete Assimilationsprozeß leider häufig völlig außer acht gelassen. In der Gegenwartsgesellschaft müssen diese Personen, die zum größten Teil bis zum Alter von 40 Jahren der deutschen Sprache nicht mehr mächtig sind, als Polen betrachtet werden. Ihre Assimilation ist nichts Neues: Sie ist nur die letzte in einer Reihe ähnlicher Vorgänge, die mit der deutschen Ostwanderung des Mittelalters beginnt.

Der polnische Staat ist auf Drängen der Bundesrepublik Deutschland bereit, einem Teil der sich gegenwärtig zum Deutschtum bekennenden Personen die Ausreise zu gestatten. Dieses Phänomen ist nichts Aufsehenerregendes, da im Unterschied zu anderen osteuropäischen Staaten eine Ausreise für polnische Staatsbürger nicht unmöglich ist. In der Regel darf bei Ehepaaren, auch bei neu geschlossenen Ehen, der polnische Partner zum ausländischen ziehen; zahlreiche Polen verlassen aus ökonomischen Gründen ihr Land.

In der Bundesrepublik Deutschland werden Statistiken geführt, die legale und illegale Zuwanderer erfassen. Demnach kamen aus den osteuropäischen Staaten (ohne DDR) seit 1950 bis September 1980 insgesamt 1.057.722 Personen in die BRD, davon aus Polen 627.156 (59,3 o/o) (Aufstellung des Bundesministeriums des Innern vom September 1980).

Die polnische Statistik gibt für 1950 1.107.600 "Autochthone" an, unter denen sich die Mehrzahl der verbliebenen Deutschen befinden dürfte. Die Vergleichszahl für 1960 lautet 959.000, worin sich die Familienzusammenführungen von 1956/58 widerspiegeln. Die Zahl der Umsiedler aus Polen hielt sich dann bis 1975 unter einem Monatsdurchschnitt von 800 Menschen. Im Zuge der deutsch-polnischen Verträge kamen zwischen 1976 und 1979 zusammen 134.597 Umsiedler aus Polen, was einen Monatsdurchschnitt von 2.800 bedeutet. Die Zahl ist zwischen Mitte 1980 und Frühjahr 1981 auf unter 1.000 im Monat gesunken. [15] Es ist jedoch kaum sinnvoll, weiterhin von 1.140.000 "Reichs- und Volksdeutschen" auszugehen, wie dies eine offizielle Schrift der Bundesregierung tut. [16] Die Nachgeborenen haben meist keinerlei Beziehung zum "Deutschtum", die Alten werden durch die biologischen Abläufe dezimiert. Teilweise wird erst bei der Ankunft in Deutschland erkannt, daß vor allem die "jungen Aussiedler ... aus einem ihnen bekannten Lebenskreis in eine Gemeinschaft kommen, die ihnen in vielen Bereichen noch fremd ist". [17] Es kann daher nicht genug vor einer Idealisierung der Umsiedlung gewarnt werden. Für alle Beteiligten entstehen Probleme, die nicht allein zahlenmäßig erfaßt werden können.

Für die polnische Gesellschaft ist diese Abwanderung von "Deutschstämmigen" höchst unerfreulich. Dabei spielen weniger nationale als wirtschaftliche Gründe eine Rolle. Die Abwanderung erfaßt vor allem in Oberschlesien eine Facharbeiter- und Handwerkerschicht, an der in Polen großer Bedarf besteht und die aus der laufenden Ausbildung nicht ohne weiteres zu ersetzen ist. Andererseits ist gerade für diese Gruppe das zu erwartende höhere Einkommen in der Bundesrepublik Deutschland einer der wichtigeren Auswanderungsgründe.

Die zahlreichen deutschen Hilfsmaßnahmen angesichts der polnischen Wirtschaftsmisere im Winter 1981/82 erinnern an die deutsche Polenbegeisterung im Anschluß an den November-Aufstand 1830 gegen das zarische Rußland. Auch wenn die Basis hierfür alles andere als erfreulich ist, sind sie doch ein Symptom dafür, daß der nationalistische Antagonismus dieser beiden Völker nicht naturnotwendig ist.

0) Eigentlich wäre unter den heutigen Umständen eine Betrachtung des polnisch-russischen Verhältnisses von ebenso großem Interesse. Da dieses Skriptum jedoch für deutsche Leser bestimmt ist, wurde bei der notwendigen Entscheidung diese Beziehung gewählt. Eine interessant gestaltete feuilletonistische Abhandlung über das polnisch-russische Verhältnis findet man bei CH. SCHMIDT-HÄUER (1981).

1) Siehe für diesen Komplex die weiterführenden Hinweise bei G. SCHRAMM (1965) und B. STASIEWSKI (1960).

2) Die preußische Sprachenpolitik äußerte sich am deutlichsten in der Schule, wo bis auf den Religionsunterricht in allen Fächern in deutscher Sprache unterwiesen wurde. Als auch diese letzte Bastion der polnischen Sprache eingedeutscht werden sollte, widersetzten sich die Polen - vom Klerus angeführt - erstmals deutlicher. In Września (Wreschen) und

anderen Orten kam es zu "Schulstreiks", die polizeiliches Eingreifen zur Folge hatten und nationalpolnische Traditionen begründeten (vgl. u.a. L. GOMOLEC, 1961). Das Problem ist immerhin so aktuell, daß noch 1980 ein Spielfilm über Września gedreht wurde ("Wizja lokalna 1901").

3) Der Zusammenhang mit der Teilungsmacht wird u.a. dadurch deutlich, daß auch im nur kurzfristig preußischen Gebiet von Dąbrowa, das 1815 zum Königreich Polen kam, unter preußischer Herrschaft der Grundstock zu dem erst nach 1921 mit dem übrigen Oberschlesien zusammengelegten Industrierevier gelegt wurde.

4) Selbst die Hüttenindustrie im russischen Dabrowa-Revier bestand großenteils aus Filialbetrieben preußisch-oberschlesischer Konzerne, für die wiederum der Zoll an der preußisch-russischen Grenze verantwortlich war (H. RECHOWICZ, 1977, S. 27-28).

5) Ch. KLESSMANN (1978, S. 94) sieht in der sich im Ruhrgebiet ausbildenden "nationalen Subkultur" eine Form der Reaktion auf die unterschiedlichen Arten sozialer und politischer Diskriminierungen ("Kriminalisierung"), denen die Ruhrpolen seitens ihrer deutschen Nachbarn ausgesetzt waren.

6) Die unterschiedlichen Versuche der Mittelmächte, Polen eine gewisse Eigenständigkeit zu gewähren (z.B. im Zusammenhang mit der Legionen-Gründung und dem Selbständigkeitsakt vom 5.11.1916) waren in erster Linie darauf abgestimmt, Hilfskräfte für die eigene Kriegsführung zu gewinnen (vgl. J. PAJEWSKI, 1980, S. 130-132). Als Piłsudski auf einer Erweiterung der polnischen Ansprüche beharrte, wurde er in Magdeburg inhaftiert. Der deutsche Generalgouverneur von Beseler kritisierte ihn als einen "militärisch/en/ Dilettant/en/", der einen "geradezu hypnotisierenden Einfluß" ausübe (Bericht vom 20.11.1916, zit. nach J. PAJEWSKI, 1980, S. 344).

7) Auf die Entscheidung wirkte sich negativ aus, daß sowohl auf deutscher als auch auf polnischer Seite nationalistische Kräfte in die Oberschlesien-Frage eingriffen, die mit der Lage im betreffenden Gebiet nichts zu tun hatten und sie für die jeweilige nationalistische Zielsetzung "ausschlachteten".

8) So schrieb der Historiker K. LÜCK: "Wieviel sibirisches Eis gäbe es heute in Polen, wenn das deutsche Feuer das polnische Wasser nicht immer wieder gewärmt hätte?" (Der Mythos vom Deutschen in der polnischen Volksüberlieferung und Literatur. Posen 1938, S. 28).

9) "Diese Bevölkerung wird als führerloses Arbeitsvolk zur

Verfügung stehen und Deutschland jährlich Wanderarbeiter und Arbeiter für besondere Arbeitsvorkommen zur Verfügung stellen, sie wird ... bei eigener Kulturlosigkeit unter der strengen, konsequenten und gerechten Leitung des deutschen Volkes berufen sein, an dessen ewigen Kulturtaten und Bauwerken mitzuarbeiten ..." (Denkschrift Heinrich Himmlers vom 25.5.1942).

10) M. WOJCIECHOWSKI, 1965, S. 382 - so genannt nach dem Tag des Abschlusses des deutsch-polnischen Vertrages (1934).

11) Zwischen 1939 und 1944 aus ihren Heimatorten vertriebene oder verschleppte Polen

Dem Reich einverleibte Gebiete	918-928.000
Zamośćer Gebiet	100-110.000
Warschau (nach dem Aufstand 1944)	500.000
Übriges Generalgouvernement	171.000
	1.689.000 - 1.709.000

(Quelle: Cz. ŁUSZCZAK, 1979, S. 136)

12) Die Schätzungen schwanken zwischen 80.000 und 200.000 (Cz. ŁUSZCZAK, 1979, S. 183).

13) Insgesamt forderten die Kriegsjahre etwa 5-6.000.000 jüdische Opfer. Polnische Juden machten etwa die Hälfte dieser Zahl aus.

14) J. STROYNOWSKI (1973, S. 147) nennt die Zahl von 5.600.000 Toten, die er als 22 o/o der Gesamtbevölkerung betrachtet.

15) Im Zusammenhang mit der Verschlechterung der Versorgung und der weitergehenden Liberalisierung der Ausreisebestimmungen schwoll die Umsiedlerzahl 1981 erneut an und erreichte im Juli 5.890 (Mitt. des Bundesministeriums des Innern vom 2.8.1981).

16) A. BOHMANN, "Woher kommen die Aussiedler?". In: Als Deutscher unter Deutschen leben. Bonn 1978, S. 23 (=Schriftenreihe der Bundeszentrale für politische Bildung, Bd. 137).

17) J. KUDLICH, "In der alten Heimat ohne Freiheit". In: Als Deutscher unter Deutschen leben. Bonn 1978, S. 37. - Daß die Aussiedler demnach mit ihrer neuen Lage meist zufrieden sind, mag damit zusammenhängen, daß eine Problematisierung des Aussiedlungsentschlusses für sie identitätsbedrohend sein mag (B. HAGER/F. WANDEL, 1978, S. 198), andererseits verhält sich die Mehrheit von ihnen nach der erfolgten Integration "normal". Die Untersuchungen zeigen, daß das negative affektive Verhältnis zum Herkunftland verhältnismäßig schnell einer Reaktivierung von Sympathien für die Staaten Osteuropas weichen kann (H. LANGNICKEL, 1978, S. 1021).

9. Zu den Demokratisierungsversuchen 1980/81

Ein Skriptum über die polnische Gegenwartsgesellschaft kann in diesen Tagen nicht vollständig sein, wenn es die Versuche politischer und gesellschaftlicher Veränderungen nicht berücksichtigt, die 1980/81 in Polen unternommen wurden. Andererseits ist eine auch nur halbwegs sachliche Analyse zu diesem Zeitpunkt nicht möglich, da die Ausrufung des Kriegszustandes (stan wojenny - einzige verfassungsmäßige Form einer Notstandsproklamation) keinen Schlußpunkt dieser Entwicklung erkennen läßt. Wenn also im folgenden kurz auf die jüngsten Entwicklungen eingegangen wird, dann geschieht dies unter ausdrücklichem Vorbehalt und nur in Thesenform. Allein das Bewußtsein der Instabilität ist bereits ein Merkmal der Gegenwartssituation in Polen.

Bevor der Streik der Gdańsker Werftarbeiter ein deutliches Zeichen der veränderten Situation in Polen setzte, haben sich Entwicklungen abgespielt, die die Unruhe im Land und die "Siegeszuversicht" der Bevölkerung gesteigert haben. Der traditionelle Ansatz der August-Ereignisse wird stets - zu Recht - in den Gdańsker Unruhen vom Dezember 1970 gesucht, die zwar mit Waffengewalt niedergeschlagen wurden, aber dennoch zum Sturz der Parteiführung unter Władysław Gomułka geführt und so bewiesen hatten, daß in einem Land des östlichen Lagers die Führung von der Zustimmung der Bevölkerung abhängig sein kann. Diese Ereignisse standen in direktem Gegensatz zu den tschechoslowakischen Erfahrungen vom August 1968, die das Scheitern eines derartigen Begehrens vor Augen geführt hatten. Die damalige Analyse Harald Laeuens "eine Erhebung, die niedergeschlagen wird, aber politisch zu einem begrenzten Erfolg führt, obwohl sie keine politischen Ziele auf ihr Panier geschrieben hat" (LAEUEN, 1972, S. 7), war noch viel treffender, als ihr Autor damals vermuten konnte.

Dabei darf nicht übersehen werden, daß die Unruhen die ungenügende Versorgung der Bevölkerung und die plötzliche (volkswirtschaftlich richtige) Steigerung der Konsumentenpreise zum Anlaß nahmen. Wie noch einmal in der Mitte der siebziger Jahre im Zusammenhang mit den Streiks, die von den Arbeiterzentren Radom und Warszawa-Ursus ausgingen, hatte die Arbeitererhebung, obwohl sie brutal niedergehalten wurde, den Effekt, ihren Anhängern zu dokumentieren, daß mit einer entsprechenden Entschlossenheit die Führung gezwungen werden konnte, Forderungen der Basis zu erfüllen. Das Scheitern des volkswirtschaftlichen Konzepts der Parteiführung unter Edward Gierek an der Korruption der Führung, der Inkompetenz der überwiegenden Mehrheit der an wirtschaftlichen Prozessen und der Produktion Beteiligten, an Arbeitsunlust und Alkoholismus, die ihrerseits wieder Symptome einer Entfremdung der Arbeiter von ihrem System dokumentierten, und nicht zuletzt an weltwirtschaftlichen Veränderungen machte es möglich, aktiv zu werden. Der Unterschied zu den früheren Jahren lag zum einen in der "Moral", zum anderen in immer offensichtlicher werdenden Fehlern der politischen Führung.

Die "Moral" war ohne Zweifel durch die Wahl eines polnischen Papstes, der mit seiner Polen-Reise zudem noch der atheistischen Regierung religiöse Zugeständnisse abgetrotzt hatte, gestärkt worden. Die These, daß Aufweichungserscheinungen beim Gegner die positive Haltung gegenüber den eigenen Möglichkeiten verstärken, hat sich noch kaum jemals so schnell bestätigt wie im Falle Polens. Was Johannes Paul II. in Polen gefordert hatte, trug keine antistaatlichen Züge; im Gegenteil: während seines Besuches der 169. Plenarsitzung des polnischen Episkopats verlangte er am 5.6.1979 nur die in der polnischen Verfassung garantierte "religiöse Freiheit", die allerdings erst dann gewährleistet sei, wenn die "realen Bedürfnisse der Kirche im Zusammenhang mit ihrer vielfältigen Tätigkeit" berücksichtigt seien (KDP, 1979, S. 565).

Das Wesentliche dieses Besuches war, neben der Mobilisierung der Bevölkerung zu einer monumentalen Demonstration der Verbundenheit mit der Kirche, die Tatsache, daß durch den Bezug zum Wortlaut der Verfassung, durch einen Konstitutionalismus also, geradezu "revolutionäre" Forderungen vertreten werden konnten. Eine zunehmende Verständigung zwischen staatlichen und kirchlichen Stellen machte insbesondere den intellektuellen Parteigegnern deutlich, daß der Zeitpunkt für eine breiter angelegte Aktion günstig sei.

Im Sommer 1980 traten die afghanischen Ereignisse, mit denen die UdSSR so beschäftigt schien, daß eine Intervention nicht zu befürchten war, und die Olympischen Sommerspiele in Moskau als bestimmende Faktoren hinzu. Die Olympischen Spiele hatten dabei eine doppelte Bedeutung. Die im Zusammenhang mit ihnen vor politischen Schwierigkeiten stehende Sowjetführung konnte kaum ohne Gesichtsverlust in deren unmittelbarem Kontext ihre Propaganda als "Friedensmacht" Lügen strafen. Daneben liefen in Polen vor der Olympiade Gerüchte um - deren Richtigkeit nicht zu prüfen ist -, daß es in Wirklichkeit die übrigen sozialistischen Länder mit Polen an der Spitze seien, die die Kosten der Spiele trügen. Ein sich abzeichnender Mangel an Konsumgütern, die zum Teil vorher in ausreichenden Mengen erhältlich gewesen waren und neue Gerüchte über bevorstehende Preissteigerungen führten zu einer antirussischen Stimmung im Lande, die sich gegen die polnischen Politiker als die Büttel der Sowjets richtete.

Im Juli/August 1980 fanden zunächst spontane, unkontrollierte Streiks in zahlreichen Betrieben statt: sie kanalisierten die Unzufriedenheit der Beschäftigten und gipfelten in Forderungen nach Lohnerhöhungen, durch die man sich fälschlicherweise eine Verbesserung der Versorgungssituation versprach, ohne die inflationären Tendenzen, die dadurch nur befördert werden konnten, zu beachten. Als am 14. August in der Gdańsker

Lenin-Werft der Streik ausbrach, der nicht allein wegen der Anbindung an die Tradition von 1970, sondern auch wegen seiner sofort deutlich werdenden Organisationsstrukturen von den "wilden Streiks" abstach, hatte die Unzufriedenheit der Bevölkerung einen Halt gefunden, der nunmehr als "Anti-Regierungs-Integrationsinstanz" zu einer "Gegenhauptstadt" werden konnte. Die sehr schnelle Herausbildung eines charismatischen Führers in der Person des stellungslosen Arbeiters Lech Wałesa, beförderte die Identifizierung der polnischen Mittel- und Unterschichten mit dieser antiautoritären Erhebung.

Die Fernsehansprache, die Polens Ministerpräsident Babiuch am 15. August 1980 hielt, traf den Kern des Problems und unterschied sich eigentlich nur wenig von der Arbeitsintensitätsforderung, die die neue Mannschaft um Jaruzelski ein halbes Jahr später formulierte: "Die Gesellschaft beurteilt den Zustand der Wirtschaft nach dem Versorgungsstand der Geschäfte, nach den Familienbudgets und den Lebenshaltungskosten ... Wir sollten jedoch wissen, daß das eigentliche Problem darin besteht, daß die Löhne und Gehälter in der unerläßlichen Menge von Waren und Dienstleistungen eine Deckung erfahren. Das ist unser Problem Nummer eins. Nur durch eine Anhebung der Produktion können wir eine Lösung der derzeitigen Schwierigkeiten erreichen" (KDP, 1980, S. 921).

Die Forderungen der streikenden Arbeiter und ihrer intellektuellen Helfer gingen jedoch vor allem in eine andere Richtung. Man befürchtete nicht zu Unrecht, die Regierung würde die berechtigte Kritik an der ökonomischen Situation durch repressive Maßnahmen gegen diejenigen zu kaschieren suchen, die die Finger auf die Wunden legten. Die 21 Forderungen des inzwischen in Gdańsk entstandenen "Zwischenbetrieblichen Streikkomitees" wurden zur Diskussionsgrundlage mit der Regierung. Da die Führer keine Wiederholung der gewaltsamen Auseinandersetzungen von 1970 wünschten, mußten sie sich letztendlich auf den Druck der Streikenden hin (nachdem zuvor alle möglichen repressiven Maßnahmen wie Isolierung durch Telefonunterbrechung etc. versucht worden waren) auf eine Diskussion auf der Basis der folgenden Punkte einigen:

1. Anerkennung von der Partei und von Arbeitgebern unabhängiger Gewerkschaften.
2. Garantie des Streikrechts und der Sicherheit für die Streikenden und die den Streik unterstützenden Personen.
3. Wahrung der in der Polnischen Verfassung garantierten Freiheiten des Wortes, des Drucks und der Publikation, damit Zugang für Vertreter aller Bekenntnisse zu den Massenmedien.
4. Wiedereinsetzung in die früheren Rechte:
   - der 1970 und 1976 nach den Streiks Entlassenen,
   - der von den Hochschulen wegen ihrer Überzeugungen Relegierten.
5. Publikation der Forderungen des Streikkomitees in den Massenmedien.
6. Vollständige Information über die wirtschaftliche und soziale Lage; allgemeine Diskussion über Reformmöglichkeiten.
7. Lohnfortzahlung für die Streikenden.
8. Gehaltsanhebung für jeden Beschäftigten um 2.000 Złoty.
9. Garantie der regelmäßigen Anpassung der Gehälter an die Preisentwicklung und den Kaufkraftschwund.
10. Vollständige Versorung des Binnenmarktes und Reduzierung des Exports auf die Überschüsse.
11. Rationierung von Fleisch und anderen daraus hergestellten Produkten.
12. Abschaffung der (erhöhten) Kommerzpreise und des Inlandsverkaufs gegen Devisen.
13. Abschaffung der zahlreichen finanziellen und Versorgungsprivilegien für die Bürgermiliz (= Polizei), den Sicherheitsdienst und die Partei.

14. Senkung der Rentengrenze auf 55 Jahre, für Frauen auf 50; Ruhegehalt nach 35 Arbeitsjahren.
15. Anpassung alter Renten an die für neue Renten gültigen Sätze.
16. Verbesserung der medizinischen Versorgung.
17. Sicherung von Plätzen in Kindertagesstätten.
18. Einführung eines bezahlten Mutterschaftsurlaubs von 3 Jahren.
19. Verkürzung der Wartezeit bei Wohnungszuteilungen.
20. Anhebung verschiedener Sonderzahlungen.
21. Einführung freier Samstage. (KDP, 1980, S. 922-3)

Die Forderungen wurden teilweise bereits dadurch erfüllt, daß dieser Katalog am 27. August in der Jugendzeitschrift "Sztandar Młodych" veröffentlicht wurde. Die Presse, die bis dahin mit größter Zurückhaltung über die Ereignisse an der Küste berichtet hatte, wurde nun teilweise zu einem Sprachrohr der Streikenden. Zuvor waren die einzigen Organe der "neuen Arbeiterbewegung" illegale Flugblätter und Bulletins sowie die fast regelmäßig erscheinende illegale Zeitung "Robotnik" gewesen, die unter der Hand weitergereicht wurde und deutlich an die Traditionen der alten Polnischen Sozialistischen Partei anknüpfte, deren Organ den gleichen Titel geführt hatte.

Die Staats- und Parteiführung wollte zunächst die Streikenden ignorieren. Zwar wurde eine Kommission gebildet, die an die Küste fuhr, man verhandelte jedoch zunächst nicht mit dem Zentralen Streikkomitee, sondern mit einzelnen Betriebskomitees, um die Streikleitung zu desavouieren. Erst als der Kommissionsleiter Pyka, der jeden Kontakt mit den Streikenden rigoros abgelehnt hatte, durch den Vizepremier Jagielski ersetzt worden war, wurden die Verhandlungen mit dem Zentralorgan der Streikenden aufgenommen. Inzwischen hatte die Streikbewegung auf die gesamte Küste übergegriffen.

Das Mittel, welches 1970 zu einer Teilberuhigung geführt hatte, verfing nun nicht mehr: Auch als der Premierminister Babiuch am 24. August durch Józef Pińkowski abgelöst wurde und weitere personelle Veränderungen in der Führungsmannschaft stattgefunden hatten, gaben die Streikenden nicht nach. Es ging nicht mehr um äußerliche Veränderungen; die neue Arbeiterbewegung hatte sich eine Umgestaltung des Systems vorgenommen.

Die polnische katholische Kirche hatte sich allgemein positiv zu den Forderungen der Streikenden geäußert, der sich immer mehr in die Länge ziehende Streik und die ersten negativen Reaktionen in der östlichen ausländischen Presse, die nicht anders als als massive Interventionsdrohungen verstanden werden konnten, führten jedoch dazu, daß Kardinal Wyszyński von Czestochowa aus am 28. August alle Beteiligten zur Mäßigung aufrief. "Die Forderungen können richtig sein und sind im allgemeinen richtig, aber es ist niemals so, daß sie an einem Tage, heute, erfüllt werden können. Ihre Ausführung muß auf Raten erfolgen" (KDP, 1980, S. 941).

Radikaleren Elementen unter den streikenden Arbeitern kamen diese Töne zu versöhnlerisch vor. Es wurden Stimmen gegen die kirchliche Hierarchie laut. Die Situation konnte jedoch vor einer weiteren Zuspitzung bewahrt werden. Am 30. August wurden in Szczecin, am 31. in Gdańsk Abkommen zwischen den Streikkomitees und den Vertretern der Behörden unterzeichnet. Das Plenum des Zentralkomitees der PZPR bestätigte die Abkommen am gleichen Tage und am 1. September wurde an der Küste die Arbeit wiederaufgenommen.

Einer der Haupterfolge des Gdańsker Abkommens war, daß sich die Regierung bereit erklärte, die Schaffung neuer Gewerkschaften zu ermöglichen. Die bisherigen Gewerkschaften hatten sich nach Meinung der Arbeiter als nutzlos erwiesen, weil sie weitgehend den Weisungen von Partei und Staatsführung unterworfen waren, zahlreiche Privilegien von Funktionären absicherten und sich darüber hinaus nur zu Verwaltern der gewerkschaftlichen Reise- und Erholungsmöglichkeiten entwickelt hatten. Daß die Regierung nun vesprach, einen Pluralismus in der gewerkschaftlichen Arbeit dadurch zu ermöglichen, daß sich Gewerkschaften auch außerhalb des Zentralrates der Gewerkschaften, des bisherigen Dachorgans der gleichgeschalteten Gewerkschaftsorganisationen registrieren lassen konnten und damit den Charakter von amtlich zugelassenen, legal operierenden juristischen Personen erhielten, war ein Unikum im ganzen "sozialistischen" Lager. Da bei den staatlichen und genossenschaftlichen Betrieben die Fiktion galt, daß sie als Staatseigentum Volkseigentum und damit Eigentum der darin Arbeitenden seien, also ein Antagonismus zwischen den Beschäftigten und den Betriebsführungen prinzipiell unmöglich sei, war die Abhängigkeit der jeweiligen Gewerkschaftsorganisation von der Betriebsführung systemimmanent logisch, das Zugeständnis des Streikrechts und der unabhängigen Gewerkschaftsorganisation konnte somit zu Recht von den anderen Staaten als in diesem Sinne "antisozialistisch" ausgedeutet werden. [1)]

Das Abkommen sah vor, daß sich die bisherigen Streikkomitees in Betriebsgewerkschaftsaufbaukomitees umgestalteten.

Obwohl jedoch das Abkommen auf gewerkschaftliche Fragen beschränkt sein sollte - die neuen Gewerkschaften wiesen stets den Vorwurf zurück, sie schüfen eine neue politische Partei -, verpflichtete man sich auch zu über den gewerkschaftlichen Rahmen hinausgehenden Zugeständnissen: So versprach Jagielski, ein neues Gesetz über die Zensur einzubringen, in den Massenmedien die Meinungsvielfalt zu ermöglichen und vor allem der Kirche eine Ausdrucksmöglichkeit im Rundfunk und im Fernsehen zu verschaffen.

Damit geschah in Polen fürwahr Einmaliges: Als einziges Land des sozialistischen Lagers sollte die Zensur gesetzlich geregelt und damit den Prinzipien der Verwaltungsgerichtsbarkeit unterworfen sein (in den meisten anderen Staaten ist es sogar unzulässig, das Vorhandensein der Zensur in der Öffentlichkeit zu erwähnen - wo dies dennoch geschieht, wird der Begriff "Zensur" gemieden), mit dem Einbeziehen der Kirche in die Rundfunkprogramme (es wurden von nun an z.B. jeden Sonntag Messen übertragen) wurde das Monopol des Atheismus durchbrochen, das bisher nur in den kircheneigenen Presseorganen über eine auch darin schon einzigartige Äußerungsbasis aufgeweicht worden war.

Darüber hinaus wurde vereinbart, Repressalien gegen frühere Streikteilnehmer einzustellen, die Streikzeit als bezahlten Urlaub zu vergüten, alle Gehälter stufenweise anzuheben, den Verkauf in ungenügender Menge vorhandener Inlandserzeugnisse über die Devisenläden einzustellen, eine gleichmäßige Versorgung der Bevölkerung durch ein Rationierungssystem sicherzustellen und die Grundrenten anzuheben. Neben anderen Einzelbestimmungen zur Arbeitssituation wurde die Steigerung der Zahl arbeitsfreier Samstage für 1981 vereinbart. Die historische Traditionsbildung wurde dahingehend ergänzt, daß die Kritik an der bürgerlichen Republik der Zwischenkriegszeit eingeschränkt wurde (1981 wurde der 100. Geburtstag des Exil-Premiers General Sikorski feierlich begangen) und die Unruhen von Poznań (1956) und Gdańsk (1970) nicht mehr als non-facts unbeschreibbar waren. Nur im Bereich der Senkung des Rentenalters konnten die Streikenden keine Zugeständnisse erwirken, in manchen Punkten zu Versorgungsverbesserungen und Arbeitslage mußten sie hinter den Forderungen zurückbleibende Zusagen hinnehmen, da naturgemäß die schlechte wirtschaftliche Lage durch das Abkommen nicht noch weitergehend verschlechtert werden sollte (Wortlaut des Abkommens in KDP, 1980, S. 947-50).

Inzwischen hatten sich dem Streik an der Küste auch die oberschlesischen Bergleute und zahlreiche andere Betriebe im ganzen Land angeschlossen. Am 3. September wurde in dem Kurort Jastrzębie Zdrój ein gesondertes Abkommen unterzeichnet, in dem auf spezifische Forderungen der Bergleute und deutlich auf eine Senkung der Privilegien bestimmter Personengruppen Bezug genommen wurde (KDP, 1980, S. 950-1).

Die drei Abkommen von Szczecin, Gdańsk und Jastrzębie wurden zu einer "Magna Charta" der neuen polnischen Gewerkschaften. Die nun folgenden Auseinandersetzungen spielten sich um den Problemkreis der Verwirklichung der darin vereinbarten Veränderungen ab.

Die Ereignisse, die darin gipfelten, daß mit den Zugeständnissen ein großer Teil der bis dahin gültigen Grundlagen des polnischen Staats- und Parteiwesens zerstört wurden, hatten auch personelle Folgen. Wegen eines angeblichen Herzanfalls trat E. Gierek, dem die wirtschaftliche Misere angelastet wurde (was in dieser einfachen Aussage sicher nicht der Realität entspricht) zurück und wurde von dem bis dahin kaum bekannten St. Kania ersetzt, der im Politbüro für Sicherheitsfragen zuständig gewesen war und dem zugeschrieben wird, er habe einen erneuten Militäreinsatz verhindern helfen. Das Amt des Ministerpräsidenten übernahm, nachdem sich die Situation wegen der fortdauernden lokalen Streiks zugespitzt hatte, nach wenigen Monaten der Armeegeneral Wojciech Jaruzelski, der jedoch seine militärische Position nicht aufgab und damit den wachsenden Einfluß der Armee auf die Staatsführung begründete. Die an nationalen Traditionen reiche Armee schien allen als beste Ordnungsmacht für das zunehmend auf "anarchische Zustände" zutreibende Polen.

Diese "anarchischen Zustände" waren dadurch bedingt, daß die Zusagen der Regierung gegenüber der Gewerkschaft nur sehr schleppend eingehalten wurde. Die Registrierung der sich aus den Streikkomitees herausbildenden "Selbstverwaltenden Unabhängigen Gewerkschaft 'Solidarność'" wurde erst nach einem einstündigen Warnstreik realisiert, wobei die Auseinandersetzung um den Primat der Partei kreiste, den die Gewerkschaftler nicht in ihre Satzung aufnehmen wollten.

Nach dem Erfolg der Arbeiter traten die Individualbauern auf den Plan. In einer "Land-Solidarität" (Solidarność Wiejska) wollten auch sie eine Gewerkschaft registrieren lassen; dem wiederum widersprach die Regierung mit dem Argument, die Bauern als Selbständige könnten zwar einen Berufsverband, nicht aber eine Gewerkschaft gründen. Die Individuallandwirte hingegen vertraten die Meinung, sie seien wegen des impliziten Zwangs zur Ablieferung an den Staat (ohne Ablieferung erfolgte keine Saatgut-, Futter-, Maschinen- oder Düngerzuteilung) in Wirklichkeit staatliche Landarbeiter, denen dieses Recht zustehe. Erst im April 1981 gab die Führung dergestalt nach, daß sie eine Registrierung der "Land-Solidarität" erlaubte, in die Bauern eintreten konnten, die keine Angestellten beschäftigten. Der zwischenzeitliche Versuch, die bereits vorhandenen, staatlich geleiteten "landwirtschaftlichen Zirkel" als Gewerkschaftsersatz zu propagieren, dürfte kaum auf längere Sicht durchgehalten werden können.

Auf die Gründung der "Solidarität" hin löste sich der alte Zentralrat der Gewerkschaften auf, während seine Mitglieder, die früheren parteitreuen Branchengewerkschaften, weiter bestehen blieben; der "Nachlaß", der in einem umfangreichen Haus- und Grundbesitz besteht, sollte unter den Nachfolgern aufgeteilt werden. Neben der "Solidarność" und den alten Branchengewerkschaften entstanden als dritte Kraft auf dem Gewerkschaftsfeld sog. autonome Gewerkschaften, die weder der einen noch der anderen Dachorganisation angehören, sondern sich im März 1981 in einer "Föderation" zusammenschlossen, jedoch bei diesem Zusammenschluß ausdrücklich auf der prinzipiellen Selbständigkeit der einzelnen, z.T. sehr kleinen beruflich strukturierten Einzelgruppen beharrten. Mit dieser starken Zersplitterung war die Lage auf dem gewerkschaftlichen Sektor sehr unübersichtlich geworden und vor einer Konsolidierung dürfte eine längere Phase von internen Auseinandersetzungen auf dem Gewerkschaftssektor zu erwarten sein, deren erste Anzeichen nicht nur zwischen den verschiedenen Gewerkschaften, sondern auch innerhalb der nur nach außen als geschlossene Einheit auftretenden "Solidarność" erkennbar wurden. [2)]

Die Auseinandersetzungen beschränkten sich nicht auf die Arbeitslage: damit ist der häufige Vorwurf, "Solidarność" mausere sich zu einer Oppositionspartei, nicht ganz unberechtigt, auch wenn ihm seitens der Gewerkschaftler stets vehement widersprochen wird. Zu Auseinandersetzungen mit dem Staat - vor allem mit Miliz und Sicherheitsdienst - gab es alle paar Tage neuen Anlaß. Die Gewerkschaften starteten Aktionen für die Umwandlung von Parteibauten in Arbeiterheime, für die Öffnung von Milizsanatorien für alle Arbeiter, gegen die Entlassung bestimmter Beschäftigter und die Relegierung von oppositionellen Studenten, gegen Privilegien von Funktionären und Einzelfälle von Korruption. Mit der Aufdeckung des "süßen Lebens" des Rundfunk-Funktionärs Szczepański kam eine ganze Lawine von Vorwürfen gegen einzelne Persönlichkeiten auf Wojewodschafts- und lokaler Ebene ins Rollen, die zu zahlreichen Amtswechseln führte. Daß hier neben der Beseitigung von eindeutig inkompetenten und korrupten Funktionären auch einem unangenehmen Denunziantentum Tür und Tor geöffnet wurde, dürfte kaum verwundern. Auch lenkte die Herausstellung einzelner "Sündenböcke" von einer allgemeinen Führungsschwäche der polnischen Wirtschaft ab. Der Unmut des Volkes konnte sich an scheinbar spektakulären, volkswirtschaftlich jedoch irrelevanten Affären austoben und bemerkte nicht, daß ein sinnvolles Wirtschaftsreformkonzept nicht existierte. Einzelne Gewerkschaftsorganisationen versuchten in mehreren Betrieben auch, ein "closed-shop-"System einzuführen, indem sie der Betriebsführung vorschreiben wollten, nur mehr Mitglieder der freien Gewerkschaften einzustellen und zu beschäftigen. Diese im Westen aus politischen Gründen oft verschwiegene Kehrseite der polnischen Gewerkschaftsbewegung gestaltete einen Großteil der innerpolnischen Diskussion um die Rolle der neuen Gewerkschaften.

Neben der Gewerkschaftsebene entstanden auch auf dem Gebiet der Studenten- und der Jugendverbände aus den Einheitsorganisationen wieder mehrere Gruppen, wobei sich an den Hochschulen ein "Unabhängiger Studentenverband" konstituierte, während auf der Jugendarbeitsebene die früheren Verbände, so der"Verband der Ländlichen Jugend", wieder entstanden.

Um sich nicht dem Vorwurf des Dissidententums auszusetzen, zogen sich die Intellektuellen, die an der Vorbereitung des "August 1980" einen nicht geringen Anteil hatten, weitgehend aus der öffentlich sichtbaren Gewerkschaftsarbeit zurück. Dafür ergriff jedoch die Gewerkschaft "Solidarität" die Partei der wenigen inhaftierten Intellektuellen, wobei die markanteste Persönlichkeit hier Leszek Moczulski, der Gründer einer "Konföderation Unabhängiges Polen" [3] ist, dessen eindeutig nationalistisches Programm nur wenig mit gewerkschaftlichen Zielen zu tun haben konnte. Die lautstark betriebene Kampagne zur "Befreiung der politischen Gefangenen" wurde von der Gewerkschaft dadurch erklärt, daß sie - obwohl sie nicht mit den Zielsetzungen der "Konföderation" übereinstimme - die einzige Institution sei, die in Polen für Rechtstaatlichkeit eintreten könne.

Die Ereignisse im März 1981 bewiesen erneut, daß die Lage in Polen weit von einer Beruhigung entfernt war. Anläßlich einer lokalen Auseinandersetzung um Bauernfragen in Bydgoszcz (Bromberg) verprügelten Milizangehörige in Zivil Gewerkschaftler; vier von ihnen mußten mit schweren Verletzungen ins Krankenhaus eingeliefert werden. Erst nach langem Zögern wurde eine Kommission gebildet, die eine Bestrafung der schuldigen Funktionäre durch die Feststellung des genauen Hergangs begründen sollte. "Solidarność" mit Lech Wałęsa an der Spitze verhandelte mit einer Regierungsdelegation unter dem liberalen Aushängeschild der Partei, dem Vizepremier Rakowski, ein halbtägiger Warnstreik fand im ganzen Land statt und erst in letzter Stunde konnte ein unbefristeter Generalstreik, der im ganzen Land am 31. März 1981 beginnen sollte, durch Einlenken der Regierung verhindert werden. Allgemein herrschte ein großes Mißtrauen gegenüber den Regierenden, die man im Verdacht hatte, eine vollständige Durchführung der gegebenen Zusagen verhindern zu wollen. [4)]

Dieser Verdacht war nicht ganz unberechtigt. Polens Parteiführer waren mehrfach von den Folgen einer totalen "antisozialistischen" Liberalisierung gewarnt worden; nachdem die Ostblock-Presse wochenlang versucht hatte, die Ereignisse in Polen zu übersehen, wurden sie dann als "antisozialistisch" verurteilt, wobei jedoch der Schritt zu einer Intervention immer wieder mit der "Hoffnung" verzögert wurde, es werde den Polen gelingen, "aus eigener Kraft mit den Schwierigkeiten fertig zu werden". Die sowjetischen Spitzenfunktionäre machten jedoch niemals ein Hehl daraus, daß sie eine "Rückkehr" zu den früheren Zuständen - zumindest in der Form - forderten.

Der 9. (außerordentliche) Parteitag (14. - 20.7.1981) der PZPR veranschaulichte den Übergang der allgemeinen Demokratisierungstendenzen auf die Parteiebene. In zahlreichen Wojewodschaften wurden die Parteitagsdelegierten in freier und geheimer Wahl bestimmt; auch der äußerliche Charakter des

Parteitags mit seinen öffentlichen Ausschuß-Arbeitssitzungen und der Möglichkeit, vorher nicht abgestimmte Anträge einzubringen, zeigte, wie sich die Partei der neuen Situation angepaßt hat.

Die Führungsgremien der Partei wurden in freien Wahlen gewählt, erstmals gab es einen Gegenkandidaten gegen den Parteivorsitzenden. Infolge des freien Wahlverfahrens konnten viele alte Parteifunktionäre abgewählt werden. Selbst ins Politbüro waren nur mehr 4 von 15 Mitgliedern aus dem alten Gremium übernommen worden. Da die neuen Mitglieder weitgehend unbekannt waren, konnte man über den künftigen Kurs der Partei keine Prognosen wagen.

Die Abrechnung mit der Vergangenheit, die der Parteitag versuchte, blieb selektiv. Zwar wurden Gierek und andere Führungspersönlichkeiten der 1970er Jahre ausgeschlossen, man beschränkte sich jedoch dabei auf die Aufarbeitung alter Vorgänge, ohne neue Konzepte zu entwickeln.

Die Partei stellte sich die Aufgabe, Partei- und Regierungsämter zu entflechten; dieser an sich positive Zug konnte Mißbrauch ermöglichen. Die Partei, die nur mehr "Richtungen und Impulse" geben will, könnte sich von künftigen Krisen ähnlich wie Anfang 1980 (auf dem 8. Parteitag) fernhalten, indem sie die Verantwortung daran auf die Regierungsmitglieder schiebt, die in den höchsten Parteigremien keinen Sitz mehr erhielten.

Neben den Personalentscheidungen, die mit einer deutlichen Mehrheit der Delegierten für Kania eine Bestätigung seines gemäßigten Reformkurses brachten, war die Schaffung einer "Amtsdauer" der Parteitagsdelegierten wichtig. Der Parteitag oder seine Ausschüsse können in der Zeit bis zum nächsten zusammengerufen werden, seine Mitglieder behalten ihr

Mandat - letztlich wurde damit ein neues Kontrollorgan geschaffen, dessen Kompetenz in der notwendigen Zustimmung zu dem in Arbeit befindlichen neuen Parteistatut bereits teilweise umrissen wurde.

Deutlich wurde auf dem Parteitag, daß es keine prinzipielle Unvereinbarkeit der Zugehörigkeit zur neuen Gewerkschaft "Solidarität" und zur Partei gibt: Zahlreiche Delegierte waren "Solidarność"-Mitglieder, selbst ins Politbüro wurde ein Gewerkschaftsmitglied hineingewählt. Allerdings wies Parteichef Kania gleichzeitig den Vorschlag der Gewerkschaft, staatliche Betriebe in Gewerkschafts- oder Belegschaftseigentum zu überführen, zurück.

Die künftige Entwicklung Polens konnte jedoch nur partiell von den institutionellen Veränderungen abhängen, die der Parteitag einleitete oder darstellte. Die Zustimmung der Parteibasis zur Führung entsprach nicht der Zustimmung der gesamten Bevölkerung: die Partei besitzt im polnischen Volk nur geringes Ansehen. Die Parteiführung mußte das schon bald erfahren: Gestützt auf die Legitimation der Parteibasis verkündete die Führung unmittelbar nach dem Parteitag eine Senkung der Fleischration und eine große Preiserhöhung (verbunden mit einem Abbau der Subventionierung) für Lebensmittel. Kanias Meinung, der "Parteitag bringt kein Kilo Fleisch mehr" (14.7.) und die Forderung, "von der Diskussion nun zum Handeln überzugehen" (20.7.) wurden von der Gewerkschaft "Solidarność" nicht akzeptiert. [5] Die dem Parteitag folgenden Tage brachten Polen die bisher größten Protestdemonstrationen, "Hungermärsche" und Streiks, die eine sinnvolle Wirtschaftsreform, deren Hauptlast im Bereich der Einstellung der Subventionierung und der Zunahme der Arbeitsleistung die Bewohner Polens tragen müssen, unmöglich erscheinen läßt. Dadurch sank wiederum die Bedeutung der parteiinternen Veränderungen - eine günstige Lösung der Dauerkrise war nicht in Sicht.

Der Winter 1981/82 war in Polen von Krisen bestimmt: Die von der "Solidarität" ausgehende Oppostionsbewegung zerfiel in unterschiedliche Fraktionen, von denen diejenigen um Wałęsa noch die gemäßigteren waren. Daneben entstanden Gruppen, die sich von dem gewerkschaftlichen Fundament lösten, freie Wahlen und eine politische Liberalisierung verlangten. Die Fronten verhärteten sich daraufhin: Der gemäßigte Kania wurde aus seinen Parteiämtern entfernt, seine Funktionen übernahm ebenfalls Jaruzelski, - ein harter Kurs der Regierung, in der das Militär die wichtigsten Positionen innehat, zeichnete sich immer deutlicher ab. Die ökonomische Misere verstärkte sich von Tag zu Tag, wobei es nicht unwahrscheinlich ist, daß die Führung durch die Zurückhaltung von Lebensmitteln eine Polarisierung anstrebte; zu den negativen Erscheinungen der ökonomischen Inkompetenz gesellen sich wachsende Schwarzmärkte, eine steigende Kriminalität und ein quantitativ noch nicht abzuschätzender Bevölkerungsabfluß, der andere Staaten (die eine "politische Infektion" fürchtenden Nachbarn DDR und Tschechoslowakei, aber auch Österreich) zur Verschärfung der Einreisebestimmungen für Polen veranlaßte.

Am 13. Dezember 1981 ergriff in Polen das Militär die Macht. General Jaruzelski, Partei- und Regierungschef, stellte diesen Akt als letzte Möglichkeit der Rettung der Nation dar, wobei es noch unklar ist, ob damit ein äußerer oder ein innerer Feind gemeint war. Im Verfolg des ausgerufenen Kriegsrechts wurden die Protagonisten der "Solidarność", aber auch (vielleicht nur zum Schein) die Machthaber der "Vor-August-Ära" verhaftet und in Lager gesperrt. Wie 1968 wandte man sich, auf antisemitische Parolen gestützt, gegen Intellektuelle, die man als Fürsprecher einer Demokratisierung "internierte". Arbeiter-Widerstand wurde mit Waffengewalt (wie 1970) niedergeschlagen. Trotz Jaruzelskis Zusicherung, es werde keine Rückkehr zur Situation von vor 1980 geben, scheint damit die polnische Demokratisierung beendet zu sein. Ökonomische Erfolge der Repressalien gegen die Liberalen sind nicht in Sicht: Selbst die Zinsen für seine Kredite konnte Polen nicht mehr selber aufbringen - Prognosen weisen in einen Zustand, der noch bedrückender ausfallen dürfte als derjenige in der ČSSR nach dem sowjetischen Einmarsch vom 21. August 1968.

1) Nicht nur von der polnischen Parteiführung, sondern auch von antikommunistischen westlichen Parteiführern, die sich von der Religiosität und der Ausrichtung gegen die herrschende "kommunistische" Partei führen ließen, wurde unterdrückt, daß mit der frei-gewerkschaftlichen Organisation eine Rückkehr zum ursprünglichen Marxismus vollzogen wurde; erst Lenin hatte die Gewerkschaften, die Engels noch als "eigentliche Klassenorganisation des Proletariats" verstanden hatte, zunächst einem aus Konspirationsgründen gerechtfertigten Zentralismus unterworfen und später der Partei unterstellt.

2) Ihr gehörten Ende 1981 angeblich ca. 10.000.000 Mitglieder an, wobei diese Zahl jedoch nur unter großem Vorbehalt angegeben wird.

3) Der Name "Konföderation" hat in Polen historische Tradition: er knüpft an die gegen die Zentralgewalt gerichteten Adels-"Konföderationen" an, in denen in der frühneuzeitlichen Adelsrepublik Adlige ihre Privatinteressen durchsetzen wollten.

4) Diese Vermutung dürfte insoweit gerechtfertigt sein, als sich der Verdacht erhärtet hat, das Politbüro-Mitglied Olszowski, der allgemein als Exponent Moskaus gilt, habe in Bydgoszcz die Hand im Spiel gehabt.

5) A. NACKEN hat das Übel, an dem die Situation in Polen krankt, kurz so zusammengefaßt: "In einem Wirtschaftssystem, das jahrzehntelang auf dem Markt die Waren nur verteilt hat, dessen obligatorische Erfolgspropaganda Generationen den Blick verstellt hat für einfachste wirtschaftliche Zusammenhänge, ist die Einsicht in ökonomische Notwendigkeiten abhanden gekommen. Die Mehrheit der Bevölkerung versteht einfach die Wechselbeziehung nicht zwischen der wirtschaftlichen Situation des Landes und ihrem persönlichen Verbrauch ... Daß nichts an Pan Kowalski als Konsumenten verteilt werden kann, was er nicht zuvor als Produzent geschaffen hat, haben die kommunistischen Ökonomen seit Jahren vergeblich den frustrierten Arbeitern einzubleuen versucht, die sich durch Mißwirtschaft und Korruption der Wirtschaftsbürokratie betrogen fühlen" (FAZ 11.8.1981).

Literaturverzeichnis

ADAMSKI, F., 1970: Modele małżeństwa i rodziny a kultura masowa, Warszawa

ADAMSKI, F. und Y.-P. HÄYRYNEN, 1978: Educational System, in: ALLARDT, E. und W. WESOŁOWSKI, Hrsg., Social Structure an Change. Finland and Poland. Comparative Perspective, Warszawa, S. 217-244

AHLBERG, R., 1968: Entwicklungsprobleme der empirischen Sozialforschung in der UdSSR (1917-1966), Berlin

ALEKSIŃSKA, J., 1979: Zmiany stanu i struktury społeczno-ekonomicznej ludności Polski w okresie powojennym, in: Tendencje rozwoju społecznego, GUS, Warszawa, S. 188-200

ALESTALO, M., K.M. SŁOMCZYŃSKI und W. WESOŁOWSKI, 1978: Patterns of social Stratification, in: ALLARDT, E. und W. WESOŁOWSKI, Hrsg., Social Structure and Change. Finland and Poland. Comparative Perspective, Warszawa, S. 120-146

ALLARDT, E. und W. WESOŁOWSKI, Hrsg., 1978: Social Structure and Change. Finland and Poland. Comparative Perspective, Warszawa

ALMOND, G.A., 1971: Politische Systeme und politischer Wandel, in: ZAPF, W., Hrsg., Theorien des sozialen Wandels, Köln/Berlin, 3. Aufl., S. 211-227 (1. Aufl. 1963)

Als Deutscher unter Deutschen leben, 1978, Bonn (= Schriftenreihe der Bundeszentrale für politische Bildung, Bd. 137)

ALTMANN, F.-L. und H. CLEMENT, 1979: Die Kompensation als Instrument im Ost-West-Handel, München

ANDRZEJEWSKI, A., 1965: Polityka mieszkaniowa w Polsce Ludowej, in: SARAPATA, A., Hrsg., Przemiany społeczne w Polsce Ludowej, Warszawa (zit. nach TURSKI, R. u.a., 1978, S. 78 f.)

ANTAL, E., 1980: Entwicklungstendenzen des polnischen Außenhandels mit Agrar- und Nahrungsgütern, in: Osteuropa-Wirtschaft 25, 1980, S. 259-286

ANWEILER, O., 1975: Polen, in: Berufliches Bildungswesen in Ost- und Südeuropa, Caritas-Sonderheft, Mai, S. 136-146

ANWEILER, O. und I.R. WOMPEL, 1978: Das Schulwesen in der Volksrepublik Polen, in: Deutsch als Zielsprache, hrsg. vom Kultusministerium des Landes NRW, S. 2-67

Badania nad ruchem kulturalno-oświatowym w Polsce Ludowej, 1970, Warszawa

BARDACH, J., B. LEŚNODORSKI und M. PIETRZAK, 1979: Historia państwa i prawa polskiego, Warszawa

BAUMANN, Z., 1973: Socjalizm drugiego pokolenia. Przegląd tendencji społeczno-kulturowych we współczesnym społeczeństwie polskim, in: Aneks 2, S. 36-58

BELL, D., 1959: The End of Ideology, New York

Bericht zur Lage der Bildung in der Volksrepublik Polen (Raport o stanie oświaty w PRL), 1973, Warszawa (in Polnisch)

BESKID, L., 1972: Zmiany w spożyciu w Polsce, Warszawa

BESKID, L., 1974: Ewolucja wzorów spożycia ludności pracowniczej w Polsce, in: Ekonomista, Nr. 3, S. 681-715

BESKID, L., 1977: Ekonomiczne uwarunkowanie rozwoju konsumpcji, in: SZCZEPAŃSKI, J., Hrsg., Badania nad wzorami konsumpcji, Wrocław, S. 81-246

BETHELL, L., 1972: Die große Lüge, Katyn: Schweigen als Pflicht. Wie die britische Regierung ein Verbrechen vertuschen half, in: Die Zeit vom 2. Juni 1972, Nr. 22, S. 50

Biblioteki szkolne w Polsce Ludowej 1944-1964, 1966, Warszawa

BIENKOWSKI, W., 1971: Socjologia kleski, Paris

BREYER, R., 1976: Bevölkerung, in: Polen, 1976, S. 42-55

BROSZAT, M., 1961: Nationalsozialistische Polenpolitik 1939-1945, Stuttgart

BROSZAT, M., 1972: Zweihundert Jahre deutsche Polenpolitik, Frankfurt (1. Aufl. 1963)

BRUS, W., 1961: Ogólne problemy funkcjonowania gospodarki socjalistycznej, Warszawa

BRUS, W., 1972: Wirtschaftsplanung. Für ein Konzept der politischen Ökonomie, Frankfurt

BRUS, W., 1978: Ziele, Methoden und politische Determinanten der Wirtschaftspolitik Polens 1970-1976, Köln (= Berichte des Bundesinstituts für ostwissenschaftliche und internationale Studien, H. 49/1978)

BUCHHOFER, E., 1981: Polen. Raumstrukturen - Raumprobleme, Frankfurt (= Studienbücher Geographie)

BUJAK, R., 1920: O niezależnych badaniach naukowych, in: Nauka Polska, Jhg. 3, S. 16-25

BURDA, A., 1962: Polskie prawo państwowe, Warszawa

BURZYŃSKI, T. und Z. OSIŃSKI, 1977: Le Laboratoire de Grotowski, Varsovie

Business International, 1980: Die Praxis der Gegengeschäfte und anderer Zahlungsformen im Ost-West-Handel

CHAŁASIŃSKI, J., 1938: Młode pokolenie chłopów, 4 Bde, Warszawa

CHAŁASIŃSKI, J., 1957: Drogi i bezdroża socjalizmu w nauce polskiej, in: Kultura i Społeczeństwo, 1, S. 7-43

CHAŁASIŃSKI, J., 1958: Przeszłość i przyszłość inteligencji polskiej, Warszawa

CHMIELNICKI, N., 1976: Szersza rodzina i rodzina nuklearna w środowiskach robotniczych i pracowników umysłowych na Śląsku, in: TYSZKA, Z., Hrsg., Współczesne rodziny polskie w świetle aktualnych badań, Poznań, S. 66-71

CHOJNACKA, H., 1963: Dochodowość i spożycie w gospodarstwach chłopskich, in: Ekonomika i polityka rolna, Warszawa (zit. nach TURSKI, R. u.a., 1978, S. 74 f.

CHOJNOWSKI, A., 1979: Koncepcje polityki narodowościowej rzadów polskich w latach 1921-1939, Wrocław

CIUPAK, E., 1973: Katolicyzm ludowy w Polsce, Warszawa

Concise Statistical Year-Book of Poland, 1937, Warszawa

COSER, L.A., 1970: Men of Ideas, A Sociologist's View, New York (1. Aufl. 1965)

GZAPSKI, J., 1967: Unmenschliche Erde, Köln

CZARNOWSKI, St., 1956: Powstawanie nowej kultury, in: Dzieła, Bd. I, Studia z historii kultury, Warszawa (1. Aufl. 1935)

CZERWIŃSKI, M., 1969a: Przemiany obyczaju, Warszawa

CZERWIŃSKI, M., 1969b: Upowszechnienie kultury a struktura społeczna, Warszawa

CZERWIŃSKI, M., 1978a: Kształtowanie się nowych stylów życia. Problem typologii, in: SICIŃSKI, A., Hrsg., Styl życia. Przemiany we współczesnej Polsce, Warszawa, S. 177-191

CZERWIŃSKI, M., 1978b: Elementy stylów życia ludności miejskiej. Aspekty ogólne i znamienne zróżnicowania, in: SICIŃSKI, A., Hrsg., Styl życia. Przemiany we współczesnej Polsce, Warszawa, S. 29-80, englisch in: Sisyphus, Vol. 1, 1981, S. 99-132

CZYŻOWSKA, Z., 1971: Upowszechnienie kultury w Polsce Ludowej, Warszawa

DANECKI, J., Hrsg., 1980: Towards Poland 2000. Problems of Social Development, Wrocław

DĘBICKI, R., 1962: Foreign Policy of Poland 1919-1939, New York

Denkschrift Himmlers über die Behandlung der Fremdvölkischen im Osten, in: Vierteljahrshefte für Zeitgeschichte 1957, Heft 2, S. 197 ff.

DJILAS, M., 1951: Die neue Klasse, Stuttgart

DILGER, B., 1973: Polen, in: Bildungswesen und Schulsysteme in Osteuropa, Caritas-Sonderheft, Jhg. 74, Mai, S. 126-133

DOBIESZEWSKI, A., Hrsg., 1977: Organizacja polityczna społeczeństwa socjalistycznego w Polsce, Warszawa

DOWIAT, J., 1969: Chrzest Polski, Warszawa

DROSS, A.Th., Hrsg., 1980: Polen, Freie Gewerkschaften im Kommunismus?, Reinbek

DYBOWSKI, St., 1953: Problemy rewolucji kulturalnej w Polsce Ludowej, Warszawa

Dziesięć lat rozwoju nauki w Polsce Ludowej, 1956, Warszawa

DZIEWANOWSKI, K., 1950: Piłsudski's Federal Policy 1919-1921, in: Journal of Central European Affairs 10, S. 113-128

ECKART, K., 1979: Die privaten Landwirtschaften in den Ländern Ostmitteleuropas, Paderborn (= Fragenkreise, Bd. 23537)

EISENBLÄTTER, G., 1969: Grundlinien der Politik des Reiches gegenüber dem Generalgouvernement 1939-1945, Diss. Frankfurt

ETZIONI, A., 1971: Soziologie der Organisation, 3. Aufl., München

FALSKI, M., 1937: Środowisko społeczne młodzieży a jej wykształcenie, Warszawa

FIERLA, J., 1975: Geografia przemysłu Polski, Warszawa

FILLER, W., 1976: Współczesny teatr polski, Warszawa

FITZGIBBON, I., 1971: Katyn, London

FOUNTAIN II, A.M., 1980: Roman Dmowski, Party, Tactics, Ideology, New York

FOX, U., 1977: Versteckte Arbeitslosigkeit in Polen, in: Osteuropa-Wirtschaft 22, 1977, S. 1-20

FRENKEL, I., 1976: Ludność wiejska i zatrudnienie w rolnictwie polskim w latach 1946-1974, in: Wieś i Rolnictwo, Nr. 3, S. 16 ff. (zit. nach TURSKI, R. u.a., 1978, S. 97)

FUHRMANN, R.W., 1981: Polen - Abriß der Geschichte, Hannover

FUKSIEWICZ, J., 1975: Film i telewizja w Polsce, Warszawa

GABRISCH, H., 1981: Wirtschaftsreformen in Polen: Notwendigkeit, Grenzen und Möglichkeiten, Köln (= Berichte des Bundesinstituts für ostwissenschaftliche und internationale Studien, H. 13/1981)

GAĆ, St. und W. SZOTA, 1967: Udział polaków w drugiej wojnie światowej, Warszawa

GAJL, N., 1979: Instrumenty finansowe w zarządzaniu gospodarką narodowa, Warszawa

GAŁĘSKI, B., Hrsg., 1966: Zmiany społeczno-ekonomicznej struktury wsi 1957-1961, Wyniki badań ankietowych, Warszawa

GARAUDY, R., 1972: Die große Wende des Sozialismus, München

GEIGER, Th., 1967: Schichtung, in: BERNSDORF, W. und F. BÜLOW, Hrsg., Wörterbuch der Soziologie, 2. Aufl., Stuttgart

GERBER, R., 1959: Młodzież akademicka w Polsce w okresie międzywojennym, in: Życie Szkoły Wyższej 7,1, S. 75-92

GIEREK, E., 1971: Nowe Drogi, Nr. specjalny

GILEJKO, L., 1970: Formowanie się i rola samorządu robotniczego, in: WESOŁOWSKI, W., Hrsg., Struktura i dynamika społeczeństwa polskiego, Warszawa, S. 175-206

GOLCZEWSKI, F., 1979: Deutsche Besatzungspolitik in Polen im Zweiten Weltkrieg, in: RIESENBERGER, D. und P. MEYERS, Der Nationalsozialismus in der historisch-politischen Bildung, Göttingen, S. 164-184

GOŁEBIOWSKI, B., 1976: The young Generation's Aspirations and Orientations, in: TUROWSKI, J. und L.M. SZWENGRUB, Hrsg., Rural Social Change in Poland, Wrocław, S. 279-291

GOMOLEC, L., 1961: We Wrześni przed sześćdziesięciu laty, Poznań

GOMULKA, St., 1979: Poland's Economic Situation in the second half of the 1970s, in: Osteuropa-Wirtschaft 24, 1979, S. 13-23.

GOMUŁKA, W., 1968: O naukach społecznych, in: Przegląd Socjologiczny 22, S. 228-231

GÓRSKI, R.N., 1977: Der polnische Fünfjahresplan vor dem Hintergrund der Wirtschaftsentwicklung 1971-1975, in: Osteuropa-Wirtschaft 22, 1977, S. 185-202

GREVEMEYER-KORB, V., 1978: Die polnische Diskussion um die Arbeiterräte, Wiesbaden (= Osteuropa-Institut an der Freien Universität Berlin, Philosophische und soziologische Veröffentlichungen, Bd. 15)

GRUDZIEŃ, J., 1968: Polityka wyznaniowa w PRL. Główne zasady i zagadnienia, Warszawa

HAAVIO-MANNILA, E. und M. SOKOŁOWSKA, 1978: Social Position of Women, in: ALLARDT, E. und W. WESOŁOWSKI, Hrsg., Social Structure and Change. Finland and Poland. Comparative Perspective, Warszawa, S. 183-216

HAGER, B. und F. WANDEL, 1978: Probleme der sozio-kulturellen Integration von Spätaussiedlern, in: Osteuropa 28, 1978, S. 195-209

HALECKI, O., 1963: Geschichte Polens, Frankfurt

HALLGARTEN, W., 1928: Studien über die deutsche Polenfreundschaft in der Periode der Märzrevolution, München

HAMMETTER, V., 1966: Das Schulsystem in der Volksrepublik Polen. Ein Beitrag zur Untersuchung des kulturellen Wandels, Diss. Frankfurt

HARTMANN, K., 1962: Hochschulwesen und Wissenschaft in Polen. Entwicklung, Organisation, Stand 1918-1960, Frankfurt

HEGENBARTH, St., 1976: Landwirtschaftliche Zirkel und landwirtschaftliche Produktionsgenossenschaften in Polen, Berlin (= Gießener Abhandlungen zur Agrar- und Wirtschaftsforschung des europäischen Ostens, Bd. 72)

HENSEL, W., 1971: Początki Państwa Polskiego i jego kultury, Wrocław

HESS, F., F. LATSCHA und W. SCHNEIDER, 1966: Die Ungleichheit der Bildungschancen, Freiburg

HIRSZOWICZ, M., 1973: Komunistyczny Lewiatan. Biblioteka Kultury, Tom 234, Paris

Historia nauki polskiej, 1970, 2. Bd., Wrocław

HOENSCH, J.K., 1973: Sozialverfassung und politische Reform, Köln/Wien

Itogi vsesojuznoj perepisi naselenija 1970 goda, 1973, Bd. 4, Moskva

JAAKKOLA, M. und W. MAKARCZYK, 1978: Social Networks, in: ALLARDT, E. und W. WESOŁOWSKI, Hrsg., Social Structure and Change, Finland and Poland. Comparative Perspective, Warszawa, S. 331-355

JABŁOŃSKI, H., 1968: Młodzież musi rozumieć heroizm naszych czasów, in: JABŁOŃSKI, H., Szkoła, nauczyciel,wychowanie, Warszawa, S. 86-88

JACZEWSKI, B., 1971: Organizacja i finansowanie nauki polskiej w okresie międzywojennym, Wrocław

JALLINOJA, R., J. PIOTROWSKI und V. STOLTE-HEISKANEN, 1978: Marriage and the Family, in: ALLARDT, E. und W. WESOŁOWSKI, Hrsg., Social Structure and Change. Finland and Poland Comparative Perspective, Warszawa, S. 301-330

JANOWSKI, A., 1977: Aspiracje młodzieży szkół średnich, Warszawa

JAROSIŃSKA, M. und J. KULPIŃSKA, 1978: Czynniki położenia klasy robotniczej, in: W. WESOŁOWSKI, Hrsg., Kształt struktury społecznej, Wrocław, S. 107-169

JASIENICA, P., 1966: Polska Piastów, Warszawa

JAWŁOWSKA, A. und E. MOKRZYCKI, 1978: Styl życia a przemiany struktury społecznej. Propozycja typologii historyczno-socjologicznej, in: SICIŃSKI, A., Hrsg., Styl życia. Przemiany we współczesnej Polsce, Warszawa, S. 145-176

JAWŁOWSKA, A. und A. PAWEŁCZYŃSKA, 1981: The Style of life. Its Macrosocial Mechanisms and Differentiation, in: Sisyphus, Vol. 1, S. 133-158

JEZIERSKI, B. und Z. PETZ, 1980: Historia gospodarcza Polski Ludowej 1944-1975, Warszawa

JORDAN, Z.A., 1968: Marxismus-Revisionismus in Polen. Hintergrund, Wurzeln und Hauptströmungen, in: FETSCHER, I., Hrsg., Marxismus-Studien, 5. Folge, Tübingen, S. 85-129

JURGA, T., 1979: U kresu II Rzeczypospolitej, Warszawa

JUSTIN, J.J., 1980: Berufsausbildung in der Volksrepublik Polen. Gegenwärtiger Stand und Entwicklungstendenzen, in: Zeitschrift für Berufs- und Wirtschaftspädagogik, Bd. 76, 11, S. 802-819

KACZOCHA, W., 1981: Rozważania nad modelem kultury socjalistycznej w Polsce, Warszawa

KĄDZIELSKI, J., 1964: O problemie rewolucji kulturalnej, Łódź

KAJA, J., 1980: Koncepcje programu mieszkaniowego na lata 1981-2000, in: Ekonomista, S. 379-408

KALECKI, M., 1964: Porównanie dochodów robotników i pracowników umysłowych z okresem przedwojennym, in: Kultura i Społeczeństwo 8,1, S. 35-40

KARGER, A., 1960: Die Kollektivierung der Landwirtschaft in den Ostblockstaaten, in: Geographische Rundschau, S. 213-222

KENNET, L., 1951: Pilsudski, in: Cambridge History of Poland, Cambridge, S. 589-615

KIETLIŃSKA, Z., 1972: Ewolucja systemu kształcenia wyższego w Polsce w latach 1945-1970, in: Polska 2000. Kształcenie dla przyszłości, Część II, Struktura i treść systemu szkolnego, Warszawa, S. 61-90

KISS, G., 1971: Marxismus als Soziologie, Hamburg

KLEER, J., in: Polityka v. 1.3.1975

KLEIN, L., (1974): Italienische Protestanten und ihr Einfluß auf die Reformation in Polen während der beiden Jahrzehnte vor dem Sandomirer Konsens, Leiden

KLESSMANN, Ch., 1978: Polnische Bergarbeiter im Ruhrgebiet 1870-1945, Göttingen (= Kritische Studien zur Geschichtswissenschaft, 30)

KNEIFEL, E., 1962: Geschichte der Evangelisch-Augsburgischen Kirche in Polen, Niedermarschacht

Kobiety w Polsce, 1975, GUS, Warszawa

KOBUS-WOJCIECHOWSKA, A., 1974: Zróżnicowanie warunków mieszkaniowych i sytuacji materialnej, in: WESOŁOWSKI, W., Hrsg., Zróżnicowanie społeczne, 2. Aufl., Wrocław

KOŁODZIEJCZYK, K., 1979: Burżuazja polska XIX i XX w., Warszawa

KORALEWICZ-ZĘBIK, J., 1979: Niektóre przemiany systemu wartości, celów i orientacji życiowych społeczeństwa polskiego, in: Studia Socjologiczne, 4, 1975, S. 175-190

KORALEWICZ-ZĘBIK, J., 1974: System wartosci a struktura społeczna, Wrocław

KOT, St., 1932: Polska złotego wieku wobec kultury zachodniej, in: Kultura staropolska, Kraków, S. 640-704

KOWALEWSKA, S., 1966: Administracyjne i społeczne zarządzanie przedsiębiorstwem przemysłowym, in: KULPIŃSKA, J. und A. SARAPATA, Hrsg., System społeczny przedsiębiorstwa, Warszawa, S. 121-123

KOZLOWSKI, Z., 1977: Socialism and Family Farming, The Polish Experience, in: Osteuropa-Wirtschaft 22, 1977, S. 21-36

KOZLOWSKI, Z., 1978: Giereks mißglücktes Wirtschaftswunder, in: Osteuropa 28, 1978, S. 623-630, 719-731

Kraje RWPG 1960-1975, 1975, Warszawa

KRASSOWSKA, E., 1950a: Przed kongresem Nauki Polskiej, in: Myśl Współczesna, 5-6(48-49), S. 229-234

KRASSOWSKA, E., 1950b: Założenia ideologiczne Pierwszego Kongresu Nauki Polskiej, in: Myśl Współczesna, 8-9(51-52, S. 170-178

KRASUCKI, J., 1971: Tajne szkolnictwo polskie w okresie okupacji hitlerowskiej 1939-1945, Warszawa

KRUCZKOWSKA, G., 1979: Egalitaryzm a płace, Warszawa

KRYCZKA, P., 1981: Społeczeństwo osiedla mieszkaniowego w wielkim mieście, Warszawa

KUHN, H., 1968: Die deutschrechtlichen Städte in Schlesien und Polen in der ersten Hälfte des 13. Jahrhunderts, Marburg

KUHN, W., 1955: Geschichte der deutschen Ostsiedlung in der Neuzeit, Köln/Graz

KULPIŃSKA, J., 1972: Środowisko robotnicze, in: BRODZKA, A. und M. ŻMIGRODZKA, Hrsg., Literatura a współczesne przemiany społeczne, Warszawa

KURAŚ, St., 1971: Przywileje prawa niemieckiego miast i wsi małopolskich XIV-XV. wieku, Wrocław

KURDYBACH, Ł., 1968: Z historii oświaty i wychowania w Polsce przedrozbiorowej i okresie zaborów, in: KURDYBACH, L., Oświata i wychowanie w Polsce Ludowej, Warszawa

KUROŃ, J. und K. MODZELEWSKI, 1969: Monopolsozialismus. Offener Brief an die Polnische Vereinigte Arbeiterpartei, Hamburg (1. Aufl. 1966)

KUROWSKI, Z., 1976: O aktywny i wszechstronny udział młodego pokolenia w budowie wysoko rozwiniętej socjalistycznej Polski. Referat programowy na kongresie Młodzieży Polskiej wygłoszony przez Zdzisława Kurowskiego, in: Sztandar Młodych vom 1-2.V.1976

LAEUEN, H., 1959: Die polnische Intelligenz- und Führungsschicht, in: MARKERT, W.,Hrsg., Osteuropa-Handbuch, Polen, Köln-Graz, S. 12-17

LAEUEN, H., 1969: Die Märzereignisse in Polen und ihre Folgen, in: Osteuropa 19,1, S. 1-17 und 19,2, S. 110-124

LAEUEN, H., 1971: Führungswechsel in Polen, in: Osteuropa 26,8, S. 293-302

LAEUEN, H., 1972: Polen nach dem Sturz Gomulkas, Stuttgart

LAMMICH, S., 1974: Organisation und Verwaltung des Bildungswesens und der Wissenschaft in Polen, in: Die Verwaltung. Zeitschrift für Verwaltungswissenschaft, Bd. 7, H. 3, S. 373-390

LAMMICH, S., 1975: Regierung und Verwaltung in Polen, Köln

LAMMICH, S., 1977: Die jüngsten Maßnahmen zur Förderung kollektiver Wirtschaftsformen in der polnischen Landwirtschaft, in: Osteuropa-Wirtschaft 22, 1977, S. 37-42

LAMMICH, S., 1978: Die jüngsten Maßnahmen zur Förderung des privaten Sektors in der polnischen Wirtschaft, in: Osteuropa-Wirtschaft 23, 1978, S. 18-24

LANGE, O., 1948: On the Economic Theory of Socialism, Minneapolis, 2. Aufl. (zus. mit F.M. TAYLOR)

LANGE, O., 1957: Some Problems Relating to the Polish Road to Socialism, Warsaw

LANGNICKEL, H., 1978: Thesen zur Integration von Spätaussiedlern, in: Osteuropa 28, 1978, S. 1018-1022

LEHMANN, H.G., 1979: Der Oder-Neiße-Konflikt, München

LENDVAI, P., 1972: Antisemitismus ohne Juden. Entwicklungen und Tendenzen in Osteuropa, Wien

LEWANDOWSKI, J., 1977: Układy nierówności warunków startu społecznego młodzieży w Polsce, in: Polska 2000. Przesłanki perspektywiczne polityki społecznej, Część II, Wrocław, S. 46-73

LIJEWSKI, T., 1978: Uprzemysłowienie Polski 1945-1975, Warszawa

LIPSET, S.M. und H.L. ZETTERBERG, 1967: Eine Theorie der sozialen Mobilität, in: HARTMANN, H., Hrsg., Moderne amerikanische Soziologie, Stuttgart, S. 361-383

ŁOBODZIŃSKA, B., 1969: Poglądy na funkcje instytucji małżeństwa, in: Studia Socjologiczne 35, S. 103-133

ŁOPATKA, A., 1963: Kierownicza rola partii komunistycznej w stosunku do państwa socjalistycznego. Zasady leninowskie, Poznań

LORANC, W., 1976: O polityce kulturalnej socjalistycznego państwa, in: Człowiek i światopogląd, H. 3

LUDZ, P.Ch., 1969: Konvergenz, Konvergenztheorie, in: Sowjetsystem und demokratische Gesellschaft. Eine vergleichende Enzyklopädie, Freiburg-Basel, Wien, Sp. 890-903

LUHMANN, N., 1970: Soziologische Aufklärung. Aufsätze zur Theorie sozialer Systeme, Köln-Opladen

ŁUSZCZAK, Cz., 1979: Polityka ludnościowa i ekonomiczna hitlerowskich Niemiec w okupowanej Polsce, Poznań

LUTYŃSKI, J., 1974: Changes in the Social Structure of a Small Town in the Twenty Years since the War, in: Polish Sociology, Wrocław, S. 191-204 (1. Aufl. 1964)

MAAS, W., 1959: Polens Schulwesen, in: MARKERT, W., Hrsg., Osteuropa-Handbuch, Polen, Köln-Graz, S. 544-551

MAAS, W., 1968: Schulen und Pädagogik in Polen. Material und Nachrichtendienst der Gewerkschaft Erziehung und Wissenschaft 128, Bühl

MACHOWSKI, H., 1981: Ursachen der Wirtschaftskrise, in: GRUBE, F. und G. RICHTER, Der Freiheitskampf der Polen, Hamburg, S. 189-199

MACKIEWICZ, J., 1947: Katyń - ungesühntes Verbrechen, Zürich

MADAJCZYK, Cz., 1956: Burżuazyjno-obszarnicza reforma rolna w Polsce 1918-1939, Warszawa

MADAJCZYK, Cz., 1967: Die deutsche Besatzungspolitik in Polen 1939-1945, Wiesbaden

MADAJCZYK, Cz., 1970: Polityka III Rzeszy w okupowanej Polsce, Warszawa

MAKARCZYK, W., 1978: Struktura społeczna a warunki życiowe, Warszawa

MAKARCZYK, W. und J. BLUSZKOWSKI, 1978: Przemiany warstwy pracowników umysłowych, in: WESOŁOWSKI, W., Hrsg., Kształt struktury społecznej, Wrocław, S. 171-231

MAKULSKI, J.K., 1973: Miejsce kultury ludowej w kulturze wsi współczesnej, in: WIERZBICKI, Z.T., 1973: Aktywizacja i rozwój społeczności lokalnych, Wrocław, S. 175-185

MALANOWSKI, J., 1963: Przemiany w pozycji społecznej drobnomieszczaństwa w nieuprzemysłowionych miasteczkach polskich w latach 1938-1960, in: Studia Socjologiczne 1 (8), S. 85-95

MANTHEY, F., 1965: Polnische Kirchengeschichte, Hildesheim

MARCZAK-OBORSKI, St., 1968: Życie teatralne w latach 1944-1964. Kierunki rozwojowe, Warszawa

MARKERT, W., Hrsg., 1959: Osteuropa-Handbuch, Polen, Köln-Graz

MARKIEWICZ, W., 1976: Ewolucja społeczno-zawodowej pozycji inteligencji w Polsce Ludowej, in: Przemiany struktury społecznej w ZSRR i Polsce, Warszawa, S. 199-215

MARKOWSKA, D., 1980: Premises and Hypotheses on Perspective Family Policy, in: DANECKI, J., Hrsg., Towards Poland 2000. Problems of Social Development, Wrocław, S. 157-185

Materiały do badań nad gospodarką Polski, Część I. 1918-1939, 1957, Warszawa

MIASTKOWSKI, L., 1980: Zmiany struktury i poziomu cen detalicznych w gospodarce socjalistycznej, in: Ekonomista, S. 893-915

MICEWSKI, A., 1971: Roman Dmowski, Warszawa

MIESZCZANKOWSKI, M., 1960: Struktura agrarna Polski miedzywojennej, Warszawa

MIROWSKI, W., 1978: Przemiany społeczności lokalnych i terytorialnych, in: WESOŁOWSKI, W., Hrsg., Kształt struktury społecznej, Wrocław, S. 297-320

MLYNÁŘ, Z., 1981: Entwicklungsmöglichkeiten in Polen, in: Aus Politik und Zeitgeschichte, B31/81, S. 29-37

MORAWSKI, W., 1973: Samorząd robotniczy w gospodarce socjalistycznej, Warszawa

MORRISON, J.F., 1968: The Polish People's Republic, Baltimore

MÜNCH, H., 1946: Pochodzenie i rozwój miast Polski Zachodniej w wiekach średnich, Kraków

MUSHKAT, M., 1981: The Evolution of the Situation in Poland in 1980, Köln (= Berichte des Bundesinstituts für ostwissenschaftliche und internationale Studien, H. 15/1981)

NATANSON-LESKI, J., 1964: Rozwój terytorialny Polski, Warszawa

NAROJEK, W., 1980: Społeczeństwo otwartej rekrutacji, Warszawa

NIECIUŃSKI, W., 1967: Perspektywy i problemy budownictwa mieszkaniowego w Polsce, Warszawa

NOWAK, J., 1965: Kämpfe in der PVAP. Stalinisten im Untergrund, in: Osteuropäische Rundschau 11,6, S. 3-11

NOWAKOWSKA, E., 1980: Kształtowanie się świadomości regionalnej na Pomorzu Szczecińskim, Warszawa/Poznań

NOWAKOWSKI, St., 1964: Miasta ziem zachodnich, in: NOWAKOWSKI, St., Hrsg., Socjologiczne problemy miasta polskiego, Warszawa, S. 121-151

NOWAKOWSKI, St., 1967: Procesy urbanizacji w powojennej Polsce, Warszawa

NOWAKOWSKI, St., 1974: Local Communities in Post-War Poland, in: Polish Sociology, Wrocław, S. 205-220 (1. Aufl. 1970)

OLSZEWSKI, H., 1966: Sejm Rzeczypospolitej epoki oligarchii 1652-1763, Poznań

OSTER, S. und I.R. WOMPEL, 1976: Der VII. Parteitag der PVAP, in: KUEBART, F., S. OSTER, D. WATERKAMP und I.R. WOMPEL, Bildungspolitik in der Sowjetunion,der DDR und der Volksrepublik Polen, Bochum, S. 91-120

OSTROWSKI, K. und A. PRZEWORSKI, 1967: A preliminary Inquiry into the Nature of Social Change: the Case of the Polish Country-side, in: WIATR, J.J., Hrsg., Studies in Polish political System, Wrocław (zit. nach WIATR, J.J., 1970, S. 50 ff)

OSTROWSKI, Z., 1968: Badania Naukowe i prace rozwojowe w gospodarce narodowej, Warszawa

Outline of the History of Polish Science and Technology, Warszawa

OZGA, W., 1960: Organizacja szkolnictwa w Polsce, Warszawa

PAJEWSKI, J., 1980: Odbudowa Państwa Polskiego 1914-1918, Warszawa, 2. Aufl.

Pamiętniki bezrobotnych, 1933, Warszawa

Pamiętniki chłopów, 1935/1936, Warszawa

PARSONS, T., 1972: Das System moderner Gesellschaften, München

PAWEŁCZYŃSKA, A. und E. TARKOWSKA, 1978: Style życia jednostek i rodzin, in: SICIŃSKI, A., Hrsg., Styl życia, Przemiany we współczesnej Polsce, Warszawa, S. 235-327

PĘCHERSKI, M. und M. ŚWIĄTEK, 1972: Organizacja oświaty w Polsce w latach 1917-1969. Podstawowe akty prawne, Warszawa

PERRSON, J.H., 1951: The First Years of the Republic, in: The Cambridge History of Poland 1697-1935, Cambridge, Bd. 2, S. 567-588

Philosophisches Wörterbuch, herausgegeben von KLAUS, G. und M. BUHR, 5. berichtigte Aufl., 1971, Leipzig, 2 Bde

PIOTROWSKI, J., 1969: Aktywność zawodowa kobiet zamężnych i wynikające z niej potrzeby społeczne, Warszawa

PIRAGES, D.C., 1972: Modernization and Political Tension Management: A Socialist Society in Perspective. Case Study of Poland, New York

POHOSKI, M., 1963: Migracja ze wsi do miasta, Warszawa

POHOSKI, M., 1974: Interrelation Between Social Mobility of Individuals and Groups in the Process of Economic Growth in Poland, in: Polish Sociology, Wrocław, S. 131-147 (1. Aufl. 1964)

POHOSKI, M., S. PÖNTINEN und K. ZAGORSKI, 1978: Social Mobility and economic Achievement, in: ALLARDT, E. und W. WESOŁOWSKI, Hrsg., Social Structure and Change. Finland and Poland. Comparative Perspective, Warszawa, S. 117-182

Polen, Länderbericht Osteuropa II. In Verbindung mit der Fachgruppe Wirtschafts- und Sozialwissenschaften des Johann-Gottfried-Herder-Forschungsrates, herausgegeben vom Johann-Gottfried-Herder-Institut Marburg a.d.Lahn, 1976, München-Wien

Polska-Fakty, 1980, Warszawa

PORWIT, K., 1979: System planowania, Warszawa

RAINA, P., 1968: Die Krise der Intellektuellen. Die Rebellion für die Freiheit Polens, Olten

RAINA, P., 1970: Gomułka, Köln

RAKOWSKI, M., 1980: Dynamika poziomu życia ludności Polski w okresie 1970-1976, in: Ekonomista, S. 157-175

RAPACKI, A., 1954: Rok akademicki 1954/55, in: Życie Szkoły Wyższej 2,10, S. 5-31

RATYŃSKI, W., 1976: Lewica Związkowa w II. Rzeczpospolitej, Warszawa

RECHOWICZ, H., 1977: Sosnowiec, Warszawa/Kraków

REK, T., 1956: Pierwze lata dyktatury Piłsudskiego 1926-1930 w świetle sprawozdań sejmowych i senackich, Warszawa

RESCHKA, W., 1974: Hochschule und Gesellschaft. Eine Untersuchung zur Entwicklung des Hochschulwesens in Polen, Diss. Köln

RHODE, G., 1980: Geschichte Polens. Ein Überblick, Darmstadt, 3. Aufl.

ROLBIECKI, W., 1972: Towarzystwa naukowe w Polsce, Warszawa

RONGE, W., 1971: Der Wandel der Klassenstruktur und die Umgestaltung der Intelligenz in Polen, Diss. Münster

ROOS, H., 1959: Polen zwischen den Weltkriegen, in: MARKERT, M., Hrsg., Osteuropa-Handbuch, Polen, Köln-Graz, S. 18-68

ROOS, H., 1961: Geschichte der polnischen Nation 1916-1960, Stuttgart

ROSE, W.J., 1947: Poland's political Parties 1919-1939, London

ROSTOW, W.W., 1967: Studien wirtschaftlichen Wachstums, Göttingen, 3. Aufl.

ROSTWOROWSKI, E., 1966: Ostatni król Rzeczypospolitej, Warszawa

ROYEN, Ch., 1981: Polen zwischen Beharrung und Erneuerung. Die politischen Institutionen im Prozeß des Wandels, in: Aus Politik und Zeitgeschichte B31/81, S. 3-27

RYBICKI, P., 1974: Przemiany miejskich społeczności lokalnych - wprowadzenie do problemu. Referat na II. Ogólnopolskiej konferencji Socjologów miasta, in: NOWAKOWSKI, S., Hrsg., Przemiany miejskich społeczności lokalnych w Polsce, Warszawa, S. 33-36

SAMSONOWICZ, H., 1971: Złota jesień polskiego średniowiecza, Warszawa

SARAPATA, A., 1976: Z badań nad prestiżem zajęć w Polsce, in: Przemiany struktury społecznej w ZSRR i Polsce, Warszawa, S. 313-339

SCHAFF, A., 1949: Zarys rozwoju filozofii marksistowskiej w Polsce, in: Sprawozdania Polskiej Akademii Umiejętności 50, S. 597-598

SCHLANGEN, W., 1972: Theorie und Ideologie des Totalitarismus. Möglichkeiten und Grenzen einer liberalen Kritik politischer Herrschaft, Schriftenreihe der Bundeszentrale für Politische Bildung, Heft 92

SCHMIDT-HÄUER, Ch., 1981: Nachbarn seit 1000 Jahren. Polen und Russen, in: GRUBE, F. und G. RICHTER, Der Freiheitskampf der Polen, Hamburg, S. 101-121

SCHRAMM, G., 1965: Der polnische Adel und die Reformation 1548-1607, Wiesbaden

SECOMSKI, K., 1978: Polityka społeczno-ekonomiczna. Zarys teorii, Warszawa, 2. Aufl.

SICIŃSKI, A., Hrsg., 1976: Styl życia. Koncepcje i propozycje, Warszawa

SICIŃSKI, A., 1977: Problemy przemiany stylu życia w Polsce, in: SZCZEPAŃSKI, J., Hrsg., Badania nad wzorami konsumpcji, Wrocław, S. 281-363

SICIŃSKI, A., Hrsg., 1978a: Styl życia. Przemiany we współczesnej Polsce, Warszawa

SICIŃSKI, A., 1978b: Hipotetyczne perspektywy przemian stylu życia, in: SICIŃSKI, A., Hrsg., Styl życia, Warszawa, S. 351-393

SICIŃSKI, A., 1980: Tendencies of Changes in the Style of Life. Introductory Remarks, in: DANECKI, J., Hrsg., Toward Poland 2000. Problems of Social Development, Wrocław, S. 71-95

SIEMIEŃSKA, R., 1969: Nowe życie w nowym mieście, Warszawa

SKUBAŁA-TOKARSKA, Z. und Z. TOKARSKI, 1972: Uniwersytety w Polsce, Warszawa

SŁOMCZYŃSKI, K., 1972: Zróżnicowanie społeczno-zawodowe i jego korelaty, Wrocław

SOBOCIŃSKI, W., 1964: Historia ustroju i prawa Ks. Warszawskiego, Toruń

Social Structure, Polish Sociology 1977, 1978, Wrocław

SOKOŁOWSKA, M., 1973: Frauenemanzipation und Sozialismus, Reinbek

SOKORSKI, W., 1967: Współczesna kultura masowa, Warszawa

SOSNOWSKI, J., 1927: Jak pogodzić z sobą dwie równoległe funkcje szkół akademickich, przygotowanie młodzieży do zawodów praktycznych i pracy naukowo twórczej, in: Nauka Polska 8, S. 26-37

STANIENDA, H., 1935: Polens neue Verfassung, in: Osteuropa, 10,9, S. 535-552

STASIEWSKI, B., 1959: Die Römisch-Katholische Kirche, in: MARKERT, W., Hrsg., Osteuropa-Handbuch, Polen, Köln-Graz, S. 103-108

STASIEWSKI, B., 1960: Die Jahrtausendfeier Polens in kirchengeschichtlicher Sicht, in: Jahrbücher für Geschichte Osteuropas NF, S. 313-329

STASIEWSKI, B., 1960: Reformation und Gegenreformation in Polen, Münster

STASIEWSKI, B., 1976: Kirchen und Religionsgemeinschaften in Polen, in: Polen, Länderbericht Osteuropa, S. 241-261

STEHLE, H.-J., 1968: Nachbar Polen, Frankfurt, erweiterte Neuausgabe

STOLAROV, S.G., 1969: O cenach i cenoobrazovanii v SSSR, Moskva, 3. Aufl.

STOPNICKA-HELLER, C., 1969: "Anti-zionism" and the political Struggle within the Elite of Poland, in: The Jewish Journal of Sociology 11,2, S. 133-150

STROBEL, G.W., 1961: Die sozialistische Kulturrevolution in Polen. Verlauf, Methoden und Probleme, in: Jahrbücher für Geschichte Osteuropas NF, Bd. 9,1, S. 73-105

STROBEL, G.W., 1966: Sozialistische Kulturpolitik und polnische Gesellschaft. Problematik der Wechselbeziehung zwischen Kultur und Politik, in: DONES, A., Hrsg., Die Politik des Westens und Osteuropa, Köln, S. 43-66

STROBEL, G.W., 1971a: Vorgeschichte und Ursachen der polnischen Krise vom Dezember 1970, in: Europa Archiv, 26,8, S. 293-302

STROBEL, G.W., 1971b: Warschauer Vertrag, Dezemberunruhen 1970 und das Problem der Beziehung zu Bonn, Köln (= Berichte des Bundesinstituts für ostwissenschaftliche und internationale Studien, H. 23)

STROYNOWSKI, J., 1973: Polen und Deutsche, Stuttgart

STRZYŻEWSKI, T., 1977/78: Czarna ksiega cenzury, London

STURMTHAL, A., 1961: Worker's Councils in Poland, in: Industrial and Labor Relations Review 14, April, S. 379-396

STYŚ, An., 1980: Z badań nad rozwojem usług w Polsce, in: Ekonomista, S. 459-467

SULEWSKI, W., 1966: Z frontu tajnego nauczania, Warszawa

SWATLER, L., 1979: Finanse w polityce gospodarczej i społecznej państwa, Warszawa

ŚWIECKI, A., 1969: Oświata i szkolnictwo w Polsce Ludowej, Warszawa, 2. Aufl.

SZAFER, T., 1981: Die Dekade Gierek, in: Osteuropa 31,4, S. 277-296

SZAFRAŃSKI, J., 1960: Die Verluste Polens im Zweiten Weltkrieg, in: Polens Kriegsverluste 1939-1945, Poznań

SZCZEPAŃSKI, J., 1959: Inteligencja a pracownicy umysłowi, in: Przegląd Socjologiczny, 13,2

SZCZEPAŃSKI, J., 1961: Problems of sociological Research on the Polish Intelligentsia, in: The Polish Sociological Bulletin, 1-2(3-4), S. 33-41

SZCZEPAŃSKI, J., 1963: Socjologiczne zagadnienia wyższego wykształcenia, Warszawa

SZCZEPANSKI, J., 1966: Die Intelligenz in der gegenwärtigen Gesellschaft, in: SILBERMANN, A., Hrsg., Militanter Humanismus, Frankfurt, S. 233-251

SZCZEPAŃSKI, J., 1969: Problemy i perspektywy szkolnictwa wyższego w Polsce, Warszawa

SZCZEPAŃSKI, J., 1970: Polish Society, New York

SZCZEPAŃSKI, J., 1971: Struktura inteligencji w Polsce, in: SZCZEPAŃSKI, J., Odmiany czasu teraźniejszego, Warszawa, S. 78-122 (1. Aufl. 1960)

SZCZEPAŃSKI, J., 1972: O sposobie przygotowania raportu, in: Student 6,7(60), S. 1 - 4

SZCZEPAŃSKI, J., 1973a: Elementy procesu wychowawczego, in: SZCZEPAŃSKI, J., Refleksje nad Oświatą, Warszawa, S. 93-105

SZCZEPAŃSKI, J., 1973 b: Zmiany społeczeństwa polskiego w procesie uprzemysłowienia, Warszawa

SZCZEPAŃSKI, J., Hrsg., 1977: Badania nad wzorami konsumpcji, Wrocław

SZCZEPAŃSKI, J., 1980: Perspectives of Development of Social Macrostructure in Poland, in: DANECKI, J., Hrsg., Towards Poland 2000. Problems of Social Development, Wrocław, S. 47-69

SZCZUCKI, L., 1971: Wokół dziejów i tradycji arianizmu, Warszawa

SZEMBERG, A., 1962: Przemiany w strukturze agrarnej gospodarstw chłopskich w latach 1952-1960, Warszawa

SZEMBERG, A., 1969: Przeobrażenia struktury agrarnej chłopskiego rolnictwa, in: Nowe Drogi 7 (zit. nach TURSKI, R. u.a., 1978, S. 53)

SZEMBERG, A., 1975: Zróżnicowanie gospodarstw chłopskich, in: Życie Gospodarcze vom 22.6.1975

SZŁAPCZYŃSKI, J.K., 1968: Zarząd szkołą wyższa w Polsce Ludowej, Warszawa

SZULC, S., 1962: The Demographic Problem, in: International Social Science Bulletin, UNESCO, Vol. 9, No. 2 (zit. nach VAUGHAN, M., 1971, S. 351)

SZYDŁOWSKI, R., 1972: Das Theater in Polen, Warszawa

SZYMANOWICZ, A., 1960: Der Kampf gegen die polnische Kultur. Polens Kriegsverluste 1939-1945, Poznań

SZYMAŃSKI, M., 1973: Środowiskowe uwarunkowania selekcji szkolnej, Warszawa

Tendencje rozwoju społecznego, 1979, GUS, Warszawa

TOIVONEN, T. und St. WIDERSZPIL, 1978: Changes in Socio-economic and Class Structure, in: ALLARDT, E. und W. WESOŁOWSKI, Hrsg., Social Structure and Change. Finland and Poland. Comparative Perspective, Warszawa. S. 89-116

TRZEBIATOWSKI, K., 1972: Organizacja szkolnictwa w Polsce Ludowej, Warszawa

TUROWSKI, J., 1972: Differentiation and Changes in the Polish Family and the Theory of the Nuclear Family, in: The Polish Sociological Bulletin 1-2, S. 116-127

TUROWSKI, J., 1974: Problem of Local Community in Big City, in: Polish Sociology, Wrocław, S. 221-230 (1. Aufl. 1968)

TURSKI, R., 1970: Przemiany struktury społecznej wsi, in: WESOŁOWSKI, W., Hrsg., Struktura i dynamika społeczeństw polskiego, Warszawa, S. 207-247

TURSKI, R., K. ŁAPIŃSKA-TYSZKA und W. NOWAK, 1978: Przemiany klasy chłopskiej, in: WESOŁOWSKI, W., Hrsg., Kształt struktury społecznej, Wrocław, S. 39-105

TYC, T., 1924: Początki kolonizacji wiejskiej na prawie niemieckim w Wielkopolsce (1200-1333), Poznań

TYMIENIECKI, K., 1961: Polska w średniowieczu, Warszawa

TYSZKA, Z., Hrsg., 1976: Współczesne rodziny polskie w świetle aktualnych badań. Praca zbiorowa pod redakcją Z. Tyszki UAM w Poznaniu, Seria Socjologia Nr. 4, Poznań

UMIŃSKI, J., 1960: Historia Kościoła, neubearbeitet von URBAN, W., Opole, 2 Bde

VAUGHAN, M., 1971: Poland, in: Contemporary Europe. Class, Status and Power, edited by SCOTFORD ARCHER, M. and S. GINER, London, S. 318-357

VOWE, G., 1979: Soziale Krise und ökonomische Entwicklung in der Volksrepublik Polen 1970-76, Berlin (= Schriften des Fachbereichs Politische Wissenschaft der Freien Universität Berlin, 10)

WÄDEKIN, K.E., 1978: Sozialistische Agrarpolitik in Osteuropa. Entwicklung und Probleme 1960-1976, Berlin (= Gießener Abhandlungen zur Agrar- und Wirtschaftsforschung des europäischen Ostens, Bd. 67)

WANKOWICZ, Z., 1973: Skuteczność stosowania preferencji za pochodzenie społeczne, in: Rekrutacja młodzieży na studia wyższe, Warszawa, S. 175-192

WASIAK, W., 1972: Udział szkół wyższych w rozwiązywaniu problemów węzłowych, in: Życie Szkoły Wyższej 20,9, S. 19-28

WEINRYB, B.D., 1973: The Jews of Poland. 1100-1800, Philadelphia

WEIT, E., 1970: Ostblock intern. 13 Jahre Dolmetscher für die polnische Partei und Staatsführung, Hamburg

WEJLAND, A.P., 1970: Stosunek młodzieży i dorosłych do dóbr materialnych, in: Kultura i Społeczeństwo 14,2, S. 191-202

WERBLAN, A., 1968a: O wysoki poziom pracy ideowo-wychowawczej w szkołach wyższych, in: WERBLAN, A., 1970: Szkice i polemiki, Warszawa, S. 194-197

WERBLAN, A., 1968b: Szkolnictwo wyższe i nauka przed V Zjazdem PZPR, in: WERBLAN, A., 1970: Szkice i polemiki, Warszawa, S. 198-226

WESOŁOWSKI, W., 1966: Changes in the Class Structure in Poland, in: Empirical Sociology in Poland, Warszawa, S. 7-35

WESOŁOWSKI, W., 1967: Social Stratification in Socialist Society, in: The Polish Sociological Bulletin 1(15), S. 22-34

WESOŁOWSKI, W., 1969: Przemiany strukturalne we współczesnym socjaliźmie, in: Studia Socjologiczne 2, S. 43-55

WESOŁOWSKI, W., 1970a: Struktura i dynamika społeczeństwa polskiego, Warszawa

WESOŁOWSKI, W., 1970b: Przemiany struktury klasowej, in: WESOŁOWSKI, W., Hrsg., Struktura i dynamika społeczeństwa polskiego, Warszawa, S. 11-38

WESOŁOWSKI, W., o.J.: Die Umgestaltung der Klassenstruktur in der sozialistischen Gesellschaft, in: Beiträge zur sozialen Struktur der sozialistischen Gesellschaft, Wissenschaftliche Informationen, Heft 49/50, Institut für Wirtschaftswissenschaften bei der Deutschen Akademie der Wissenschaften, Berlin

WESOŁOWSKI, W., 1978: Kształt struktury społecznej, Wrocław

WESOŁOWSKI, W. und K.M. SŁOMCZYŃSKI, 1977: Investigations on Class Structure and Social Stratification in Poland 1945-1975, Warszawa

WESOŁOWSKI, W. und J.J. WIATR, 1965: Kształtowanie się instytucji politycznych Polski Ludowej, in: Studia Socjologiczne 3

WIATR, J.J., 1970: Kształtowanie się i rola systemu partyjnego PRL, in: WESOŁOWSKI, W., Hrsg., Struktury i dynamika społeczeństwa polskiego, Warszawa, S. 39-66

WIATR, J.J., 1976: Przemiany społeczne w Polsce, Warszawa

WIATR, J.J. und E. ALLARDT, 1978: Political Systems, in: ALLARDT, E. und W. WESOŁOWSKI, Hrsg., Social Structure and Change. Finland and Poland Comparative Perspective, Warszawa, S. 53-87

WIATR, S., 1981: Die Deformation des politischen Systems Polens - Ursachen der Krise, in: Journal für Sozialforschung 21(1981), H. 1, S. 37-42

WIDERSZPIL, St., 1973: Przeobrażenia struktury społecznej w Polsce Ludowej, Warszawa

WIDERSZPIL, St., 1979: Refleksje nad rozwojem współczesnego społeczeństwa polskiego, Warszawa

WIERUSZEWSKI, R., 1975: Równość kobiet i męszczyzn w Polsce Ludowej, Poznań

WINIARSKI, B., 1980: Doktryna polityki regionalnej w Polsce, in: Ekonomista, S. 1285-1299

WISZNIEWSKI, E., 1978: Historia konsumpcji w Polsce, Warszawa

WOJCIECHOWSKA, A., 1977: Położenie materialne i uczestnictwo w kulturze a struktura społeczna, Wrocław

WOJCIECHOWSKI, A., 1977: Polskie malarstwo współczesne, Warszawa

WOJCIECHOWSKI, M., 1965: Stosunki polsko-niemieckie, 1933-1938, Poznań

WOJCIECHOWSKI, Z., 1930: Das Ritterrecht in Polen vor den Statuten Kasimirs des Großen, Breslau

WÓJCIK, P., 1977: Związki zawodowe w systemie organizacji społeczeństwa polskiego, in: DOBIESZEWSKI, A., Hrsg., Organizacja polityczna społeczeństwa socjalistycznego w Polsce, Warszawa, S. 523-547

WOLLSTEIN, G., 1976: Die Politik des nationalsozialistischen Deutschlands /!/ gegenüber Polen 1933-1939/45, in: FUNKE, M., Hrsg., Hitler, Deutschland und die Mächte, Düsseldorf, S. 795-810

WOŁOSZYŃ, St., 1964: Dzieje wychowania i myśli pedagogicznej w zarysie, Warszawa

WOŁOSZYN, St., Hrsg., 1966: Źródła do dziejów wychowania i myśli pedagogicznej, Bd. III, Warszawa

WYCECH, Dz., 1964: Z dziejów tajnej oświaty w latach okupacji 1939-1944, Warszawa

Wydarzenia marcowe, 1969, Paryż

WYDERKO, A., 1974: Ewolucja stosunków pracy na wsi, in: Zagadnienia Ekonomiki Rolnej, Nr. 6 (zit. nach TURSKI, R. u.a., 1978, S. 72)

WYNOT, E., 1974: Polish Politics in Transition. The Camp of National Unity and the Struggle for Power 1935-1939. University of Georgia Press

ZAGÓRSKI, K., 1974: Social Mobility in Poland, in: Polish Sociology, Wrocław, S. 148-159 (1. Aufl. 1971)

ZAGÓRSKI, K., 1976: Przemiany struktury społecznej. Ruchliwość społeczna w Polsce, in: Przemiany struktury społecznej w ZSRR i Polsce, Warszawa, S. 269-295

ZAGÓRSKI, K., 1979: Główne trendy ruchliwości społeczno-zawodowej w Polsce, in: Tendencje rozwoju społecznego, Warszawa, S. 201-215

ZAJĄCZKOWSKI, A., 1961: Główne elementy kultury szlacheckiej w Polsce, Wrocław

ŻARNOWSKI, J., 1965: O inteligencji polskiej lat międzywojennych, Warszawa

ŻARNOWSKI, J., 1969: Społeczeństwo Polski międzywojennej, Warszawa

V Zjazd PZPR (11-16. Listopada 1968). Podstawowe materiały i dokumenty, 1968, Warszawa

ZNANIECKI, F., 1935: Ludzie teraźniejsi a cywilizacja przyszłości, Lwów, Warszawa

ŻYGULSKI, K., 1977: Przemiany potrzeb kulturalnych społeczeństwa polskiego, in: SZCZEPAŃSKI, J., Hrsg., Badania nad wzorami konsumpcji, Wrocław, S. 365-406

ŻYGULSKI, K., 1979: Współczesny rytm życia kulturalnego, Warszawa

Sachverzeichnis